U0428578

高等学校通用教材

编码理论

赵 琦 刘荣科 编著

北京航空航天大学出版社

内 容 简 介

本书是论述信道编码的一本教材，主要介绍了编码理论的基本知识。全书共8章，主要内容包括线性分组码和卷积码。线性分组码中主要介绍循环码、BCH码、RS码；卷积码中主要分析反馈大数逻辑译码、序列译码和维特比译码；最后对Turbo码和LDPC码做了专题讨论。各章原理的叙述力求突出概念和思路，尽量除去烦琐的数学推导，设计与应用尽量采用实例分析；同时，给出了具体的实现电路，系统性强，并注重工程应用，为工程化实现提供基础。这对于需要获得编码理论基础知识的学生和在这些领域从事研究的工程技术人员将是有益的。

本书可以作为高等院校有关专业的本科生和研究生教材，也可供从事通信、控制、计算机等相关领域的有关科研人员学习和参考。

图书在版编目(CIP)数据

编码理论/赵琦等编著. —北京：北京航空航天大学出版社，2009.3

ISBN 978-7-81124-544-8

Ⅰ. 编… Ⅱ. 赵… Ⅲ. 编码理论 Ⅳ. 0157.4

中国版本图书馆CIP数据核字(2009)第000175号

编 码 理 论

赵 琦 刘荣科 编著

责任编辑 金友泉

*

北京航空航天大学出版社出版发行

北京市海淀区学院路37号(100191) 发行部电话：010－82317024 传真：010－82328026

http://www.buaapress.com.cn，E-mail:bhpressell@263.net

北京市媛明印刷厂印装 各地书店经销

*

开本：787 mm×960 mm 1/16 印张：19.75 字数：442千字

2009年3月第1版 2009年3月第1次印刷 印数：4 000册

ISBN 978-7-81124-544-8 定价：30.00元

前　言

香农定理为实现通过有噪信道的可靠通信奠定了理论基础。近50余年来，作为信息论的一个分支，信道编码已从理论研究走上了工程应用。随着超大规模集成电路和计算机技术的迅速发展，信道编码技术在通信、计算机网络、工业自动控制等领域得到了广泛的应用。信道编码原理在许多学校的电子工程专业或通信工程专业的教学大纲中被列为必修或指定选修课程。

作者参阅了关于编码理论的教材和一些其他著作（如北京航空航天大学张鸣瑞教授和邹世开教授编著的《编码理论》，西安电子科技大学王新梅教授和肖国镇教授编著的《纠错码原理与方法》等），并针对航空航天院校的专业特点，考虑到教学大纲的学时安排，内容上力求以较少的数学论证将信道编码的基本原理、概念和方法叙述清楚、准确。

编码理论是一门理论与应用关系十分密切的学科，从它的产生背景、发展与应用内容等方面均与电子、通信、计算机技术的发展密切相关，并得到一系列的重要应用。尤其与近代网络通信、数据加密与安全技术、多媒体技术密不可分。因此，结合当今编码理论研究与应用的发展编写了本教材，以期能适应我国科学技术和教学发展的要求。

全书共8章。在第1章的概述中，通俗地介绍了信道编码的基本思想和它在通信系统中的地位。第2章介绍了线性分组码。第3章介绍了必要的数学基础，这是学习BCH码所必需的知识。第4章介绍了循环码。第5章研究了BCH码和RS码，这一章是分组码的重点内容。第6章讨论了卷积码的基本概念、代数译码、序列译码和维特比译码算法，简要分析了各种译码法的性能和特点。第7、8两章主要研究Turbo码和LDPC码。本书对纠错编码的实际应用具有指导作用。各章后面都有一些难易程度不等的习题，可供读者选用。书末有较详细的参考文献，可供阅读时参考。

本书由赵琦、刘荣科编写，其中，第1至第6章由赵琦编写，第7、8两章由刘荣科编写。在编写过程中，始终得到张鸣瑞教授和邹世开教授的大力支持和帮助，在此表示衷心的感谢。

限于作者的水平，书中难免有不妥和错误，敬请读者指正。

编　者

2008年10月于北京航空航天大学

目　录

第1章 绪 论

本章主要介绍信道编码在数字通信系统中的地位和作用以及信道编码的一些基本概念。

1.1 信道编码在数字通信系统中的地位和作用

信道编码是为了保证通信系统的传输可靠性,克服信道中的噪声和干扰而专门设计的一类抗干扰技术和方法。编码理论始创于1948年,香农(Shannon)在他的开创性论文《通信的数学理论》(A mathematical theory of communication)中指出:任何一个通信信道都有确定的信道容量C,如果通信系统所要求的传输速率$R<C$,则存在一种编码方法,当码长n充分大并应用最大似然译码MLD(Maximum Likelihood Decoding)时,信息的错误概率可以达到任意小。这就是著名的有噪信道编码定理,它奠定了纠错编码理论的基石。但是它没有告诉我们如何构造实际上可实现的、具有上述性能的这类码的方法。这正是信道编码(又称纠错编码、差错控制)要解决的问题。信道编码的目的是寻找在实际上易于实现且能达到有效而可靠通信的编译码方法。

典型的数字通信系统框图如图1.1.1所示。

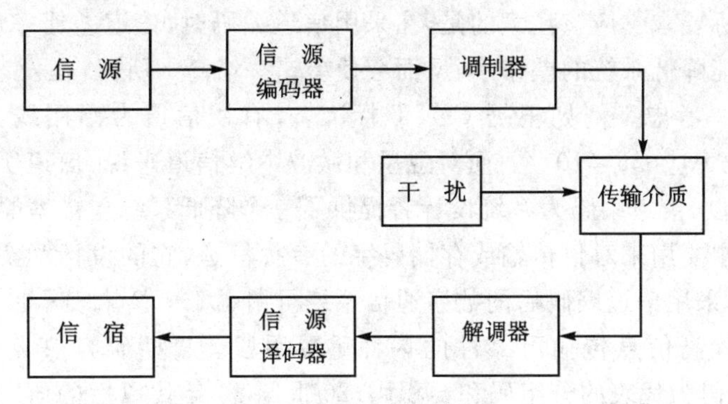

图1.1.1 数字通信系统框图

信息的产生或发送者称为信源,一般称信源产生的信息为消息。图1.1.1中信源输出可以是连续波形,也可以是离散的序列。信源编码器将信源输出变换成二元数字序列,称为信息序列。在调制器中,把输入的信息序列变换为适合于在实际信道中传输(或存储)的信号波形。

这个信号进入实际的传输信道中(或存储媒质)会受到干扰,例如有线信道中的脉冲干扰,无线信道中的噪声和衰落等。实际的传输信道可能是由光缆或卫星中继等构成的有线信道;也可能是高频无线线路、微波线路或卫星中继等构成的无线信道。存储介质可以是磁带、磁盘、光盘等。无论是何种传输介质,都受到不同性质的干扰。解调器的输入信号一般是受到干扰的混合波形,解调器的任务是从有用信号和干扰的混合波形中恢复出有用的信号,这个过程与调制器的过程相反。由于干扰的作用,解调器的输出信号不可避免地包含着差错,差错的多少不应超过系统所规定的数值。信源译码器把解调器输出的序列变换成为信源输出的估值,并把它送给信宿,即消息的接收者。

在数字通信系统中,信息的传输(或存储)所遇到的最主要的问题是在传输过程中出现的差错问题,也就是传输的可靠性问题。在传输过程中产生不同差错的主要原因,是不同的传输系统性能不同以及在传输过程中干扰不同。

降低误码率以满足系统的要求,通常有两种途径:一是降低信道(包括调制解调器、传输介质)本身所引起的误码率;二是采用信道编码,即在数字通信系统中增加差错控制设备。降低信道所引起的误码率的主要方法有:

(1) 选择合适的传输线路,如有线线路中,电缆线路优于明线线路,光缆优于电缆。

(2) 改进传输线路的传输特性或增加发送信号的能量,如进行相位均衡和幅度均衡以改进线路的群延时特性和幅频特性,当线路的传输衰减超过规定值时,增加中继放大器进行补偿等。在无线信道中,可以通过增加发射机功率、利用高增益天线以及低噪声器件等方法改善信道。

(3) 选用潜在抗干扰性较强的调制解调方案。

在某些情况下,信道的改善可能较困难或者不经济,这就要采用信道编码,以便满足系统差错率的技术指标要求。应该注意的是,在采用信道编码时,信道差错率应满足一定的要求,否则有时不仅不能降低系统的差错率,反而会使差错率增高。所以,在设计差错控制设备时应与调制解调器统一考虑。例如根据 CCTT 标准,若有线信道为专用线,传输速率为 300～1 200 b/s时,误码率应$\leqslant 5\times 10^{-5}$。而对卫星和微波中继信道来说,信道所引起的误码率低于10^{-4}至10^{-5}。所以,信道编码为系统设计者提供了一个降低系统差错率的措施。

信道编码器主要用来对付传输或存储码字的有扰信道,它的设计和实现问题是本书主要讨论的问题之一,采用信道编码后的数字通信系统可用图 1.1.2 来表示。

信道编码是提高信息传输可靠性的一种重要手段。早期研究热点是以 BCH 码和 RS (Reed-Solomom)码为代表的分组码和卷积码;20 世纪 80 年代以后的研究热点是网格编码和代数几何码;现今的研究热点为 Turbo 码和 LDPC(Low-Density Parity-Check Codes)码。

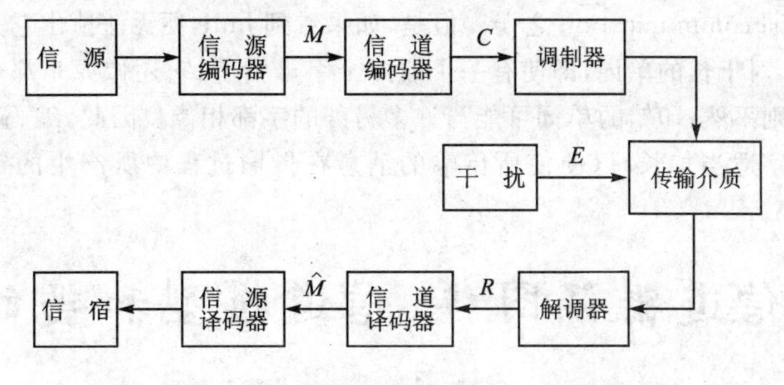

图 1.1.2　有编码的数字通信系统框图

1.2　信道编码的基本思想

信道编码的编码对象是信源编码器输出的数字序列 m，通常是由符号 1、0 组成的序列，而且符号 1 和 0 是独立的等概率的。所谓信道编码，就是按一定规则给数字序列 m 增加一些多余的码元，使不具有规律性的信息序列 m 变换为具有某些规律性的数字序列 C，又称为码序列。也就是说，码序列中信息序列的各码元与多余码元之间是相关的。在接收端，信道译码器利用这种预知的编码规则来译码，或者说检验接收到的数字序列 R 是否符合既定的规则从而发现 R 是否有错，或者纠正其中的差错。根据相关性来检测（发现）和纠正传输过程中产生的差错就是信道编码的基本思想。

通常数字序列 m 总是以 k 个码元为一组来传输的，如遥控系统中的每个指令字，遥测系统中的每一种数据，计算机中的每个字节等。我们称这 k 个码元的码组为信息码组，信道编码器按一定规则对每个信息码组附加一些多余的码元，构成了 n 个码元的码组（又称码字）。这 n 个码元之间是相关的。确切地说，附加的 $n-k$ 个多余码元为何种符号序列与待编码的信息组有关。这 $n-k$ 个码元称为该码组的监督码元或监督元。从信息传输的角度来说，监督元不载有任何信息，所以是多余的。这种多余度使码字具有一定的纠错的能力，提高了传输的可靠性，降低了误码率。

另一方面，如果要求在附加了监督元后信息传输速率不变，则必须减小码组中每个码元符号的持续时间，对二进制码而言就是减小脉冲宽度，若编码前每个码脉冲的归一化宽度为 1，则编码后的归一化宽度为 $k/n(k<n, k/n<1)$，因此信道带宽必须展宽 n/k 倍，在这种情况下，是以带宽的多余度换取了信道传输的可靠性，如果信息传输速率允许降低，则编码后每个码元的持续时间可以不变。这时，则以信息传输速度的多余度换取了传输的可靠性。

为什么将消息数字适当增加些多余数字，就会提高消息在传输过程中的抗干扰能力呢？这是用基本常识可以想象的。比如，见到一个英语字母组合的单词 comunication，立即就可以想象到是英语单词 communication 之误。但是，如果看到 hull，便无法猜出它是 hall 或 hell 之误。原因很简单，对于长的单词，即使有一个或两个字母错了，它还像原来那个字多于像其他的字。短的单词则不然，印错的单词可能与许多另外的字都相像。因此，编码的基本思想就是将原来的消息数字适当加长，以便使所传输的消息在传输过程中所产生的错误容易辨认并纠正。

1.3 信道错误图样、信道模型和码的分类

1.3.1 信道错误图样

数据在信道中传输时要受到各种干扰。这些干扰是使数据产生差错的主要原因，但不论何种干扰所引起的差错，不外乎有两种形式：一是随机错误，即数据序列中前后码元之间是否发生错误彼此无关，产生这种错误的信道称为无记忆信道或随机信道，例如卫星信道、深空信道等；另一种错误是突发性的，即序列中一个错误的出现往往影响其他码元的错误，即错误之间有相关性。由于目前应用最广的是二进制数字通信系统，数据序列均以二进制码元符号 1 和0 组成，设信道输入的发送序列为 00000000…，由于干扰，信道输出的接收序列为 00100000…，接收序列中的第三位发生了错误，这个错的产生相当于信道中有一个差错序列 00100000…，这个差错序列与发送序列逐位模 2 相加，就得到了信道输出的接收序列，因此称这个差错序列为信道错误图样，或者说发送序列与接收序列对应位的模 2 和就是信道的错误图样。这个例子是随机错误的表现情况。在突发错误的情况下，若发送序列为 00100000…，而接收序列为 10111000…，这种错误称为突发错误，突发错误的长度 b 等于第一个错误与最后一个错误之间的长度，该例中突发长度 b 等于 5。信道错误图样 10111000…。显然信道错误图中的 1 表示该位有错，0 表示没有错，产生突发错误的信道称为有记忆信道或突发信道，例如短波、散射、有线等信道。由于实际信道的复杂性，所呈现的错误不是单纯的一种，而且随机和突发性错误并存，只不过有的信道以某种错误为主，在进行信道编码的设计和应用时，必须针对这两类差错形式设计能够检测和纠正随机错误和突发错误的码并存，或能同时纠正这两类错误的码。由上所述，信道错误图样完全反映了信道中产生差错的情况，在讨论信道编码时，可以不完全知道信道的物理特性，而只要研究信道错误图样中 0、1 的统计特性就可以了。

1.3.2 信道模型

信道模型是指用数学模型来描述信道错误图样中的 0、1 分布规律。关于信道的统计特性的详细论述可以参阅文献[3]，这里以二进制信道模型为例，设发送端以等概率发送信息 0 和 1，经信道传输，由于信道噪声或干扰的影响，分别以概率 $1-p_0$ 和 $1-p_1$ 接收 0 和 1，因此，p_0 和 p_1 分别是 0 错成 1 和 1 错成 0 的概率，也称为转移概率。转移概率可以用 $p(j/i)$来描述，

其中 i 表示调制器的输入符号，j 是解调器输出符号，如果取自集合$\{0,1\}$、而且 $p(0/0)=p(1/1)$，$p(0/1)=p(1/0)$，则称该信道为二进制对称信道，用 BSC 表示，信道可用图 1.3.1 所示的简单模型表示。否则称信道为不对称信道。若 $p(0/1)=p(1/0)=0$，则称为 Z 信道。通常 BSC 是一种无记忆信道，所以也称随机信道，它说明数据序列中出现的错误彼此无关。

如果信道的输入是二进制符号，而输出是离散的 $q(q=p^m\geqslant 2)$ 进制符号，如图 1.3.2 所示，且 $p(i/1)=p(q-1-i/1)$，$i=0,1,\cdots,q-1$，则这种信道称为离散无记忆信道，用 DMC 表示，显然 BSC 是 DMC 的一种特殊情况。

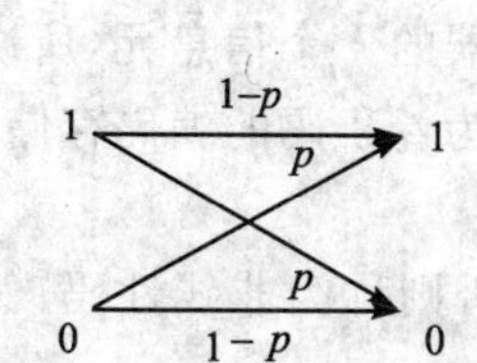

图 1.3.1 BSC 信道模型

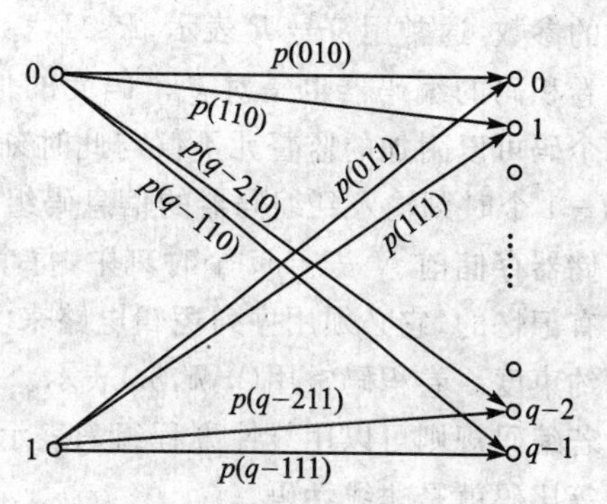

图 1.3.2 DMC 信道模型

在做删除判决情况下，信道可用图 1.3.3 所示的模型表示，称为二进制删除信道，用 BEC 表示，一般它也是对称信道。图 1.3.3 中，p_e 为信道的转移概率，q 为删除概率，在有删除处理情况下，信道的转移概率 p_e 一般很小，可以忽略，因此，图 1.3.3 所示的模型可以用图 1.3.4 代替，称之为二进制纯删除信道。应当指出，当码元作删除处理时，它在序列中的位置是已知的，只是不知道值是 1 还是 0，所以对这种 BEC 信道的纠错要比 BSC 信道容易。

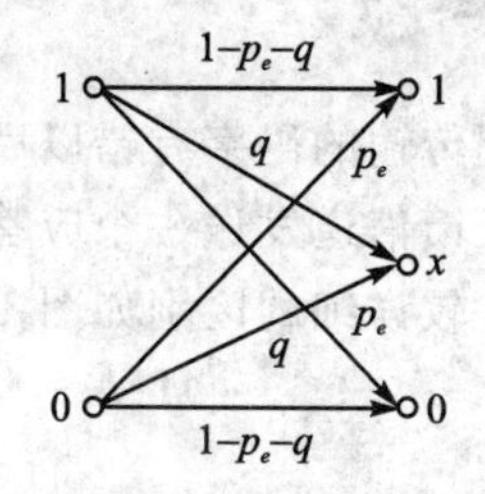

图 1.3.3 二进制删除信道

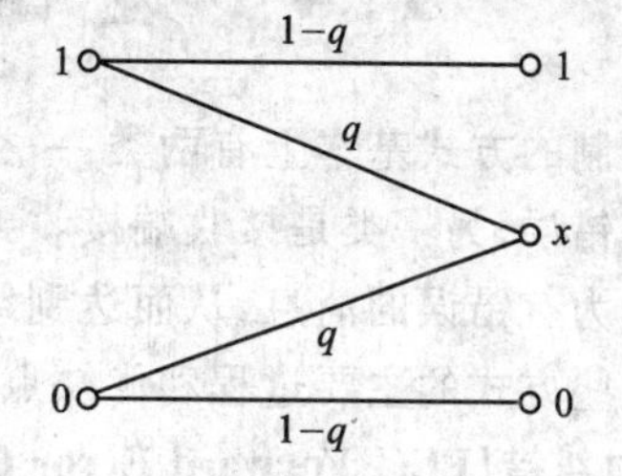

图 1.3.4 二进制纯删除信道

1.3.3 信道编码的分类

按照编码规则的局限性分为分组码与卷积码。若编码的规则仅局限在本码组之内，即本码组的监督元仅和本码组的信息元相关，则称这类码为分组码；若本码组的监督元不仅和本码组的信息元相关，而且还和与本码组相邻的前 $N-1$ 个码组的信息相关，则这类码称为卷积码。

在分组码中，每个待编码的信息码组由 k 个二进制码元组成，共有 2^k 个可能的不同的信息码组。信道编码器对每个信息码组独立地进行编码，所附加的 $n-k$ 个码元中，每一个监督元取值为 1 还是 0，仅与该信息码组的 k 个码元为何有关。编码器输出一个长度为 n 的码组，又称码字，码字的数目也是 2^k 个，这 2^k 码字的集合称为 (n,k) 分组码。由于分组码的每个码字只取决于相应的信息码组，所以编码器是无记忆的，可用组合逻辑电路来实现。k/n 是一个重要的参数，通常用符号 R 表示，$R<1$，称为编码效率。

卷积码的编码器也是对 k 个码元的信息码进行编码，并输出一个长为 n 个码元的码字。但每个码可以附加的监督元不仅与此时刻输入到编码器的信息码组有关，还与此时刻相邻的前 $N-1$ 个时刻输入到编码器的信息码组有关，因此编码器应含有 $N-1=m$ 级存储器，每一级存储器存储前 $N-1=m$ 个时刻中，每个时刻输入到编码器的 k 个信息元，所以卷积码编码器是有记忆的，它必须用序列逻辑电路来实现，$N-1=m$ 称为卷积码的编码存储，N 称为卷积码的约束度。卷积码常用 (n,k,m) 表示。

若编码规则可以用线性方程组来表示，则称为线性码，否则称为非线性码，例如电信中常用的等比码就是非线性码。

按编码后每个码字的结构可分为系统码和非系统码。系统码的每个码字中，前 k 个码元与信息码一致，而非系统码的码字没有这种结构上的特点。

按纠正差错的类型可分为纠正随机错误码和纠正突发错误的码。

按码字中每个码元的取值可分为二元码或二进制码和多进制码，由于元码应用最广泛，这里仅讨论二元码。

1.4 差错控制的基本方式

差错控制的方式基本上有两类：一类是接收端检测到传输的码字有错以后，接收端译码器自动地纠正错误；另一类是接收端接收到错误以后通过反馈信道发送一个应答信号，要发端重传接收端认为有错误的消息，从而达到纠正错误的目的。较详细的区别如图 1.4.1 所示，下面分别介绍这些方式的主要过程和优缺点。

1. 前向纠错(FEC，Forward Error Correction)

这种方式是发端的信道编码器将信息组编成具有一定纠错能力的码，接收端信道译码器对接收码字进行译码，若传输中产生的差错数目在码的纠错能力之内时，译码器对差错进行定位并加以纠正。

前向纠错方式的优点是不需要反馈信道，适用于一点发送、多点接收的广播系统，译码延时固定，较适合于实时传输系统，但是这种方式要求预先确定信道的差错统计特性，以便选择合适的纠错码,否则难于达到误码率的要求。在计算机集成电路广泛应用的今天,编译码的实现并不复杂,这种方式正在广泛应用于通信系统中,如深空和卫星信道。

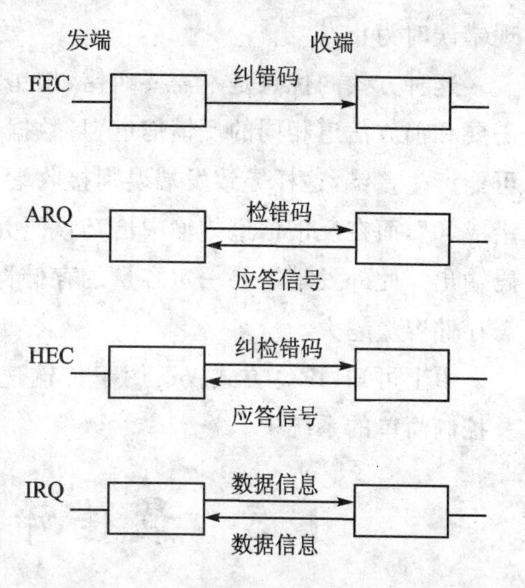

图 1.4.1　差错控制的基本方式

2. 检错重传(ARQ,Automatic Repeat reQuest)

检错重传方式有三种基本的类型:等待式 ARQ(Stop-and-wait)、退 N 步 ARQ(go-back-N)和选择重传(Selective-repeat)。等待式 ARQ 中,发送端发送一个码字给接收端并等待从接收端来的应答信号,若应答信号是否定的,则发端就重传该码字,一直继续到发端收到一个肯定回答为止。例如 IBM 的同步通信规约与航空电子综合化系统中都采用了这一方式。

检错重传方式的主要优点是只需要少量的多余码元(一般为总码元的 5%～20%)就能获得极低的输出误码率,并且所使用的检错码基本上与信道的差错统计特性无关,对各种信道的不同差错特性,有一定自适应能力,只要设计得好都能达到设计中所要求的误码率,这是该种方式的最大优点。此外该方式的检错译码器和 FEC 的纠错译码器相比,其成本和复杂性均要低得多。此种方式的主要缺点是必须有反馈信道,因而不能用于单个传输系统,也难以用于同步系统,并且实现控制比较复杂。此外当信道干扰增大时,整个系统可能处在重传循环中,因而通信效率降低,在某些情况下甚至不能通信,并且由于反馈重传的随机性,收端送给用户的数据信息也是随机到达的,因此不大适于实时传输系统。

3. 混合差错控制(HEC,Hybrid Error Correction)

这种方式是 FEC 与 ARQ 方式的结合,发端发送同时具有自动纠错和检错能力的码组,收端接收到码组后检查差错情况,如果差错在码的纠错能力范围内,则自动地进行纠正。如果信道的干扰很严重,错误很多,超过了码的纠错能力,但能检测出来,则经反馈信道请求发端重发这组数据。因此如同检错重传系统一样,也有以上所述的几种工作方式。

HEC 方式具有 FEC 与 ARQ 方式的优点,避免了 FEC 方式所需的复杂译码器及不能适应信道差错变化的缺点,还能克服 ARQ 方式信息连贯性差、有时通信效率低的缺点,因此这种方式特别适用于环路延迟大的高速传输系统(如卫星通信)中。

4. 信息反馈(IRQ,Information Repeat reQuest)

此方式也称回程校验方式,收端把收到的数据原封不动地通过反馈信道送回到发端,发端比较发的数据与反馈来的数据,从而发现错误,并且把错误的消息再次传送,直到发端没有发现错误时为止。

这种方式的优点是不需要纠错、检错编译码器，控制设备和检错设备均比较简单。缺点是需要和前方信道相同的反馈信道，且数据在前向信道传输中本来无错，而在反馈信道中传输时可能产生差错，这样导致发端误判接收端有错而进行重发；此外，当接收数据中某一码元由“1”错成“0”，而在反馈信道传输中恰巧该码元又由“0”错成“1”，从而使发端发现不了错误，造成误码输出。此外发端需要一定容量的存储器以存储发送码组，环路时延越大、数据速率越高，所需存储容量越大。

由上可知，IRQ 方式仅适用于传输速率较低、数据信道差错率较低且具有双向传输线路及控制简单的系统中。

1.5 最佳译码与最大似然译码

译码器的任务是从收到干扰的信息序列中尽可能正确地恢复出原信息，由图 1.1.2 可见，译码器接收到一个接收码字 R 以后，按照编码的规则对 R 进行译码后输出信息码组的估值 $\hat{M}$，但是信息码组与码字 C 之间是有固定规则的，这也就相当于信道译码器能给出码字 C 的估值 $\hat{C}$。当 $C\neq\hat{C}$ 时就出现了译码错误，因为只有当 $C=\hat{C}$ 时，$M=\hat{M}$。

译码器的任务是在已知接收码字 R 的条件下找出可能性最大的发送码字 C 作为译码估值 $\hat{C}$，即令

$$\hat{C} = \max P(C/R) \tag{1.5.1}$$

这种译码方法称为最佳译码，也叫最大后验概率译码(MAP，Maximum APosteriori)。它是一种通过经验与归纳由接收码推测发送码的方法，是最优的译码算法，这个准则称为最大后验概率译码准则。

如果所有码字 C 的先验概率 $P(C)$ 相同，则后验概率 $P(C/R)$ 最大就等效于要求条件概率 $P(R/C)$ 进行译码判决，一定是译码错误概率最小，根据贝叶斯公式有

$$P(C/R) = \frac{P(C)P(R/C)}{P(R)} \tag{1.5.2}$$

如果所有码字 C 的先验概率 $P(C)$ 相同，则后验概率 $P(C/R)$ 最大就等效于要求条件概率 $P(C/R)$ 具有最大值，称 $P(R/C)$ 为似然函数，这时最大后验译码相当于最大似然函数译码。在 BSC 信道下，设每个码字长为 n，若接收码字 R 与码字 C 的距离为 d，则条件概率 $P(R/C)$ 可以表示为

$$P(R/C) = p^{d}(1-p)^{n-d} \tag{1.5.3}$$

对式(1.5.3)取对数后得

$$\log P(R/C) = d \log \frac{p}{1-p} + n \log(1-p) \tag{1.5.4}$$

因为 $p<0.5$,所以 $\log \frac{p}{1-p}$ 为负值,而 $\log x$ 是 x 的增函数。似然函数对数最大等效于似然函数最大,这就必然要求接收码字 R 与码字 C 的距离 d 为最小,这时最大似然译码就相当于最小距离译码,实际上在信道传输过程中,码元出错少的概率最大。由于 BSC 信道是对称的,只要发送的码字独立且等概率,最小距离译码就是最佳译码。

第 2 章　线性分组码

本章介绍线性码和线性分组码的基本概念，它是研究其他差错控制编码的基础。由于在数字通信和数字计算机中通常采用符号“0”和“1”的二元码，所以这里只讨论二元线性分组码。二元码的理论可以直接推广到符号取自非二元域的码。

2.1　线性分组码引论

2.1.1　基本概念

在数字通信中，为了能在接收端发现和纠正信息传输中产生的错误，发端需要对所传输的数字信息序列进行编码。

假定信源输出是二元数字“0”和“1”的序列，在分组码中，二元信息序列被分成长度固定的一组组消息，每组消息由 k 个信息数字组成，用 $\boldsymbol{U}$ 表示，总共有 2^k 个不同的消息。编码器按照一定的规则将每个消息变换成长度为 n 的二元序列。若$n>k$，该序列称为消息的码字（或码矢），共有 2^k 个，这 2^k 个码字的集合称为分组码。

信道编码研究的主要问题是构造或发现好码，对于大的 k 和 n 值，编码方案较多，编码设备会很复杂，现实的做法是对编码方案加以一定的约束，在一个子集中寻找局部最优，这就要求将注意力集中在可实现的分组码上，即使分组码的构造具有线性性质。具有这种结构的分组码，称为线性分组码。

定义 2.1.1　通过预定的线性运算将长为 k 位的信息码组变换成 n 重的码字（$n>k$）。由 2^k 个信息码组所编成的 2^k 个码字集合，称为线性分组码；而其余 $n-k$ 个码元是校验元，也称监督元。

一个 n 重的码字可以用矢量来表示，即

$$(\boldsymbol{C}_{n-1},\boldsymbol{C}_{n-2},\cdots,\boldsymbol{C}_1,\boldsymbol{C}_0)$$

所以码字又称为码矢。信息位为 k、码长为 n 的线性码，简称为(n,k)线性码。

例如，信息分组长度 $k=3$，在每一信息组后加上 4 个监督元，构成(7,3)线性分组码。设该码的码字为$(C_6C_5C_4C_3C_2C_1C_0)$，其中 $C_6C_5C_4$ 为信息元；$C_3C_2C_1C_0$ 为监督元，每个码元取值为“0”或“1”。监督元可按下面方程组计算

$$\left.\begin{aligned}C_3 &= C_6 + C_4 \\ C_2 &= C_6 + C_5 + C_4 \\ C_1 &= C_6 + C_5 \\ C_0 &= C_5 + C_4\end{aligned}\right\} \tag{2.1.1}$$

式(2.1.1)为线性方程组,它确定了由信息元得到监督元的规则,所以称为监督方程或校验方程。由于所有码字都按同一规则确定,因此式(2.1.1)称为一致监督方程或一致校验方程,所得到的监督元称为一致监督元或一致校验元,这种编码方法称为一致监督编码或一致校验编码。由于一致监督方程是线性的,即监督元和信息元之间是线性关系,所以由监督方程所确定的分组码是线性分组码。

例如,信息组 101,即 $C_6=1$,$C_5=0$,$C_4=1$,代入式(2.1.1)得到:$C_3=0$,$C_2=0$,$C_1=1$,$C_0=1$,即由信息组 101 编出的码字为 1010011。同样可求出与其他 7 个信息组相对应的码字,如表 2.1.1 所列。

表 2.1.1　(7,3)分组码编码表

信息组			对应码字						
0	0	0	0	0	0	0	0	0	0
0	0	1	0	0	1	1	1	0	1
0	1	0	0	1	0	0	1	1	1
0	1	1	0	1	1	1	0	1	0
1	0	0	1	0	0	1	1	1	0
1	0	1	1	0	1	0	0	1	1
1	1	0	1	1	0	1	0	0	1
1	1	1	1	1	1	0	1	0	0

2.1.2　分组码的码率

在(n,k)分组码中,定义

$$R = k/n$$

为分组码的编码效率或编码速率,简称码率,它代表了信道利用效率,所以也叫做传信率。

R 是衡量码性能的一个重要参数。它表示码字中信息位所占的比重,说明在 n 个码字中有 k 个码元传送消息,其余 $n-k$ 个校验元仅仅是为了使码字具有纠错能力而加上的,对传输信息没有作用。R 越大,码的效率越高或传信率越高。

2.1.3　汉明(Hamming)距离和汉明重量

定义 2.1.2　在(n,k)线性码中,二个码字 $\boldsymbol{U}$、$\boldsymbol{V}$ 之间对应码元位上符号取值不同的个数,

称为码字 $\boldsymbol{U}$、$\boldsymbol{V}$ 之间的汉明距离，简称距离或 H 距，用 $d(\boldsymbol{U},\boldsymbol{V})$ 表示。

例如，(7,3)码的两个码字 $\boldsymbol{U}=0011101$，$\boldsymbol{V}=0100111$，它们之间的第 2、3、4 和 6 位不同，因此码字 $\boldsymbol{U}$ 和 $\boldsymbol{V}$ 的距离为 4。

在二元线性码中，对于给定的两个码字 $\boldsymbol{U}$ 和 $\boldsymbol{V}$ 分别是

$$\boldsymbol{U}=(U_{n-1},U_{n-2},\cdots,U_0),\quad \boldsymbol{V}=(V_{n-1},V_{n-2},\cdots,V_0)$$

其中 $U_i\in\{0,1\}$，$V_i\in\{0,1\}$，$i=0,1,\cdots,n-1$，那么它们的距离可用下式计算

$$d(\boldsymbol{U},\boldsymbol{V})=\sum_{i=0}^{n-1}(U_i\oplus V_i) \tag{2.1.2}$$

(n,k)线性分组码的一个码字对应于 n 维线性空间中的一点，码字间的距离即为空间中两对应点的距离，因此，码字间的距离满足一般距离公理，用下式表示

$$\left.\begin{array}{lll}(1) & d(\boldsymbol{U},\boldsymbol{V})\geqslant 0 & \text{非负性}\\ (2) & d(\boldsymbol{U},\boldsymbol{V})=d(\boldsymbol{V},\boldsymbol{U}) & \text{对称性}\\ (3) & d(\boldsymbol{U},\boldsymbol{V})+d(\boldsymbol{V},\boldsymbol{W})\geqslant d(\boldsymbol{U},\boldsymbol{W}) & \text{三角不等式}\end{array}\right\} \tag{2.1.3}$$

定义 2.1.3 在(n,k)线性码码字集合中，任意两个码字间的距离最小值，称为码的最小距离 $d_{\min}$。若 $C^{(i)}$ 和 $C^{(j)}$ 是任意两个码字，则码的最小距离可表示为

$$d_{\min}=\min_{i\neq j}\{d(C^{(i)},C^{(j)})\}\qquad i,j=0,1,\cdots,2^k-1$$

码的最小距离是衡量码的抗干扰能力（检、纠错能力）的重要参数，码的最小距离越大，码的抗干能力就越强。

定义 2.1.4 码字中非 0 码元符号的个数，称为该码字的汉明重量，简称码字重量或 H 重，用 W 表示。

例如，在二元线性分码中，码字重量就是码字中含“1”的个数。

定义 2.1.5 线性分组码 C_I 中，非 0 码字重量最小值称为码 $\boldsymbol{C}_1$ 的最小重量，用 $W_{\min}$ 表示为

$$\boldsymbol{W}_{\min}=\min\{W(\boldsymbol{V}),\quad \boldsymbol{V}\in\boldsymbol{C}_I,\boldsymbol{V}\neq 0\}$$

定理 2.1.1 线性分组码的最小距离等于它的最小重量。

证明 设线性码 $\boldsymbol{C}_I$，且 $\boldsymbol{U}\in\boldsymbol{C}_I$，$\boldsymbol{V}\in\boldsymbol{C}_I$，又设 $\boldsymbol{U}+\boldsymbol{V}=\boldsymbol{Z}$，由线性码的封闭性知，$\boldsymbol{Z}\in\boldsymbol{C}_I$。因此

$$d(\boldsymbol{U},\boldsymbol{V})=\boldsymbol{W}(\boldsymbol{Z})$$

由此可推知，线性分组码的最小距离必等于非 0 码字的最小重量。

2.2 线性分组码的监督矩阵和生成矩阵

2.2.1 监督矩阵

为了运算方便，将式(2.1.1)监督方程组写成矩阵形式，得到

$$\begin{bmatrix}1 & 0 & 1 & 1 & 0 & 0 & 0\\1 & 1 & 1 & 0 & 1 & 0 & 0\\1 & 1 & 0 & 0 & 0 & 1 & 0\\0 & 1 & 1 & 0 & 0 & 0 & 1\end{bmatrix}\begin{bmatrix}C_6\\C_5\\C_4\\C_3\\C_2\\C_1\\C_0\end{bmatrix}=\begin{bmatrix}0\\0\\0\\0\end{bmatrix} \tag{2.2.1}$$

令 $\boldsymbol{C}=[C_6\quad C_5\quad C_4\quad C_3\quad C_2\quad C_1\quad C_0]$，$\boldsymbol{0}=[0\quad 0\quad 0\quad 0]$，则

$$\boldsymbol{H}=\begin{bmatrix}1 & 0 & 1 & 1 & 0 & 0 & 0\\1 & 1 & 1 & 0 & 1 & 0 & 0\\1 & 1 & 0 & 0 & 0 & 1 & 0\\0 & 1 & 1 & 0 & 0 & 0 & 1\end{bmatrix} \tag{2.2.2}$$

于是式(2.2.1)可写成

$$\boldsymbol{H}\boldsymbol{C}^{\mathrm{T}}=\boldsymbol{0}^{\mathrm{T}} \text{ 或 } \boldsymbol{C}\boldsymbol{H}^{\mathrm{T}}=\boldsymbol{0} \tag{2.2.3}$$

式中 $\boldsymbol{C}^{\mathrm{T}}$、$\boldsymbol{H}^{\mathrm{T}}$、$\boldsymbol{0}^{\mathrm{T}}$ 分别表示矩阵 $\boldsymbol{C}$、$\boldsymbol{H}$、$\boldsymbol{0}$ 的转置矩阵。系数矩阵 $\boldsymbol{H}$ 的后四列组成一个 4×4 阶单位子阵，用 $\boldsymbol{I}_4$ 表示，$\boldsymbol{H}$ 的其余部分用 $\boldsymbol{Q}$ 表示，即

$$\boldsymbol{Q}=\begin{bmatrix}1 & 0 & 1\\1 & 1 & 1\\1 & 1 & 0\\0 & 1 & 1\end{bmatrix}\qquad \boldsymbol{I}_4=\begin{bmatrix}1 & 0 & 0 & 0\\0 & 1 & 0 & 0\\0 & 0 & 1 & 0\\0 & 0 & 0 & 1\end{bmatrix}$$

所以

$$\boldsymbol{H}_{(7,3)}=[\boldsymbol{Q}\quad \boldsymbol{I}_4] \tag{2.2.4}$$

推广到一般情况，对(n,k)线性分组码，每个码字中的 $r(r=n-k)$个监督元与信息元之间的关系可由下面的线性方程组确定，即

$$\left.\begin{aligned}h_{11}C_{n-1}+h_{12}C_{n-2}+\cdots h_{1n}C_0&=0\\h_{21}C_{n-1}+h_{22}C_{n-2}+\cdots h_{2n}C_0&=0\\\vdots\qquad\qquad \vdots\qquad\qquad&\\h_{r1}C_{n-1}+h_{r2}C_{n-2}+\cdots h_{rn}C_0&=0\end{aligned}\right\} \tag{2.2.5}$$

其中，$h_{i,j}\in\{0,1\}$。令上式的系数矩阵为 $\boldsymbol{H}$，码字行阵为 $\boldsymbol{C}$，即

$$\boldsymbol{H}=\begin{bmatrix}h_{11} & h_{12} & \cdots & h_{1n}\\h_{21} & h_{22} & \cdots & h_{2n}\\\vdots & \vdots & \vdots & \vdots\\h_{r1} & h_{r2} & \cdots & h_{rn}\end{bmatrix} \tag{2.2.6}$$

$$\boldsymbol{C}=[C_{n-1}\quad C_{n-2}\cdots C_0]$$

于是可将式(2.2.5)写成

$$\boldsymbol{HC}^{\mathrm{T}}=\boldsymbol{0}^{\mathrm{T}} \text{ 或 } \boldsymbol{CH}^{\mathrm{T}}=\boldsymbol{0} \tag{2.2.7}$$

这里，称矩阵 $\boldsymbol{H}$ 为监督矩阵。对 $\boldsymbol{H}$ 各行实行初等变换，将后面 r 列化为单位子阵，于是得到

$$\boldsymbol{H}=\begin{bmatrix} q_{11} & q_{12} & \cdots & q_{1k} & 1 & 0 & \cdots & 0 \\ q_{21} & q_{22} & \cdots & q_{2k} & 0 & 1 & \cdots & 0 \\ \vdots & \vdots & & \vdots & \vdots & \vdots & & \vdots \\ q_{r1} & q_{r2} & \cdots & q_{rk} & 0 & 0 & \cdots & 1 \end{bmatrix}=[\boldsymbol{Q}\quad \boldsymbol{I}_r] \tag{2.2.8}$$

行变换所得方程组与原方程组同解。这里，把变换所得的后面 r 列是一单位子阵的监督矩阵 $\boldsymbol{H}$，称为监督矩阵 $\boldsymbol{H}$ 的标准形式。$\boldsymbol{H}$ 阵的一般形式可通过行的线性变换化成标准形式，利用标准形式的 $\boldsymbol{H}$ 阵进行编译码是方便的，所以 $\boldsymbol{H}$ 阵的标准形式是一种常用形式。

显然，$\boldsymbol{H}$ 阵的每一行都代表一个监督方程，表示与该行中“1”相对应的码元的模 2 和为 0，因此 $\boldsymbol{H}$ 的标准形式还说明了相应的监督元是由哪些信息元决定的。例如(7,3)码的 $\boldsymbol{H}$ 阵的第一行为 1011000，它说明此码的第一个监督元等于第一个和第三个信息元的模 2 和，依此类推。

$\boldsymbol{H}$ 阵的 r 行代表了 r 个监督方程，也表示由 $\boldsymbol{H}$ 确定的码的码字有 r 监督元。那么为了得到确定的码，r 个监督方程(或 $\boldsymbol{H}$ 阵的 r 行)必须是线性独立的，这要求 $\boldsymbol{H}$ 阵的秩为 r，若把 $\boldsymbol{H}$ 阵化成标准形式，只要检查单位阵的秩，就能方便地确定 $\boldsymbol{H}$ 阵本身的秩。

2.2.2 生成矩阵

在数字电路中，用二进制数字序列表示信源的信息，即 0－1 序列。对于这种二进制序列中的符号 0 和 1 定义加法和乘法如下

$$\left.\begin{array}{l} 0\oplus 0=0,\ 0\oplus 1=1,\ 1\oplus 0=1,\ 1\oplus 1=0 \\ 0\cdot 0=0,\ 0\cdot 1=0,\ 1\cdot 0=0,\ 1\cdot 1=1 \end{array}\right\} \tag{2.2.9}$$

这种定义的加法和乘法称为模 2 加法和模 2 乘法。其相应的逆运算——减法和除法，可以定义如下

$$0-1=0,\ 0-1=1,\ 1-0=1,\ 1-1=0$$

$$\frac{0}{1}=0 \qquad \frac{1}{1}=1 \tag{2.2.10}$$

由式(2.2.9)和式(2.2.10)可知，在模 2 算术运算中，加法和减法是一样的。并且算术中的运算规律，如结合律、交换率和分配率等，在这里依然有效。

两个符号 0、1 所构成的集合与它所定义的算术运算式(2.2.9)和式(2.2.10)结合起来，称为二元域(或二进制域)，记为 GF(2)。

定理 2.2.1 设二元线性分组码 $\boldsymbol{C}_I$($\boldsymbol{C}_I$ 表示码字集合)是由监督矩阵 $\boldsymbol{H}$ 所定义的,若 $\boldsymbol{U}$ 和 $\boldsymbol{V}$ 为其中的任意两个码字,则 $\boldsymbol{U}+\boldsymbol{V}$ 也一定是 $\boldsymbol{C}_I$ 中的一个码字。

证明 由于 $\boldsymbol{U}$ 和 $\boldsymbol{V}$ 是码 $\boldsymbol{C}_I$ 中的两个码字,故有

$$\boldsymbol{HU}^{\mathrm{T}} = \boldsymbol{0}^{\mathrm{T}}, \quad \boldsymbol{HV}^{\mathrm{T}} = \boldsymbol{0}^{\mathrm{T}}$$

那么 $\boldsymbol{H}(\boldsymbol{U}+\boldsymbol{V})^{\mathrm{T}}=\boldsymbol{H}(\boldsymbol{U}^{\mathrm{T}}+\boldsymbol{V}^{\mathrm{T}})=\boldsymbol{HU}^{\mathrm{T}}+\boldsymbol{HV}^{\mathrm{T}}=\boldsymbol{0}^{\mathrm{T}}$,即 $\boldsymbol{U}+\boldsymbol{V}$ 满足监督方阵,所以 $\boldsymbol{U}+\boldsymbol{V}$ 必是一个码字。

该定理表明,线性码任意两个码字之和仍是一个码字,这一性质称为线性码的封闭性。

一个长为 n 的二元序列可以看作是 GF(2)上的 n 维线性空间中的一点,而长为 n 的所有 2^n 个矢量集合构成了 GF(2)上的 n 维线性空间 $\boldsymbol{V}_n$。把线性码放入线性空间中进行研究,将使许多问题简化而比较容易解决。

定理 2.2.2 (n,k)线性码是 n 维线性空间 $\boldsymbol{V}_n$ 中的一个 k 维子空间 $\boldsymbol{V}_k$。

证明 设 $\boldsymbol{C}_I$ 是一个由监督矩阵 $\boldsymbol{H}$ 定义的(n,k)线性码,且 $\boldsymbol{U}\in\boldsymbol{C}_I$,$\boldsymbol{V}\in\boldsymbol{C}_I$,

(1) 由于码具有封闭性,则 $\boldsymbol{U}+\boldsymbol{V}\in\boldsymbol{C}_I$;

(2) 若 a 为 GF(2)中的常数,$\boldsymbol{U}\in\boldsymbol{C}_I$,并且零码字$\in\boldsymbol{C}_I$,则 $a\cdot\boldsymbol{U}\in\boldsymbol{C}_I$;

(3) 由 $\boldsymbol{HU}^{\mathrm{T}}=\boldsymbol{0}^{\mathrm{T}}$,即 $\boldsymbol{U}$ 在由 $\boldsymbol{H}$ 阵的行张成的 $n-k$ 维线性子空间 $\boldsymbol{V}_{n-k}$ 的零空间 $\boldsymbol{V}_k$ 中,而 $\boldsymbol{V}_k$ 的维数是 k。

(1)和(2)证明了(n,k)线性码构成了 n 维线性空间 $\boldsymbol{V}_n$ 的一个子空间,而(3)进一步证明了该子空间的维数是 k。证毕。

在由(n,k)线性码构成的线性空间 $\boldsymbol{V}_n$ 的 k 维子空间中,一定存在 k 个线性独立的码字 $\boldsymbol{C}$ 都可以表为这 k 个码字:$\boldsymbol{g},\boldsymbol{g}_1,\boldsymbol{g}_2,\cdots,\boldsymbol{g}_k$。那么,码 $\boldsymbol{C}_I$ 中其他任何码字 $\boldsymbol{C}$ 都可以表示为这 k 个码字的一种线性组合,即

$$\boldsymbol{C} = m_{k-1}\boldsymbol{g}_1 + m_{k-2}\boldsymbol{g}_2 + \cdots + m_0\boldsymbol{g}_k \tag{2.2.11}$$

式中 $m_i\in\{0,1\}$,$i=0,1,2,\cdots,k-1$。

将式(2.2.11)写成矩阵形式得

$$\boldsymbol{C} = [m_{k-1} \quad m_{k-2} \quad \cdots \quad m_0]\begin{bmatrix}\boldsymbol{g}_1\\ \boldsymbol{g}_2\\ \vdots\\ \boldsymbol{g}_k\end{bmatrix} = \boldsymbol{mG} \tag{2.2.12}$$

其中 $\boldsymbol{m}=[m_{k-1} \quad m_{k-2} \quad \cdots \quad m_0]$是待编码的信息组,$\boldsymbol{G}$ 是一个 $k\times n$ 阶矩阵,即

$$\boldsymbol{G} = \begin{bmatrix}\boldsymbol{g}_1\\ \boldsymbol{g}_2\\ \vdots\\ \boldsymbol{g}_k\end{bmatrix} = \begin{bmatrix}g_{11} & g_{12} & \cdots & g_{1n}\\ g_{21} & g_{22} & \cdots & g_{2n}\\ \vdots & & & \vdots\\ g_{k1} & g_{k2} & \cdots & g_{kn}\end{bmatrix} \tag{2.2.13}$$

而 $\boldsymbol{G}$ 中每一行 $\boldsymbol{g}_i=(g_{i1}\ g_{i2}\cdots\ g_{in})$ 都是一个码字,对每一个信息组 $\boldsymbol{m}$,由矩阵 $\boldsymbol{G}$ 都可求得 (n,k) 线性码对应的码字,码字的数目共有 2^k。因为矩阵 $\boldsymbol{G}$ 生成了 (n,k) 线性码,所以称矩阵 $\boldsymbol{G}$ 为 (n,k) 线性码的生成矩阵。

由式(2.2.11)可知,(n,k) 线性码的每一个码字都是生成矩阵 $\boldsymbol{G}$ 矢量的线性组合,所以它的 2^k 个码字构成了由 $\boldsymbol{G}$ 的行张成的 n 维空间的一个 k 维子空间 $\boldsymbol{V}_k$。

通过行的初等变换,可将 $\boldsymbol{G}$ 化为前 k 列是单位子阵的标准形式,即

$$\boldsymbol{G}=\begin{bmatrix}1 & 0 & \cdots & 0 & p_{11} & p_{12} & \cdots & p_{1(n-k)}\\ 0 & 1 & \cdots & 0 & p_{21} & p_{22} & & p_{2(n-k)}\\ & & \vdots & & & & \vdots & \\ 0 & 0 & \cdots & 1 & p_{k1} & p_{k2} & \cdots & p_{k(n-k)}\end{bmatrix}\overset{\text{def}}{=\!=}[\boldsymbol{I}_k\quad \boldsymbol{P}] \tag{2.2.14}$$

将式(2.2.14)代入 $\boldsymbol{C}=(C_{n-1},C_{n-2},\cdots,C_0)=(m_{k-1},m_{k-2},\cdots,m_0)\boldsymbol{G}$ 得到

$$\left.\begin{aligned}&C_{n-i}=m_{k-i} & i=1,2,\cdots,k\\ &C_{n-(k+j)}=m_{k-1}p_{1j}+m_{k-2}p_{2j}+\cdots+m_0p_{kj} & j=1,2,\cdots,n-k\end{aligned}\right\} \tag{2.2.15}$$

式(2.2.15)表明,用标准生成矩阵 $\boldsymbol{G}$ 编成的码字,前面 k 位为信息数字,后面 $r=n-k$ 位为校验数字,其结构如图 2.2.1 所示。这种信息数字在前校验数字在后的线性分组码,称为线性系统分组码。

信息数字	校验数字

图 2.2.1 系统码的码字结构

由上述可知,当生成矩阵 $\boldsymbol{G}$ 确定之后,(n,k) 线性码也就完全被确定了,因此,只要找到了码的生成矩阵,编码问题也同样被解决了。

例如,(7,4)线性码的生成矩阵为

$$\boldsymbol{G}=\begin{bmatrix}\boldsymbol{g}_1\\ \boldsymbol{g}_2\\ \boldsymbol{g}_3\\ \boldsymbol{g}_4\end{bmatrix}=\begin{bmatrix}1&0&0&0&1&0&1\\0&1&0&0&1&1&1\\0&0&1&0&1&1&0\\0&0&0&1&0&1&1\end{bmatrix}$$

若待编码的信息组 $\boldsymbol{m}=(1\ 0\ 1\ 0)$,根据式(2.2.12),信息组所对应的码字是对 $\boldsymbol{G}$ 的行按信息组进行线性组合,即

$$\boldsymbol{C}=1\cdot\boldsymbol{g}_1+0\cdot\boldsymbol{g}_2+1\cdot\boldsymbol{g}_3+0\cdot\boldsymbol{g}_4=(1\,0\,0\,0\,1\,0\,1)+(0\,0\,1\,0\,1\,1\,0)=(1\,0\,1\,0\,0\,1\,1)$$

2.3 对偶码

(n,k) 线性码的 $\boldsymbol{G}$ 和 $\boldsymbol{H}$ 之间有非常密切的关系。由于生成矩阵 $\boldsymbol{G}$ 的每一行都是一个码

字，所以 G 的每行都满足 $HC^{\mathrm{T}}=0^{\mathrm{T}}$，则有

$$HG^{\mathrm{T}}=0^{\mathrm{T}} \text{ 或 } GH^{\mathrm{T}}=0^{\mathrm{T}} \tag{2.3.1}$$

因此，线性码的生成矩阵 G 和监督矩阵 H 的行矢量彼此正交。那么，由生成矩阵的行矢量张成的 k 维子空间和由监督矩阵行矢量张成的 $n-k$ 维子空间互为零空间。并且，由式(2.2.14)得

$$GH^{\mathrm{T}}=[I_k \quad P][Q \quad I_r]^{\mathrm{T}}=[I_k \quad P]\begin{bmatrix}Q^{\mathrm{T}}\\ I_r\end{bmatrix}=Q^{\mathrm{T}}+P$$

所以

$$P=Q^{\mathrm{T}} \quad \text{或 } P^{\mathrm{T}}=Q \tag{2.3.2}$$

由此可得

$$G=[I_k \quad P]=[I_k \quad Q^{\mathrm{T}}] \text{ 或 } H=[Q \quad I_r]=[P^{\mathrm{T}} \quad I_r]$$

因而线性系统码的监督阵 H 和生成矩阵 G 之间可以直接转换。

例如，已知(7,4)线性系统码的监督矩阵为

$$H_{(7,4)}=\begin{bmatrix}1&1&1&0&1&0&0\\0&1&1&1&0&1&0\\1&1&0&1&0&0&1\end{bmatrix}$$

可直接写出它的生成矩阵

$$G_{(7,4)}=\begin{bmatrix}1&0&0&0&1&0&1\\0&1&0&0&1&1&1\\0&0&1&0&1&1&0\\0&0&0&1&0&1&1\end{bmatrix}$$

定义 2.3.1　对一个(n,k)线性码 C_I，由于 $HG^{\mathrm{T}}=0^{\mathrm{T}}$，如果以 G 作监督矩阵，而以 H 作生成矩阵，可构造另一码 C_{Id}；C_{Id} 码是一个$(n,n-k)$线性码，称 C_{Id} 码为原码 C_I 的对偶码。

显然，由于对偶码是原码的生成矩阵和监督矩阵互换后所构成的码，所以对偶码的码矢与原码的码矢彼此正交，而它们分别构成的两子空间是互为零化空间。

例如，(7,4)线性码的对偶码是(7,3)码，那么(7,3)码的监督矩阵 $H_{(7,3)}$ 是(7,4)码的生成矩阵 $G_{(7,4)}$，即

$$H_{(7,3)}=G_{(7,4)}=\begin{bmatrix}1&0&0&0&1&0&1\\0&1&0&0&1&1&1\\0&0&1&0&1&1&0\\0&0&0&1&0&1&1\end{bmatrix}\xrightarrow{\text{化成标准形式}}\begin{bmatrix}1&0&1&1&0&0&0\\1&1&1&0&1&0&0\\1&1&0&0&0&1&0\\0&1&1&0&0&0&1\end{bmatrix}$$

而(7,3)码的生成矩阵 $G_{(7,3)}$ 是(7,4)码的监督矩阵 $H_{(7,4)}$，即

$$G_{(7,3)}=H_{(7,4)}=\begin{bmatrix}1&1&1&0&1&0&0\\0&1&1&1&0&1&0\\1&1&0&1&0&0&1\end{bmatrix}\xrightarrow{\text{化成标准形式}}\begin{bmatrix}1&0&0&1&1&1&0\\0&1&0&0&1&1&1\\0&0&1&1&1&0&1\end{bmatrix}$$

为了将由原码的监督矩阵和生成矩阵交换后所得对偶码的生成矩阵和监督矩阵化成标准形式，需在交换后对矩阵的行作初等变换；但对后面讨论的循环码来说，此变换过程可简单地将单位子阵由前移到后，或由后移到前即可，无须作烦琐运算。

2.4 线性分组码的编码

(n,k)线性码的编码是根据线性码的监督矩阵或生成矩阵将长为 k 的信息组变换成长为 $n(n>k)$的码字。下面以(7,3)系统码为例，分析如何用生成矩阵和监督矩阵来构造(7,3)线性分组码的编码电路。

设(7,3)码的信息码组为 $\boldsymbol{m}=(m_2m_1m_0)$，生成矩阵为

$$\boldsymbol{G}=\begin{bmatrix}1&0&0&1&1&1&0\\0&1&0&0&1&1&1\\0&0&1&1&1&0&1\end{bmatrix}$$

根据 $\boldsymbol{C}=(C_6\ C_5\ C_4\ C_3\ C_2\ C_1\ C_0)=\boldsymbol{mG}$ 将 $\boldsymbol{m}$ 和 $\boldsymbol{G}$ 代入得

$$\begin{aligned}
&C_6=m_2\\
&C_5=m_1\\
&C_4=m_0\\
&C_3=m_2+m_0=C_6+C_4\\
&C_2=m_2+m_1+m_0=C_6+C_5+C_4\\
&C_1=m_2+m_1=C_6+C_5\\
&C_0=m_1+m_0=C_5+C_4
\end{aligned}$$

根据上面方程组可直接画出(7,3)码的并行编码电路和串行编码电路，如图 2.4.1 所示。

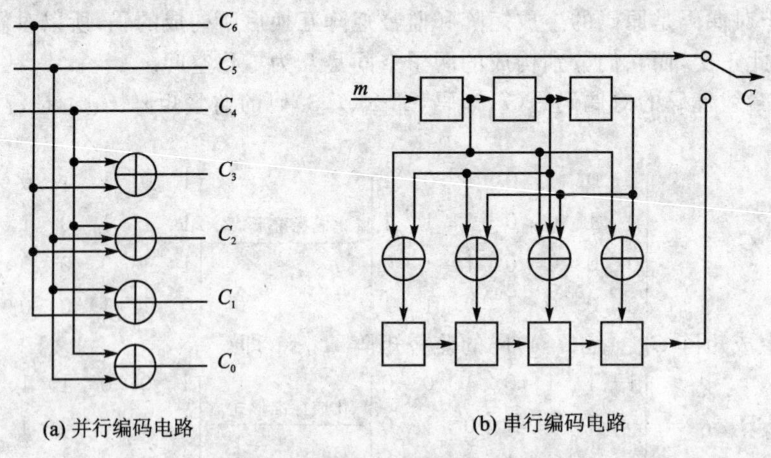

(a) 并行编码电路 (b) 串行编码电路

图 2.4.1 (7,3)线性系统码编码电路

同样，也可以利用监督矩阵来编码，设码字矢量为 $\boldsymbol{C}=(C_6\ C_5\ C_4\ C_3\ C_2\ C_1\ C_0)$，码的监督矩阵为

$$\boldsymbol{H}=\begin{bmatrix}1&0&1&1&0&0&0\\1&1&1&0&1&0&0\\1&1&0&0&0&1&0\\0&1&1&0&0&0&1\end{bmatrix}$$

由 $\boldsymbol{HC}^{\mathrm{T}}=\boldsymbol{0}^{\mathrm{T}}$ 得

$$\begin{aligned}C_3&=C_6+C_4\\C_2&=C_6+C_5+C_4\\C_1&=C_6+C_5\\C_0&=C_5+C_4\end{aligned}$$

由此可见，按生成矩阵和监督矩阵计算监督元所得到的结果一致，编码电路相同，因为生成矩阵和监督矩阵只是以不同方式来描述同一码的结构而已。

2.5 线性分组码的译码

2.5.1 伴随式和错误检测

译码是编码的反变换，通过译码发现接收码字 $\boldsymbol{R}$ 中的错误，当发生错误的数目在码的纠错能力之内时，纠正码字在传输中的错误，从而求出发送信息的估值。一般而言，译码的实现比编码困难，如何设计有效的译码方案是编码理论的一个中心课题。

可以用监督矩阵编码，当然也可以用监督矩阵译码。当收到一个接收字 $\boldsymbol{R}$ 后，可用监督矩阵 $\boldsymbol{H}$ 来检验 $\boldsymbol{R}$ 是否满足监督方程，即 $\boldsymbol{HR}^{\mathrm{T}}=\boldsymbol{0}^{\mathrm{T}}$ 是否成立。若关系式成立，则认为 $\boldsymbol{R}$ 是一个码字；否则判为码字在传输中发生了错误。因此，$\boldsymbol{HR}^{\mathrm{T}}$ 的值是否为 0 是检验接收码字出错与否的依据。

定义 2.5.1 把 $\boldsymbol{S}=\boldsymbol{RH}^{\mathrm{T}}$ 或 $\boldsymbol{S}^{\mathrm{T}}=\boldsymbol{HR}^{\mathrm{T}}$ 称为接收字 $\boldsymbol{R}$ 的伴随式（或监督子，或校验子）。设发送码矢 $\boldsymbol{C}=(\boldsymbol{C}_{n-1},C_{n-2},\cdots,C_0)$，信道的错误图样为 $\boldsymbol{E}=(E_{n-1},E_{n-2},\cdots,E_0)$，其中若 $E_i=0$，表示第 i 位无错。若 $E_i=1$，则表示第 i 位有错，$i=n-1,n-2,\cdots 0$。那么接收字 $\boldsymbol{R}$ 为

$$\boldsymbol{R}=(R_{n-1},R_{n-2},\cdots,R_0)=\boldsymbol{C}+\boldsymbol{E}=(C_{n-1}+E_{n-1},C_{n-2}+E_{n-2},\cdots,C_0+E_0)$$

将接收字用监督矩阵进行检验，即求接收字的伴随式

$$\boldsymbol{S}^{\mathrm{T}}=\boldsymbol{HR}^{\mathrm{T}}=\boldsymbol{H}(\boldsymbol{C}+\boldsymbol{E})^{\mathrm{T}}=\boldsymbol{HC}^{\mathrm{T}}+\boldsymbol{HE}^{\mathrm{T}}$$

由于 $\boldsymbol{HC}^{\mathrm{T}}=\boldsymbol{0}^{\mathrm{T}}$，所以

$$\boldsymbol{S}^{\mathrm{T}}=\boldsymbol{HE}^{\mathrm{T}}\tag{2.5.1}$$

设 $\boldsymbol{H}=(h_1,h_2,\cdots,h_n)$，其中 h_i 表示 $\boldsymbol{H}$ 的列，代入式(2.5.1)得到

$$S^{\mathrm{T}} = h_1 E_{n-1} + h_2 E_{n-2} + \cdots + h_n E_0 \tag{2.5.2}$$

由上面分析得到如下结论：

(1) 伴随式只与错误图样有关，而与发送的具体码字无关，即伴随式仅由错误图样决定。

(2) 伴随式是错误的判别式，若 $\boldsymbol{S}=0$，则判别没有出错，接收字是一个码字；若 $\boldsymbol{S}\neq 0$，则判为有错。

(3) 不同错误图样具有不同的伴随式，它们是一一对应的，对于二元码，伴随式是 $\boldsymbol{H}$ 阵中与错误码元对应列之和。

例 2.1 已知(7,3)码的监督阵为

$$\boldsymbol{H} = \begin{bmatrix} 1 & 0 & 1 & 1 & 0 & 0 & 0 \\ 1 & 1 & 1 & 0 & 1 & 0 & 0 \\ 1 & 1 & 0 & 0 & 0 & 1 & 0 \\ 0 & 1 & 1 & 0 & 0 & 0 & 1 \end{bmatrix}$$

发送码矢 $\boldsymbol{C}=(1\,0\,1\,0\,0\,1\,1)$，接收码矢 $\boldsymbol{R}=(1\,0\,1\,0\,0\,1\,1)$，$\boldsymbol{R}$ 与 $\boldsymbol{C}$ 相同。接收端译码器并不知道发送码字，根据接收字 $\boldsymbol{R}$ 计算伴随式。将 $\boldsymbol{H}$ 和 $\boldsymbol{R}$ 代入得

$$\boldsymbol{S}^{\mathrm{T}} = \boldsymbol{H}\boldsymbol{R}^{\mathrm{T}} = \boldsymbol{0}^{\mathrm{T}}$$

因此，译码器判接收字无错。

若接收字中有一位错误，错误图样 $\boldsymbol{E}=(0100000)$，接收字 $\boldsymbol{R}=(1110011)$，其伴随式为

$$\boldsymbol{S}^{\mathrm{T}} = \boldsymbol{H}\boldsymbol{R}^{\mathrm{T}} = \begin{bmatrix} 1 & 0 & 1 & 1 & 0 & 0 & 0 \\ 1 & 1 & 1 & 0 & 1 & 0 & 0 \\ 1 & 1 & 0 & 0 & 0 & 1 & 0 \\ 0 & 1 & 1 & 0 & 0 & 0 & 1 \end{bmatrix} \begin{bmatrix} 1 \\ 1 \\ 1 \\ 0 \\ 0 \\ 1 \\ 1 \end{bmatrix} = \begin{bmatrix} 0 \\ 1 \\ 1 \\ 1 \end{bmatrix}$$

由于 $\boldsymbol{S}^{\mathrm{T}}\neq 0$，译码器判为有错。(7,3)码是纠单个错误的码，且 $\boldsymbol{S}^{\mathrm{T}}$ 等于 $\boldsymbol{H}$ 的第二列，因此判定接收字 $\boldsymbol{R}$ 的第二位是错的，由于与接收字中错误码元的数目与纠错能力相符，所以译码正确。

当码元错误多于 1 个时，错误图样 $E=(1001000)$，接收码字 $\boldsymbol{R}=(0011011)$，其伴随式为

$$\boldsymbol{S}^{\mathrm{T}} = \boldsymbol{H}\boldsymbol{R}^{\mathrm{T}} = \begin{bmatrix} 1 & 0 & 1 & 1 & 0 & 0 & 0 \\ 1 & 1 & 1 & 0 & 1 & 0 & 0 \\ 1 & 1 & 0 & 0 & 0 & 1 & 0 \\ 0 & 1 & 1 & 0 & 0 & 0 & 1 \end{bmatrix} \begin{bmatrix} 0 \\ 0 \\ 1 \\ 1 \\ 0 \\ 1 \\ 1 \end{bmatrix} = \begin{bmatrix} 0 \\ 1 \\ 1 \\ 0 \end{bmatrix}$$

$\boldsymbol{S}^{\mathrm{T}}$ 是 $\boldsymbol{H}$ 阵第一列和第四列之和，不等于 $\boldsymbol{0}$，但与 $\boldsymbol{H}$ 阵任何一列都不相同，无法判定错误出在哪些位上，所以只是发现有错。

由上面的计算可以看出，若错误图样中只有一个分量不为零，其他均为 0，则 $\boldsymbol{S}^{\mathrm{T}}$ 不为 0，且是 $\boldsymbol{H}$ 矩阵相应的列。因此，当在 n 长的码字中，发生在不同位置上的单个错误，可得到不同的非 0 伴随式，从而由这些伴随式可求得不同的错误图样 $\boldsymbol{E}$，因而该(7,3)码能纠正单个错误。若发生两个错误，则 $\boldsymbol{S}^{\mathrm{T}}$ 也不为 0，但不能纠正。因此，由伴随式不为 0，译码器只能判决传输有错，但不能判定是哪几位错误。可见，该码能纠正一个错误，同时发现两个错误，因为该码的最小距离为 4。

由上面分析看出，一个(n,k)码要纠正$\leqslant t$ 个错误，则要求$\leqslant t$ 个错误的所有可能组合的错误图样，都应该有不同的伴随式与之对应。即若$(0,\cdots,0,E_{i1},E_{i2},\cdots,E_{it},0,\cdots,0)$和$(0,\cdots,0,E_{j1},E_{j2},\cdots,E_{jt},0,\cdots,0)$分别为任意两个信道的错误图样，而且

$$(0,\cdots,0,E_{i1},E_{i2},\cdots,E_{it},0,\cdots,0)\neq(0,\cdots,0,E_{j1},E_{j2},\cdots,E_{jt},0\cdots,0)$$

则要求它们所对应的伴随式不相同，即

$$\underbrace{E_{i1}h_{i1}+E_{i2}h_{i2}+\cdots+E_{it}h_{it}}_{t\text{ 列}}\neq\underbrace{E_{j1}h_{j1}+E_{j2}h_{j2}+\cdots+E_{jt}h_{jt}}_{t\text{ 列}}\tag{2.5.3}$$

或

$$\underbrace{E_{i1}h_{i1}+E_{i2}h_{i2}+\cdots+E_{it}h_{it}+E_{j1}h_{j1}+E_{j2}h_{j2}+\cdots+E_{jt}h_{jt}}_{2t\text{ 列}}\neq\boldsymbol{0}^{\mathrm{T}}\tag{2.5.4}$$

由此可以得到如下结论。

结论　一个(n,k)线性分组码，若要纠正$\leqslant t$ 个错误，则其充要条件是 $\boldsymbol{H}$ 矩阵中任何 $2t$ 列线性无关。由于 $d=2t+1$，所以相当于要求 $\boldsymbol{H}$ 矩阵中 $d-1$ 列线性无关。

定理 2.5.1　(n,k)线性分组码最小距离等于 $d_{\min}$ 的充要条件是 $\boldsymbol{H}$ 矩阵中至少有一组 $d_{\min}$ 列线性相关，而任意$\leqslant d_{\min}-1$ 列线性无关。

证明　因为(n,k)线性分组码的任意码字都满足 $\boldsymbol{HC}^{\mathrm{T}}=\boldsymbol{0}^{\mathrm{T}}$。设

$$C=[C_{n-1}C_{n-2}\cdots C_1C_0],\quad H=[h_1h_2\cdots h_{n-1}h_n]$$

代入矩阵后有

$$h_1C_{n-1}+h_2C_{n-2}+\cdots+h_{n-1}C_1+h_nC_0=\boldsymbol{0}^{\mathrm{T}}$$

当码字 $C_{n-i}=0$ 时，h_i 在和式中不出现；当 $C_{n-i}\neq0$ 时，h_i 在和式中出现。若码字 C 的重量为 W，则和式中有 W 列线性相关，因为码的最小距离等于最小重量，即 2^k-1 个非零码字中，至少有一个码字，它的重量为最小重量，所以 $\boldsymbol{H}$ 阵中至少有一组 $d_{\min}$列线性相关。列重量小于最小重量 W 的码字不存在，所以任意$\leqslant d_{\min}-1$ 列线性无关。

定理 2.5.1 非常重要，它是构造任何类型线性分组码的基础。由该定理可以看出，交换 $\boldsymbol{H}$ 阵的各列，不会影响码的最小距离。因此，所有列相同但排列位置不同的 $\boldsymbol{H}$ 阵所对应的分组

码,在纠错能力和其他参数上是完全等价的。

推论 2.5.1 (n,k)线性分组码的最大可能的最小距离等于$n-k+1$,即$d\leqslant n-k+1$。

读者可自行证明。若系统码的最小距离等于$n-k+1$,则称该码为极大最小距离可分码,简称 MSD 码。如何构造 MSD 码是编码理论的一个重要问题。

伴随式的计算可用电路来实现。仍以(7,3)码为例,设接收字$R=(R_6\ R_5\ R_4\ R_3\ R_2\ R_1\ R_0)$,那么伴随式为

$$\boldsymbol{S}^{\mathrm{T}}=\boldsymbol{H}\boldsymbol{R}^{\mathrm{T}}=\begin{bmatrix}1&0&1&1&0&0&0\\1&1&1&0&1&0&0\\1&1&0&0&0&1&0\\0&1&1&0&0&0&1\end{bmatrix}\begin{bmatrix}R_6\\R_5\\R_4\\R_3\\R_2\\R_1\\R_0\end{bmatrix}=\begin{bmatrix}R_6+R_4+R_3\\R_6+R_5+R_4+R_2\\R_6+R_5+R_1\\R_5+R_4+R_0\end{bmatrix}=\begin{bmatrix}S_3\\S_2\\S_1\\S_0\end{bmatrix}$$

可以得到伴随式为

$$\left.\begin{aligned}S_3&=R_6+R_4+R_3\\S_2&=R_6+R_5+R_4+R_2\\S_1&=R_6+R_5+R_1\\S_0&=R_5+R_4+R_0\end{aligned}\right\}\tag{2.5.5}$$

根据式(2.5.5)可画出(7,3)码的伴随式计算电路,如图 2.5.1 所示。

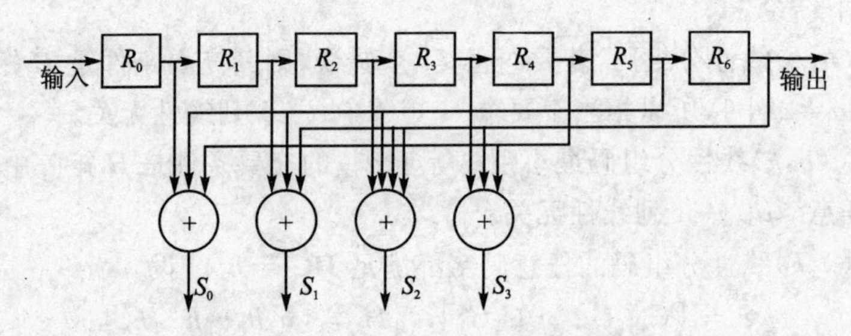

图 2.5.1 (7.3)码伴随式计算电路

2.5.2 标准阵列译码

按最小距离译码,对有2^k个码字的(n,k)线性码,为了找到与接收码字$\boldsymbol{R}$有最小距离的码字,需将$\boldsymbol{R}$分别和2^k个码字比较,以求出该码字$\boldsymbol{C}_1$,这种比较译码法最直接的方法是查表译码,其中利用"标准阵列"译码是最典型的方法。

对给定的(n,k)线性码,将2^n个n重划分为2^n个集的一种方法是构造所谓的"标准阵列"。一个(n,k)线性码$\boldsymbol{C}$的标准阵列的构造方法如下:

(1) 先将 2^k 个码矢排成一行，作为“标准阵列”的第一行，并将全 0 码矢 $C_1=(00\cdots0)$ 放在最左端的位置上。

(2) 在剩下的 2^n-2^k 个 n 重中选取一个重量最轻的 n 重 e_2 放在全 0 码矢 $\boldsymbol{C}_1$ 的下端，再将 e_2 分别和码矢 $\boldsymbol{C}_2,\cdots,\boldsymbol{C}_{2^k}$ 相加，放在对应码矢下面构成阵列第二行。

(3) 在第二次剩下的 n 重中，选取重量最轻的 n 重 e_3 放在 e_2 下面，并将 e_3 分别加到第一行各码矢上，得到第三行；……继续这样做下去，直到全部 n 重用完为止。

按照上述方法，得到图 2.5.2 所示的给定 (n,k) 线性码的标准阵列如下

$$\underbrace{\left.\begin{matrix} C_1(=0) & C_2 & \cdots & C_i & \cdots & C_{2^k} \\ e_2 & e_2+C_2 & \cdots & e_2+C_i & \cdots & e_2+C_{2^k} \\ e_3 & \vdots & \cdots & \vdots & \cdots & \vdots \\ \vdots & \vdots & \cdots & \vdots & \cdots & \vdots \\ e_{2^{n-k}} & e_{2^{n-k}}+C_2 & \cdots & e_{2^{n-k}}+C_i & \cdots & e_{2^{n-k}}+C_{2^k} \end{matrix}\right\}2^{n-k}\text{行}}_{2^k\text{列}}$$

图 2.5.2　(n,k) 线性码标准阵列

首先引入陪集的概念。

定义 2.5.2　设 C 是 (n,k) 线性码，$a\in V_n$，称集合 $\{a+c\mid c\in C\}$ 为由 a 确定的 C 的陪集，记为 $a+C$。

在图 2.5.2 中，每一行就是一个陪集，每个陪集左边第一项 $(C_1=0,e_2,\cdots,e_{2^{n-k}})$ 称为陪集首。

陪集具有如下的重要性质。

定理 2.5.2　设 C 是 (n,k) 线性码，$a+C$ 是 C 的一个陪集。如果 $b\in a+C$，则 $b+C=a+C$。

证明　由已知 $b\in a+C$ 可得，存在 $x\in C$，使 $b=a+x$。对于任意 $b+y\in b+C$，有

$$b+y=(a+x)+y=a+(x+y)\in a+C$$

因此

$$b+C\in a+C$$

另一方面，对于任意 $a+z\in a+C$，有

$$a+z=(b-x)+z=b+(z-x)\in b+C$$

因此

$$a+C\in b+C$$

所以 $b+C=a+C$ 成立。

定理 2.5.3　同一个陪集中任何两个向量均不相同；不同的陪集之间彼此不相交。

证明　设 $a_1,a_2\in a+C$，且 $c_1,c_2\in C,c_1\neq c_2$，则 $a_1=a+c_1,a_2=a+c_2$。

如果 $a_1=a_2$，就有 $a+c_1=a+c_2$，则 $c_1=c_2$，这与 $c_1\neq c_2$ 矛盾。

另外，设 $a+C$ 和 $b+C$ 是 C 的两个陪集，且 $a+C\neq b+C$，则存在 $z\in(a+C)\cap\in(b+C)$

以及 $x,y\in C$，使得 $z=a+x=b+y$。

因此，$b=a+(x-y)\in a+C$。根据定理 2.5.2 可知，$b+C=a+C$。

设(n,k)线性码用来纠错，发送码矢取自于 2^k 个码字集合$\{\boldsymbol{C}\}$。码矢经信道传输后，接收矢量 $\boldsymbol{R}$ 可以是 2^n 个 n 重中任一个矢量。任何译码方法，都是把 2^n 个 n 重矢量划分 2^k 个互相不相交的子集 $\boldsymbol{D}_1$，$\boldsymbol{D}_2$，$\cdots\boldsymbol{D}_{2^k}$，使得在每个子集中仅含一个码矢。根据码矢和子集一一对应关系，若接收矢量 $\boldsymbol{R}_l$ 落在子集 $\boldsymbol{D}_1$ 中，就把 $\boldsymbol{R}_l$ 译为子集 $\boldsymbol{D}_l$ 含有的码字 $\boldsymbol{C}_l$。所以，当接收矢量 $\boldsymbol{R}$ 与实际发送码矢在同一子集中时，译码就是正确。

标准阵列具有如下的性质：

定理 2.5.4 在标准阵列的同一行中没有相同的矢量，而且 2^n 个 n 重中任一个 n 重在阵列中必出现一次且仅出现一次。

证明 首先，因为标准阵列中任一行都是由所选出某一 n 重矢量分别与 2^k 个码矢相加构成的。而 2^k 码矢互不相同，它们与所选矢量的和也不可能相同，所以在同一行中没有相同的矢量。

其次，在构造标准阵列时，是用完全部 n 重为止，因而每个 n 重必出现一次。另外，假定某一 n 重 X 出现在第 l 行第 i 列，那么 $\boldsymbol{X}=e_l+C_i$，又假设 $\boldsymbol{X}$ 出现在第 m 行第 j 列，则有 $\boldsymbol{X}=e_m+\boldsymbol{C}_j$，$l<m$。因此 $e_l+\boldsymbol{C}_i=e_m+\boldsymbol{C}_j$ 移项得 $e_m=e_l+\boldsymbol{C}_i+\boldsymbol{C}_j$，而 $\boldsymbol{C}_i+\boldsymbol{C}_j$ 也是一个码矢，设为 $\boldsymbol{C}_s$，于是 $e_m=e_i+\boldsymbol{C}_s$，这意味着 e_m 是第 l 行中的一个矢量，但 e_m 是第 m 行$(m>1)$的第一个元素，而按阵列构造规则：后面行的第一个元素是前面行中未曾出现的元素，这就和阵列构造规则相矛盾，因而任何 n 重不可能在阵列中出现两次。

由上可知，(n,k)线性码的标准阵列有 2^k 列（和码矢数相等），$2^n/2^k=2^{n-k}$ 行，且任何两列和两行都没有相同的元素，即列和行都不相交，标准阵列的每一行都是 $\boldsymbol{C}$ 的一个陪集，每一列包含 2^{n-k} 个元素。最上面的是一个码矢，其他元素是陪集首和该码矢之和，例如第 j 列即为

$$\boldsymbol{D}_j=(\boldsymbol{C}_j,e_2+\boldsymbol{C}_j,e_3+\boldsymbol{C}_j,\cdots,e_{2^{n-k}}+\boldsymbol{C}_j)$$

若发送码矢为 $\boldsymbol{C}_j$，信道干扰的错误图样是陪集首，则接收矢量 $\boldsymbol{R}$ 必在 $\boldsymbol{D}_j$，此时接收矢量 $\boldsymbol{R}$ 正确译为发送码矢 $\boldsymbol{C}_j$；若错误图样不是陪集首，则接收矢量 $\boldsymbol{R}$ 不在 $\boldsymbol{D}_j$ 中，则译成其他码字，造成错误译码。因而当且仅当错误图样为陪集首时，译码才是正确的，所以，这 2^{n-k} 个陪集首称为可纠正的错误图样，于是得到下面的线性码纠错极限定理。

定理 2.5.5 二元(n,k)线性码能纠 2^{n-k} 个错误图样。

注意：这 2^{n-k} 个可纠的错误图样，包括 $\boldsymbol{0}$ 矢量在内。也就是说，把无错的情况也看成一个可纠的错误图样。

线性码的标准阵列译码方法描述如下：

设 $\boldsymbol{R}$ 是在信道接收端接收的矢量，在标准阵列中找到 $\boldsymbol{R}$ 所在的行和列，将 $\boldsymbol{R}$ 译为 $\boldsymbol{R}$ 所在的列中的最顶端（第一行）的码字，$\boldsymbol{R}$ 所在行的最左端的矢量（陪集首）为信道错误图样。

例 2.2 二元(4,2)系统码的生成矩阵为

$$G=\begin{pmatrix}1&0&0&1\\0&1&1&1\end{pmatrix}$$

其标准阵列为

0000	1011	0111	1110
1000	0001	1111	0110
0100	1101	0011	1010
0010	1011	0101	1100

设信道接收的向量为 $R=0101$，它在标准阵列中是第 4 行第 3 列，将 0101 译为第 3 列的最顶端的码字 0111。第 4 行最左端的码字为 0010 为信道错误图样，表明第 3 位有错，即

$$0010=0101+0111$$

由于陪集首是可纠的错误图样，为了使译码错误概率最小，应选取出概率最大的错误图样作陪集首。而重量较轻的错误图样出现概率较大，所以在构造标准阵列时是选取重量最轻的 n 重作陪集首。这样，当错误图样为陪集首时(可纠的错图样)，接收矢量与原发送码矢间的距离(等于陪集首)最小。因此，选择重量最轻的元素作陪集首，则按标准阵列译码就是按最小距离译码。所以，标准阵列译码法也是最佳译码法。

用标准阵列译码要存储 2^n 个 n 重矢量，当 n 很大时，由于需要花费大量的时间来确定接收到的向量在标准阵列中的位置，所以标准阵列译码法的速度很慢，而且需要大量的存储单元来存储标准阵列，因此，这种方法不是很实用。然而标准阵列的下列性质可使译码过程简化。

定理 2.5.6　在标准阵列中，一个陪集的所有 2^k 个 n 重有相同的伴随式，不同陪集的伴随式互不相同。

证明　设 $\boldsymbol{H}$ 为给定(n,k)线性码的监督矩阵，在陪集首为 e_1 的陪集中的任意矢量 $\boldsymbol{R}$ 为

$$\boldsymbol{R}=e_l+\boldsymbol{C}_i \qquad i=1,2,\cdots,2^k$$

其伴随式为

$$\boldsymbol{S}=\boldsymbol{R}\boldsymbol{H}^{\mathrm{T}}=(e_l+\boldsymbol{C}_i)\boldsymbol{H}^{\mathrm{T}}=e_l\boldsymbol{H}^{\mathrm{T}}+\boldsymbol{C}_i\boldsymbol{H}^{\mathrm{T}}=e_l\boldsymbol{H}^{\mathrm{T}} \tag{2.5.6}$$

式(2.5.6)表明，陪集中任意矢量的伴随式等于陪集首的伴随式。因此，同一陪集中所有矢量伴随式相同。而不同陪集中，由于陪集首不同，所以伴随式不同。

从上面的证明可以得出：

(1) 任意 n 重的伴随式决定它在标准阵列中所在陪集的陪集首。

(2) 标准阵列的陪集首和伴随式是一一对应的，因而码的可纠错误图样和伴随式也是一一对应的。

应用此对应关系可以构成比标准阵列简单得多的译码表，从而得到(n,k)线性码的一般译码步骤如下：

(1) 计算接收矢量 $\boldsymbol{R}$ 的伴随式 $\boldsymbol{S}^{\mathrm{T}}=\boldsymbol{H}\boldsymbol{R}^{\mathrm{T}}$。

(2) 根据伴随式和错误图样一一对应的关系，利用伴随式译码表，由伴随式求出错误图

样 $\boldsymbol{E}$。

(3) 将接收字减错误图样，得到发送码矢的估值 $\hat{\boldsymbol{C}}=\boldsymbol{R}-\boldsymbol{E}$。

上述译码法称为伴随式译码法或查表译码法，它的译码器组成框图如图 2.5.3 所示。这种查表译码法具有最小的译码延迟和最小的译码错误概率。原则上可用于任何(n,k)线性码，实际上实现译码的关键在第(2)步——求错误图样上，一般要用组合逻辑电路。当 $n-k$ 较大时，组合逻辑电路将变得很复杂，甚至不切实际。为了使译码简单，除了要求码具有线性结构外，还需要码有其他的附加性质，这种码将在以后章节讨论。

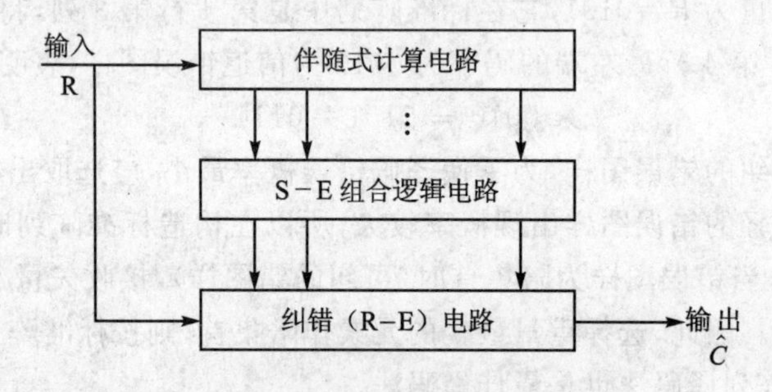

图 2.5.3 线性分组码一般译码器

2.6 线性码的纠检错能力与码的最小距离 $d_{\min}$ 的关系

一般地说，线性码的最小距离越大，意味着任意码字间的差别越大，则该码的纠检错能力越强。

如果一个线性码能检出长度$\leqslant l$ 的码元的任何错误图样，则称码的检错能力为 l；如果线性码能纠正长度$\leqslant t$ 个码元的任意错误图样，则称码的纠错能力为 t。

定理 2.6.1 (n,k)线性码能纠正 t 个错误的充要条件是码的最小距离为

$$d_{\min}=2t+1 \text{ 或 } t=\left(\frac{d_{\min}-1}{2}\right) \tag{2.6.1}$$

其中(x)表示取实数 x 的最大整数，例$(4.7)=4$。

证明 设发送的码字为 $\boldsymbol{V}$，接收字为 $\boldsymbol{R}$，$\boldsymbol{U}$ 为任意其他码字，那么矢量 $\boldsymbol{V}$、$\boldsymbol{R}$、$\boldsymbol{U}$ 间的距离满足距离的三角不等式，即

$$d(\boldsymbol{V},\boldsymbol{R})+d(\boldsymbol{U},\boldsymbol{R})\geqslant d(\boldsymbol{U},\boldsymbol{V}) \tag{2.6.2}$$

设信道干扰使码元发生错误的实际个数为 t'，且 $t'\leqslant t$，则有

$$d(\boldsymbol{V},\boldsymbol{U})=t'\leqslant t \tag{2.6.3}$$

由于 $d(\boldsymbol{V},\boldsymbol{R})\geqslant d_{\min}=2t+1$，代入式(2.6.2)得

$$d(\boldsymbol{U},\boldsymbol{R}) \geqslant 2t+1-t' > t \tag{2.6.4}$$

式(2.6.3)和(2.6.4)表明:如果接收字 $\boldsymbol{R}$ 中错误个数 $t' \leqslant t$,那么接收字 $\boldsymbol{R}$ 和发送码字 $\boldsymbol{V}$ 间距离 $\leqslant t$,而与其他任何码字间距离都大于 t,按最小距离译码把 $\boldsymbol{R}$ 译为 $\boldsymbol{V}$,此时译码正确。码字中的错误被纠正,所以,(n,k) 线性码纠 t 个错误的充要条件为 $d_{\min}=2t+1$。　证毕

该条件的几何意义如下:若以线性码的每个码矢在 n 维线性空间中对应为球心,以码的纠错能力 t 为半径作球,由于任意两个球心间的距离都大于或等于 $2t+1$(因 $d_{\min}=2t+1$),所以球都不相交,也不相切。当某个码字中包含 $\leqslant t$ 个错误时,所得接收矢量在 n 维空间中对应的点,仍在以原发送码矢为球心的球内,即最靠近原发送码字,而远离其他任何码字,于是可正确译码。图 2.6.1 表示在 $d_{\min}=5$ 及 $t=2$ 时的纠错示意图,任意码字 $\boldsymbol{V}$ 在传送中发生 0 个、1 个、2 个错误时,接收码字 $\boldsymbol{R}$ 都落在以 $\boldsymbol{V}$ 为球心,以 2 为半径的球内或球上,而必在以其他任何码字为球心的球外,故把 $\boldsymbol{R}$ 译为发送码字 $\boldsymbol{V}$。

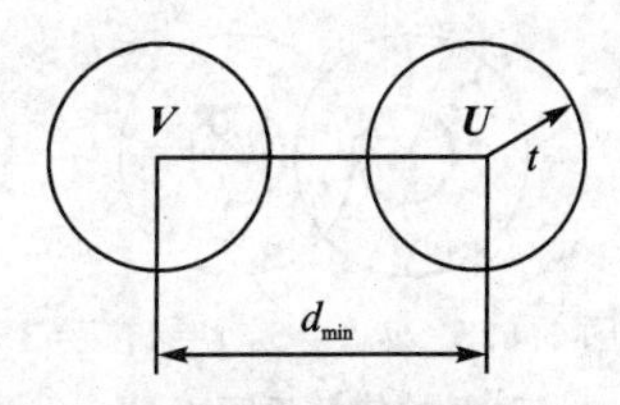

图 2.6.1　$d_{\min}=5$ 时码距和纠错能力关系示意图

定理 2.6.2　(n,k)线性码能够发现接收字 $\boldsymbol{R}$ 中 l 个错误的充要条件是码的最小距离为

$$d_{\min}=l+1 \text{ 或 } l=d_{\min}-1 \tag{2.6.5}$$

证明　设码字 $\boldsymbol{V}$ 在传输码元发生错误的实际个数为 l' 且 $l' \leqslant l$,那么

$$d(\boldsymbol{R},\boldsymbol{V})=l' \leqslant l$$

而 $d(\boldsymbol{U},\boldsymbol{V}) \geqslant d_{\min}=l+1$ 代入三角不等式(2.6.2)得

$$d(\boldsymbol{R},\boldsymbol{U}) \geqslant d(\boldsymbol{U},\boldsymbol{V})-d(\boldsymbol{R},\boldsymbol{V})$$

即

$$d(\boldsymbol{R},\boldsymbol{U}) \geqslant l+1-l' > 0$$

由于接收码字 $\boldsymbol{R}$ 与其他任何码字 $\boldsymbol{U}$ 的距离都大于 0,则说明了接收字不会因为发生 l' 个错误变成其他码字,因而必能发现错误。　证毕

图 2.6.2 为码的最小距离 $d_{\min}=4$ 时码的检错能力的几何示意图。在 n 维空间中,以任意码字 $\boldsymbol{U}$、$\boldsymbol{V}$ 为球心,以 $l=3$ 为半径作球,由于 $d_{\min}$ 大于 l,故任何球都不会把其他球心(码矢)包含进去。所以,当码矢中发生 $\leqslant l$ 个错误时,接收矢量不会落到以发送码矢为球心的球外,则不会变成其他码矢,但各球是相交的,无法分辨 $\boldsymbol{R}$ 是属于哪个球,因而只能发现错误,但无法判断原发送的是哪个码字,即不能纠正错误。

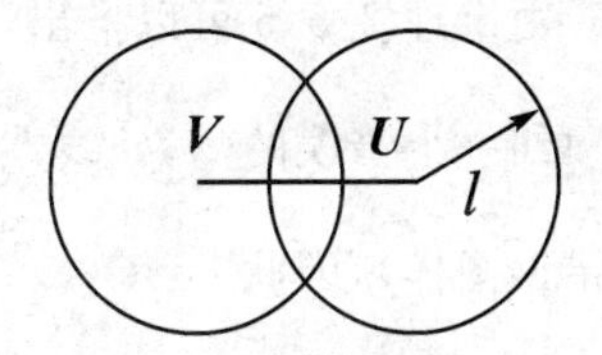

图 2.6.2　$d_{\min}=4$ 时码检错能力示意图

定理 2.6.3　(n,k)线性码能纠 t 个错误,并能发现 l 个错误,其($l>t$)的充分必要条件是码的距离为

$$d_{\min}=t+l+1 \qquad \text{或 } t+l=d_{\min}-1 \tag{2.6.6}$$

证明　因为 $d_{\min}>2t+1$,根据定理 2.6.1,该码可用来纠 t 个错误。

又因为 $d_{\min}>l+1$，根据定理 2.6.2，该码具有检 l 个错误的能力。

另外，纠错和检错是否会发生混淆？设发送码字为 V，接收字为 R，实际错误数为为 l'，且 $t<l'\leqslant l$，这时 $\boldsymbol{R}$ 与其他任何码字 $\boldsymbol{U}$ 的距离为

$$d(\boldsymbol{R},\boldsymbol{U})\geqslant d_{\min}-l'=t+l+1-l'\geqslant t+1>t$$

因而不会把 $\boldsymbol{R}$ 误纠为 $\boldsymbol{U}$。

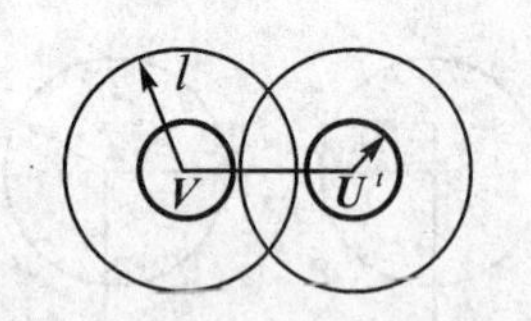

图 2.6.3　$d_{\min}=5$，$t=1$，$l=3$ 时纠检错关系示意图

图 2.6.3 表示 $d_{\min}=5$，$t=1$，$l=3$ 时纠错和检错的几何关系，图中粗线是纠 $t=1$ 个错误的球面，细线代表检 $l=3$ 个错误的球面。当接收码字 $\boldsymbol{R}$ 中不包含错误或仅含 1 个错误时，$\boldsymbol{R}$ 将落在以发送码字为球心，以 l 为半径的球内或球上，因而把 $\boldsymbol{R}$ 纠为 $\boldsymbol{V}$，当 $\boldsymbol{R}$ 中包含 2 个或错误时，$\boldsymbol{R}$ 和原发送码字 $\boldsymbol{V}$ 以及其他任何码字 $\boldsymbol{U}$ 的距离都大于 1，即不会落到任何码字的纠错球面内，代表纠错范围的粗线球面和代表检错范围的细线球面没有相交或相切，于是可将纠错和检错区分开来。

当(n,k)线性码的最小距离 $d_{\min}$ 给定后，可按实际需要灵活安排纠错和检错的数目。例如，对 $d_{\min}=8$ 的码，可用来纠 3 检 4 错，或纠 2 检 5 错，或纠 1 检 6 错，或者只用于检 7 个错误。

由上述分析可见，分组码的检错和纠错能力是由它的最小距离决定的。显然，对于给定的 n 和 k，除了实现的考虑外，总是希望构造最小距离尽可能大的码。

2.7　完备码和汉明码

2.7.1　完备码

由定理 2.5.5 可以推出，一个(n,k)线性码的纠错能力 t 和所需的监督元数目的关系为：

纠一个错误的(n,k)线性码，必须能纠正 $\binom{n}{1}+1$ 个错误图样（还可能纠正一部分两个错误的错误图样），因此

$$2^{n-k}\geqslant 1+\binom{n}{1}=1+n \tag{2.7.1}$$

式中右边加 1 是考虑无错的情况。

同样，对纠正两个错误的(n,k)线性码，必须能纠 $1+\binom{n}{1}+\binom{n}{2}$ 个错误图样，所以

$$2^{n-k}\geqslant 1+\binom{n}{1}+\binom{n}{2} \tag{2.7.2}$$

依此类推，一个纠 t 个错误的(n, k)线性码必须满足

$$2^{n-k} \geqslant 1+\binom{n}{1}+\binom{n}{2}+\cdots+\binom{n}{t}=\sum_{i=0}^{t}\binom{n}{i} \tag{2.7.3}$$

式(2.7.3)不仅表示了码的纠错能力和可纠正的错误图样数 2^{n-k} 间的关系，也说明了纠错能力为 t 的(n,k)码，码组中监督元数目 $n-k$ 和纠错能力 t 间的关系。

当一个纠 t 个错误的(n,k)线性码，其监督元个数 $n-k$ 仅能使式(2.7.3)中的相等关系成立，即

$$2^{n-k}=\sum_{i=0}^{t}\binom{n}{i} \tag{2.7.4}$$

则称该码为完备码。这时由码的纠错能力所确定的伴随式数恰好等于可纠的错误图样数。所以完备码的 $n-k$ 个监督码元得到了充分的利用。

2.7.2　汉明码

汉明码是汉明于 1950 年提出的纠一个错误的线性码，也是第一个纠错码。由于汉明码的编译码简单，因而是在通信系统和数据存储系统中得到广泛应用的一类线性码。

由定理 2.5.1 可知，纠一个错误的线性码，其最小距离 $d_{\min}=3$，要求监督矩阵 $\boldsymbol{H}$ 任意两列线性无关，也就是要求 $\boldsymbol{H}$ 的任两列互不相同，且没有全 0 的列。在(n,k)线性码中，监督元个数 $n-k=r$，$\boldsymbol{H}$ 阵中每列有 r 个元素，最多可构成 2^r-1 种互不相同的非 0 列。因此，对任意正整数 $m \geqslant 3$，存在具有下列参数的汉明码：

码长　$n=2^m-1$

位息位数　$k=2^m-m-1$

监督位数　$n-k=m$

码的最小距离　$d_{\min}=3(t=1)$

当用非 0 m 重作为列构成汉明码的监督矩阵时，一般采取两种方式：一种是构成 $\boldsymbol{H}$ 阵的标准形式，$\boldsymbol{H}=[\boldsymbol{Q}\boldsymbol{I}_m]$，其中 $\boldsymbol{I}_m$ 为 m 阶单位子阵，而子阵 $\boldsymbol{Q}$ 是构造 $\boldsymbol{I}_m$ 后剩下的 2^m-m-1 列任意排列。用这种形式的 $\boldsymbol{H}$ 阵编出的汉明码是系统码。另一种形式的 $\boldsymbol{H}$ 阵的列是按 m 重表示的二进制数的顺序排列，如(7,4)码的 $\boldsymbol{H}$ 阵的列为 001，010，…，111，即

$$\boldsymbol{H}=\begin{bmatrix} 0 & 0 & 0 & 1 & 1 & 1 & 1 \\ 0 & 1 & 1 & 0 & 0 & 1 & 1 \\ 1 & 0 & 1 & 0 & 1 & 0 & 1 \end{bmatrix}$$

按这种形式 $\boldsymbol{H}$ 阵编出的码是非系统码。当发生可纠的单个错误时，伴随式为 $\boldsymbol{H}$ 阵中对应的列。所以伴随式的二进制数值就是错误位置号，如伴随式为 101，表示接收字中第五位有错。有时，这种码译码比较方便。

由于汉明码可纠的错误图样数为$\binom{n}{1}=n=2^n-1$，即满足式(2.7.4)的相等条件，因此汉明码是完备码。

对纠一个错误的(7,4)汉明码，$2^{n-k}=8$，$1+\binom{n}{1}=8$，所以$2^{n-1}=1+\binom{n}{1}$，可见，(7,4)汉明码是一个完备码，所有汉明码都满足$2^{n-k}=2^m=n+1$，所以汉明码都是完备码。

2.7.3 扩展汉明码

若将汉明码加以改造，使它除了纠单个错误外，还能发现两个错误，这样所得到的纠1/检2错码称为扩展汉明码(也叫增余汉明码，或推广汉明码)。

当接收字中存在两个错误时，伴随式是$\boldsymbol{H}$阵中与错误对应的两列之和。为了能发现两个错误，$\boldsymbol{H}$阵中任两列之和不应等于其他的任何列，这就要求$\boldsymbol{H}$阵的任三列线性无关，根据定理2.5.1，码的最小距离应为4。为此，将汉明码再增加一个监督位，该监督位对原汉明码的所有码元位都实行一个全“1”的行和一个00…01的列，从而构成扩展汉明码的监督矩阵$\boldsymbol{H}_1$，故有

$$\boldsymbol{H}_1=\begin{bmatrix} & \boldsymbol{H} & & \begin{matrix}0\\0\\\vdots\end{matrix} \\ 1 & 1 & \cdots & 1\end{bmatrix} \tag{2.7.5}$$

扩展汉明码的码长为2^m，监督位数为$m+1$。当接收字中含有一个错误时，伴随式是$\boldsymbol{H}_1$阵的一列，这时$\boldsymbol{S}=(\ast\cdots\ast 1)$，译码器按单个错误进行纠错；当接收字中含有两个错误时，伴随式是对应的两列之和，这时$\boldsymbol{S}=(\ast\cdots\ast 0)$，而非全0，因而含两个错误的伴随式与$\boldsymbol{H}_1$的任一列都不相同，这就与单个错误的伴随式区别开。所以，扩展汉明码能同时纠正1个错误和检测2个错误。

2.8 线性码在BSC中的不可检测错误概率$P_{\mathrm{u}}(E)$

设C是一个二元线性码，假设信道为BSC信道，一个码元在信道传输过程中发生错误的概率为p。所谓不可检测错误概率是指：一个码字在信道传输过程中发生了错误，而在信道接收端的译码器检测不出来，用$p_{\mathrm{u}}(E)$表示，线性码在BSC输出端的不可检测错误概率$P_{\mathrm{u}}(E)$可根据不同情况用适当的方法计算。

2.8.1 利用码长n和最小距离$d_{\min}$计算$P_{\mathrm{u}}(E)$

最小距离为$d_{\min}$的线性分组码，能检出$\leqslant d_{\min}-1$个错误的所有错误图样，也能检出大部

分$\geqslant d_{\min}$个错误的图样（只有与非 0 码矢相同的错误图样不能检出）。但是，码字发生较少错误的概率较大，因而可用下面公式估算 $P_u(E)$

$$P_u(E) = \sum_{i=d_{\min}}^{n} \binom{n}{i} p^i (1-p)^{n-i}$$

或

$$P_u(E) = 1 - \sum_{i=0}^{d_{\min}-1} \binom{n}{i} p^i (1-p)^{n-i} \tag{2.8.1}$$

式中 p 为 BSC 信道的转移概率。

例 2.3　(7,3)码的最小距离为 4，其不可检测的错误概率为

$$P_u(E) = 35p^4(1-p)^3 + 21p^5(1-p)^2 + 7p^6(1-p) + p^7$$

设 $p=10^{-2}$，则 $P_u(E)=3.7\times10^{-7}$。

2.8.2　由(n,k)线性码的重量分布求 $P_u(E)$

令 A_i 为码的重量分布，它表示重量为 i 的码字个数，即 $i=0,1,2,\cdots,n$。由于仅当错误图样与码矢集合中的非 0 码矢相同时才不能检测出错误，所以

$$P_u(E) = \sum_{i=1}^{n} A_i p^i (1-p)^{n-i} \tag{2.8.2}$$

例 2.4　(7,3)码的重量分布是 $A_0=1$，$A_1=A_2,A_3=0,A_4=7$，其不可检测错误概率为

$$P_u(E) = 7\times p^4(1-p)^3$$

若 $p=0.01$，则 $P_u(E)\approx6.8\times10^{-8}$。

2.8.3　利用(n,k)码的重量分布与其对偶码的重量分布间的关系求 $P_u(E)$

设 $A_0,A_1,A_2,\cdots,A_n$ 是(n,k)码的重量分布，$B_0,B_1,B_2,\cdots,B_n$ 是它的对偶码的重量分布。多项式

$$\left.\begin{aligned} A(z) &= A_0 + A_1z + \cdots + A_nz^n \\ B(z) &= B_0 + B_1z + \cdots + B_nz^n \end{aligned}\right\} \tag{2.8.3}$$

称为(n,k)码和它的对偶码的重量枚举式。$A(z)$和 $B(z)$之间的关系是由麦克威廉斯恒等式确定，即

$$A(z) = 2^{-(n-k)}(1+z)^n B\left(\frac{1-z}{1+z}\right) \tag{2.8.4}$$

由式(2.8.4)可见，若已知线性码的对偶码的重量分布，就可确定该码本身的重量分布。因而可用对偶码的重量分布来计算(n,k)线性码的不可检测错误概率。先将式(2.8.2)改写为

$$P_u(E) = (1-p)^n \sum_{i=1}^{n} A_i \left(\frac{p}{1-p}\right)^i \tag{2.8.5}$$

令 $z=\frac{p}{1-p}$代入式(2.8.3)并考虑到 $A_0=1$,得到恒等式

$$A\left(\frac{p}{1-p}\right)-1=\sum_{i=1}^{n}A_i\left(\frac{p}{1-p}\right)^i \tag{2.8.6}$$

式(2.8.6)代入式(2.8.5)得到

$$P_u(E)=(1-p)^n\left[A\left(\frac{p}{1-p}\right)-1\right] \tag{2.8.7}$$

将 $A\left(\frac{p}{1-p}\right)$的麦克威廉斯恒等式(2.8.4)代入式(2.8.7)则得到

$$P_u(E)=2^{-(n-k)}B(1-2p)-(1-p)^n \tag{2.8.8}$$

其中

$$B(1-2p)=\sum_{i=0}^{n}B_i(1-2p)^i$$

当 $k<(n-k)$时,用式(2.8.7)计算 $P_u(E)$比较简单;而当$(n-k)<k$ 时,用式(2.8.8)计算 $P_u(E)$则更容易。

例 2.5 已知(7,4)码的监督矩阵 $\boldsymbol{H}_{(7,4)}$,它等于其对偶码的生成矩阵 $\boldsymbol{G}_{(7,3)}$,即

$$\boldsymbol{G}_{(7,3)}=\boldsymbol{H}_{(7,4)}=\begin{bmatrix}1&1&1&0&1&0&0\\0&1&1&1&0&1&0\\1&1&0&1&0&0&1\end{bmatrix}$$

由此生成矩阵的行的线性组合,可得到(7.3)码的 8 个码字

0000000　0111010　1001110　1010011

1110100　1101001　0011101　0100111

由此得到(7,3)对偶码的重量枚举式为 $B(z)=1+7z^4$。

利用式(2.8.8)得出(7,4)码的未检出错误概率

$$P_u(E)=2^{-3}[1+7\times(1-2p)^4]-(1-p)^7$$

设 $P=10^{-2}$,则 $P_u(E)=6\times10^{16}$。

2.8.4 (n,k)线性码未检出错误概率的上限

由于很多线性码及其对偶码的重量分布都是未知的,并且当 n,k 和 $n-k$ 很大时,计算它们的重量分布也很困难。在这种情况下,可以只计算(n,k)码所有码字集合未检出错误的平均概率的上限。

由式(2.2.14)表示(n,k)线性码的生成矩阵可以看出,子阵 $\boldsymbol{P}$ 由 $k\cdot(n-k)$个元素组成,由于每个元素都可取"0"或"1",故能够生成 $2^{k(n-k)}$ 个不同的生成矩阵,这 $2^{k(n-k)}$ 个矩阵所生成的码集合用 M 表示。假设从 M 中随机选取一个码 C_j 用来检错,则 C_j 被选用的概率是

$$P(C_j)=2^{-k(n-k)} \tag{2.8.9}$$

令 A_{ji} 表示 C_j 中重量为 i 的码字数目。由式(2.8.2)C_j 不可测错误概率为

$$P_u(E \mid C_j) = \sum_{i=1}^{n} A_{ji} p^i (1-p)^{n-i} \tag{2.8.10}$$

对式(2.8.10)求码集合 M 的统计平均值,则得到集合 M 中码的不可检测错误概率的平均值。

$$P_u(E) = \sum_{j=1}^{|M|} P(C_j) P_u(E \mid C_j) \tag{2.8.11}$$

式(2.8.11)中 $|M|$ 表示集合 M 中码的数目,将式(2.8.9)和(2.8.10)代入(2.8.11)得

$$P_u(E) = 2^{-k(n-k)} \sum_{i=1}^{n} p^i (1-p)^{n-i} \sum_{j=1}^{|M|} A_{ji} \tag{2.8.12}$$

重量为 i 的非 0 的 n 重或者恰好含在 M 的 $2^{(k-1)(n-k)}$ 个码中,或者完全不含在这些码中,并且在 C_j 中重量为 i 的 n 重至多有 $\binom{n}{i}$ 个,所以有

$$\sum_{j=1}^{|M|} A_{ji} \leqslant \binom{n}{i} 2^{(k-1)(n-k)} \tag{2.8.13}$$

将式(2.8.13)代入式(2.8.12)就得到(n,k)线性系统码不可检测的错误概率平均值的上限为

$$P_u(E) \leqslant 2^{-(n-k)} \sum_{i=1}^{n} \binom{n}{i} p^i (1-p)^{n-i} = 2^{-(n-k)} [1-(1-p)^n] \tag{2.8.14}$$

式(2.8.14)中 $(1-p)^n$ 是无错的概率,而 $1-(1-P)^n$ 等于发生 1 个,2 个…,n 个错误的概率之和。因为 $1-(1-P)^n<1$,所以(n,k)线性系统码未检出错误概率上限为

$$P_u(E) \leqslant 2^{-(n-k)} \tag{2.8.15}$$

式(2.8.15)表明,一定存在有(n,k)线性码,其未检出错误概率 $P_u(E)$ 随码的一致校验位 $n-k$ 的增加而按指数规律下降,即使对中等的 $n-k$,$P_u(E)$ 都很小。例如,对 $n-k=30$,存在有(n,k)线性码,其 $P_u(E)$ 的上限为 $2^{-30} \approx 10^{19}$。在已构造出的线性码类中,只有少数几个线性码类,其 $P_u(E)$ 满足上限 $2^{-(n-k)}$。

(n,k)线性码纠错译码的错误概率 $P(E)$ 为

$$\left.\begin{aligned} P(E) &\leqslant \sum_{i=t+1}^{n} \binom{n}{i} p^i (1-p)^{n-i} \\ P(E) &\leqslant 1 - \sum_{i=0}^{t} \binom{n}{i} p^i (1-p)^{n-i} \end{aligned}\right\} \tag{2.8.16}$$

式中 t 为码的纠错能力。

2.9　线性码的码限

在编码理论中编码界限基本上有两类:一类是码距限,即码的最小距离的上、下限;另一类

是性能界限，即码的译码错误概率的上、下限。这一节将要讨论的是线性码最小距离的上、下限。对码距限而言，最重要的限是汉明限、普洛特金限和瓦尔沙莫夫—吉尔伯特限。汉明码和普洛特金限告诉我们，在给定码长 n 和码的传输速率 $R=k/n$ 下，最小距离可以达到的最大值，故它们都是上限，而吉尔伯特—瓦尔沙莫夫限给出了码的最小距离的下限。了解码限不仅从理论上明确构造码的充要条件，也可以用它们评价所应用的码接近最佳码的程度，满足码限的码称为最佳码。

在介绍这三个码限前，先引入契尔诺夫不等式，它是后叙讨论中要用到的预备知识。

定理 2.9.1 契尔诺夫不等式

设 $t<(q-1)n/q$，则

$$\frac{q^{n\varphi(t/n)}}{n+1}\leqslant\binom{n}{i}(q-1)^t\leqslant\sum_{i=0}^{t}\binom{n}{i}(q-1)^i\leqslant q^{n\varphi(t/n)}\tag{2.9.1}$$

其中 $\varphi(x)=x\log_q(q-1)-x\log_q x-(1-x)\log_q(1-x)$。

证明 设 $A(z)=[1+(q-1)^z]^n=\sum\limits_{i=0}^{n}A_iz^i$，式中的系数 A_i 为

$$A_i=\binom{n}{i}(q-1)^i$$

若 $0<z\leqslant1$，则有下述不等式

$$\sum_{i=1}^{t}\binom{n}{i}(q-1)^i=\sum_{i=0}^{t}A_i\leqslant\sum_{i=0}^{t}A_iz^{i-t}=z^{-t}\sum_{i=0}^{t}A_iz^i\leqslant z^{-t}A(z)\tag{2.9.2}$$

由于当 $0\leqslant i<n$ 时，$(A_i/A_{i+1})=(i+1)/[(n-i)(q-1)]$ 是 i 的单调增长函数，所以，总可以找到某个 $\widetilde{z}$，当 $0\leqslant\widetilde{z}<1$，使下述不等式成立

$$(A_{t-1}/A_t)\leqslant\widetilde{z}\leqslant(A_t/A_{t+1})\tag{2.9.3}$$

式中，$t<(q-1)n/q$。

另一方面，可以看出，当 $0\leqslant i<t$ 时，有

$$(A_{i-1}/A_i)\leqslant(A_{t-1}/A_t)\leqslant\widetilde{z}$$

当 $i>t$ 时，有

$$(A_{i-1}/A_i)\leqslant(A_{t-1}/A_t)\leqslant\widetilde{z}$$

因此，对所有的 i，$0\leqslant i<n$，有下述不等式成立

$$A_t\widetilde{z}^t\leqslant A_i\widetilde{z}^i$$

所以

$$A(\widetilde{z})=\sum_{i=0}^{n}A_i\widetilde{z}^i\leqslant(n+1)A_t\widetilde{z}^t\tag{2.9.4}$$

由式(2.9.2)和式(2.9.4)可得

$$\min \frac{z^{-t}A(z)}{(n+1)} \leqslant A_t < \sum_{i=0}^{t} A_i \leqslant \min z^{-t}A(z) \tag{2.9.5}$$

式中，$0<z\leqslant1$。

下面求 $z^{-t}A(z)$的最小值，设 $\tau=\frac{t}{n}$，则函数

$$z^{-n\tau}A(z) = z^{-n\tau}[1+(q-1)z]^n \tag{2.9.6}$$

的极值可以由下式求出

$$-n\tau z^{-n\tau-1}[1+(q-1)z]^n + nz^{-n\tau}[1+(q-1)z]^{n-1}(q-1) = 0$$

经过简单的运算，当 $z=z_0=\tau/[(1-\tau)(q-1)]$时，式(2.9.6)有最小值，且等于

$$\tau^{-n\tau}[(1-\tau)(q-1)]^{n\tau}(1-\tau)^{-n} = q^{n\varphi(\tau)} \tag{2.9.7}$$

当 $t<(q-1)n/q$ 时，由式(2.9.7)和(2.9.5)可得

$$\frac{q^{n\varphi(t/n)}}{(n+1)} \leqslant \binom{n}{t}(q-1)^t \leqslant \sum_{i=0}^{t}\binom{n}{i}(q-1)^i \leqslant q^{n\varphi(t/n)}$$

证毕

2.9.1 汉明限

定理 2.9.2　汉明限：若(n,k)线性码的最小距离 $d_{\min}\geqslant 2t+1$，则

$$\sum_{i=0}^{t}\binom{n}{i}(q-1)^i \leqslant q^{n-k} \tag{2.9.8}$$

证明　已经知道，长为 n 的序列总数为 q^n，它们构成一个集合 V_n。线性分组码是它的一个子集，该子集有 q^k 个码字，可用 V_k 表示。若某个码字在传输过程中发生了 t 个或更少的错误，则编码器接收到的序列与该码字之间有 t 个或更少的符号不同，但是这些序列仍在集合 V_n 中，这些序列的个数为

$$\sum_{i=0}^{t}\binom{n}{i}(q-1)^i$$

由于码字的数目为 q^k，所以含有 t 个或少于 t 个错误的序列总数为

$$q^k\sum_{i=0}^{t}\binom{n}{i}(q-1)^i \leqslant q^n \tag{2.9.9}$$

或者

$$\sum_{i=0}^{t}\binom{n}{i}(q-1)^i \leqslant q^{n-k}$$

证毕

对二元码来讲，$q=2$，式(2.9.8)可写为

$$\sum_{i=0}^{t}\binom{n}{i} \leqslant 2^{n-t} \tag{2.9.10}$$

对式(2.9.8)取对数后，汉明限有如下表达式

$$R \leqslant 1 - \frac{1}{n}\log_q\left[\sum_{i=0}^{t}\binom{n}{i}(q-1)^i\right] \tag{2.9.11}$$

利用契尔诺夫不等式，式(2.9.11)可表示为

$$\frac{k}{n} \leqslant 1 - \varphi(t/n) \tag{2.9.12}$$

当 $q=2$ 时，$\varphi(x) = -x\log_2 x - (1-x)\log_2(1-x) = H(x)$，这时二元码的汉明限为

$$k/n \leqslant 1 - H(t/n) \tag{2.9.13}$$

由香农信道编码定理可知，当码长 $n \to \infty$ 时，译码错误概率可以任意小。在 n 很大或趋于无穷时，二元码的汉明限由式(2.9.13)不难得出

$$k/n \leqslant 1 - H(d_{\min}/2n) \tag{2.9.14}$$

式(2.9.14)称为汉明限的渐近限。

汉明限是任何线性码都必须满足的码限。当线性分组码的码长 n 和信息元数目 k 确定以后，该码的最小距离 $d_{\min}$ 必须满足汉明限；或者说，若要求 (n,k) 码能够具有一定的最小距离，其监督元数目必须要满足汉明限。

推论 若 q 元分组码的码长 $n=q^m-1$，码率 $R \geqslant 1-mt/n$，而且

$$\frac{(t+1)!}{(q-1)^{t+1}} + \frac{(t+1)(t+2)}{2} \leqslant q^m$$

则

$$d_{\min} \leqslant 2t+2 \tag{2.9.15}$$

证明

$$\begin{aligned}\binom{q^m-1}{t+1}(q-1)^{t+1} &= \frac{[(q-1)q^m]^{t+1}}{(t+1)!}\prod_{i=1}^{t+1}(1-iq^{-m}) \geqslant \\ &\frac{[(q-1)q^m]^{t+1}}{(t+1)!}\left[1-\sum_{i=1}^{t+1}iq^{-m}\right] \geqslant \\ &\frac{[(q-1)q^m]^{t+1}}{(t+1)!}\left[1-\frac{q^{-m}(t+2)(t+1)}{2}\right] \geqslant q^{mt} \geqslant q^{n(1-R)}\end{aligned} \tag{2.9.16}$$

由式(2.9.8)和式(2.9.16)可以直接得出结论，$d_{\min} \geqslant 2t+3$ 是不能成立的，所以

$$d_{\min} \leqslant 2t+2$$

证毕

这个推论给出的是后续 BCH 码最小距离的上限，BCH 码也是线性分组码。

2.9.2 普洛特金限

定理 2.9.3 普洛特金限：若 (n,k) 线性分组码的最小距离为 $d_{\min}$，则

$$d_{\min} \leqslant (q-1)nq^{k-1}/(q^k-1) \tag{2.9.17}$$

证明　(n,k)码共有 q^k 个码字，这 q^k 个码字的集合构成群，其中，第一位为 0 的码字有 q^{k-1} 个，它们是该群的一个子群，如果以这个子群将 q^k 个码字划分为陪集，可以有 q 个陪集，每个陪集有 q^{k-1} 个码字构成。在 q 个陪集中，第一位不为 0 的码字共有$(q-1)q^{k-1}$个；也就是说，q^k 个码字中，第一位不为 0 的码元数目为$(q-1)q^{k-1}$。依此类推，其他位不为 0 的码元数目也分别是$(q-1)q^{k-1}$。由于每个码字长为 n，所以(n,k)码的总重量为 $n(q-1)q^{k-1}$；而码的最小距离，即非全 0 码字的最小重量一定不大于码的平均重量，因此

$$d_{\min} \leqslant n(q-1)q^{k-1}/(q^k-1)$$

证毕

对于二元码而言，$q=2$，普洛特金限有如下形式

$$d_{\min} \leqslant n2^{k-1}/(2^k-1) \tag{2.9.18}$$

当 $n, d_{\min}$ 给定时，由该定理可以推出信息元数目 k 的上限（由于推导过程较烦琐，可直接给出结论）

$$k \leqslant n-(qd_{\min}-1)/(q-1)+1+\log_q d_{\min} \tag{2.9.19}$$

由该定理不难推出，当 $k, d_{\min}$ 给定后，码长 n 的最小值为

$$n \geqslant (q^k-1)d_{\min}/(q-1)q^{k-1} \tag{2.9.20}$$

对于二元码而言，当 $n\to\infty$ 时，普洛特金限有如下形式

$$k/n \leqslant 1-2d_{\min}/n \tag{2.9.21}$$

汉明限和普洛特金限都是构造码的必要条件，任何线性码都必须满足。

2.9.3　瓦尔沙莫夫—吉尔伯特限

定理 2.9.4　瓦尔沙莫夫—吉尔伯特限　瓦尔沙莫夫—吉尔伯特限（简记为 V—G 限）是最小距离 $d_{\min}$ 的下限，它是码的充分条件，只要满足 V—G 限，就一定存在最小距离为 $d_{\min}$、码长为 n、监督元数目为 $n-k$ 的码。这个码限首先由瓦尔沙莫夫在分组码情况下获得，吉尔伯特对线性码获得了类似的结果。该定理描述如下：

设 q 为素数（或素数幂），$d_{\min}$ 和 $r=n-k$ 为正整数，则存在有码长为 n，监督元数目为 r 且最小距离不小于 $d_{\min}$ 的线性码，码的各参数满足下述不等式

$$q^r \leqslant \sum_{i=0}^{d_{\min}-2}\binom{n}{i}(q-1)^i \tag{2.9.22}$$

根据契尔诺夫不等式，式(2.9.22)可以表示为

$$r/n \leqslant \varphi[(d_{\min}-2)/n] \tag{2.9.23}$$

对二元码，V—G 限的表达式为

$$r/n \leqslant H[(d_{\min}-2)/n] \tag{2.9.24}$$

证明　如果(n,k)线性码的最小距离为 $d_{\min}$，则它的监督矩阵 $\boldsymbol{H}$ 中，任意 $d_{\min}-1$ 列或更少的列线性无关。根据线性码的这个性质，可以按下列方法构造最小距离为 $d_{\min}$，监督元数目为 r 的码，长为 r 的非全零序列共有 q^r-1 个，从中任选一个序列作为 $\boldsymbol{H}$ 矩阵的第一列，然后

选择与第一列不同序列作为第二列，如果在长为 r 的各序列中，存在有另一序列，它与前两列线性无关，选取它作为矩阵的第三列。依此类推，如若在 q^r-1 个序列的集合中，还能找到一个序列，它与已选取列中的任意 $d_{\min}-2$ 或更少的列线性无关，以它作为矩阵的第 j 列，则所构造的矩阵中任意 $d_{\min}-1$ 或更少的列线性无关。因此，若

$$\sum_{i=1}^{d_{\min}-2}\binom{j-1}{i}(q-1)^i < q^r-1 \tag{2.9.25}$$

则存在有长为 j、监督元数目为 r 且最小距离为 $d_{\min}$ 的码。

假定 n 是不等式(2.9.25)中 j 的最大值，则一定存在有最小距离为 $d_{\min}$ 的(n,k)线性码，其参数满足下述不等式

$$\sum_{i=1}^{d_{\min}-2}\binom{n}{i}(q-1)^i \geqslant q^r-1 \tag{2.9.26}$$

利用契尔诺夫不等式不难推出

$$r/n \leqslant \varphi[(d_{\min}-2)/n] \tag{2.9.27}$$

图 2.9.1 所示为二元码的码限，横坐标是 $d_{\min}/2n$，纵坐标为码速率 $R=k/n$。

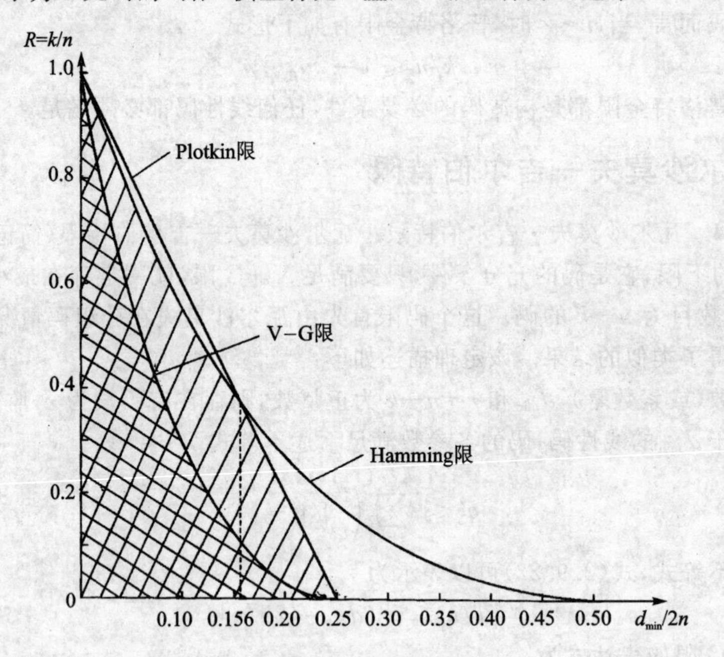

图 2.9.1 二元码码限图

最小距离越接近上限的码越好。汉明码、高码速率($R>0.4$)的里德—缪勒码和 BCH 码可以达到汉明限，所以称它们是最佳码。某些低限率的里德—缪勒码和 BCH 码符合普洛特金限，也是最佳码。但是上述这两类码在 $n\to\infty$ 时，高码速率码的 R 趋于 1，但是其纠错能力

$d_{\min}/2n$ 却趋于 0；低码速率的纠错能力趋于 0.25，但是码速率 R 趋于 0。因此它们都不符合香农定理的要求，几乎所有的码都有上述缺陷。尤斯坦森构造了一类码，称为尤斯坦森码，该码在纠错能力不为零的情况下，码速率 k/n 也还远远小于 V—G 限所保证的值。

目前，编码理论尚未解决的课题之一就是如何构造符合 V—G 限（或者接近于 V—G 限）的码，而且构造方法应是可实现的，编译码方法也是好的。

下面以例说明这些码限的应用。假设需要找一个最小距离 $d_{\min}=5$，而且具有最大可能值的信息元数目 k、长为 63 的码，(63,51)码是 $d_{\min}=5$ 的 BCH 码（关于 BCH 码将在第 6 章中讨论）。用汉明限和 V—G 限来衡量一下该码的性能，由汉明限可以得出

$$\sum_{i=0}^{2}\binom{63}{i}\leqslant 2^{n-k}$$

因此 $(n-k)$ 的最小值为 11，根据 V—G 限

$$\sum_{i=0}^{3}\binom{63}{i}\leqslant 2^{n-k}$$

监督位数 $(n-k)$ 最大值为 15。因此，对 $n=63$，最小距离 $d_{\min}=5$ 的码而言，存在有 $k>48$ 的码，而不存在 $k>52$ 的码。由此可以看出，(63,51)码是一个好码，进一步的寻求已无必要。

习　题

2.1　已知(7,4)汉明码的生成矩阵为

$$\boldsymbol{G}=\begin{bmatrix}1&0&0&0&1&1&1\\0&1&0&0&1&0&1\\0&0&1&0&0&1&1\\0&0&0&1&1&1&0\end{bmatrix}$$

(1) 求该码的全部码字；

(2) 求该码的监督矩阵。

2.2　已知(8,4)系统线性码的监督方程为

$$C_0=m_1+m_2+m_3$$
$$C_1=m_0+m_1+m_2$$
$$C_2=m_0+m_1+m_3$$
$$C_3=m_0+m_2+m_3$$

式中 $m=(m_3,m_2,m_1,m_0)$ 为信息矢量，C_3,C_2,C_1,C_0 为编码监督数字，求这个码的监督矩阵和生成矩阵，证明该码的最小距离为 4。

2.3　令 $\boldsymbol{H}$ 为一个 (n,k) 线性码 C_1 的一致监督矩阵，且有奇数最小距离为 d。作一个新码 C'_1，它的监督矩阵为

$$
\boldsymbol{H}' = \begin{bmatrix} & & & 0 \\ & \boldsymbol{H} & & 0 \\ & & & \vdots \\ 1 & 1 & \cdots & 1 \end{bmatrix}
$$

证明(1) C'_1 是一个$(n+1,k)$分组码；

(2) C'_1 中每个码字有偶数个重量；

(3) C'_1 的最小重量为 $d+1$。

2.4 令 x,y,z 是 GF(2)上的三个 n 重，证明

$$
d(x,y)+d(y,z)\geqslant d(x,z)
$$

2.5 设计(8,4)系统线性码的编码和译码电路。

2.6 求出(8,4)码的重量分布，令 BSC 信道的转移概率 $P=10^{-2}$。计算该码的不可检测错误概率。

2.7 构造(15,11)汉明码的一致监督矩阵并设计译码器。

第3章　抽象代数补充知识

本章简要介绍一些必要的概念，以便学习后续各章之用，包括群、环、域的定义、域上多项式和本原多项式等基本定理，这些都是学习循环码的基础。

3.1　群、环、域的基本概念

3.1.1　群的定义

定义 3.1.1　设 G 是非空集合，并在 G 上定义了一种运算，若下述公理成立，则称 G 为群(Group)。

(1) 满足封闭性：若 a 和 b 为集合 G 中的任意元素，即 $a\in G, b\in G$，恒有

$$a * b = c \in G$$

(2) 结合律成立，对任意 $a\in G, b\in G$，则

$$(a * b) * c = a * (b * c)$$

(3) G 中存在一个恒等于元 e，对任意 $a\in G$，有

$$a * a^{-1} = e$$

$$a^{-1} * a = e$$

其中，$a^{-1}\in G$，且称其为 a 的逆元素。

上述公理中，符号 * 表示定义在 G 上的一种代数运算，例如，* 可以是普通的加法或乘法，也可以是模 2 相加或模 2 相乘，等等。

定理 3.1.1　群 G 的恒等元是唯一的，每个元素的逆运素也是唯一的。

例 3.1　全体整数在普通加法运算下构成群，即集合

$$\{\cdots -3, -2, -1, 0, 1, 2, 3, \cdots\}$$

在普通加法构成群，不难验证，群的公理均能满足，元素 0 是群的恒等元，在加法下，又称零元素。

但整数集合在普通乘法运算下，不能构成群。

例 3.2　全体偶数在普通加法运算下构成群。

定义 3.1.2　设 G 是一个群。如果运算 * 满足交换率，即对于任意的 $a, b\in G$，有

$$a * b = b * a$$

则称群 G 为可交换群或阿贝尔群。

为简洁起见,有时可将运算符号 * 省略,即元素 a 和 b 的运算可以直接用 ab 表示。

如果群中包含无数个元素,则称该群为无限群。

如果群中包含有限个元素,则称该群为有限群。构成有限群的元素的个数称为该群的阶。

3.1.2 环的定义

定义 3.1.3 设 R 为非空集合,并在 R 上定义了加法和乘法两种代数运算,若满足下述公理,则 R 称为环(Ring)。

(1) 在加法运算下构成群,且是阿贝尔群。

(2) 对乘法满足封闭性。

(3) 若对任意 $a\in R$, $b\in R$, $c\in R$,则 $ab=c\in R$。

(4) 乘法结合律成立:若 $a\in R$, $b\in R$, $c\in R$,则 $a(bc)=(ab)c$。

(5) 分配律成立:若 $a\in R$, $b\in R$, $c\in R$,则 $a(b+c)=ab+ac$ 或 $(b+c)a=ba+ca$。

由上述可知,环 R 上定义了两种代数运算,但在乘法运算下,不要求 R 中有单位元,所以也就不要求 R 中的元素有逆元素。

若环中有单位元素存在,则称该环为有单位元环。

若环 R 在乘法运算下不满足交换律,则称 R 为可换环。

例 3.3 全体整数在普通加法和乘法运算下构成环。

例 3.4 全体偶数在普通加法和乘法运算下构成环。

例 3.5 模整数 m 运算的剩余类全体在模 m 运算下构成环。例如,设 $m=4$,模 4 运算的剩余类全体与$\{\bar{0},\bar{1},\bar{2},\bar{3}\}$,其加法和乘法如下所示:

$+$	$\bar{0}$	$\bar{1}$	$\bar{2}$	$\bar{3}$
$\bar{0}$	$\bar{0}$	$\bar{1}$	$\bar{2}$	$\bar{3}$
$\bar{1}$	$\bar{1}$	$\bar{2}$	$\bar{3}$	$\bar{0}$
$\bar{2}$	$\bar{2}$	$\bar{3}$	$\bar{0}$	$\bar{1}$
$\bar{3}$	$\bar{3}$	$\bar{0}$	$\bar{1}$	$\bar{2}$

$\times$	$\bar{0}$	$\bar{1}$	$\bar{2}$	$\bar{3}$
$\bar{0}$	$\bar{0}$	$\bar{0}$	$\bar{0}$	$\bar{0}$
$\bar{1}$	$\bar{0}$	$\bar{1}$	$\bar{2}$	$\bar{3}$
$\bar{2}$	$\bar{0}$	$\bar{2}$	$\bar{0}$	$\bar{2}$
$\bar{3}$	$\bar{0}$	$\bar{3}$	$\bar{2}$	$\bar{1}$

不难验证,在模 4 加法运算下,$\{\bar{0},\bar{1},\bar{2},\bar{3}\}$构成群,且为阿贝尔群;在模 4 乘法运算下,则构成环。

3.1.3 域

定义 3.1.4 非空集合 F,且在 F 上定义了两种代数运算,若下述公理成立,则 F 称为域(Field)。

(1) F 关于加法运算构成阿贝尔群。

(2) F 中非0元素在乘法下构成群，其恒等元素（单位元素）记为1。

(3) 对加法和乘法分配律成立：

$$a(b+c)=ab+ac$$
$$(b+c)a=ba+ca$$

因此，域是有单位元素，非零元素有逆元素的环。

例 3.6　0和1两个元素在模2运算下构成域。不难验证，在模2加运算下，$\{0,1\}$集合构成阿贝尔群，群的恒元素是0，每个元素的逆元素就是元素本身。在乘法运算下，非零元素1的逆元素就是1，F 的单位元素也是1。

定理 3.1.2　若 P 为素数，则全体整数在模 P 运算下的剩余类全体$\{\overline{0},\overline{1},\overline{2},\overline{3}\cdots,\overline{p-1}\}$在模 P 运算下构成域。

例 3.7　以 $P=3$ 为模的剩余类全体$\{\overline{0},\overline{1},\overline{2}\}$构成域。

注意：对于域要求是有单位元素和逆元素，这是域和环的主要区别。

3.1.4　子　群

定义 3.1.5　设 G 为群，H 是它的非空子集，若 H 对关于 G 的运算构成群，则称 H 是 G 的子群。

例如，整数全体在普通加法下构成群，全体偶数在普通加法运算下构成了它的子群。

3.1.5　循环群

定义 3.1.6　设 G 为乘法群，则

(1)如果存在 $\alpha\in G$，a 的阶为 n，使得

$$G=\{e,\alpha,\alpha^2,\cdots,\alpha^{n-1}\}$$

称 G 为 n 阶循环群。

(2)如果存在 $a\in G$，a 的阶无限，使得

$$G=\{e,\alpha^{\pm1},\alpha^{\pm2},\cdots,\alpha^{\pm n}\}=\{\alpha^n\mid n\in Z\}$$

称 G 为无限阶循环群。

此时称 α 为 G 的生成元，称满足 $\alpha^n=e$ 的最小正整数 n 为循环群的级。

定义 3.1.7　若某一元素 α 是域 GF(q)中的 n 级元素，则称 α 为 n 次单位原根。若元素 α 的级为$(q-1)$，则称 α 为本原元素。其中，q 是群中元素的数目。

由于 GF(q)中所有的非零元素构成一个乘群，非零元素的数目为$(q-1)$，所以 $\alpha^{q-1}=e$。

关于有限循环群元素的级有如下性质：

(1) 若 $\alpha\in G$ 是 n 级元素，则 $\alpha^m=e$ 的充要条件是 $n|m$（表示 m 可以被 n 除尽）。

因为若 $\alpha^m=e$，则由欧几里得除法有 $m=qn+r,0\leqslant r<n$，则 $\alpha^m=\alpha^{qn+r}=(\alpha^n)^q\alpha^r=e\alpha^r=\alpha^r$。所以，$\alpha^m=\alpha^r=e$。但是 $r<n$，这与 n 是 α 的级相矛盾，所以 $r=0$。于是 $m=qn;n|m$。反之，若

$n|m$,则 $\alpha^m=\alpha^{qn}=e$。

(2) 若 α 是 n 级元素,则元素 α^k 的级为 $n/(k,n)$。

定理 3.1.3 在 GF(q)中,每一个非零元素都是方程 $x^{q-1}-1=0$ 的根。

证明 方程 $x^{q-1}-1=0$ 最多有($q-1$)个一次因式,或者说至多有($q-1$)个根。现在需要证明 GF(q)中所有($q-1$)个非零元素就是该方程的全部根。

GF(q)中($q-1$)个非零元素构成一个循环群,它由级为($q-1$)的生成元素 α 的所有幂次组成,即由 $\alpha^0=1,\alpha,\alpha^2,\alpha^3,\cdots,\alpha^{q-2}$ 组成。因为每个元素都满足

$$(\alpha^i)^{q-1}=1 \qquad i=0,1,2,(q-2)$$

所以,GF(q)中的($q-1$)个非零元素都是方程 $x^{q-1}-1=0$ 或 $x^q-x=0$ 的根。

由上面的讨论可知,若 α 是 GF(q)中的本原元素,则可以在域将 $x^{q-1}-1=0$ 方程分解或一次因式,即

$$x^{q-1}=\prod_{i=1}^{q-1}(x-a^i)$$

3.2 有限域上的多项式

3.2.1 有根域的加法运算

现在讨论在 GF(q)中,元素在加法运算下的性质。

定义 3.2.1 若 e 是 GF(q)中的单位元,满足 $ne=0$ 的最小整数 n,称为域的特征。

例如,在 GF(2)中,单位元 $e=1$,$1+1=0$,即 $2*1=0$,所以 GF(2)的特征是 2。一般 GF(q)的特征是 p。

定义 3.2.2 每一个 $\alpha\in$ GF(q),且 $a\neq0$,满足 $n\alpha=0$ 的最小正整数 n,称为元素 α 的周期。

定理 3.2.1 域中一切非零元素的同期相同,且等于域的特征。

因此,今后不再称某个元素特征,均称域的特征。

由于对每一个 $\alpha\in$ GF(q)恒有 $\alpha,2\alpha,3\alpha,\cdots,(p-1)\alpha,p\alpha=0,\alpha,\cdots\cdots$

所以,元素 α 的连加就构成了域中的阿贝尔群。其中共有($p-1$)个非零元素,恰是域中全部元素。因此,域的特征(或元素的周期)表明了域上加法运算的循环特性。而域中元素的级说明了乘法运算的循环特性。

定理 3.2.2 域的特征 p 必定是素数。

证明 设域的特征为 p。若 p 不是素数,则

$$p=mn \qquad m<p \qquad n<p$$

根据特征的定义

$$pe=0$$

$$pe=(me)(ne)=0$$

因为域中无零因子，即 $me\neq0$，$ne\neq0$。而 $(me)(pe)=0$，说明至少有 (me) 或 $(ne)=0$。但 $m<p$，$n<p$，这与 p 是特征相矛盾。所以 p 必为素数。

3.2.2　二元域上的多项式

这里仅讨论二进制编码理论所涉及的二元域 GF(2)上的多项式，即系数取自 GF(2)上的多项式。首先讨论二元域上多项式 $f(x)$ 的根的性质。

和普通代数中一样，域上多项式 $f(x)$ 也有它的根，若 $f(\alpha)=0$，则称 α 是 $f(x)$ 的根。

例如多项式 $x^2+1=0$，它的根在二元域内等于 1。而多项式 $x^2+x+1=0$，它的根不在二元域内，因为 $f(1)\neq0$，$f(0)\neq0$。但是若以 GF(2)为基域，把域中的元素 0 和 1 扩充一位，就可以得到 4 个元素：00，01，10 和 11。设 α 是方程 $x^2+x+1=0$ 的根，可用 00 表示 0，01 表示 1，则 $\alpha=10$，$\alpha^2=\alpha+1=11$。这样，就把多项式的根在二元域 GF(2)的扩域 GF(2^2)中表示，则称 GF(2^2)为二元域 GF(2)的二次扩域。扩域中的非零元素可以用 α 的幂表示为 $\{0,1,\alpha,\alpha^2\}$。

再以多项式 x^3+x+1 为例，这是一个三次多项式，用 000 表示 0，001 表示 1，若 α 是多项式的根，则 α 所有幂次为

$\alpha^0=1$	对应三位二进制 001
α^1	对应三位二进制 010
α^2	对应三位二进制 100
$\alpha^3=\alpha+1$	对应三位二进制 011
$\alpha^4=\alpha^2+\alpha$	对应三位二进制 110
$\alpha^5=\alpha^2+\alpha+1$	对应三位二进制 111
$\alpha^6=\alpha^2+1$	对应三位二进制 101
$\alpha^7=1$	对应三位二进制 001
$\alpha^8=\alpha$	
$\vdots$	

不难看出，α 的所有幂次共有 7 个非零元素，再加上 0 元素，就构成了含有 8 个元素的域 GF(2^3)，是 GF(2)的三次扩域。

上面所列举的是两个既约多项式，下面给出既约多项式的定义。

定义 3.2.3　对于某数域上的次数大于零的多项式 $f(x)$，若除了常数 C 以及 $Cf(x)$ 外，不能被该数域上的任何其他多项式整除，则称 $f(x)$ 为该数域上的既约多项式。

例如，3 个二次多项式 x^2，x^2+1，x^2+x 都不是既约的，因为它们或能被 x 或能被 $x+1$ 除尽。但是 x^2+x+1 既不以“0”、又不以“1”为根，故不能被任何一次多项式除尽，因此，x^2+x+1 是二次既约多项式。同理可以证明，多项式 x^3+x+1 在 GF(2)上是三次既约多项式。

这里应该注意在定义既约是强调了既约所对应的数域。比如，多项式 $f(x)=x^2+1$ 在实数域是既约的，但是在复数域不是既约的，可以分解为$(x+i)$和$(x-i)$两项的乘积。在二元域上也不是既约的。

是否能够推论出凡是二元域上的 m 次既约多项式的根都能构成m 次扩域 $GF(2^m)$呢？为了说明这个问题，以 4 次既约多项式 $x^4+x^3+x^2+x+1$ 为例，设它的根为 α，则

	对应二进制数字
$\alpha^0=1$	0001
α^1	0010
α^2	0100
α^3	1000
$\alpha^4=\alpha^3+\alpha^2+\alpha+1$	1111
$\alpha^5=1$	0001
$\alpha^6=\alpha$	

可以发现，α 的所有幂次仅有 5 个元素，加上零元素共有 6 个，而不是 2^4个，所以既约多项式 $x^4+x^3+x^2+x+1$ 的根 α 不能构成 $GF(2^4)$的扩域。

如果观察另一个 4 次既约多项式 x^4+x+1。若 α 是它的根，则，

$\alpha^0=1$	0001
α^1	0010
α^2	0100
α^3	1000
$\alpha^4=\alpha+1$	0011
$\alpha^5=\alpha^2+\alpha$	0110
$\alpha^6=\alpha^3+\alpha^2$	1100
$\alpha^7=\alpha^3+\alpha+1$	1101
$\alpha^8=\alpha^2+1$	0101
$\alpha^9=\alpha^3+\alpha$	1010
$\alpha^{10}=\alpha^2+\alpha+1$	0111
$\alpha^{11}=\alpha^3+\alpha^2+\alpha$	1110
$\alpha^{12}=\alpha^3+\alpha^2+\alpha+1$	1111
$\alpha^{13}=\alpha^3+\alpha^2+1$	1101
$\alpha^{14}=\alpha^3+1$	1001
$\alpha^{15}=1$	0001

上述表明，α 是 x^4+x+1 的根，它的所有幂次构成了 $GF(2^4)$中的所有非零元素，加上零元素共 $2^4=16$ 个元素；α 的幂次构成了乘群，且是循环群，α 的级是(2^4-1)，所以 α 是扩域

$GF(2^4)$的本原元素。

此外，$\alpha^{15}=1$ 表明，α 还是 $a^{15}+1$ 的根，因此，既约多项式 x^4+x+1 能够被多项式 $x^{15}+1$ 整除，而不能被其他次数小于 15 的多项式整除。与多项式 $x^4+x^3+x^2+x+1$ 相比较，若 α 是它的根，也是 x^5+1 的根，还是 $x^{15}+1$ 的根。所以，多项式 $x^4+x^3+x^2+x+1$ 不仅能够被多项式 $x^{15}+1$ 整数，还能被 x^5+1 整除。

通过以上的举例，可以看出 GF(2)上的 m 次既约多项式有两大类：一类是能够被 x^n+1 整除，但不能被 x^s+1 整除，其中，$n=2^m-1$，$s<n$。它的根是 $GF(2^m)$扩域中的本原元素，这一类称为本原多项式；另一类多项式，它不能仅能被 x^n+1 整除，也能整除 x^s+1。它的根不是扩域 $GF(2^m)$中的本原元素，称这类既约多项式为非本原多项式。只有本原多项式的根，才能构成 $GF(2^m)$域。

定义 3.2.4 对于有限域 $GF(q)$上的 m 次既约多项式 $f(x)$，若能被它整除的首一多项式 x^n+1 的次数 $n\geqslant q^m-1$，则称该多项式是本原多项式。

本原多项式一定是既约；反之，既约多项式不一定是本原的。

下面讨论 m 次既约多项式根的性质。首先，域上 m 次既约多项式有多少根？它的全部根是什么。下面的定理回答了这个问题。

定理 3.2.3 若 α 是 m 次既约多项式 $f(x)$的根，则它的全部根为

$$\alpha,\alpha^2,\cdots,\alpha^{2^{m-1}}$$

证明 设 $f(x)=c_mx^m+c_{m-1}x^{m-1}+\cdots+c_1x+c_0$，式中的系数 $c_i\in GF(2)$。

已知 α 是它的根，即 $f(\alpha)=0$。以 α^2 代入后得

$$f(\alpha^2)=c_m(\alpha^2)^m+c_{m-1}(\alpha^2)^{m-1}+\cdots+c_1(\alpha^2)+c_0$$

而

$$[f(\alpha)]^2=c_m^2(\alpha^2)^m+c_{m-1}^2(\alpha^2)^{m-1}+\cdots+c_1^2(\alpha^2)+c_0^2=$$
$$c_m(\alpha^2)^m+c_{m-1}(\alpha^2)^{m-1}+\cdots+c_1(\alpha^2)+c_0=0$$

所以

$$f(\alpha^2)=[f(\alpha)]^2=0$$

由此，α^2 也是 $f(x)$的根。依此类推，$\alpha^4,\alpha^8,\cdots,\sigma^{2^{m-1}}$ 都是 $f(x)$的根。由于 $\alpha^{2^m}=\alpha$，所以 $\alpha,\alpha^2,\alpha^4,\alpha^8,\cdots,\alpha^{2^{m-1}}$ 共 m 个元素是 $f(x)$互不相同的根，称这 m 个根为 $f(x)$的共轭根系。

例如，本原多项式 x^3+x+1 它的全部根为 α,α^2,α^4，故 x^3+x+1 可以分解为 $x^3+x+1=(x-\alpha)(x-\alpha^2)(x-\alpha^4)$；再如，既约多项式 $x^4+x^3+x^2+x+1$ 的全部根为

$$\alpha,\alpha^2,\alpha^4,\alpha^8=\alpha^3$$

则 $x^4+x^3+x^2+x+1$ 可以分解为 $x^4+x^3+x^2+x+1=(x-\alpha)(x-\alpha^2)(x-\alpha^4)(x-\alpha^3)$。

我们把 m 次本原多项式的各根 $\alpha,\alpha^2,\alpha^4,\alpha^8,\cdots,\alpha^{2^{m-1}}$ 等 m 个元素，称为 $GF(2^m)$上的本原元素，它们的级都是 2^m-1。

3.2.3 最小多项式

定义 3.2.5 系数取自 GF(2)上，且以β为根的多项式中，必有一个次数最低的多项式，称它为最小多项式，记为$m(x)$。

最小多项式有如下性质：

定理 3.2.4 最小多项式在域 GF(2)上既约的；若$f(x)$是 GF(2)上的多项式，而且它也以β为根，则$m(x)\mid f(x)$；以β为根的最小项式$m(x)$是唯一的。

证明 设$m(x)$是β的最小多项式，若$m(x)$不是既约多项式，则$m(x)$可以表示为

$$m(x)=m_1(x)m_2(x)$$

其中，$m_1(x)$和$m_2(x)$的次数均小于$m(x)$，并且$m(\beta)=m_1(\beta)m_2(\beta)=0$。但是在二元域上的多项式环是无零因子环，所以在$m_1(\beta)$和$m_2(\beta)$之中至少有一个因式为 0，这与$m(x)$是最小多项式的假设矛盾。所以$m(x)$是既约多项式。

若$f(x)$是 GF(2)上的多项式，由欧几里得除法有

$$f(x)=q(x)m(x)+r(x)$$

$$f(\beta)=q(\beta)m(\beta)+r(\beta)=0$$

因为$m(\beta)=0$，所以$r(\beta)=0$，但$r(\beta)$的次数低于$m(x)$的次数，这与假设矛盾，故$r(x)=0$由此$f(x)=q(x)m(x)$，或表示为$m(x)\mid f(x)$。

现证明$m(x)$的唯一性：设$m_1(x)$是β的另一最小多项式，则$m_1(x)\mid m(x)$；而$m(x)$也是最小多项式，因此$m(x)\mid m_1(x)$，所以$m_1(x)=m(x)$。

定理 3.2.5 若β是扩域 GF(2^m)中的元素，β的最小多项式$m(x)$的次数小于或等于m。

证明 由前述已知，既约多项式$m(x)$的全部根为

$$\beta,\beta^2,\beta^4,\cdots,\beta^{2^{m-1}}$$

所以，以β为根的最小多项式$m(x)$的次数最高为m。若β的级为2^m-1，则$m(x)$的次数为m，若β的级数为2^r-1，$r<m$，则$m(x)$的次数$r<m$。

定义 3.2.6 系数取自 GF(2)上，以 GF(2^m)中本原元素为根的最小多项式称为 GF(2^m)的本原多项式。

既然本原多项式以级为$n=2^m-1$的本原元素α为根，则本原多项式的共轭根系为

$$\alpha,\alpha^2,\alpha^4,\alpha^8,\cdots,\alpha^{2^{m-1}}$$

共有m个根。因此，本原多项式的次数为m。

根据以上讨论，可以按以下步骤求得最小多项式：

(1) 根据m次本原多项式列出 GF(2^m)域；

(2) 假定$m(x)$的根为$\beta,\beta^2,\beta^4,\cdots,\beta^{2^{m-1}}$；

(3) 将β换成α，若α序列中没有重复的，则$r=m$，若α序列中有重复，则去掉重复值；

(4) 列出$m(x)=\prod(x-\alpha_i)$，α_i是α序列中的元素。

(5) 展开 $m(x)$，根据 GF(2^m)求出展开式的系数，最后得到 $m(x)$的表达式。

例 3.8　已知 4 次本原多项式 x^4+x+1，求以 α 为根的最小项式 $m_1(x)$，求以 α^3 为根的最小项式 $m_3(x)$和以 α^5 为根的最小项式 $m_5(x)$。

解　(1) 写出 GF(2^4)(参见定义 3.2.3)。

(2) $m_1(x)$的全部根为 α,α^2,α^4 和 α^8；$m_3(x)$的全部根为 $\alpha^3,\alpha^6,\alpha^9$ 和 $\alpha^{27}=\alpha^{12}$；$m_5(x)$的全部根为 $\alpha^5,\alpha^{10},\alpha^5$。

(3) $m_1(x)=(x-\alpha)(x-\alpha^2)(x-\alpha^4)(x-\alpha^8)=x^4+x+1$；

$m_3(x)=(x-\alpha^3)(x-\alpha^6)(x-\alpha^9)(x-\alpha^{12})=x^4+x^3+x^2+x+1$；

$m_5(x)=(x-\alpha^5)(x-\alpha^{10})=x^2+x+1, r<m$。

有关的数学概念就简介到此。在学习编码理论中涉及的更深入更广泛的概念可以参看近世代数的专著。有关线性方程组、矢量空间和矩阵的基本概念已在前修课中学过，不再赘述。

第4章 循环码

循环码是线性分组码的一个重要子类，是由普朗格(E. Prange)于1957年首先开始研究的。由于它具有循环特性和优良的代数结构，使得可用简单的反馈移存器实现编码电路和伴随式计算电路，并可使用多种简单而有效的译码方法。此后人们对循环码的研究在理论和实践方面都取得了很大的进展。现在循环码已成为研究最深入，理论最成熟，应用最广泛的一类线性分组码。

4.1 基本概念

4.1.1 循环码的定义

定义4.1.1 如果线性分组码的任意码字

$$C=(C_{n-1},C_{n-2},\cdots,C_0)$$

的 i 次循环移位，所得的码字

$$C^{(i)}=(C_{n-1-i},C_{n-2-i},\cdots,C_0,C_{n-1},\cdots,C_{n-i})$$

仍是一个码字，则称此线性码为(n,k)循环码。

为了运算的方便，可将码字的各分量作为多项式的系数，而把码字表示为多项式，称为码多项式。其一般表达式为

$$C(x)=C_{n-1}x^{n-1}+C_{n-2}x^{n-2}+\cdots+C_0 \tag{4.1.1}$$

码字 C 循环 i 次所得的码字 $C^{(i)}$ 的码多项式为

$$C^{(i)}(x)=C_{n-1-i}x^{n-1}+C_{n-2-i}x^{n-2}+\cdots+C_0x^i+C_{n-1}x^{i-1}+\cdots+C_{n-i} \tag{4.1.2}$$

将式(4.I.1)乘以 x，再除以 x^n+1 得

$$\frac{xC(x)}{x^n+1}=C_{n-1}+\frac{C_{n-2}x^{n-1}+C_{n-3}x^{n-2}+\cdots+C_{n-1}}{x^n+1}=C_{n-1}+\frac{C^{(1)}(x)}{x^n+1} \tag{4.1.3}$$

式(4.1.3)表明，码字循环一次的码多项式 $C^{(1)}(x)$ 是原码多项式 $C(x)$ 乘 x 除以 x^n+1 的余式，故写作

$$C^{(1)}(x)\equiv xC(x)\qquad (模\ x^n+1)$$

由此可以推知，$C(x)$的 i 次循环移位 $C^{(i)}(x)$ 是 $C(x)$ 乘 x^i 除以 x^n+1 的余式，即

$$C^{(i)}(x)\equiv x^iC(x)\qquad (模\ x^n+1)$$

例如，(7,3)循环码，可由任一个码字，比如0011101经过循环移位，得到其他6个非0码

字;也可由相应的码多项式 $x^4+x^3+x^2+1$,乘以 $x^i(i=1,2,\cdots,6)$,再进行模 x^7+1 运算得到其他 6 个非 0 码多项式,这个移位过程和相应的多项式运算如表 4.1.1 所列。

表 4.1.1　(7,3)循环码的循环移位

移位次数	码　字	码多项式	按模运算
0	0 0 1 1 1 0 1	$x^4+x^3+x^2+1$	—
1	0 1 1 1 0 1 0	$x(x^4+x^3+x^2+1)\equiv(x^5+x^4+x^3+x)$	(模 x^7+1)
2	1 1 1 0 1 0 0	$x^2(x^4+x^3+x^2+1)\equiv(x^6+x^5+x^4+x^2)$	(模 x^7+1)
3	1 1 0 1 0 0 1	$x^3(x^4+x^3+x^2+1)\equiv(x^6+x^5+x^3+1)$	(模 x^7+1)
4	1 0 1 0 0 1 1	$x^4(x^4+x^3+x^2+1)\equiv(x^6+x^4+x+1)$	(模 x^7+1)
5	0 1 0 0 1 1 1	$x^5(x^4+x^3+x^2+1)\equiv(x^5+x^2+x+1)$	(模 x^7+1)
6	1 0 0 1 1 1 0	$x^6(x^4+x^3+x^2+1)\equiv(x^6+x^3+x^2+x)$	(模 x^7+1)

4.1.2　循环码的生成多项式和生成矩阵

根据循环码的循环特性,可由一个码字的循环移位得到其他的非 0 码字。在(n,k)循环码的 2^k 个码字中,取前 $k-1$ 位皆为 0 的码多项式 $g(x)$(其次数 $r=n-k$),再经 $k-1$ 次循环移位,共得到 k 个码多项式:$g(x),xg(x),\cdots,x^{k-1}g(x)$。这 k 个码多项式显然是相互独立的,可作为码生成矩阵的 k 行,于是得到(n,k)循环码的生成矩阵 $\boldsymbol{G}(x)$,即

$$\boldsymbol{G}(x)=\begin{bmatrix} x^{k-1}g(x) \\ x^{k-2}g(x) \\ \vdots \\ xg(x) \\ g(x) \end{bmatrix} \tag{4.1.4}$$

因此,码的生成矩阵一旦确定,码就确定了。这就说明(n,k)循环码可由它的一个$(n-k)$次码多项式 $g(x)$来确定,所以可以认为 $g(x)$生成了(n,k)循环码。因此称 $g(x)$为码的生成多项式,即

$$g(x)=x^{n-k}+g_{n-k-1}x^{n-k-1}+\cdots+g_1x+g_0 \tag{4.1.5}$$

可见 $g(x)$是一个$(n-k)$次首一多项式。它有如下的性质:

定理 4.1.1　在(n,k)循环码中,生成多项式 $g(x)$是唯一的$(n-k)$次码多项式,且次数是最低的。

证明

(1) 首先证明在(n,k)循环系统码中存在一个$(n-k)$次码多项式。

因为在这 2^k 个信息组中,有一个信息组为 $\overbrace{00\cdots0}^{k-1\text{个}}1$,它的对应码多项式的次数为

$$n-1-(k-1)=n-k$$

(2) 其次证明$(n-k)$次码多项式是最低的码多项式。

若$g(x)$不是最低次码多项式,那么设最低次码多项式为$g'(x)$,其次数为$n-k-1$。$g'(x)$的前面k位为0,即k个信息位全为0,而$n-k$个监督位不为0,这对线性码来说是不可能的。因此$g(x)$是最低次码多项式,即g_{n-k}必为1,并且$g_0=1$;否则$g(x)$经$n-1$次左移循环后将得到低于$n-k$次的码多项式。

(3) $g(x)$是唯一的$(n-k)$次码多项式。

对于某个(n,k)循环码而言,它的生成多项式$g(x)$是唯一的。如果存在另外一个$(n-k)$次码多项式,设为$g''(x)$,根据线性码的封闭性,则$g(x)+g''(x)$也必为一个码多项式。由于$g(x)$和$g''(x)$的次数相同,它们的和式的$(n-k)$次项系数为0,那么$g(x)+g''(x)$是一个次数低于$(n-k)$次的码多项式,在(2)中已证明$g(x)$的次数是最低的,因此$g''(x)$不能存在,所以对该(n,k)循环码$g(x)$是唯一的$(n-k)$次码多项式。

定理 4.1.2 在(n,k)循环码中,每个码多项式$C(x)$都是$g(x)$的倍式,而每个为$g(x)$倍式且次数小于或等于$n-1$的多项式,必是一个码多项式。

证明 分别证明,先证明后半部分,再证明前半部分。

已知$g(x)$是循环码的生成多项式,也是一个码多项式;由循环码的性质,若$g(x)$是码多项式,则它的循环移位也是循环码的码多项式,即$g(x),xg(x),\cdots,x^{k-1}g(x)$都是码多项式。

又由于循环码也是线性码,由码的封闭性,它们的线性组合也是码多项式,即

$$(m_{k-1}x^{k-1}+m_{k-2}x^{k-2}+\cdots+m_1x+m_0)g(x)=C(x) \tag{4.1.6}$$

也是码多项式,共有2^k个系数。当$m_i\in\{0,1\}$时,可能有2^k个码多项式。

再用反证法证明前半部分:假设$C(x)$不是$g(x)$的倍式,则$C(x)$除以$g(x)$后可以写成

$$C(x)=q(x)g(x)+r(x)$$

其中,$r(x)$是$C(x)$除以$g(x)$后的余式,次数为$r-1$。

又由于$C(x)$是码多项式,由定理$g(x)$的倍式$q(x)g(x)$也是码多项式;由封闭性$C(x)+q(x)g(x)=r(x)$仍是码多项式,但$r(x)$的次数小于$n-k$,这与线性循环码的组成相矛盾,因为不存在次数低于$n-k$的码多项式,$g(x)$的次数是最低的。所以$r(x)=0$,即$C(x)=q(x)g(x)$。

定理4.1.2的逆定理也成立,即在一个(n,k)的线性码中,如果全部码多项式都是最低的$(n-k)$次码多项式的倍式,则此线性码为一个(n,k)循环码。

一般来说,这种循环码仍具有把码中任一非0码字的循环移位必为一码字的循环特性,但从一个非0码字出发,进行循环移位,就未必能够得到码的所有非0码字了。所以称这种循环码为推广循环码。在码字循环关系图上,单纯循环码的非0码字循环图是一个以码字为顶点的圆圈(见图4.1.1),它表示(7,3)循环码的码字循环关系。然而,对推广循环码,非0码字循环图可能有多个圆圈,如图4.1.2所表示的(6,3)循环码的非0码字循环关系图就包含三个

圆圈。

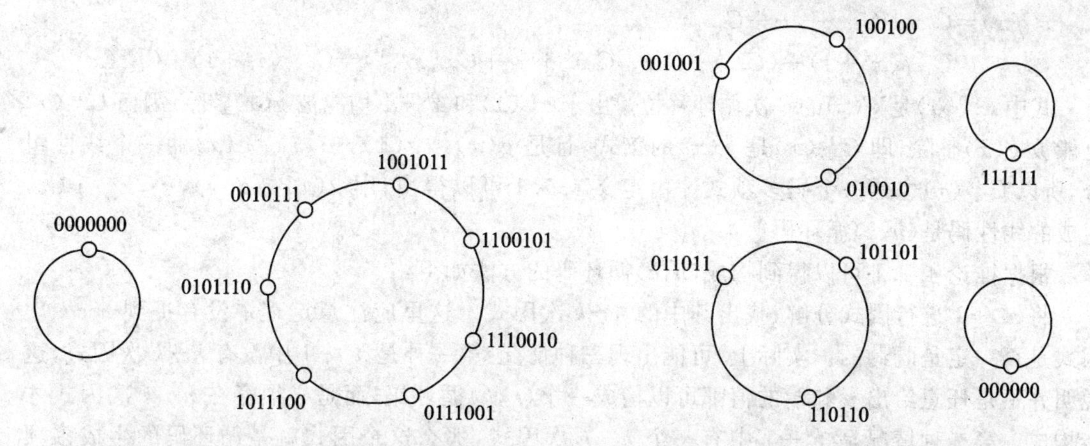

图 4.1.1　(7,3)循环码的循环关系图　　图 4.1.2　(6,3)循环码的非 0 码字循环关系图

由式(4.1.6)可知,循环码的码多项式 $C(x)$ 等于信息多项式 $m(x)$ 乘以生成多项式 $g(x)$。这就说明,对一个循环码只要确定了生成多项式 $g(x)$,就可以生成码多项式 $C(x)$,编码问题就解决了。所以,设计一个循环码的关键在于寻找一个适当的生成多项式。

定理 4.1.3　(n,k) 循环码的生成多项式 $g(x)$ 是 x^n+1 的因式,即 $x^n+1=h(x)\cdot g(x)$。

证明　由于 $x^k g(x)$ 是 n 次多项式,可表示为

$$x^k g(x) = (x^n+1) + g^{(k)}(x) \tag{4.1.7}$$

式中 $g^{(k)}(x)$ 是码多项式 $g(x)$ 乘以 x^k 再除以 x^n+1 的余式。根据循环码的循环移位关系,它是 $g(x)$ 循环移位 k 次所得到的码多项式,因此 $g^{(k)}(x)$ 是 $g(x)$ 的倍式,设

$$g^{(k)}(x) = m(x)g(x)$$

代入式(4.1.7)得

$$x^n + 1 = [x^k + m(x)]g(x) \tag{4.1.8}$$

式(4.1.8)表明 $g(x)$ 是 x^n+1 的因式。

推论 4.1.1　若 $g(x)$ 是一个 $n-k$ 次多项式,且为 x^n+1 的因式,则 $g(x)$ 生成一个 (n,k) 循环码。

证明　由于 $g(x)$ 是一个 $n-k$ 次多项式,所以

$$g(x), xg(x), \cdots, x^{k-1}g(x)$$

是 k 个次数小于 n,并且彼此独立的多项式,作这些多项式的线性组合

$$C(x) = a_0 g(x) + a_1 x g(x) + \cdots + a_{k-1}x^{k-1}g(x) =$$
$$(a_0 + a_1 x + \cdots + a_{k-1}x^{k-1})g(x)$$

也是一个次数等于或小于 $n-1$ 的多项式,且是 $g(x)$ 的倍式,总共有 2^k 个这样的多项式,它们构成一个 (n,k) 线性码。

令 $C(x)=C_0+C_1x+\cdots+C_{n-1}x^{n-1}$ 是此码的一个码多项式,用 x 乘以 $C(x)$ 可得

$$xC(x)=C_0x+C_1x^2+\cdots+C_{n-1}x^n=$$
$$C_{n-1}(x^n+1)+(C_{n-1}+C_0x+C_1x^2+\cdots+C_{n-2}x^{n-1})=C_{n-1}(x^n+1)+C^{(1)}(x)$$

式中 $C^{(1)}(x)$ 是 $C(x)$ 的一次循环移位。由于 $xC(x)$ 和 x^n+1 均能被 $g(x)$ 整除,因而 $C^{(1)}(x)$ 也能被 $g(x)$ 整除,即 $C^{(1)}(x)$ 是 $g(x)$ 的倍式,且是 $g(x),xg(x),\cdots,x^{k-1}g(x)$ 的一个线性组合,所以 $C^{(1)}(x)$ 也是一个码多项式。由定义 4.1.1 可以得出,用 $g(x),xg(x),\cdots,x^{k-1}g(x)$ 生成的线性码是 (n,k) 循环码。

根据推论 4.1.1 可以得到构成 (n,k) 循环码的方法如下:

将 x^n+1 进行因式分解,找出其中的 $n-k$ 次因式。这里应注意定理中没有提到 $n-k$ 次因式是否一定是既约的。实际上,可能出现三种情况:第一种是 x^n+1 中没有 $n-k$ 次因式,这说明并不是任意给出 n 和 k 的值都可以构成一个 (n,k) 循环码,而是必须存在 $n-k$ 次因式才能构成。第二种情况是 x^n+1 中有一个 $n-k$ 次因式,那么这个因式就是循环码的生成多项式。第三种情况是有多个 $n-k$ 次因式,由定理 4.1.1 可知,每一个 $n-k$ 次因式都可以产生一个 (n,k) 循环码,只是从其特性综合来看,有的好,有的差而已。

例 4.1 求(7,3)循环码的生成多项式。

解 将多项式 x^7+1 因式分解,取其 4 次因式作生成多项式

$$x^7+1=(x+1)(x^3+x^2+1)(x^3+x+1)$$

可将一次和任一个三次因式的乘积作为生成多项式,因而可任取

$$g_1(x)=(x+1)(x^3+x^2+1)=x^4+x^2+x+1$$

或

$$g_2(x)=(x+1)(x^3+x+1)=x^4+x^3+x^2+1$$

作生成多项式。

4.2 循环码的监督多项式和监督矩阵

4.2.1 循环码的监督多项式

设 $g(x)$ 为 (n,k) 循环码的生成多项式,由定理 4.1.3 可知其一定必为 x^n+1 的因式,即有

$$x^n+1=h(x)\cdot g(x)$$

式中 $h(x)$ 为 k 次多项式,称为 (n,k) 循环码的监督多项式。显然,(n,k) 循环码也可由其监督多项式完全确定。

例 4.2 仍以(7,3)码为例

$$x^7+1=(x^3+x+1)(x^4+x^2+x+1)$$

4 次多项式为生成多项式

$$g(x)=x^4+x^2+x+1=g_4x^4+g_3x^3+g_2x^2+g_1x+g_0$$

3 次多项式则是监督多项式

$$h(x)=x^3+x+1=h_3x^3+h_2x^2+h_1x+h_0$$

4.2.2　循环码的监督矩阵

由等式 $x^7+1=h(x)\cdot g(x)$两端同次项系数相等得

$$\left.\begin{aligned}&g_3h_0+g_2h_1+g_1h_2+g_0h_3=0 && (x^3\text{ 的系数})\\&g_4h_0+g_3h_1+g_2h_2+g_1h_3=0 && (x^4\text{ 的系数})\\&g_4h_1+g_3h_2+g_2h_3=0 && (x^5\text{ 的系数})\\&g_4h_2+g_3h_3=0 && (x^6\text{ 的系数})\end{aligned}\right\}\tag{4.2.1}$$

将式(4.2.1)写成矩阵形式

$$\begin{bmatrix}\overbrace{0\quad 0\quad 0}^{n-k-1=3} & h_0 & h_1 & h_2 & h_3\\0\quad 0\quad h_0 & h_1 & h_2 & h_3 & 0\\0\quad h_0\quad h_1 & h_2 & h_3 & 0 & 0\\h_0\quad h_1\quad h_2 & h_3 & 0 & 0 & 0\end{bmatrix}\begin{bmatrix}0\\0\\g_4\\g_3\\g_2\\g_1\\g_0\end{bmatrix}=\begin{bmatrix}0\\0\\0\\0\end{bmatrix}=\mathbf{0}^{\mathrm{T}}\tag{4.2.2}$$

在式(4.2.2)中,列阵的元素是生成多项式 $g(x)$的系数,是一个码字,由线性分组码的矩阵方程 $\boldsymbol{HC}^{\mathrm{T}}=\mathbf{0}^{\mathrm{T}}$ 可以看出第一个矩阵为(7,3)循环码的监督矩阵,即

$$\boldsymbol{H}_{(7,3)}=\begin{bmatrix}0 & 0 & 0 & h_0 & h_1 & h_2 & h_3\\0 & 0 & h_0 & h_1 & h_2 & h_3 & 0\\0 & h_0 & h_1 & h_2 & h_3 & 0 & 0\\h_0 & h_1 & h_2 & h_3 & 0 & 0 & 0\end{bmatrix}\tag{4.2.3}$$

由式(4.2.3)可见,监督矩阵的第一行是码的监督多项式 $h(x)$的系数的反序排列,而第二、第三、第四行是第一行的移位,因此可以用监督多项式的系数来构成监督矩阵。用 $h^*(x)$表示 $h(x)$的反多项式,得到

$$\boldsymbol{H}_{(7,3)}=\begin{bmatrix}h^*(x)\\xh^*(x)\\x^2h^*(x)\\x^3h^*(x)\end{bmatrix}=\begin{bmatrix}0&0&0&1&1&0&1\\0&0&1&1&0&1&0\\0&1&1&0&1&0&0\\1&1&0&1&0&0&0\end{bmatrix}\tag{4.2.4}$$

因为 $x^n+1=h(x)\cdot g(x)$,所以 $h_0=h_k=1$。将式(4.2.3)和式(4.2.4)推广到一般形式,得到(n,k)循环码的监督矩阵为

$$
\boldsymbol{H}=\begin{bmatrix} h^*(x) \\ xh^*(x) \\ \vdots \\ x^{n-k-1}h^*(x) \end{bmatrix}=\begin{bmatrix} \overbrace{0 & \cdots & 0}^{n-k-1} & 1 & & h_1\cdots h_{k-1} & 1 \\ 0 & \cdots & 1 & h_1 & h_{k-1} & 1 & 0 \\ \vdots & & & & & & \\ 1 & h_1\cdots h_{k-1} & 1 & 0 & & \cdots & 0 \end{bmatrix} \tag{4.2.5}
$$

如果 $x^n+1=h(x)\cdot g(x)$,其中 $g(x)$ 为 $n-k$ 次多项式,以 $g(x)$ 为生成多项式,则生成一个 (n,k) 循环码;以 $h(x)$ 为生成多项式,则生成一个 $(n,n-k)$ 循环码。这两个循环码互为对偶码。

这里应该注意以上所定义的循环码均为非系统码。系统码的生成矩阵 $\boldsymbol{G}$ 应满足

$$\boldsymbol{G}=[\boldsymbol{I}_k P]$$

左边是 $k\times k$ 阶单位方阵。由于系统码在实际应用中比较广泛,因此以下只讨论系统码形式的编码和译码问题,相应的生成矩阵 $\boldsymbol{G}$ 将在 4.3 节中给出。

4.3 系统循环码的编码

4.3.1 系统码的构成

系统码的生成矩阵 $\boldsymbol{G}$ 为

$$\boldsymbol{G}=[\boldsymbol{I}_k P]$$

左边的 $\boldsymbol{I}_k$ 为单位方阵,相当于码字多项式的第 $n-1$ 次至 $n-k$ 次的系数是信息位,而其余为监督位。这里设信息多项式为

$$m(x)=m_{k-1}x^{k-1}+m_{k-2}x^{k-2}+\cdots+m_0 \tag{4.3.1}$$

又设监督数字多项式为

$$r(x)=r_{r-1}x^{r-1}+r_{r-2}x^{r-2}+\cdots+r_0,r=n-k \tag{4.3.2}$$

(n,k) 循环码的码多项式表示为

$$C(x)=C_{n-1}x^{k-1}+C_{n-2}x^{k-2}+\cdots+C_{n-k}x^{n-k}+C_{n-k-1}x^{n-k-1}+\cdots+C_0 \tag{4.3.3}$$

$C(x)$ 前 k 项系数为信息数字,后 $r=n-k$ 项为监督数字,因此有

$$C_{n-1}x^{n-1}+C_{n-2}x^{k-2}+\cdots+C_{n-k}x^{n-k}=x^{n-k}(m_{k-1}x^{k-1}+\cdots+m_0)=x^{n-k}m(x) \tag{4.3.4}$$

$$C_{n-k-1}x^{n-k-1}+\cdots+C_0=r_{r-1}x^{r-1}+\cdots+r_0=r(x) \tag{4.3.5}$$

将式(4.3.4)和式(4.3.5)代入式(4.3.3)得

$$C(x)=x^{n-k}m(x)+r(x) \tag{4.3.6}$$

由于 $C(x)$ 为 $g(x)$ 的倍式,令 $C(x)=q(x)\cdot g(x)$,则

$$q(x)\cdot g(x)=x^{n-k}m(x)+r(x)$$

上式两边同除以 $g(x)$ 得到

$$\frac{x^{n-k}m(x)}{g(x)} = q(x) + \frac{r(x)}{g(x)} \tag{4.3.7}$$

由于 $\partial^0 g(x) > \partial^0 r(x)$，所以式(4.3.7)表示监督数字多项式 $r(x)$ 是 $x^{n-k}m(x)$ 除以 $g(x)$ 的余式。这就是说，循环码的编码可通过将信息多项式 $m(x)$ 乘以 x^{n-k} 再除以生成多项式 $g(x)$ 求其余式得到，即得到码组的监督数字多项式 $r(x)$。于是，可将式(4.3.7)改写为

$$r(x) \equiv x^{n-k}m(x) \quad (\text{模 } g(x)) \tag{4.3.8}$$

$r(x)$ 的系数即为监督数字。由式(4.3.8)得到

$$g(x) \mid [x^{n-k}m(x) + r(x)]$$

所以，这样编成的码字 $C(x)=x^{n-k}m(x)+r(x)$ 是 $g(x)$ 的倍式，即码字的集合为循环码。

由式(4.3.5)知，$r=n-k=\partial^0 g(x)$，即监督元的个数等于 $g(x)$ 的次数。可见，系统码形式的 (n,k) 循环码的编码步骤为：首先，根据 n 和 k 选择合适的生成多项式 $g(x)$，然后按照下述步骤进行编码，即

(1) $x^{n-k}m(x)$，将 $m(x)$ 的次数提高到 $\leqslant n-1$ 次；

(2) 求余式 $r(x) \equiv x^{n-k}m(x)$，$\bmod g(x)$；

(3) $x^{n-k}m(x)+r(x)=C(x)$。

例 4.3 在由 $g(x)=x^4+x^3+x^2+1$ 生成的(7,3)循环码中，求信息组 $m=(101)$ 对应的码多项式。

解 首先 $x^{7-3}m(x)=x^4(x^2+1)=x^6+x^4$，其次将其除以 $g(x)$ 得到余式 $r(x)=x+1$。于是得到码多项式为

$$C(x) = x^4m(x) + r(x) = x^6 + x^4 + x + 1$$

例 4.4 已知(7,4)码的 $g(x)=x^3+x^2+1$，求系统码的生成矩阵 $\boldsymbol{G}$ 和监督矩阵 $\boldsymbol{H}$。

解

$$\begin{aligned} r_1(x) &= x^6 \quad \bmod g(x) = x^2+x \\ r_2(x) &= x^5 \quad \bmod g(x) = x+1 \\ r_3(x) &= x^4 \quad \bmod g(x) = x^2+x+1 \\ r_4(x) &= x^3 \quad \bmod g(x) = x^2+1 \end{aligned}$$

$$\boldsymbol{G} = \begin{bmatrix} 1 & 0 & 0 & 0 & 1 & 1 & 0 \\ 0 & 1 & 0 & 0 & 0 & 1 & 1 \\ 0 & 0 & 1 & 0 & 1 & 1 & 1 \\ 0 & 0 & 0 & 1 & 1 & 0 & 1 \end{bmatrix}$$

$$\boldsymbol{H} = \begin{bmatrix} 1 & 0 & 1 & 1 & 1 & 0 & 0 \\ 1 & 1 & 1 & 0 & 0 & 1 & 0 \\ 0 & 1 & 1 & 1 & 0 & 0 & 1 \end{bmatrix}$$

在编码过程中，第二步求 $r(x)$ 是最为关键的步骤。在编码电路的设计中，求 $r(x)$ 的电路

也是最为重要的电路。下面具体介绍(n,k)循环码的编码电路。

4.3.2 $n-k$ 级编码器

求监督数字多项式$r(x)$的问题实际上就是将$x^{n-k}m(x)$除以$g(x)$求余式的问题,这可用除法电路来实现。因此首先介绍多项式除法电路的构造。

多项式除法电路是一个由除式(这里就是生成多项式$g(x)$)

$$g(x)=g_{n-k}x^{n-k}+g_{n-k-1}x^{n-k-1}+\cdots+g_0$$

所确定的反馈移位寄存器,如图 4.3.1 所示。

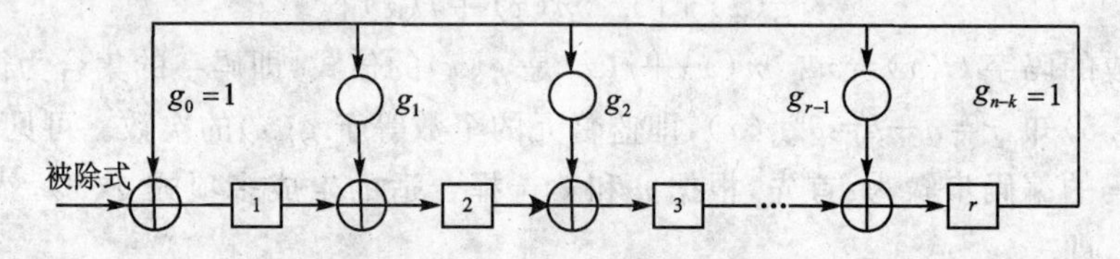

图 4.3.1 除式为$g(x)$的除法(求余)电路

除法电路的构造方法如下:

(1) 移位寄存器的级数r等于除式的次数$n-k$。

(2) 寄存器的反馈抽头,由除式的各项系数$g_i(i=0,1,\cdots,n-k)$决定。当某个$g_i=0$时,对应的反馈抽头断开;当$g_i=1$时,对应的反馈抽头接通。

(3) 顺便指出,完成除法所需的移位次数等于被除式的次数加 1。

这里简单介绍多项式除法电路的工作原理。利用除法电路完成两个多项式的除法运算求其余式的过程和将两个多项式进行长除运算是完全一致的。对此,仍用具体例子来说明,例如$(x^5+x^2)\div(x^4+x^2+x+1)$的长除运算过程如下:

$$\begin{array}{r|l}
 & x \qquad\quad +1 \\
\hline
x^4+x^3+x+1 & x^5 \qquad\qquad +x^2 \\
 & \underline{x^5+x^4+ \qquad x^2+x} \\
 & \qquad x^4 \qquad\quad +x \\
 & \qquad \underline{x^4+x^3 \quad +x+1} \\
 & \qquad\qquad x^3 \qquad +1
\end{array}$$

除法运算中,应注意到两点:

(1) 每做一次除法运算,被除式(被前次除法的余式)的首项被抵消掉,因而除法电路中每做一次除法运算,最高项就移到寄存器之外而丢掉。

(2) 除式除首项外的其他各项系数都要加到被除式或前次运算的余式中去,而除法电路的反馈正是按除式的规律连接的,恰好完成所需的加法运算。

以x^4+x^3+x+1做除式的除法电路如图 4.3.2 所示。

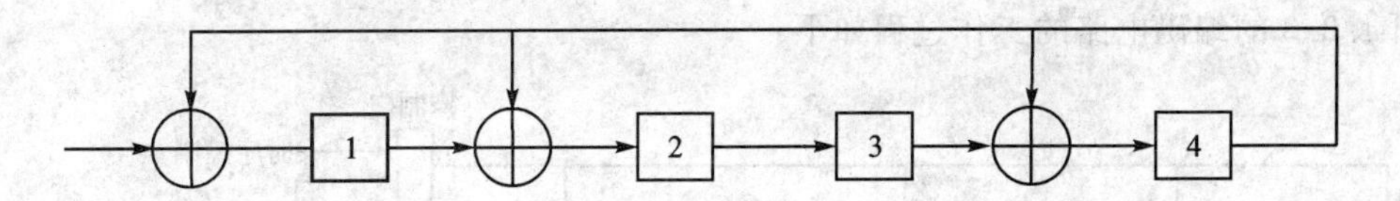

图 4.3.2 以 x^4+x^3+x+1 为除式的除法(求余)电路

表 4.3.1 中列出了电路的工作过程。

表 4.3.1 x^5+x^2 除 x^4+x^3+x+1 的运算过程表

节 拍	输 入	寄存器内容				输 出
		$1(x^0)$	$2(x^1)$	$3(x^2)$	$4(x^3)$	
0	0	0	0	0	0	0
1	$1(x^5)$	1	0	0	0	0
2	$0(x^4)$	0	1	0	0	0
3	$0(x^3)$	0	0	1	0	0
4	$1(x^2)$	1	0	0	1	0
5	$0(x^1)$	1	0	0	1	$1(x^1)$
6	$0(x^0)$	1	0	0	1	$1(x^0)$

首先,在各级移存器预先清零的条件下,被除式系数由移存器第一级输入,经 4 次移位后,最高项 x^5 的系数到达移存器右端,出现反馈信号,第一次对被除式做除法,下一个移位脉冲加入时,被除式首项 x^5 移出寄存器,相当于首项被抵消掉,而反馈信号按除式规律与被除式相应项进行模 2 加,移存器新的内容即为第一余式;第一余式的首项 x^4 的系数到达电路的末级,出现反馈信号,准备做第二次除法,当下一个移位脉冲加入时,第一余式的首项移出寄存器被丢掉,反馈信号又把除式(除首项外)加到第一余式,得到第二余式,也就是所求的余式。显然,为了使被除式全部移入寄存器,除法求余所需要的移位次数等于被除式次数加 1。

如前所述,二元循环码的编码是将信息多项式 $m(x)$乘 x^{n-k}后再除以生成多项式 $g(x)$求出它的余式,即为监督数字多项式 $r(x)$。所以,二元循环码的编码电路就是以 $g(x)$为除式的除法电路,而输入的被除式为 $x^{n-k}m(x)$。实际编码电路如图 4.3.3 所示,其级数等于 $g(x)$的次数 $n-k$。反馈连接决定于 $g(x)$的系数,当 $g_i=0(i=0,1,\cdots,n-k)$时,反馈断开;$g_i=1$ 时,对应级加入反馈。由于被除式中含有因子 x^{n-k},使被除式各项的系数都$\geqslant g(x)$的次数,所以,被除式输入端可由第一级移到末级之后,使移位次数减少 $n-k$ 次。这样编一个码字来求监督数字所需的移位次数只要 k 次。

图 4.3.3 的编码电路的工作过程如下：

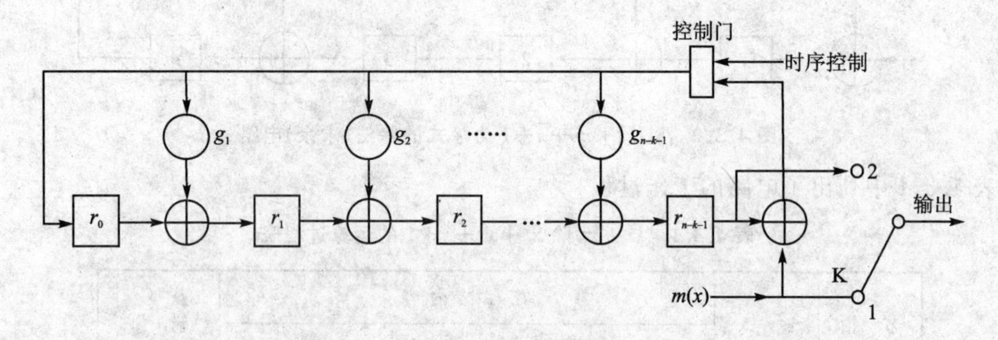

图 4.3.3 用 $g(x)$ 构成的编码电路 $n-k$ 级

(1) 各级移存器清零，控制门开。

(2) k 位信息数字 $m_{k-1}, m_{k-2}, \cdots, m_0$ 依次从末端输入编码电路，同时送入信道，在每加入一位信息数字时，各级移存器移位一次。当 k 位信息数字都输入移存器后，移存器中 $n-k$ 位数字即为监督数字。

(3) 控制门关，断开反馈，开关 K 由位置 1 转到位置 2，寄存器中的存数（监督数字）依次移出，送入信道。k 位信息数字和 r 位监督数字构成一个码字。

例 4.5 由 $g(x)=x^3+x+1$ 作生成多项式所生成的(7,4)循环码的编码电路如图 4.3.4 所示。它包括三级寄存器：$g_1=1$，第一级的反馈接通；$g_2=0$，第二级的反馈断开。每经 4 次移位，输入一个 4 位的信息组，寄存器中的内容即为监督数字。监督数字跟在信息数字之后，便构成一个码字。

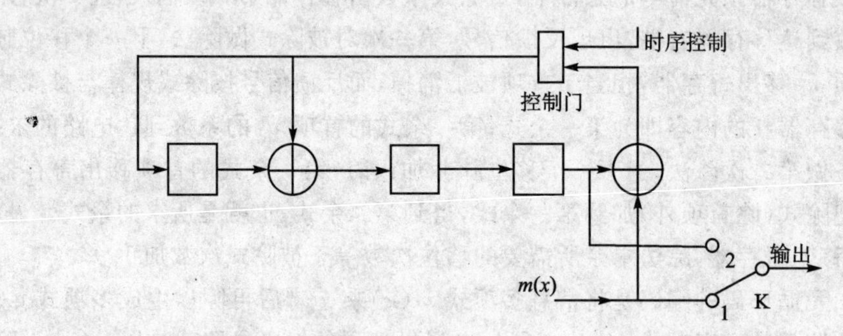

图 4.3.4 $g(x)=x^3+x+1$ 生成的(7,4)循环码的编码电路

4.3.3 k 级编码器

在(n,k)循环码中，若 $k<n-k$，即信息位比监督位少时，可用 k 级移位寄存器编码电路。

根据线性码的监督方程 $\boldsymbol{HC}^{\mathrm{T}}=\boldsymbol{0}^{\mathrm{T}}$，式中 $C=(\underbrace{C_{n-1},\cdots,C_{n-k}}_{k\text{ 位信息数字}},\underbrace{C_{n-k-1},\cdots,C_0}_{n-k\text{ 位监督数字}})$ 为任意码字，监督矩阵 $\boldsymbol{H}$ 用式(4.2.5)代入得

$$\begin{bmatrix} 0 & \cdots & 0 & \overbrace{1 \quad h_1 \quad \cdots \quad h_{k-1} \quad 1}^{k+1\text{ 位}} \\ 0 & \cdots & 1 & h_1 \quad \cdots \quad h_{k-1} \quad 1 \quad 0 \\ \vdots & & & \\ 1 & h_1 & \cdots & h_{k-1} \quad 1 \quad 0 \quad \cdots \quad 0 \end{bmatrix} \begin{bmatrix} C_{n-1} \\ \vdots \\ C_{n-k} \\ C_{n-k-1} \\ \vdots \\ C_0 \end{bmatrix} = \boldsymbol{0}^{\mathrm{T}}$$

由此得到 $n-k$ 个监督方程，进而得到 $n-k$ 个监督数字的表示式

$$\left.\begin{aligned} C_{n-k-1} &= C_{n-1}+h_1C_{n-2}+\cdots+h_{k-1}C_{n-k} \\ C_{n-k-2} &= C_{n-2}+h_1C_{n-3}+\cdots+h_{k-1}C_{n-k-1} \\ &\vdots \qquad\qquad\qquad\qquad \vdots \\ C_0 &= C_k+h_1C_{k-1}+\cdots+h_{k-1}C_1 \end{aligned}\right\} \tag{4.3.9}$$

由式(4.3.9)可见，每个监督码元都是由它前面的 k 个码元按同一规律确定的。具体地说，第一个监督元 C_{n-k-1} 是由 k 个信息元与 $h(x)$ 的系数决定的，第二个监督元 C_{n-k-2} 是由前面 $k-1$ 个信息元和第一个监督元与 $h(x)$ 的系数决定的，……如此类推，直到最后一个监督元 C_0 都按同一规律决定。因此，由式(4.3.9)可画出用 k 级移存器构成的(n,k)循环码的编码电路，如图 4.3.5 所示。

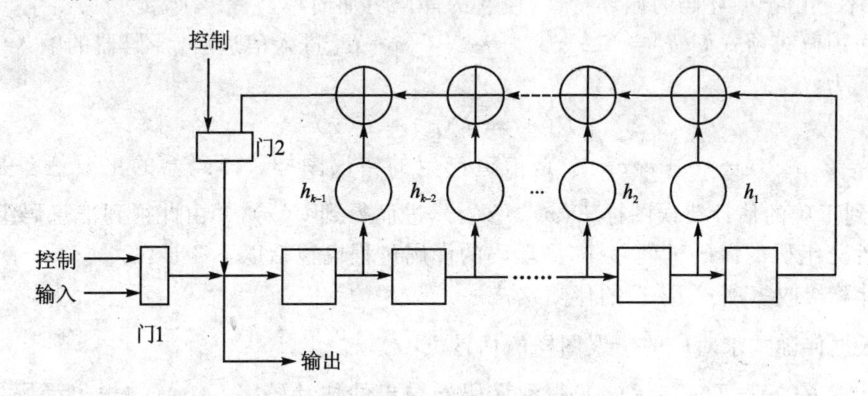

图 4.3.5　用 $h(x)$ 构成的编码电路(k 级)

图 4.3.5 所示用 k 级移存器的编码电路的工作步骤如下：

(1) 门 1 开，门 2 关，k 位信息串行送入 k 级移存器，并同时送入信道。

(2) 门 1 关，门 2 开，每移位一次输出一监督数字，并同时送入移存器第一级，经 $n-k$ 次移位后，在 k 位信息数字之后附加上 $n-k$ 位监督数字，构成一个码字。

例 4.6 利用监督多项式构造(7,3)循环码的编码电路。

解 由于 $x^7+1=(x+1)(x^3+x+1)(x^3+x^2+1)$，任取一个三次因式为监督多项式，如

$$h(x) = x^3 + x + 1$$

得 $h_3=1,h_2=0,h_1=1,h_0=1$，由三级移存器构成的(7,3)循环码的编码电路如图 4.3.6 所示。

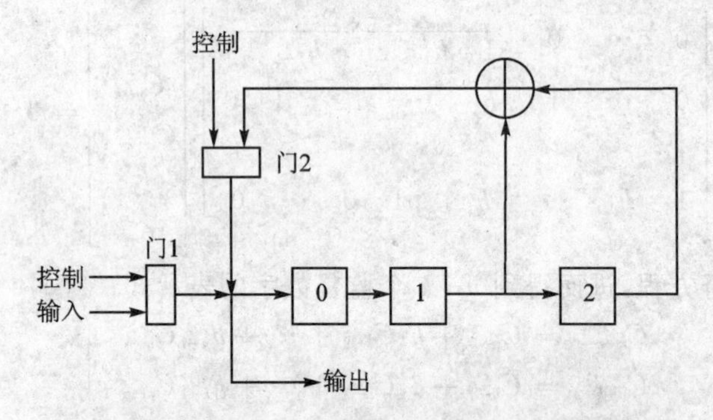

图 4.3.6 用 $h(x)$ 构成的(7,3)循环编码电路

4.4 循环码的一般译码原理

线性码的译码是根据接收多项式的伴随式与可纠正的错误图样之间的一一对应关系，由伴随式得到错误图样。循环码是线性码的一个特殊子类，循环码的译码和线性码的译码步骤基本一致，不过由于循环码的循环特性，使它的译码更加简单易行。

设发送的码多项式 $C(x)=C_{n-1}x^{n-1}+\cdots+C_1x+C_0$ 进入信道后，译码器的输入端得到的接收多项式为

$$R(x) = C(x) + E(x)$$

式中 $E(x)=e_{n-1}x^{n-1}+\cdots+e_1x+e_0$ 是信道产生的错误图样。译码器的主要任务是如何从 $R(x)$ 中得到正确的估计错误图样 $\hat{E}(x)=E(x)$，进而得到 $C(x)$，并由此得到信息码组 $m(x)$。

与线性分组码的译码过程一样，循环码的译码过程也包括以下 3 步：

(1) 计算接收多项式 $R(x)$ 的伴随式；

(2) 根据伴随式求对应的错误图样的估计 $\hat{E}(x)$；

(3) 计算 $R(x)-\hat{E}(x)=\hat{C}(x)$，得到译码器输出的估计码字 $\hat{C}(x)$，并送出译码器给用户端，如果 $\hat{C}=C$，则译码正确，否则译码错误。

如果是非系统码，则还必须由 $\hat{C}(x)$ 中得到估值信息码组 $\hat{m}(x)$，否则可以省略这一步。

4.4.1 接收矢量伴随式的计算

根据伴随式定义 $\boldsymbol{S}^{\mathrm{T}}=\boldsymbol{H}\boldsymbol{R}^{\mathrm{T}}$ 计算伴随式 $\boldsymbol{S}$。

设 $\boldsymbol{H}=(h_{n-k-1},h_{n-k-2},\cdots,h_0)^{\mathrm{T}}$，其中 $h_i(i=n-k-1,n-k-2,\cdots,0)$ 表示 H 的行矢量；设 $S=(S_{n-k-1},S_{n-k-2},\cdots,S_0)$，于是得到伴随式各分量的表达式

$$\left.\begin{aligned} S_{n-k-1} &= h_{n-k-1}\boldsymbol{R}^{\mathrm{T}} \\ S_{n-k-2} &= h_{n-k-2}\boldsymbol{R}^{\mathrm{T}} \\ &\vdots \\ S_0 &= h_0\boldsymbol{R}^{\mathrm{T}} \end{aligned}\right\} \tag{4.4.1}$$

这是一种第 2 章介绍过的由接收矢量相应分量直接求和计算伴随式的方法，这种方法对所有的线性码都是适用的。

电路是 $n-k$ 个多输入的奇偶校验器，每个奇偶校验器的输入端由 $\boldsymbol{H}$ 阵的相应行 h_i 中的 1 决定(见图 2.5.1)。

定理 4.4.1　二元线性系统码中，接收矢量 $\boldsymbol{R}$ 的伴随式 $\boldsymbol{S}$ 等于对 $\boldsymbol{R}$ 的信息部分所计算的监督数字(相当于对 $\boldsymbol{R}$ 的信息部分重新编码)与接收的监督数字的矢量和。

证明　设接收矢量 $\boldsymbol{R}=(\boldsymbol{R}_I\boldsymbol{R}_P)$，$\boldsymbol{R}_I$ 是 $\boldsymbol{R}$ 的信息部分，它是长度为 k 的矢量，$\boldsymbol{R}_P$ 是 $\boldsymbol{R}$ 的监督数字部分，且是长度为 $r=n-k$ 的矢量，监督矩阵为 $\boldsymbol{H}=(\boldsymbol{QI}_r)$，$\boldsymbol{Q}$ 为 $r\times k$ 阶子阵，$\boldsymbol{I}_r$ 为 $\boldsymbol{r}\times\boldsymbol{r}$ 阶单位子阵。由伴随式的定义

$$\boldsymbol{S}^{\mathrm{T}} = \boldsymbol{RH}^{\mathrm{T}} = (\boldsymbol{R}_I\boldsymbol{R}_P)(\boldsymbol{QI}_r)^{\mathrm{T}} = \boldsymbol{R}_I\boldsymbol{Q}^{\mathrm{T}} + \boldsymbol{R}_P I_r = \boldsymbol{R}_I\boldsymbol{Q}^{\mathrm{T}} + \boldsymbol{R}_P$$

注意到 $\boldsymbol{Q}$ 是 $\boldsymbol{H}$ 中除单位子阵外的 $r\times k$ 阶子阵，所以 $\boldsymbol{R}_I\boldsymbol{Q}^{\mathrm{T}}$ 是把 $\boldsymbol{R}_I$ 作信息元重新编码计算的监督元。而 $\boldsymbol{R}_P$ 为接收的监督元。因此，定理得证。

根据定理 4.1.1，可得到用 k 级移存器实现的伴随式计算电路，如图 4.4.1 所示。

该电路的工作步骤如下：

(1)门 1 通，门 2、3、4 关，接收字 $\boldsymbol{R}$ 的 k 位信息部分输入编码器。

(2)门 1 关，门 2、3、4 通，接收信息编码所得的监督数字与接收监督数字逐位模 2 和，得到伴随式。但这种伴随式计算方法只适用于线性系统码。

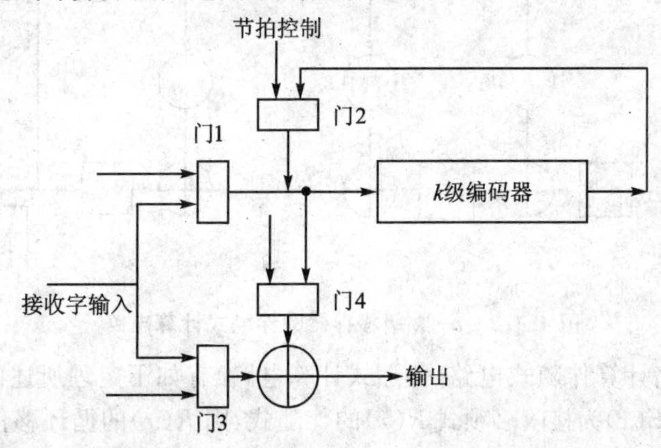

图 4.4.1　k 级移存器的伴随式计算电路

同理，也可以用 $n-k$ 级移存器实现伴随式的计算。

设接收多项式为 $R(x)$，其信息部分表示为 $R_I(x)$，监督部分表示为 $R_P(x)$，由定理 4.4.1 知

$$S(X)=r'(x)+R_P(x) \tag{4.4.2}$$

式(4.4.2)中 $r'(x)$ 是对 $R_I(x)$ 重新编码的监督数字多项式。若码的生成多项式为 $g(x)$ 由式(4.3.8)得到，则

$$r'(x)\equiv R_I(x) \quad (\text{模 } g(x)) \tag{4.4.3}$$

又因为 $\partial^0 R_P(x)<\partial^0 g(x)$，所以

$$R_P(x)\equiv R_P(x) \quad (\text{模 } g(x)) \tag{4.4.4}$$

综合式(4.4.3)、(4.4.4)和式(4.4.2)得

$$S(x)\equiv R_I(x)+R_P(x)\equiv R(x) \quad (\text{模 } g(x)) \tag{4.4.5}$$

式(4.4.5)表明，循环码接收多项式的伴随式是接收多项式 $R(x)$ 除以 $g(x)$ 的余式。

设 $E(x)$ 为 $R(x)$ 的错误图样，那么

$$R(x)=C(x)+E(x)$$

但 $C(x)$ 为 $g(x)$ 的倍式，所以

$$S(x)\equiv[C(x)+E(x)]\equiv E(x) \quad (\text{模 } g(x)) \tag{4.4.6}$$

式(4.4.6)也表明了伴随式是由错误图样决定的，与具体码字无关。

应该指出，循环码伴随式表示式(4.4.5)是由系统码推出的，但由于伴随式仅与错误图样有关，因而对非系统码也是适用的。

由式(4.4.5)可画出 $n-k$ 级移存器计算循环码伴随式的电路，如图 4.4.2 所示。这是一个 $n-k$ 级除法求余电路，它与编码除法电路的区别是，由于被除式 $R(x)$ 不含 x 幂的因子，所以接收字(被除式)应由第一级前加入。

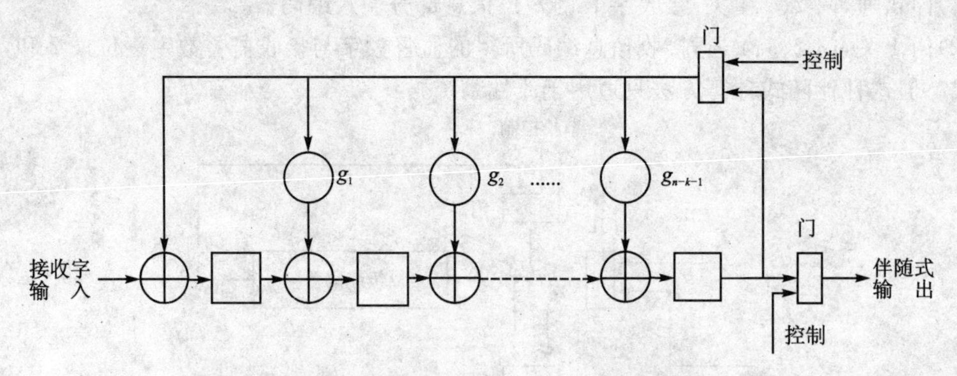

图 4.4.2 $n-k$ 级移存器的伴随式计算电路

用 $g(x)$ 除法电路计算伴随式电路(伴随式计算电路)有如下定理所述的主要特点。

定理 4.4.2 设 $S(x)$ 为接收多项式 $R(x)$ 的伴随式，则 $R(x)$ 的循环移位 $xR(x)$(模 x^n+1)的伴随式 $S^{(1)}(x)$ 等于伴随式在伴随式计算电路中无输入时(又称自发运算)右移一位的结

果，即

$$S^{(1)}(x) \equiv xS(x) \qquad (\text{模 } g(x)) \tag{4.4.7}$$

证明　已知 $S(x) \equiv R(x)$　　(模 $g(x)$)即

$$R(x) = q(x)g(x) + S(x)$$

对上式两边乘以 x，并进行模 $g(x)$运算，则有

$$xR(x)(\text{模 } x^n + 1) \equiv xS(x) \qquad (\text{模 } g(x)) \tag{4.4.8}$$

即

$$S^{(1)}(x) \equiv xS(x) \tag{4.4.9}$$

式中，多项式乘以 x 表示右移一位，$xR(x)$(模 x^n+1)相当于将接收码多项式 $R(x)$循环移位一次(最高位向最低位循环进位)，而 $xS(x)$(模 $g(x)$)是将 $S(x)$右移一位除以 $g(x)$取余式，相当于除法电路(伴随式计算电路)在无外部输入情况下自行右移运算一次(又称自发运算)。由此可以进一步推导出 $R(x)$的 i 次循环移位 $x^iR(x)$(模 x^n+1)的伴随式 $S^{(i)}(x)$为

$$S^{(i)}(x) \equiv x^iS(x) \qquad 1 \leqslant i \leqslant n-1(\text{模 } g(x)) \tag{4.4.10}$$

定理 4.4.2 中的式(4.4.7)及其推论式(4.4.10)在循环码译码运算中是非常有用的。以(7,4)循环码为例，该码能够纠正 $t=1$ 个随机错误，重量为 1 的信道错误图样有(1000000)、(0100000)、(0010000)、(0001000)、(0000100)、(0000010)(0000001)，若将其归为一类，并以(1000000)为代表，在设计译码器时，只需要译码器能够识别(1000000)，当实际信道错误图样为这一类中的其他图样时，该译码器也能够识别。方法是在计算出与该实际信道错误图样的伴随式 $S(x)$后，令其在 $g(x)$除法电路中依次进行自发运算，这相当于将 $E(x)$依次循环移位，最多经过 $n-1$ 次移位就一定能找到这类信道错误图样中能够被译码器识别的错误图样代表(1000000)。

定理 4.4.2 说明，接收矢量的循环移位(模 x^n+1 运算下)与伴随式在模 $g(x)$运算下(或是在除以 $g(x)$的伴随式计算电路中)的循环移位是一一对应的。

4.4.2　循环码通用译码法(梅吉特译码法)

循环码的译码基本上按线性分组码的译码步骤进行的，不过由于码的循环位移特性使译码电路大为简化。通用的循环码译码器如图 4.4.3 所示。

1. 循环码通用译码器的构成

(1)伴随式计算电路　可根据实际情况选取不同的伴随式计算电路。

(2)错误图样检测器　由 $g(x)$除法电路(自发运算电路)和组合逻辑电路组成，其作用是将伴随式译为错误图样。设计思想是：当且仅当错误图样是一个可纠的错误图样，并且此错误图样包含最高阶位上的一个错误时，伴随式计算电路得到的伴随式才使检测电路输出为“1”。也就是说，如果错误图样检测器输出为“1”，则认为最高阶位上接收符号是错误的，应该给以纠正；如果检测器输出“0”，则认为最高阶位上的接收符号是正确的，不必纠正。对于码组中任何

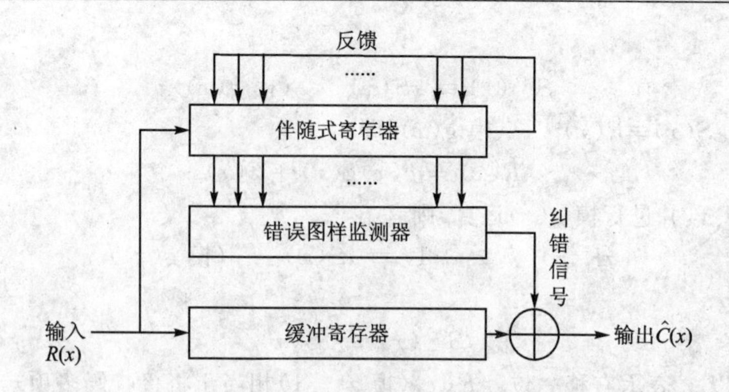

图 4.4.3 循环码通用译码器

位置的错误，通过码组和伴随式同时循环移位，当错误符号移到最高阶位上时，伴随式则使检测器输出为“1”，将其错误纠正。因而通过循环移位后，能使可纠错误图样中的全部错误都得到纠正。

(3)接收矢量缓存器和模 2 和纠错电路。

2. 整个译码电路的工作过程

(1) 接收多项式 $R(x)=R_{n-1}x^{n-1}+R_{n-2}x^{n-2}+\cdots+R_1x+R_0$ 以高次项系数(R_{n-1})至低次项系数的顺序送入伴随式计算电路，与此同时也送入缓存寄存器。经过 n 个节拍后，伴随式计算电路计算出伴随式，同时 $R(x)$的各系数也全部移入缓冲寄存器。

(2) 伴随式写入错误图样检测器，并在检测器中循环移位(模 $g(x)$)，同时将接收矢量移出缓存器，当检测器输出“1”时，表示缓存器此时刻的输出符号是错误的，并将错误纠正。同时检测器输出反馈到伴随式计算电路的输入端，去修改伴随式(图 4.4.3 中未画出)，从而消除该错误对伴随式所产生的影响。直到接收矢量全部移出缓存器，该接收矢量纠错完毕。若最后伴随式寄存器中全为 0，则表示错误全部被纠正，否则检出了不可纠的错误图样。

随着码长 n 和纠错能力 t 的增加，错误图样检测器的组合逻辑电路变得很复杂，甚至难以实现。但对于纠单个错误的循环汉明码，其译码器中的组合逻辑电路却很简单，因此汉明码在实际中得到了广泛的应用。

4.4.3 循环汉明码

定义 4.4.1 以 r 次本原多项式为生成多项式的循环码，称为循环汉明码。

在第 2 章已经证明，对给定的 r 次本原多项式 $g(x)$，使 x^n+1 能被 $g(x)$整除的最小正整数 n 为 2^r-1。由于 r 次本原多项式 $g(x)$是($n=2^r-1$)的因式，因此，以 $g(x)$为生成多项式可生成一个循环码。该循环码具有下列参数：

码长 $n=2^r-1$

监督位数 $n-k=\partial^\circ g(x)=r$

信息元数目　　$k=2^r-r-1$

码的最小距离　　$d_{\min}=3(t=1)$

利用 $g(x)$的本原根可以方便地构造循环汉明码的监督矩阵。

设由 $g(x)$生成的(n,k)循环码的生成多项式为

$$C(x)=C_{n-1}x^{n-1}+C_{n-2}x^{n-2}+\cdots+C_0$$

因为 $C(x)$是 $g(x)$的倍式，若 α 是 r 次本原多项式 $g(x)$形成的 $GF(2^r)$域的本原元，所以

$$C(\alpha)=g(\alpha)=0$$

即
$$C_{n-1}\alpha^{n-1}+C_{n-2}\alpha^{n-2}+\cdots C_1\alpha+C_0=0$$

亦即
$$[\alpha^{n-1}\alpha^{n-2}\cdots\alpha_1][C_{n-1}C_{n-2}\cdots C_1C_0]^{\mathrm{T}}=\mathbf{0}^{\mathrm{T}}$$

令

$$\boldsymbol{H}=[\alpha^{n-1}\alpha^{n-2}\cdots\alpha\quad 1] \tag{4.4.11}$$

则满足 $\boldsymbol{HC}^{\mathrm{T}}=\mathbf{0}^{\mathrm{T}}$，而 C 为任一码组，所以 $\boldsymbol{H}$ 必定是(n,k)循环汉明码的监督矩阵。

以本原多项式 $g(x)=x^3+x+1$ 为例，则 $r=3,n=7,k=4$。由 $GF(2^3)$的元素表，可以写出该码的监督矩阵为

$$\boldsymbol{H}=\begin{bmatrix}1&1&1&0&1&0&0\\0&1&1&1&0&1&0\\1&1&0&1&0&0&1\end{bmatrix}$$

下面分析循环汉明码的纠错能力。由式(4.4.11)可知，循环汉明码的 $\boldsymbol{H}$ 矩阵共有 $n=2^r-1$ 列，每列都是 r 维向量，但没有全 0 的列，而且各列均不相同。因此，$\boldsymbol{H}$ 矩阵中已包含了所有的 2^r-1 个非 0 列，它们任意两列之和不为 0，这就说明由 $\boldsymbol{H}$ 矩阵所确定的循环汉明码的最小距离为 3，可以纠正一个随机错误。

汉明码是完备码，因而是高效码，这是汉明码的特点。

因此，在构造循环汉明码时，只要选择不同的本原多项式作生成多项式，就可以得到不同的(n,k)循环码，例如(7,4)(15,11)，(31,26)等各种循环汉明码。循环汉明码的编码、译码与一般循环码相同，不过由于它是纠一个错误的循环码，所以译码电路特别简单。下面是应用梅吉特译码法译循环汉明码的两个例子。

例 4.7　应用梅吉特译码法实现(7,4)循环码的译码。

(7,4)循环码是纠一个错误的循环汉明码。由于码字和伴随式的循环移位特性，可将译码电路设计成纠正最高阶位上的一个错误。当实际错误不在最高阶位上而在其他阶位上时，接收矢量和伴随式(在 4 除法运算电路中)同时进行移位，一旦错误到达最高阶位上，就将产生确定的伴随式，因而只需一个简单的组合逻辑电路对这一确定的伴随式进行检测就可完成纠错。根据上述原理可画出 $g(x)=x^3+x+1$ 生成的(7,4)循环汉明码的梅吉特译码电路，如图 4.4.4 所示。

(7,4)循环汉明码译码电路的工作过程如下：

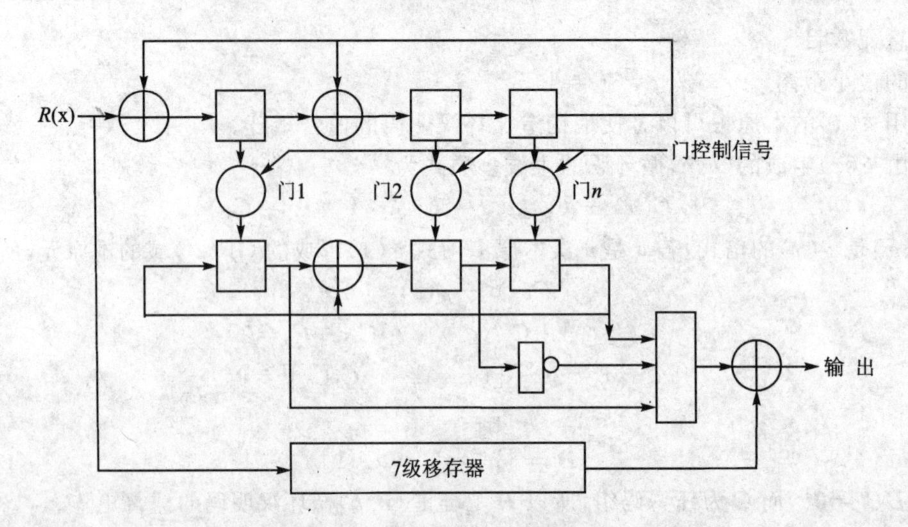

图 4.4.4　(7,4)循环码的译码电路

(1) 接收矢量 $\boldsymbol{R}(x)$ 送入伴随式计算电路，经 7 次移位得到伴随式，同时接收矢量移入缓存器。

(2) 将前一步所计算的伴随式写入伴随式自发运算电路。当错误恰好在最高阶位上时，伴随式为 101，与门检测此状态并输出"1"，而当最高阶位移出缓存器时即被纠正，若错误不在最高阶位而在其他位上，比如在 x^4 位上时，错误图样经过两次移位变成 $x^2x^4=x^6$，与此同时，经两次移位后的伴随式为 $S_2(x)=x^2+x$(模 $g(x)$)，监测到此状态时与门输出"1"，而对应的接收符号也正好移到最高阶位上，因而错误得到纠正。

(3) 当接收矢量全部移出缓存器后，完成一个码组的译码。在接收矢量开始移出缓存器时下一个接收矢量紧跟着移入伴随式计算电路和缓存器，重复第(2)步的过程，可实现连续对接收矢量进行纠错。

由上述可知，译码的关键是伴随式译为错误图样的组合逻辑电路的实现问题。梅吉特译码法实现纠单个错误循环码译码，电路特别简单，但纠多个错误循环码的译码电路就复杂了，甚至难以实现。人们在实践中找到了一些结构特殊的码，可采用简单的译码方法，比如将在下一节中介绍的捕错译码法和大数逻辑译码法。

4.4.4　缩短循环码

在系统设计中，如果不能找到一种合适自然长度或适合信息位数目的码，则需要将码组缩短，以满足系统的要求。将码组缩短的基本方法是：设法将码组前面若干个码元符号为 0，且不发送这些符号。对 (n,k) 系统循环码，只要令前 l 个信息数字为 $0(l<k)$，就可将 (n,k) 循环码缩短为 $(n-l,k-l)$ 线性码，我们称这种码组长度缩短了的循环码为缩短循环码。但是，在一般情况下，删去前 l 个 0 之后的缩短码，就失去了循环特性。在纠错能力上缩短码至少与原

码相同。

由于删去前面 l 个 0 信息元并不影响监督位和伴随式的计算，可用原循环码的编译码电路来完成缩短码的编译码。若用原循环码译码电路来译缩短循环码，则应修改错误图样检测电路，使原来对包含最高阶位 x^{n-1} 上的一个错误的错误图样进行检测，修改为对包含 x^{n-l-1} 位上的一个错误的错误图样进行检测。也就是说，错误图样检测电路输出是和包含 x^{n-l-1} 位上的错误相对应的，即当 x^{n-l-1} 位上的接收符号是错误时，监测电路输出为“1”，否则输出为“0”。当 x^{n-l-1} 位上的错误被纠正时，还应消除 e_{n-l-1} 对伴随式的影响。这只要在检测到 x^{n-l-1} 位上有错时，将 $g(x)$ 除 x^{n-l-1} 的余式加入此时的伴随式即可消除之。

例 4.8　设计(15,11)循环码的缩短码(8,4)码的译码器。

(15,11)循环汉明码是纠一个随即错误的码，它的(8,4)缩短码的译码电路如图 4.4.5 所示。图中包含三个部分：

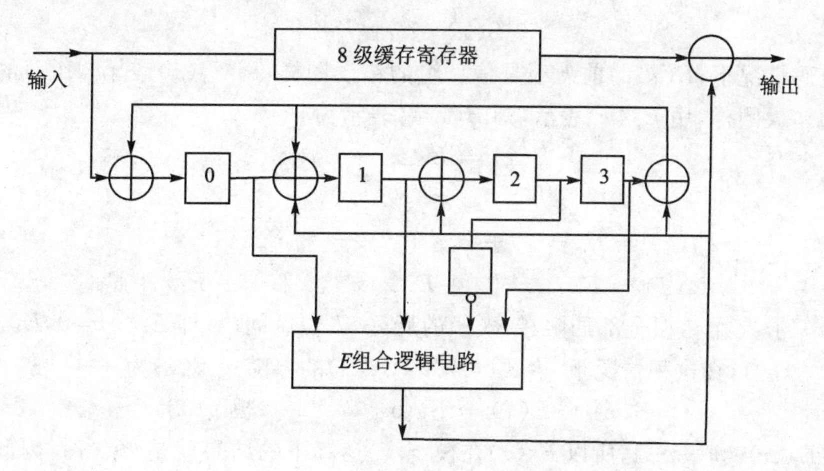

图 4.4.5　(8,4)缩短码译码电路

(1) 8 级缓存寄存器。

(2) 由本原多项式 $g(x)=x^4+x+1$ 决定的伴随式计算电路。

(3) 对当 x^7 位上发生错误时的错误图样检测电路，而错误图样 x^7 的伴随式为

$$S(x) \equiv x^7 \equiv x^3+x+1 \qquad (\text{模 } g(x))$$

因此当伴随式输出状态为 1011 时，监测电路应输出“1”。检测器为 4 输入端的与门。

4.5　循环码的捕错译码

捕错译码是梅吉特通用译码法的一种实用变形，译码器的组合逻辑电路比较简单，对纠正一个错误或两个错误的码用捕错译码法译码很有效；改进的捕错译码法(嵩忠雄译码法)可用来纠正两个或三个随机错误的码。捕错译码法一般适用于短码或低码率码的译码，否则将损

失一部分纠错能力。然而，捕错译码用于纠正突发错误码的译码是很有效的。

4.5.1 捕错译码原理

循环码的捕错译码的基本思想是利用码的循环特性，把错误全部移到监督码元位置上，这时信道错误图样 $E(x)$ 等于伴随式 $S(x)$，因而在得到伴随式后，只需在监督位上的数字相加，就实现了纠错。

设 (n,k) 循环码是为纠错能力 $\leqslant t$ 的系统码，其码多项式 $C(x)$ 通过有扰信道传输后，接收多项式

$$R(x)=C(x)+E(x)=R_{n-1}x^{n-1}+R_{n-2}x^{n-2}+\cdots+R_{n-k}x^{n-k}+R_{n-k-1}x^{n-k-1}+\cdots+R_1x+R_0$$

伴随式为 $S(x)$

$$S(x)\equiv R(x)\equiv E(x)\quad 模\ g(x) \tag{4.5.1}$$

$$\partial^0 S(x)\leqslant n-k-1$$

在系统码情况下，$E(x)$ 的前 k 项是信息组的错误图样，用 $E_I(x)$ 表示，$E(x)$ 的后 $n-k$ 项是监督位的错误图样，用 $E_P(x)$ 表示，则 $E(x)$ 可表示为

$$E(x)=E_I(x)+E_P(x)$$

其中，

$$E_I(x)=E_{n-1}x^{n-1}+E_{n-2}x^{n-2}+\cdots+E_{n-k}x^{n-k}$$

$$E_P(x)=E_{n-k-1}x^{n-k-1}+E_{n-k-2}x^{n-k-2}+\cdots+E_1x+E_0$$

设 $R(x)$ 的 $\leqslant t$ 个错误全部局限在 $R(x)$ 的后 $n-k$ 位区间内，即 $E_I(x)=0$，$E(x)=E_P(x)$，$\partial^0 E(x)\leqslant n-k-1$，在这种情况下，由式(4.5.1)，$R(x)$ 的伴随式 $S(x)$ 为

$$S(x)=E(x)=E_P(x)\qquad 模\ g(x) \tag{4.5.2}$$

由于 $\partial^0 E_P(x)\leqslant n-k-1$，所以 $E_P(x)$ 在模 $g(x)$ 运算下的结果就是 $E_P(x)$，因此式(4.5.2)可直接写作

$$S(x)=E_P(x) \tag{4.5.3}$$

式(4.5.3)表明，当 $R(x)$ 中的 $\leqslant t$ 个错误全部局限在 $R(x)$ 的后 $n-k$ 项监督位区间内时，其伴随式 $S(x)$ 等于信道错误图样 $E(x)=E_P(x)$，$\partial^0 E(x)\leqslant n-k-1$。因此，在译码过程中，只要求出伴随式 $S(x)$，也就求出了信道错误图样 $E(x)$。为了纠正 $R(x)$ 中的错误，只需将 $S(x)$ 与 $R(x)$ 直接相加，就可以得到原发送码多项式 $C(x)$，即

$$C(x)=R(x)+S(x)=R(x)+E(x)$$

然而在实际中，$R(x)$ 的 $\leqslant t$ 个错误全部集中在后 $n-k$ 位(或前 $n-k$ 位)的概率很小，但只要是集中出现在任意一个连续的 $n-k$ 位区间，仍然可以采用捕错译码法进行译码。例如，全部错误局限在 $x^{n-i},x^{n-i+1},\cdots,x^{n-i+n-k-1}$ 区间内，或者出现在首尾相接的 $x^{n-i},x^{n-i+1},\cdots,x^{n-1},x^0,x^1,\cdots,x^{n-k+i-1}$ 位内，在这种情况下，基于定理 4.4.2，只要将 $R(x)$ 和伴随式 $S(x)$ 分别在循环移位寄存器和 $g(x)$ 除法电路中同时移位 i 次，就可以将全部错误移位到 $x^iR(x)$(模

x^n+1)的后 $n-k$ 位监督位内(x^{n-i}移到了 $x^iR(x)\equiv R^{(i)}(x)$的监督位末位)，而在 $g(x)$除法电路中得到的是与 $R^{(i)}(x)$相对应的伴随式 $x^iS(x)\equiv S^{(i)}(x)$(模 $g(x)$)，也就得到了 $x^iR(x)\equiv R^{(i)}(x)$(模 x^n+1)的信道错误图样。

对于纠错能力为 t 的(n,k)循环码，要求 t 个错误限制在 $n-k$ 个相邻位上，码的参数应该满足什么条件，这个要求才能得到保证呢？t 个错误限制在 $n-k$ 个相邻位上，等效于要求 $R(x)$有一个相邻 k 位的无错区间。若 n,k,t 满足关系式

$$n > t \cdot k \tag{4.5.4}$$

则即使 t 个错误均匀分布，在 $R(x)$中一定存在 k 位的无错区间。因而若纠正 t 个错误的(n,k)循环码的参数满足式(4.5.4)，通过循环移位就一定能把 $R(x)$的 t 个错误移到 $n-k$ 个监督位上。

在循环移位过程中，为了判断 t 个错误是否已全部集中到码的 $n-k$ 个监督位上，可以利用下面的定理。

定理 4.5.1　设(n,k)循环码的纠错能力为 t，如果错误限制在 $n-k$ 个监督位置上，则伴随式的重量$\leqslant t$；如果在信息位上存在错误，则伴随式的重量必大于 t。

证明　设接收矢量的错误图样为

$$E(x) = E_I(x) + E_P(x)$$

式中，$E_I(x)$为信息位上的错误图样，$E_P(x)$为监督位上的错误图样。

(1) 若错误集中在 $n-k$ 个监督位置上，$E_I(x)=0$，则

$$S(x) \equiv E(x) \equiv E_P(x) \equiv E_P(x) \qquad (\text{模 } g(x))$$

由于码的纠错能力为 t，所以

$$W[S(x)] = W[E_P(x)] \leqslant t \tag{4.5.5}$$

(2) 若在信息位置上存在错误，则

$$\partial^0 E(x) \geqslant \partial^0 g(x)$$

可将 $E(x)$表示为

$$E(x) = q(x)g(x) + S(x) \tag{4.5.6}$$

式中，$q(x)\neq 0$，式(4.5.6)改写为

$$E(x) + S(x) = q(x)g(x) \tag{4.5.7}$$

可见 $E(x)+S(x)$为 $g(x)$的倍式，是一个非 0 的码多项式，则有

$$W[E(x) + S(x)] \geqslant d_{\min} = 2t-1$$

又由于　$W[E(x)]+W[S(x)]\geqslant W[E(x)+S(x)]\geqslant 2t-1$

而　$W[E(x)]\leqslant t$

所以　$W[S(x)]\geqslant t+1>t$　　证毕

综上所述，译码器为了检验 $R(x)$的$\leqslant t$ 个错误是否已全部集中在 $n-k$ 位以内，只需要在伴随式寄存器每次移位后，检查伴随式的重量，当伴随式重量$\leqslant t$ 时，就认为在伴随式寄存器

中捕获到了错误。为了实现纠错，只需将 $S^{(i)}(x)$ 和 $R^{(i)}(x)$ 相加，即

$$S^{(i)}(x)+R^{(i)}(x)=C^{(i)}(x)=x^iC(x)$$

最后，将 $x^iC(x)$ 循环移位 $n-i$ 次，就得到了原发送码多项式 $C(x)$，即

$$x^{n-i}\cdot x^iC(x)\equiv C(x)\qquad 模(x^n+1)$$

4.5.2 捕错译码电路

根据上述原理，可构造出纠错能力为 t 的 (n,k) 循环码的捕错译码电路，如图 4.5.1 所示。

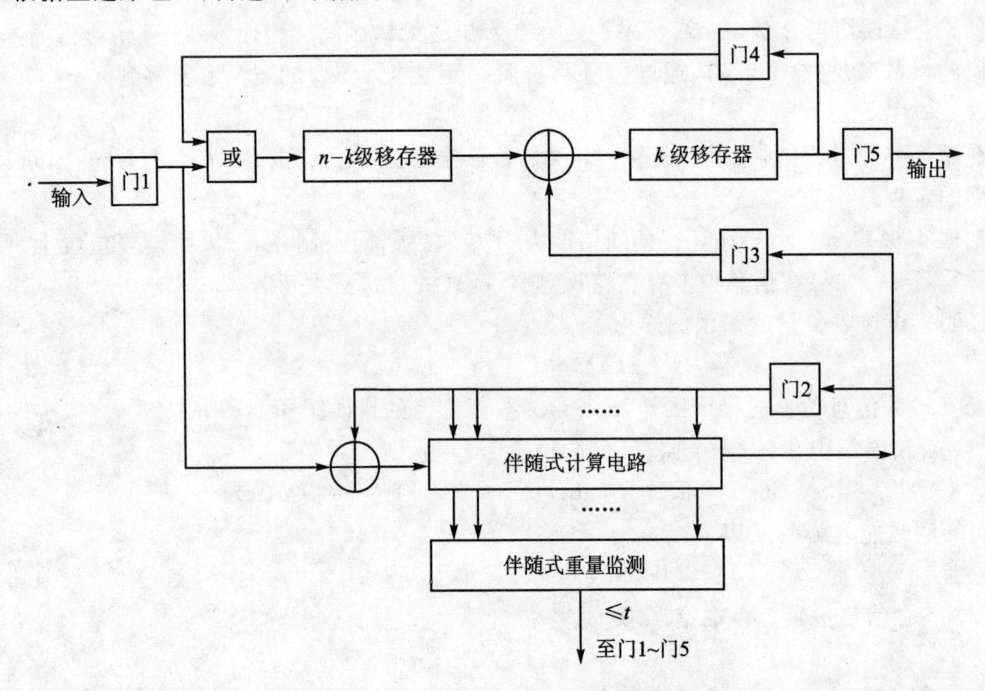

图 4.5.1 (n,k) 循环码捕获译码电路

该电路的工作过程如下：

(1) 输入接收矢量并计算伴随式　门 1 通，其他门关，接收矢量 $R(x)$ 输入 n 级缓存器和伴随式计算电路。经 $n-k$ 次移位后，门 2 开通，接通伴随式计算电路的反馈，n 个接收符号都送入后，得到了伴随式 $S(x)$。

(2) 捕错和纠错　门 2、门 4 通，门 1、门 3、门 5 关。伴随式计算电路作循环反馈自发运算，与此同时，n 级缓存器中的接收矢量 $R(x)$ 也跟随循环移位，而伴随式重量监测器测试伴随式重量。如果经过 t 次循环移位 $(i=0,1,\cdots,n-1)$，伴随式重量监测器测试到伴随式重量 $\leqslant t$，则说明错误已全部集中到了 $n-k$ 个监督位上，此时的伴随式即为相应的错误图样，于是监测器输出“1”，它控制门 2 关，门 3 开通，继续循环移位 $n-i$，$R(x)$ 在缓存器中循环移位一周，这

时接收矢量 $\boldsymbol{R}(x)$在 k 个信息位上的错误已被纠正，并恢复输入时的顺序。随后转入下一步。应该指出：在本步骤中，加入循环移位完 $n-1$ 步，$R(x)$在缓存器中转了一圈，而伴随式的重量又从未下降到$\leqslant t$，则检测到了错误不限制在 $n-k$ 个相邻位上或其他不可纠的错误图样。

(3) 输出并输入下一个 $R(x)$　在门 1、门 3、门 5 开通，门 2、门 4 关闭的条件下，已纠错的接收矢量从缓存器中输出，并继续完成纠正后 $n-k$ 各监督位上的错误(也可以不要)。同时将下一个接收字输入缓存器和伴随式计算电路，在移位 $n-k$ 次后，门 2 开通、门 3 关闭，伴随式计算电路反馈接通；当接收字的 n 个符号全部移入后，转入第(2)步，继续进行第二个接收字的译码。

按照 $R(x)$加入伴随式计算电路的方式，捕错译码电路可分为两类：图 4.5.1 所示的译码电路，将 $R(x)$从伴随式计算电路的最左端的寄存器输入($g(x)$除法电路的最低位输入)，称为第一类捕错译码电路。如果 $R(x)$从伴随式计算电路的最右端的寄存器输入，称为第二类捕错译码电路。(15,7)循环码的捕错译码电路是捕错译码应用的典型实例，它和第一类和第二类捕错译码电路分别示于图 4.5.2(a)和图 4.5.2(b)。这两个电路的原理和工作步骤请读者自行分析。

上述捕错译码电路还可以简化，比如可将 n 级移位寄存器改为 k 级移存器，因为对系统码只需要 k 位信息数字。不过这时的 k 位信息数字不能跟随伴随式一起循环移位，因而控制逻辑电路需要重新设计。

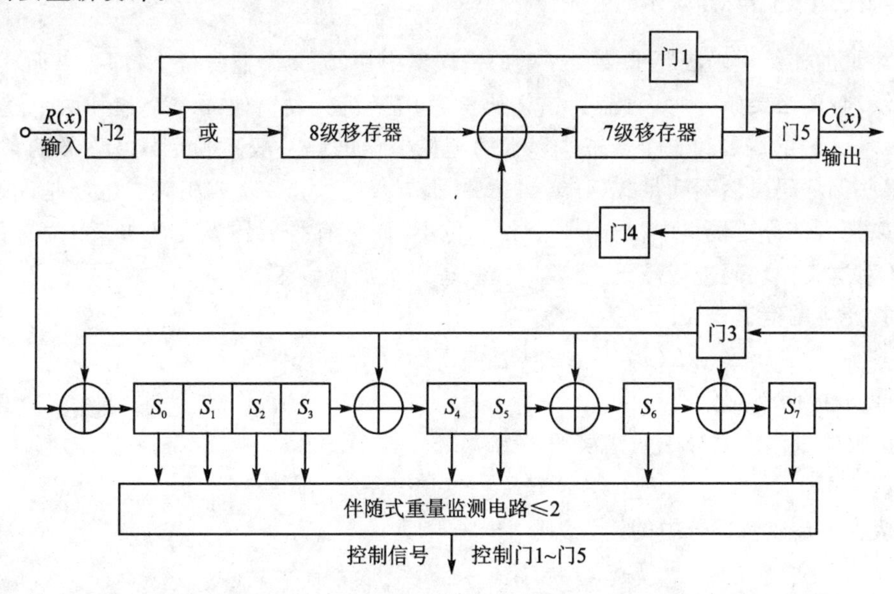

图 4.5.2(a)　(15,7)循环码第一类捕获译码电路

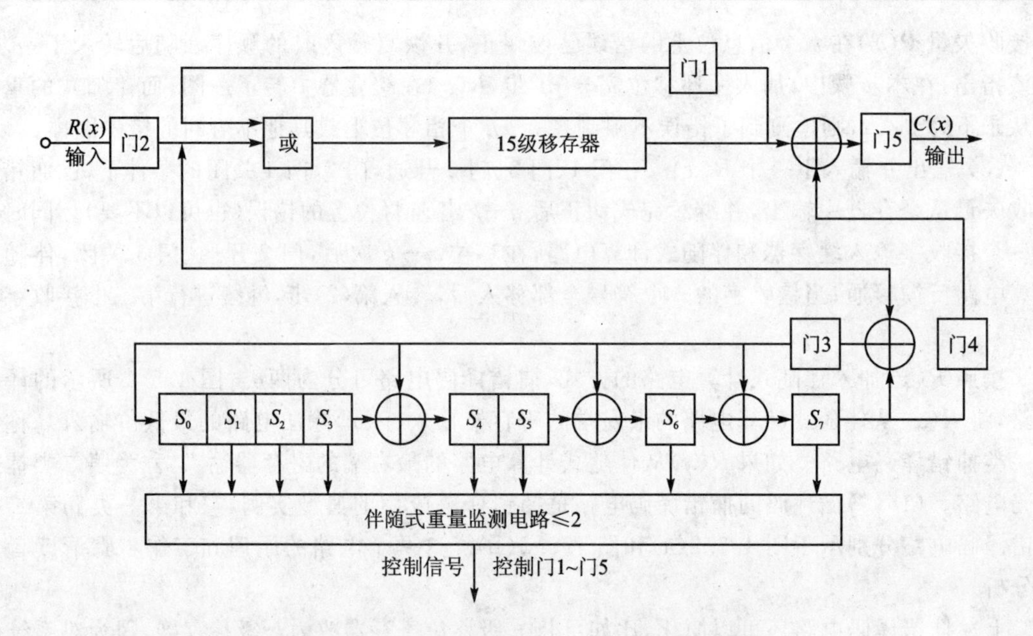

图 4.5.2(b) (15,7)循环码第二类捕获译码电路

4.5.3 改进的捕错译码法

上面讨论的捕错译码法要求接收矢量的错误集中在 $n-k$ 个监督位上，即要求循环码必须满足式(4.5.4)的必要条件。因此，捕错译码法适用于纠突发错误或一个和某两个随机错误(条件是 $n>t\cdot k$)的码。纠三个或三个以上的随机错误的码一般不满足 $n>t\cdot k$ 的条件。但是，对于某些循环码虽然不满足式(4.5.4)条件，但 k 仅略大于 n/t 或相等。也就是说，在译码过程中可以把大部分错误集中在 $n-k$ 个相邻位上，而只有少数错误在此 $n-k$ 位跨距之外。所以，为了对这类循环码进行译码，需要对捕获译码法加以修正。

设干扰产生的信道错误图样为

$$E(x)=E_{n-1}x^{n-1}+E_{n-2}x^{n-2}+\cdots+E_0$$

$E(x)$可分成两个部分：

(1) 接收矢量信息部分中的错误图样为

$$E_I(x)=E_{n-1}x^{n-1}+\cdots+E_{n-k}x^{n-k}$$

(2) 接收矢量监督部分中的错误为

$$E_P(x)=E_{n-k-1}x^{n-k-1}+\cdots+E_0$$

接收矢量的伴随式为

$$S(x)\equiv E(x)\equiv E_I(x)+E_P(x)\qquad 模\ g(x)\tag{4.5.8}$$

则有

$$E_P(x) \equiv E_I(x) + S(x) \qquad 模\ g(x) \tag{4.5.9}$$

令

$$S_I(x) \equiv E_I(x) \qquad 模\ g(x)$$

代入式(4.5.9)得

$$E_P(x) = S(x) + S_I(x) \tag{4.5.10}$$

式(4.5.10)表明，接收矢量监督位上的错误图样等于接收矢量的伴随式与信息位上错误的伴随式之和。如果对信息位上可能的错误逐个进行试验，并确定出某一个为实际错误图样，那么监督位上的错误图样可由式(4.5.10)求出，从而求得接收矢量 $\boldsymbol{R}(x)$ 的错误图样 $E(x)$。由上述可知，改进捕错译码法的出发点是先确定接收矢量信息部分中的错误图样。

这种改进的捕错译码法要求预先找出在 k 个信息位上的 N 个确定的错误图样。这 N 个确定的错误图样应该包括：当接收矢量经过循环移位把大部分的错误移到监督位上后，在信息位上的少量错误的各种可能的错误图样。也就是要求找出一组次数 $\leqslant k-1$ 的 N 个多项式，用集合 $\{Q_j(x)\}$，$j=1,2,\cdots,N$ 表示，也称 $Q_j(x)$ 为覆盖多项式。对于任何可纠正的错误图样 $E(x)$ 存在一个多项式 $Q_j(x)$，使得 $x^{n-k}\cdot Q_j(x)$ 与 $E(x)$ 的信息位上部分 $E_I(x)$ 一致，或与循环移位后的 $E^{(i)}(x)$ 的信息位上部分 $E_I^{(i)}(x)$ 一致。令

$$S_{Ij}(x) \equiv x^{n-k}Q_j(x) \qquad (模\ g(x)) \tag{4.5.11}$$

如果在 k 个信息位上的错误图样 $E_I(x)=x^{n-k}Q_j(x)$ 或者经过循环移位后在 k 个信息位上的错误图样 $E_I^{(i)}(x)=x^{n-k}Q_j(x)$，那么 $S_{Ij}(x)$ 就是 $E_I(x)$ 或者 $E_I^{(i)}(x)$ 的伴随式。根据式(4.5.10)得到

$$\left.\begin{aligned} E_P(x) &= S(x) + S_{Ij}(x) \\ E_P^{(i)}(x) &= S^{(i)}(x) + S_{Ij}(x) \end{aligned}\right\} \tag{4.5.12}$$

若码的纠错能力为 t，且错误图样重量为 $W[E(x)]\leqslant t$，在 k 个信息位上的错误图样的重量 $W[E_I(x)]=W[x^{n-k}Q_j(x)]=W[Q_j(x)]$，则在 $n-k$ 个监督位上的错误图样 $E_P^{(i)}(x)$ 的重量为

$$W[E_P^{(i)}(x)] = W[S^{(i)}(x) + S_{Ij}(x)] \leqslant t - W[Q_j(x)] \tag{4.5.13}$$

所以，当式(4.5.13)对某个 j 成立时，就表示 $x^{n-k}Q_j(x)$ 是 $E^{(i)}(x)$ 在信息位上的错误图样。而接收矢量的错误图样为

$$E(x) = x^{n-i}E^{(i)}(x) = x^{n-i}[x^{n-k}Q_j(x) + S^{(i)}(x) + S_{Ij}(x)] \tag{4.5.14}$$

将所求得的错误图样 $E(x)$ 和 $R(x)$ 模 2 加，即可使 $R(x)$ 中的错误得到纠正。

改进的捕错译码法的译码步骤如下：

(1) 接收矢量 $\boldsymbol{R}(x)$ 进入伴随式计算电路计算伴随式 $S(x)$，同时输入 n 级移存器缓存。

(2) 对每个 $j=1,2,\cdots,N$ 计算 $W[S(x)+S_{Ij}(x)]$。

(3) 若对某个 $j=l$ 有 $W[S(x)+S_{Ij}(x)]\leqslant t-W[Q_l(x)]$，则 $x^{n-k}Q_l(x)$ 与 $E(x)$ 在信息位上的错误图样 $E_I(x)$ 一致，而 $S(x)+S_{Ij}(x)$ 与 $E(x)$ 在监督位上的错误图样 E_P 一致，因而

$E(x)=x^{n-k}Q_l(x)+S(x)+S_{Ij}(x)$,将 $E(x)$和 $R(x)$模 2 加便完成了纠错。该步要求用 N 个含有 $n-k$ 个输入端的门限门来试验 $S(x)+S_{Ij}(x)$的重量,$j=1,2,\cdots,N$。

(4) 若对所有的 $j=1,2,\cdots,N$ 都有 $W[S(x)+S_{Ij}(x)]>t-W[Q_j(x)]$,则将伴随式计算电路和缓存器都循环移位 i 次($i=1,2,\cdots,n-1$),对每个 i 都计算 $W[S^{(i)}(x)+S_{Ij}(x)]$,$j=1,2,\cdots,N$。若当 $i=m$, $j=l$,有 $W[S^{(m)}(x)+S_{Ij}(x)]\leqslant t-W[Q_l(x)]$,而 $x^{n-k}Q_l(x)$与 $E^{(m)}(x)$在信息位上的错误图样 $E_l^{(m)}(x)$一致,$S^{(m)}(x)+S_{Ij}(x)$与 $E^{(m)}(x)$在监督位上的错误图样$E_P^{(m)}(x)$一致。因而,m 次循环移位后的错误图样为

$$E^{(m)}(x)=E_l^{(m)}(x)+E_P^{(m)}(x)=x^{n-k}Q_l(x)+S^{(m)}(x)+S_{Ij}(x)$$

将 $R^{(m)}(x)$与 $E^{(m)}$ 进行模 2 加运算,即可纠正 $R(x)$中的错误

$$C^{(m)}(x)=R^{(m)}(x)+E^{(m)}(x)\equiv x^m C(x)\qquad(\text{模 } x^n+1)$$

则

$$C(x)=x^{n-m}C^{(m)}(x)\qquad(\text{模 } x^n+1)$$

(5) 若对 $i=0,1,\cdots,n-1$ 和 $j=1,2,\cdots,N$,总是有

$$W[S^{(i)}(x)+S_{Ij}(x)]>t-W[Q_j(x)]$$

则检测到一个不可纠正的错误图样。

嵩忠雄改进的捕错译码法,要找出某个码满足条件的最简多项式集合$\{Q_j(x)\}$,$j=1,2,\cdots,N$ 是比较困难的。另外,采用这种译码法的译码器复杂程度取决于该多项式集合中的多项式数目 N,在组合逻辑电路中包含 N 个含有 $n-k$ 个输入的门限门。这种改进的捕错译码法一般用来译纠两个或三个随机错误的码,随着码长 n 和纠错能力 t 的增加,所需的门限门数目变得很大,甚至难以实现。所以,改进的捕错译码法也仅适用于短码和低速率的码。

4.5.4 戈莱(Golay)码及其译码

(23,12)戈莱码是唯一可知的纠多个错误的二元完备码,码的最小距离为 7,纠错能力 $t=3$。它的生成多项式为

$$g_1(x)=x^{11}+x^{10}+x^6+x^5+x^4+x^2+1$$

或

$$g_2(x)=x^{11}+x^9+x^7+x^6+x^5+x+1$$

由于 $g_1(x)$和 $g_2(x)$都是 $x^{23}+1$ 的因式,所以 $g_1(x)$或 $g_2(x)$生成(23,12)循环码。用 11 级反馈移存器所构成的 $g(x)$除法电路可以实现该码的编码。但是如果用简单的捕错译码法来译码,则某两个错误的错误图样和很多三个错误的错误图样就不可能被捕获。(23,12)戈莱码码字循环捕错图如图 4.5.3 所示。从图 4.5.3 可见,对错误图样 $E(x)=x^{22}+x^{11}$,则无论循环多少次,也不可能将 $E(x)$移到 11 个监督位内;又如,$E(x)=x^{17}+x^{11}+x^6$,也不可能将 $E(x)$的三个错误位置循环到 11 个监督位上。所以,若采用简单的捕错译码法译码,必将损失一部分纠错能力。但采用改进的捕错译码法译码,可纠的全部错误图样都能得到纠正。下面介绍两

个被认为是最好的译码方法。

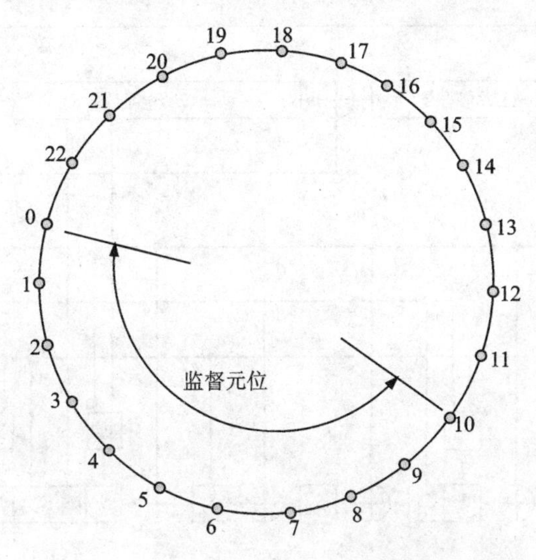

图 4.5.3　(23,12)戈莱码码字循环捕错图

1. 嵩忠雄译码法

戈莱码采用嵩忠雄改进的捕错译码法译码，是通过将接收矢量在译码器中进行循环移位，使信息位上至多存在一个错误，其余的错误都在监督位上。然而，对任何可纠的错误图样，经过 i 次循环移位，欲使信息位上不多于一个错误，只需下面三个多项式就能包括信息位上不多于一个错误的各种信息位上的错误图样：$E_I^{(i)}(x)=0$，或 $E_I^{(i)}(x)=x^{11}\cdot x^5=x^{16}$，或 $E_I^{(i)}(x)=x^{11}\cdot x^6=x^{17}$。其中 0 表示错误可全部移到监督位上及信息位上无错的情况。

由此可知，应用嵩忠雄的改进译码法译(23,12)戈莱码应选择多项式集合$\{Q_j(x)\}$，即

$$Q_1(x)=0,\quad Q_2(x)=x^5,\quad Q_3(x)=x^6$$

若选用生成多项式 $g(x)=x^{11}+x^{10}+x^6+x^5+x^4+x^2+1$，用 $g(x)$ 除 $x^{11}Q_j(x)$，$j=1,2,3$，得到相应的三个信息位上的错误图样伴随式，即

$$S_{I1}(x)=0$$

$$S_{I2}(x)=x^9+x^8+x^6+x^5+x^2+x$$

$$S_{I3}(x)=x^{10}+x^9+x^7+x^6+x^3+x^2$$

戈莱码的修正捕错译码电路如图 4.5.4 所示。其译码过程如下：

(1) 在初始清零的状态下，门 2、门 3 开通，其他门关闭，接收矢量 $\boldsymbol{R}(x)$送入 23 级移存器和伴随式计算电路，当 $\boldsymbol{R}(x)$全部移入后，得到伴随式 $S(x)=S_{10}x^{10}+S_9x^9+\cdots S_0$，$S(x)+S_{Ij}(x)$由三个检测电路检测。

(2) 经过 n 次循环移位，实现捕错和纠错。在门 1、门 3 开通，其他门关闭下，进行循环移位。在移位过程中，三个检测电路对伴随式进行检测。当移位 i 次($i=0,1,2,\cdots,n-1$)时，可

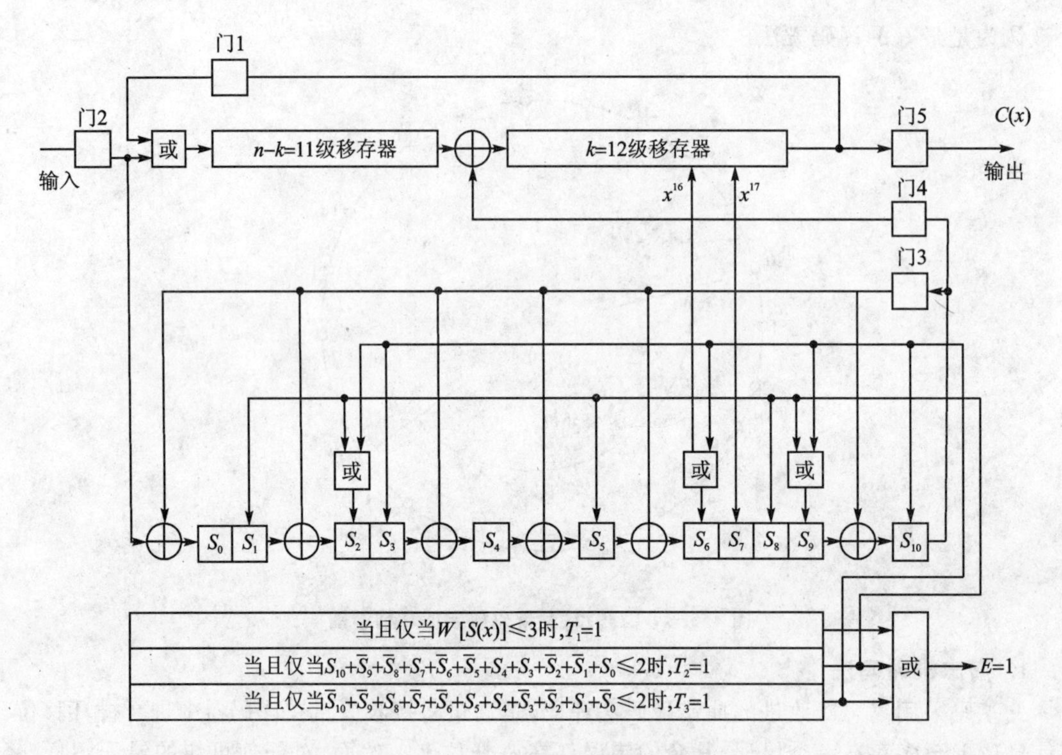

图 4.5.4 (23,12)戈莱码的修正捕获译码器

能出现下面三种情况：

① 若 $W[S^{(i)}(x)]\leqslant 3$,检测电路判决 $\boldsymbol{R}(x)$ 中全部错误已经集中到 11 位监督位上,错误图样与 $S^{(i)}(x)$ 相同。检测电路中,T_1 信号为 1,经或门输出一个捕错信号 $E=1$。在它控制下,门 3 关闭,门 4 开通,$\boldsymbol{R}(x)$ 继续进行循环移位,伴随式计算电路反馈已被断开,其输出对监督位跨距上的错误进行纠正。当 $\boldsymbol{R}(x)$ 循环移位完 n 次,恢复了 $\boldsymbol{R}(x)$ 的接收顺序后,$\boldsymbol{R}(x)$ 的信息部分已完成纠错,转入第三步。

② 若 $W[S^{(i)}(x)]>3$,但 $W[S^{(i)}(x)+S_{I2}(x)]\leqslant 2$,则

$$S^{(i)}(x)+S_{I2}(x)=(S_{10}^{(i)}x^{10}+S_9^{(i)}x^9+\cdots+S_0^{(i)})+(x^9+x^8+x^6+x^5+x^2+x)=$$

$$S_{10}^{(i)}x^{10}+\overline{S}_9^{(i)}x^9+\overline{S}_8^{(i)}x^8+S_7^{(i)}x^7+\overline{S}_6^{(i)}x^6+\overline{S}_5^{(i)}x^5+S_4^{(i)}x^4+$$

$$S_3^{(i)}x^3+\overline{S}_2^{(i)}x^2+\overline{S}_1^{(i)}x^1+S_0^{(i)}$$

式中 $\overline{S}_l^{(i)}=S_l^{(i)}+1,l=0,1,\cdots,10$。上式为 $R^{(i)}(x)$ 在监督跨距上的错误图样,而在信息位跨距上只有 x^{16} 位置上的码元符号是错误的。此时 $T_2=1$,捕错信号 $E=1$。在此控制状态下,门 3 关闭,门 4 开通,T_2 输出反馈信号将 x^{16} 位置上的错误码元纠正。同时反馈到伴随式计算电路,完成 $S^{(i)}(x)+S_{I2}(x)$ 的运算,使伴随式寄存器的内容改变为 $E_P^{(i)}(x)=S^{(i)}(x)+X_{I2}(x)$,

$R(x)$缓存器继续循环移位，伴随式计算电路断开反馈移位，其输出对$R^{(i)}(x)$在监督位跨距上的错误进行纠正；当$R(x)$循环移位完23次后，$R(x)$信息位上的错误已被纠正，并恢复了接收的顺序，转第三步。

③ 若$W[S^{(i)}(x)]>3$，但$W[S^{(i)}(x)+S_{I3}(x)]\leqslant 2$，则

$$S^{(i)}(x)+S_{I3}(x)=\overline{S}_{10}^{(i)}x^{10}+\overline{S}_{9}^{(i)}x^{9}+S_{8}^{(i)}x^{8}+\overline{S}_{7}^{(i)}x^{7}+\overline{S}_{6}^{(i)}x^{6}+S_{5}^{(i)}x^{5}+$$

$$S_{4}^{(i)}x^{4}+\overline{S}_{3}^{(i)}x^{3}+\overline{S}_{2}^{(i)}x^{2}+S_{1}^{(i)}x+S_{0}^{(i)}$$

上式$R^{(i)}(x)$是在监督跨距上的错误图样，而在信息位跨距上只有x^{17}位置上的码元符号是错误的。此时$T_3=1$，捕错信号$E=1$。在它控制下，门3关闭，门4开通，T_3输出反馈信号将x^{17}位置上的错误码元纠正。同时反馈到伴随式计算电路，完成$S^{(i)}(x)+S_{I3}(x)$的运算，使伴随式寄存器的内容改变为$E_P^{(i)}(x)=S^{(i)}(x)+S_{I3}(x)$，$R(x)$缓存器继续循环移位，伴随时计算电路断开反馈移位，其输出对$R^{(i)}(x)$在监督位跨距上的错误进行纠正；当$R(x)$循环移位完23次后，$R(x)$信息位上的错误已被纠正。

(3) 输出并输入下一个接收矢量

门1、门4关闭，门2、门3、门5开通，伴随式计算电路清零，已纠正错误的信息部分从缓存器中输出，同时下一个接收矢量移入23级移存器和伴随式计算电路，完成了伴随式的计算，回到第(2)步。

应该指出，由于(23,12)戈莱码是完备码，可纠的错误图样个数和不同的伴随式个数相同，因而当接收矢量中实际错误个数多于3个时，伴随式是一个可纠错误图样的伴随式，译码器进行错误译码，所以不能发现多于3个错误的情况。下面是用戈莱码改进捕错译码的一个例子。

设戈莱码的接收多项式为

$$R(x)=x^{17}+x^{11}+x^{6}$$

译码过程如下：

① 门2、门3开通，其他门关闭，$R(x)$经23次移位送入缓存器和预先经过清零的伴随式计算电路，得到伴随式$S(x)=x^9+x^7+x^6+x^5+x^4+x^3+1$。

② 门2、门3开通，其他门关闭条件下，经22次循环移位后得$S^{(22)}(x)=x^{10}+x^9+x^8+x^6+x^2+x$，而$W[S^{(22)}(x)+S_{I2}(x)]=2$。所以，$T_2=1$，$E=1$，控制门3关，门4通，$T_2$信号加到移存器$x^{16}$位置上，将该位的错误码元纠正，同时反馈到伴随式计算电路，使其寄存器内容改变为$E_P^{(2,2)}(x)=S^{(22)}(x)+S_{I2}(x)=x^{10}+x^5$，它是$R^{22}(x)$在监督位上的错误图样。再移位一次，$T_2$信号纠正了$R^{(22)}(x)$在$x^{16}$位置上的错误，伴随式输出纠正$R^{(22)}(x)$在$x^{16}$位置上的错误。$R(x)$在信息位上的错误全被纠正，并恢复了$R(x)$的纠正顺序。

③ 门1、门4关闭，门2、门3、门5开通，伴随式计算电路清零，一方面已纠错的信息数字输出，同时将下一个接收矢量送入缓存器和伴随式计算电路，转第②步，如此继续下去。

嵩忠雄的戈莱码译码器，从$R(x)$的第一个符号输入译码器直到第一个符号输出译码器，

共需要46个时钟周期。

2. 搜索译码法

搜索译码法是基于在长23的接收矢量 $\boldsymbol{R}(x)$ 中，对不多于3个错误的任何错误图样，若能将其中某一个错误纠正，剩下的错误通过循环移位总能移位到监督位上，并能用简单的捕错译码法纠正。这种思想可通过如下的方法实现：在计算出伴随式 $S(x)$ 后，将伴随式 $S(x)$ 和接收矢量 $\boldsymbol{R}(x)$ 循环移位一周，检查伴随式重量是否下降到3或3以下。若 $W[S^{(i)}(x)]\leqslant 3$，则 $S^{(i)}(x)$ 与 $R^{(i)}(x)$ 在监督位上错误一致，并且 $R^{(i)}(x)$ 在信息位上无错，通过求和可将错误纠正。若这一步未捕到错误，则将接收矢量从高阶位开始，依次反相(若被反相位是错的，反相就消除了这位的错误)，并且在每将一位反相后，都进行循环移位，检查伴随式重量是否出现 $\leqslant 2$：若循环移位 i 次，$W[S^{(i)}(x)]\leqslant 2(i=0,1,2,\cdots,n-1)$，说明被反相位是错误的，并且其余错误已移到监督位上，这时监督位上的错误图样和循环移位后的伴随式一致，错误可被纠正；如果反相后循环一周未捕到错误，则恢复反相位。继续将下一位反相和进行循环移位，如此下去，最多把12个信息位都反相一遍，一定能纠正各种可纠的错误图样。

戈莱码的嵩忠雄译码法要对3个伴随式进行检测，使电路比较复杂。而搜索译码法只要一个重量检测门，但嵩忠雄译码法比搜索法要快。

由上述可见，修正捕错译码器的复杂性主要由覆盖多项式集合 $\{Q_j(x)\}$ 中覆盖多项式数目的多少决定。若多项式数目过多，则译码器过于复杂而不实用。对特定的循环码而言，如何找到多项式集合 $\{Q_j(x)\}$ 中最小的 j 是确定捕错译码法是否实用的关键。表4.5.1给出了某些二进制循环码的覆盖多项式集合及大小，供使用参考。

表 4.5.1 某些二进制循环码的覆盖多项式

n	k	t	$Q_j(x)$	$j-1$	n	k	t	$Q_j(x)$	$j-1$
15	5	3	10(表示 x^{10}，下同)	1	39	26	2	19(20,21,22,23,24)	1
17	9	2	8(10等)	1	39	15	4	24,29,34	2
21	9	3	15(14)(表示 x^{15} 或 x^{14}，下同)	1	39	13	5	28,31,34	2
21	7	3	14	1	43	29	2	21(22,23,24,25,26)	1
23	12	3	15,22	2	45	28	2	28(27,26,25,24,23,22)	1
23	11	3	15	1	45	27	2	27(26,25,24,23,22)	1
31	21	2	19	1	45	24	2	24(23,22)	1
31	20	2	21	1	45	23	3	30,44	2
31	16	3	20,30	2	45	22	3	30	1
31	15	3	20	1	45	21	3	30	1

续表 4.5.1

n	k	t	$Q_j(x)$	$j-1$	n	k	t	$Q_j(x)$	$j-1$
31	11	5	21,23,25,27	4	45	18	3	31(32,33,34 等)	1
33	10	4	21,25,29	3	45	16	4	31,38	2
33	11	5	24,27,30	3	45	9	5	36(37,38 等)	1
35	26	2	17	1	51	35	2	35(25,26 等)	1
35	16	3	25	1	51	27	3	34,44	2
35	13	3	23(24,25)(表示 x^{23} 或 x^{24} 或 x^{25},下同)	1	51	19	4	37,44	2
35	7	6	30	1	51	17	5	37,41,45	3

最后简单介绍戈莱码的应用之一。1980 年俄罗斯航天仪表码究所为了提高“星—地”、“地—星”链路数字指控信息的可靠性,研制和实现了戈莱码的编码器和译码器,该设备在某型号飞行任务中成功地进行了试验。试验表明,使用戈莱码,通信系统的误码率与未编码通信系统相比减少了 1～3 个数量级。

4.6 循环码的大数逻辑译码

前面从错误图样的特定结构出发,由循环码的通用译码法演变出了捕错译码法。捕错译码法适用于纠正单个错误的汉明码以及一些纠错能力低的码。而从码的结构出发,可导出大数逻辑译码法。大数逻辑译码法适用于某些结构比较特殊的循环码,它可以纠正多个随机错误,这是一种很有效的译码方法,具有译码设备简单、速度快的优点,因而应用相当广泛。

4.6.1 大数逻辑译码原理

对纠 t 个错误的(n,k)循环码,梅吉特通用译码法是在错误图样包含有最高阶位 x^{n-1} 上出现一个错误时,组合逻辑电路输出“1”,从而将其纠正,再利用码的循环特性,可以纠正所有接收符号上的错误。这对纠一个错误的循环码是比较容易实现的,如果用于纠多个错误的码,组合逻辑电路变得很复杂,而大数逻辑译码法是利用码的特殊结构将译码电路简化。下面将讨论这种译码方法。

首先引入正交一致监督和式的概念。设 $\boldsymbol{H}$ 为(n,k)循环码的一致监督矩阵

$$\boldsymbol{H}=[\boldsymbol{h}_{n-k-1},\boldsymbol{h}_{n-k-2},\cdots,h_0]^{\mathrm{T}}$$

其中 $\boldsymbol{h}_j(j=n-k-1,n-k-2,\cdots,0)$是 $\boldsymbol{H}$ 的行矢量。

又设 C 为任一码字,$\boldsymbol{R}=(\boldsymbol{R}_{n-1},\cdots,\boldsymbol{R}_0)$为接收矢量,其伴随式 $\boldsymbol{S}^{\mathrm{T}}=\boldsymbol{H}\boldsymbol{R}^{\mathrm{T}}$ 的各分量为

$$S_i = h_j R^T = h_{j,n-1} R_{n-1} + h_{j,n-2} R_{n-2} + \cdots + h_{j,0} R_0 = \sum_{i=0}^{n-1} h_{j,i} R_j \tag{4.6.1}$$

$$j = n-k-1,\ n-k-2, \cdots, 0$$

式(4.6.1)称为接收矢量 $\boldsymbol{R}$ 的监督和式。若 $\boldsymbol{R}$ 为一码字，则 $\boldsymbol{S}_j$ 为 $\boldsymbol{0}$；若 $\boldsymbol{S}_j \neq \boldsymbol{0}$，$\boldsymbol{R}$ 也一定不为一码字。

若 $E=(E_{n-1}, E_{n-2}, \cdots, E_0)$ 为 R 的信道错误图样，由于 $\boldsymbol{R}=\boldsymbol{C}+\boldsymbol{E}$，$\boldsymbol{H}\boldsymbol{C}^T=\boldsymbol{0}^T$，所以

$$S_j = h_{j,n-1} E_{n-1} + h_{j,n-2} E_{n-2} + \cdots + h_{j,0} E_0 = \sum_{i=0}^{n-1} h_{j,i} E_i \tag{4.6.2}$$

$$j = n-k-1,\ n-k-2, \cdots, 0$$

因此，接收矢量的监督和式实际上是对信道错误图样进行监督，而与发送的具体码字无关。在式(4.6.2)中，若 $h_{j,i}=0$，说明码元位 C_i 被监督和式 $\boldsymbol{S}_j$ 监督。并把 $S_{n-k-1}, S_{n-k-2}, \cdots, S_0$ 称为监督和式组。

定义 4.6.1 若在(n,k)循环码的监督和式组中，某个码元位 $C_i(i=n-1, n-2, \cdots, 0)$被 J 个($J \leqslant n-k$)一致监督和式监督，而其他码元不被一个以上的监督和式监督，则称此 J 个监督和式为对码元位 C_i 正交的一致监督和式组。

以(7,3)循环码为例，其监督方程为

$$\left.\begin{array}{l} C_6 + C_4 + C_3 = 0 \\ C_6 + C_5 + C_4 + C_2 = 0 \\ C_6 + C_5 + C_1 = 0 \\ C_5 + C_4 + C_0 = 0 \end{array}\right\} \tag{4.6.3}$$

在上面的方程组中，取第 1，第 2 与第 4 相加，第 3 组成新的监督方程组为

$$\left.\begin{array}{l} C_6 + C_4 + C_3 + = 0 \\ C_6 + C_2 + + C_0 = 0 \\ C_6 + C_5 + + C_1 = 0 \end{array}\right\} \tag{4.6.4}$$

由新方程组式(4.6.4)可见，码元 C_6 被所有 3 个监督方程监督，而其他任一码元在 3 个监督方程中最多出现一次(也能不出现)，因而称式(4.6.4)为正交于码元位 C_6 的监督正交一致方程(或正交一致监督和式)。

将式(4.6.4)改写为矩阵形式

$$\begin{bmatrix}1&0&1&1&0&0&0\\1&0&0&0&1&0&1\\1&1&0&0&0&1&0\end{bmatrix}\begin{bmatrix}C_6\\C_5\\C_4\\C_3\\C_2\\C_1\\C_0\end{bmatrix}=\begin{bmatrix}0\\0\\0\end{bmatrix}$$

令

$$\boldsymbol{H}_0=\begin{bmatrix}1&0&1&1&0&0&0\\1&0&0&0&1&0&1\\1&1&0&0&0&1&0\end{bmatrix}$$

则

$$\boldsymbol{H}_0\boldsymbol{C}^{\mathrm{T}}=\boldsymbol{0}^{\mathrm{T}}$$

称 $\boldsymbol{H}_0$ 为正交一致监督矩阵。其特点是:与正交码元位对应的列为全“1”,其他任一列中“1”的个数不多于一个。

定义 4.6.2　称 $\boldsymbol{S}_0=\boldsymbol{R}\boldsymbol{H}_0^{\mathrm{T}}$ 为正交伴随式。由于 $\boldsymbol{R}=\boldsymbol{C}+\boldsymbol{E}$,所以 $\boldsymbol{S}_0$ 还可以表示为 $\boldsymbol{S}_0=\boldsymbol{E}\boldsymbol{H}_0^{\mathrm{T}}$。

由于循环码的循环特性,任意码字的循环移位仍是一个码字,也满足正交监督矩阵 $\boldsymbol{H}_0$。所以,对最高阶码元位 C_{n-1} 正交的码字 C,经过一次循环移位后就变成了对次高阶码元位 C_{n-2} 正交的码字 $C^{(1)}$。因此,连续的循环移位可以得到对码字的所有码元构成正交的监督和式。

例如,(7,3)循环码的三个正交监督和式为

$$\left.\begin{aligned}A_1&=S_{02}=R_6+R_4+R_3=E_6+E_4+E_3\\A_2&=S_{01}=R_6+R_2+R_0=E_6+E_2+E_0\\A_3&=S_{00}=R_6+R_5+R_1=E_6+E_5+E_1\end{aligned}\right\}\tag{4.6.5}$$

S_{00},S_{01},S_{02} 构成正交伴随式 $S_0=(S_{02},S_{01},S_{00})$。$R$ 经过一次循环移位 $R^{(1)}$ 的正交监督和式为

$$\left.\begin{aligned}A'_1&=S_{02}^{(1)}=R_5+R_3+R_2=E_5+E_3+E_2\\A'_2&=S_{01}^{(1)}=R_5+R_1+R_6=E_5+E_1+E_6\\A'_3&=S_{00}^{(1)}=R_5+R_4+R_0=E_5+E_4+E_0\end{aligned}\right\}\tag{4.6.6}$$

式(4.6.5)是正交于最高码元位上的正交监督和式,而式(4.6.6)是 R 经过一次循环移位 $R^{(1)}$ 的三个正交于次高位码元上的监督和式。

由式(4.6.5)可见,在发生一个错误情况下,有下列两种可能:

(1) 错误发生在正交码元位上,$E_6=1$,则 $A_1=1,A_2=1,A_3=1$,正交伴随和式 S_0 中元素

为 1 的数目为 3；

(2) 错误不在正交码元位上，则 S_0 中有一个元素为 $1(A_j=1,j=1,2,3)$。

在发生两个错误时，有下列两种可能情况：

(1) 一个正交码元位有错，另一个错误发生在其他位上，例如在 x^4 上$(E_4=1)$，则 $A_1=0$，$A_2=1$，$A_3=1$，S_0 中元素为 1 的数目为 2；

(2) 两个错误都发生在其他位上，如 $E_4=1$，$E_5=1$，则 $A_1=1$，$A_3=1$。

由以上分析可见，对本码而言，如果发生错误的数目为 1，则可以根据正交和式组 $A_1A_2A_3$ 取值为 1 的数目是否为多数来检验正交码元位 x^6 上是否有错，然后依次按 $A_1A_2A_3$ 中取值为 1 的多少校验其他码元位 $x^5,x^4,\cdots,x^0$ 上是否有错。根据一致监督方程中取值为 1 的数目是否为多数进行译码的方法，称为大数逻辑译码法。

对本例(7,3)循环码，其正交一致监督和式的数目为 $J=3$，只对 $E_b(x^6)$码元位正交，译码时只用一次大数逻辑判决就可以完成对该码元位的译码，所以称为一步大数逻辑译码法。

有了以上的概念，下面讨论码的正交一致监督和式数目 J 与纠错能力 t 的关系。

定理 4.6.1 若(n,k)循环码可以构成 J 个正交于最高阶位 x^{n-1} 上的一致监督和式 A_1，$A_2,\cdots,A_J$，则该码可以用来纠正 $t\leqslant\left[\dfrac{J}{2}\right]$个错误的所有错误图样。其中，$[x]$表示取 x 的整数部分。

证明 该码有 J 个正交监督和式，对应的正交监督矩阵有 J 行；第一列中含有 J 个“1”，其他任何列中“1”的个数不多于一个。下面分别考虑两种情况：

(1) 如果在最高阶正交位上没有错误，即 $E_{n-1}=0$，$t_0(\leqslant t)$个错误分布在非正交位上，这时由正交矩阵 $\boldsymbol{H}_0$ 所决定的正交伴随式为 $\boldsymbol{S}_0^{\mathrm{T}}=\boldsymbol{H}_0\boldsymbol{R}^{\mathrm{T}}=\boldsymbol{H}_0\boldsymbol{E}^{\mathrm{T}}$。由于 E 中含“1”个数 $t_0\leqslant t$，那么 $\boldsymbol{S}_0^{\mathrm{T}}$ 为 $\boldsymbol{H}_0$ 的对应列 t_0 之和，而 $\boldsymbol{H}_0$ 的任何列含“1”的个数不多于一个，所以，S_0 的重量 $W[S_0]\leqslant t_0\leqslant t\leqslant\left[\dfrac{J}{2}\right]$，即 S_0 中“1”的数目$\leqslant\left[\dfrac{J}{2}\right]$。

(2) 当最高阶正交位上含有错误时，即 $E_{n-1}=0$，其他 t_0-1 个错误分布在其他码元位上，这时伴随式重量为 $W[S_0]\geqslant J-(t_0-1)$，$J$ 为 H_0 中第一列的重量。由于 $t_0\leqslant t\leqslant\left[\dfrac{J}{2}\right]$，则 $W[S_0]\geqslant\left[\dfrac{J}{2}\right]+1>\left[\dfrac{J}{2}\right]$。也就是说，当正交位上出现错误时，正交伴随式 S_0 的重量 $W[S_0]\geqslant\left[\dfrac{J}{2}\right]$，即 S_0 中“1”的数目$>\left[\dfrac{J}{2}\right]$。

根据(1) 和(2)两种情况可知，该码的纠错能力为 $t\leqslant\left[\dfrac{J}{2}\right]$。

由上面的定理，可直接得到推论：在可构成 J 个正交监督和式的(n,k)循环码中，如果在正交位置上含有错误时，正交伴随式 S_0 的重量$>\left[\dfrac{J}{2}\right]$；如果在正交位置上没有错误时，正交

伴随式 S_0 的重量$\leqslant\left[\dfrac{J}{2}\right]$。因此,译码器可用一个大数逻辑门来检测正交伴随式的重量,当 $W[S_0]>\left[\dfrac{J}{2}\right]$,正交位置上有错;当 $W[S_0]\leqslant\left[\dfrac{J}{2}\right]$时,正交位置上无错。即当 S_0 的各分量作为大数逻辑门的输入,当这些输入中多数为"1"时,正交位置上接收符号是错误的,大数逻辑门输出"1",将错误纠正;当大数门的输入中只有一半或更少个"1"时,则正交位置上没有错误,大多数门输出"0"。再利用码的循环位移特性,可纠正接收码字中所含的所有错误(错误个数$\leqslant\left[\dfrac{J}{2}\right]$)。这种译码方法称为一步大数逻辑译码法。

大数逻辑译码的关键是由接收矢量计算正交伴随式 $\boldsymbol{S}_0$,通常有两种办法,大数逻辑译码电路也因此分为两类。下面以(7,3)码为例分别讨论。

1. 第 1 类大数逻辑译码电路

(7,3)循环码的监督矩阵为

$$\boldsymbol{H}=\begin{bmatrix}1&0&1&1&0&0&0\\1&1&1&0&1&0&0\\1&1&0&0&0&1&0\\0&1&1&0&0&0&1\end{bmatrix}=\begin{bmatrix}h_3\\h_2\\h_1\\h_0\end{bmatrix}$$

接收矢量的伴随式为

$$\boldsymbol{S}^{\mathrm{T}}=\boldsymbol{H}\boldsymbol{R}^{\mathrm{T}}=\begin{bmatrix}h_3R^{\mathrm{T}}\\h_2R^{\mathrm{T}}\\h_1R^{\mathrm{T}}\\h_0R^{\mathrm{T}}\end{bmatrix}=\begin{bmatrix}S_3\\S_2\\S_1\\S_0\end{bmatrix}$$

由式(4.6.3)和式(4.6.4)的关系可得到 $\boldsymbol{H}_0$ 和 $\boldsymbol{H}$ 的关系

$$\boldsymbol{H}_0=\begin{bmatrix}h_3\\h_2+h_0\\h_1\end{bmatrix}$$

那么

$$\boldsymbol{S}_0^{\mathrm{T}}=\boldsymbol{H}_0\boldsymbol{R}^{\mathrm{T}}=\begin{bmatrix}h_3\\h_2+h_0\\h_1\end{bmatrix}\boldsymbol{R}^{\mathrm{T}}=\begin{bmatrix}h_3R^{\mathrm{T}}\\h_2R^{\mathrm{T}}+h_0R^{\mathrm{T}}\\h_1R^{\mathrm{T}}\end{bmatrix}=\begin{bmatrix}S_3\\S_2+S_0\\S_1\end{bmatrix}=\begin{bmatrix}S_{02}\\S_{01}\\S_{00}\end{bmatrix}\tag{4.6.7}$$

式(4.6.7)表明,正交伴随式的各分量,可由一般伴随式的各分量按照由一般监督矩阵构造正交监督矩阵的对应关系来构成,即若 $\boldsymbol{H}_0$ 的第一行是 $\boldsymbol{H}$ 的第一行,则 $\boldsymbol{S}_0$ 的第一分量就是 S 的第一分量;$\boldsymbol{H}_0$ 的第二行是 $\boldsymbol{H}$ 的第二行与第四行之和,那么 $\boldsymbol{S}_0$ 的第二分量就是 $\boldsymbol{S}$ 的第二分量和第四分量之和;……。用这种方法构造的正交伴随式所组成的大数逻辑译码电路,称为第

1 类大数逻辑译码电路。(7,3)循环码的第 1 类大数逻辑译码电路如图 4.6.1 所示。

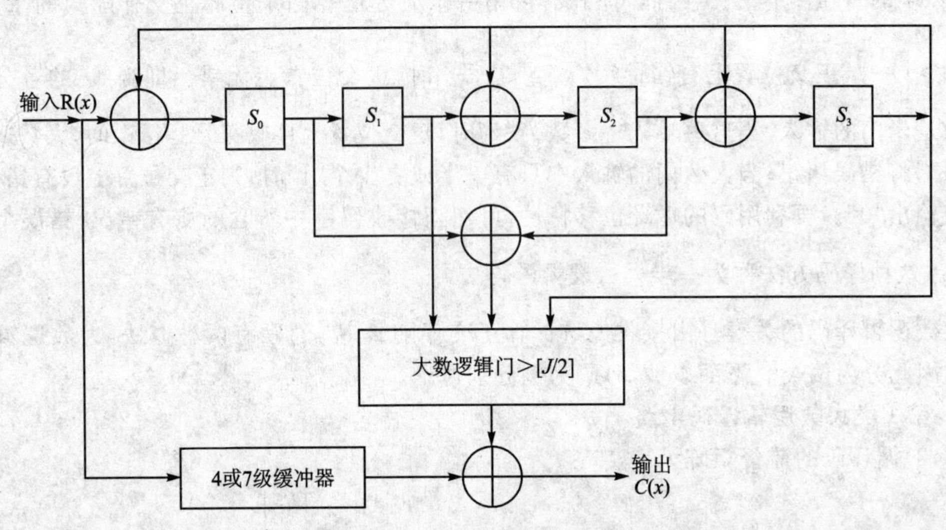

图 4.6.1 (7,3)循环码第 1 类大数逻辑译码器

其工作步骤如下：首先，接收矢量送入伴随式计算电路和缓冲寄存器；其次，伴随式的各分量，由 J 个多输入的奇偶校验器组合成 J 个正交伴随式分量，加入大数逻辑门，在码的纠错能力下($t=1$)，如果第一个信息元有错，大数逻辑门输入有一半以上为“1”，则它的输出为“1”，将接收矢量的第一分量上的错误纠正。如果错误在第二位，伴随式计算电路作自发运算一次，当接收矢量第二分量从缓存器移出时被纠正。利用码的循环特性，可将其他位上的错误纠正。

2. 第 2 类大数逻辑译码电路

可按伴随式的定义计算(7,3)循环码的正交伴随式

$$\boldsymbol{S}_0^{\mathrm{T}}=\boldsymbol{H}_0\boldsymbol{R}^{\mathrm{T}}=\begin{bmatrix}1&0&1&1&0&0&0\\1&0&0&0&1&0&1\\1&1&0&0&0&1&0\end{bmatrix}\begin{bmatrix}R_6\\R_5\\R_4\\R_3\\R_2\\R_1\\R_0\end{bmatrix}=\begin{bmatrix}R_6+R_4+R_3\\R_6+R_2+R_0\\R_6+R_5+R_1\end{bmatrix}=\begin{bmatrix}S_{02}\\S_{01}\\S_{00}\end{bmatrix}\tag{4.6.8}$$

式(4.6.8)表明，正交伴随式 $\boldsymbol{S}_0$ 可由接收矢量按 $\boldsymbol{H}_0$ 所确定的关系直接计算。用式(4.6.8)计算 S_0 所构成的译码电路，称为第 2 类大数逻辑译码电路。(7,3)循环码的第 2 类大数逻辑译码器如图 4.6.2 所示。

工作步骤如下：首先输入门 1 通，反馈门 2 断开，接收矢量送入 n 级(7 级)移存器。其次，门 1 断，门 2 通，按式(4.6.8)，由 3 个模 2 加法器计算出 S_0 的分量。若接收字的第一位有错，

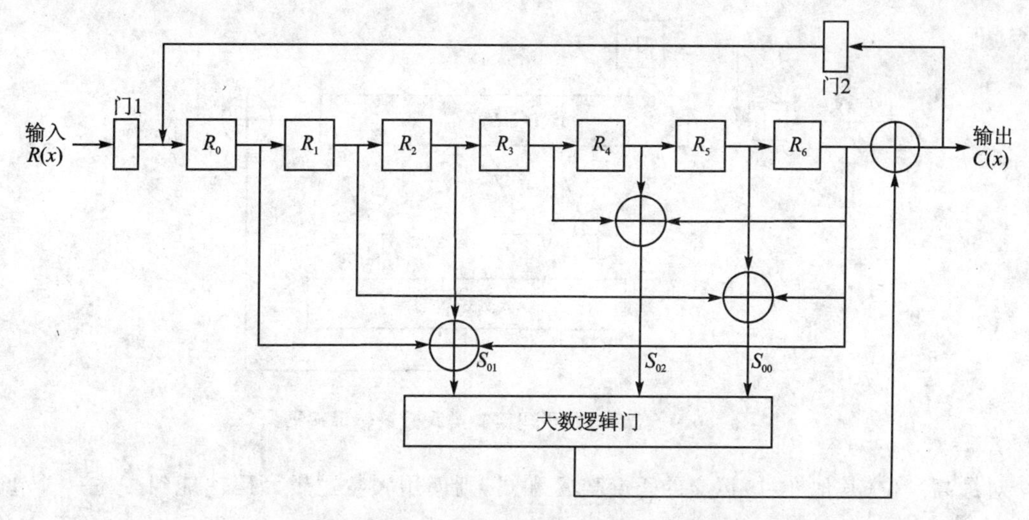

图 4.6.2 (7,3)循环码第 2 类大数逻辑译码器

大数逻辑门的 3 个输入都为“1”,大数逻辑门输出“1”,将错误纠正。

图 4.6.3 和图 4.6.4 示出了(n,k)循环码第 1 类和第 2 类大数逻辑译码的一般电路。

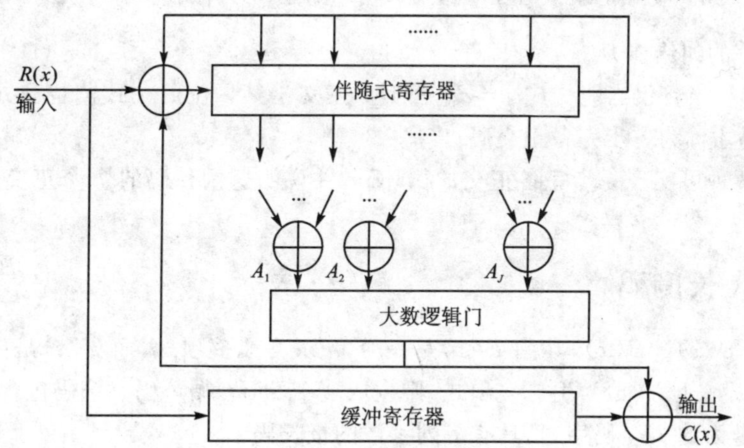

图 4.6.3 (n,k)循环码第 1 类大数逻辑译码器

在纠错过程中,为了消除错误对伴随式的影响,图 4.6.3 将大数逻辑门输出的纠错信号反馈回伴随式计算电路。应将 $R(x)\equiv x^{n-1}$(模 $g(x)$),即 $g(x)$除 x^{n-1} 的余式加到伴随式,但经简化后,只需将大数逻辑门输出反馈到伴随式寄存器的输入端即可。

无论采用哪种译码电路,如果译码把监督数字也包括进去,译码结束后,大数逻辑门的全部输入(即伴随式)都为 0,否则检出了不可纠的错误图样。

应该指出,大数逻辑译码法只对某些循环码是可行的。对一个(n,k)循环码,若能构造

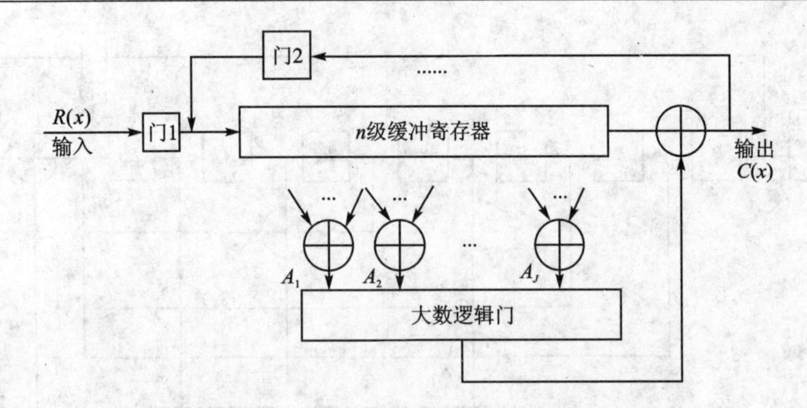

图 4.6.4 (n,k)循环码第 2 类大数逻辑译码器

J.个对最高阶位(其他亦可)正交的正交监督和式,则使用大数逻辑译码法能纠$\leqslant\left[\frac{J}{2}\right]$个错误的任何错误图样。对最小距离为 $d_{\min}$ 的循环码,仅当$\frac{J}{2}$等于或接近于该码的纠错能力$\left[\frac{d_{\min}-1}{2}\right]$(换言之,$J$ 应等于或接近于 $d_{\min}-1$)时,采用一步大数逻辑译码法才是有效的,否则将损失很大部分的纠错能力。

定义 4.6.3 当且仅当能构成 $J=d_{\min}-1$ 个正交于某一位的一致监督和式时,最小距离为 $d_{\min}$的循环码才称为一步完备正交码。

下面介绍两种可实现一步完备正交的循环码,并说明这两种码的 J 个正交监督和式的构造方法。

4.6.2 最大长度码

设 $x^n+1=g(x)\cdot P(x)$,其中 $P(x)$是一个 m 次本原多项式,而 $g(x)$是$(n-m)$次多项式。以 $g(x)=x^n+1/P(x)$为生成多项式,则生成一个(n,m)循环码。该码包含一个全 0 码字和 2^m-1 个重量为的 2^{m-1}码字,且具有下列参数的极长码:

码长　　　$n=2^m-1$

信息位数　　$k=m$

最小距离　　$d_{\min}=2^{m-1}$

该码共有 2^m 个码字,是一个完备正交码。

证明 根据完备正交码的定义,只要证明能构造的正交监督和式数 $J=d_{\min}-1=2^{m-1}-1$ 即可。

对由 $g(x)$生成的(n,m)循环码来说,$P(x)$为监督多项式,令

$$P'(x)=x^mP(x^{-1})$$

$P'(x)$也是一个 m 次本原多项式，称为 $P(x)$的反多项式。因此，以 $P'(x)$为生成多项式，则生成一个$(n,n-m)$循环码，它是由 $g(x)$生成的(n,m)循环码的对偶码。由于对偶码的码字空间和原码的码字空间互为零化空间，因此对偶码的码多项式都是原码的监督多项式，即监督和式。

我们知道，以 m 次本原多项式 $P'(x)$为生成多项式所生成的$(n,n-m)$循环码，是最小距离为 3，并能纠一个错误的汉明码。因此，必包含码字重量为 3 的码字。设

$$W(x) = x^{n-1} + x^j + x^i \qquad 0 \leqslant i < j < n-1$$

是一个由 $P'(x)$生成的含最高阶项 x^{n-1}且重量为 3 的码多项式，任何两个这样的码多项式，除 x^{n-1}项外，不能再有相同的项，否则这两个码多项式之和（也应是一个码多项式）便只有两项，即是一个重量为 2 的码字，这对最小距离为 3 的汉明码来说，当然是不可能的。所以，由 $P'(x)$生成的、含 x^{n-1}项重量为 3 的码多项式对由 $g(x)$生成的码来说是一组正交于 x^{n-1}的正交监督和式组。

为了求得(n,m)循环码的正交和式 $W(x)$，可从多项式 $x^{n-1}+x^j$ 来确定 x^i，以使 $x^{n-1}+x^j+x^i$ 能被 $P'(x)$整除（这样确定的多项式就是 $P'(x)$生成的码多项式），式中取 $0 \leqslant j < n-1$ 的全部整数。采用多项式长除法，用 $P'(x)$去除 $x^{n-1}+x^j$，直到余式为单项式为止，即得 x^i。$x^{n-1}+x^j+x^i$ 则为所求的正交监督和式 $W(x)$。由于对 $0 \leqslant j < n-1$ 的任一整数 j 都可找到一个对应的 x^i，一共可找出 $n-1$ 个 x^i。但包含有 $x^{n-1}+x^i$ 除以 $P'(x)$，余式为 x^j，所以在所找出的 $n-1$ 个多项式中，必有一半和另一半是相同的。因此这种正交于码元位 x^{n-1}重量为 3 的监督和式数为

$$\frac{n-1}{2} = \frac{2^m-1-1}{2} = 2^{m-1}-1$$

所以，由 $g(x)$生成的(n,m)循环码是一步完备正交码。

例 4.9　求 $m=4$ 的一步完备正交最大长度码的正交监督和式。

解　$m=4$ 的最大长度码具有下列参数：

码长　　　　$n=2^4-1=15$

信息位数　　$k=m=4$

码的最小距离　$d_{\min}=2^{m-1}=8$

码的体积　　$2^k=2^m=16$

该码的正交监督和式求法可由查表得到 4 次本原多项式为

$$P(x) = x^4 + x + 1$$

把 $P(x)$作为所求码的监督多项式，那么码的生成多项式则为

$$g(x) = \frac{x^{15}-1}{x^4+x+1} = x^{11}+x^8+x^7+x^5+x^3+x^2+x+1$$

由 $g(x)$生成的(15,4)循环码是一个最大长度一步完备正交码。它的 $J=d_{\min}-1=7$ 个正

交监督和式求法如下：

监督多项式 $P(x)$ 的反多项式为

$$P'(x) = x^4 P(x^{-1}) = x^4 + x^3 + 1$$

将 $x^{14}+x^{13}$ 除以 $P'(x)$，得单项余式 x^{10}，于是第一个正交于 x^{14} 码元位上的正交监督和式为

$$W_1(x) = x^{14} + x^{13} + x^{10}$$

用 $x^{14}+x^{12}$ 除以 $P'(x)$，得单项余式 x^6，则第二个正交监督和式为

$$W_2(x) = x^{14} + x^{12} + x^6$$

同样，可求出其他 5 个正交监督和式

$$W_3(x)=x^{14}+x^{11}+1,\quad W_4(x)=x^{14}+x^9+x^4,\quad W_5(x)=x^{14}+x^8+x$$

$$W_6(x)=x^{14}+x^7+x^5,\quad W_7(x)=x^{14}+x^3+x^2$$

正交监督和式是正交监督矩阵的行，根据式(4.6.8)，由所求得的正交监督和式，容易画出(15,4)一步完备正交码的第 2 类大数逻辑译码电路(略)。

如果要构造第 1 类大数逻辑译码电路，需求出正交伴随式分量和一般伴随式的关系。由于每个正交监督和式就是正交监督矩阵的一行，而正交监督矩阵的行在监督位上的"1"表示了由 H 变换到 H_0 的线性运算关系，比如 $W_1(x)$ 代表了 H_0 的第一行，在监督位上只有 x^{10} 项，表示 H_0 的第一行是由 H 的第 10 行构成；又如 $W_4(x)$ 在监督位上有 x^9 和 x^4 两项，表示 H_0 的第 4 行是 H 的第 9 行与第 4 行之和。这种由 H 变换到 H_0 的线性运算关系和由 S 变换到 S_0 的线性运算关系是完全对应的。因此由正交和式所表示的关系，可以得到正交伴随式分量与一般伴随式分量的关系为

$$S_{01} = S_{10},\quad S_{02} = S_6,\quad S_{03} = S_0,\quad S_{04} = S_0 + S_4$$

$$S_{05} = S_8 + S_1,\quad S_{06} = S_7 + S_5,\quad S_{07} = S_3 + S_2$$

由上述关系，可画出(15,4)一步完备正交极长码的第 1 类大数逻辑译码电路(略)。

4.6.3 差集码

差集码是另一种一步完备正交码，因而是能够采用一步大数逻辑译码法译码的一小类循环码。为了说明差集码，先引入完备差集的概念。

令 $P=\{l_0, l_1, l_2, \cdots, l_q\}$ 是一个 $(q+1)$ 个非负整数的集合，并具有下列关系

$$0 \leqslant l_0 < l_1 < \cdots < l_q \leqslant q(q+1)$$

由此非负整数集合可构成 $q(q+1)$ 个有序差(因为其中每一个数可以与其他 q 个数分别取差，共 $q+1$ 个数)，用集合表示为

$$D = \{l_j - l_i \mid_{j \neq i}\}$$

其中 $l_j = l_0, l_1, \cdots, l_q$。每当 l_j 取一个值时，l_i 都分别取 $l_q, l_{q-1}, \cdots, l_1, l_0$，但 $l_i \neq l_j$。

显然，在集合 D 中，差的一半为正数，另一半为负数。

定义 4.6.4 由 $q+1$ 个非负整数组成的集合

$$P = \{l_0, l_1, l_2, \cdots, l_q\}, 且\ 0 \leqslant l_0 < l_1 < \cdots < l_q \leqslant q(q+1)$$

如果用集合中元素构成的有序差 $D=\{l_j - l_i|_{j \neq i}\}$，同时具有下列 3 个性质：

(1) D 中所有正差是不同的；

(2) D 中所有负差是不同的；

(3) 任意两个正差之和不等于 $q(q+1)+1$。

则称集合 P 为 q 阶完全单差集，或称 q 阶完备差集。

由定义显然可知，

$$P' = \{0, l_1 - l_0, l_2 - l_0, \cdots, l_q - l_0\}$$

也是一个完备差集。

例 4.10　考虑 $q=4$ 的差集 $P=\{0,2,7,8,11\}$ 可构成 $4\times5=20$ 个有序差是

$$D = \{2,7,8,11,5,6,9,1,4,3,-2,-7,-8,-11,-5,-6,-9,-1,-4,-3\}$$

显然 P 满足完备差集的 3 个性质，因此 P 是一个 4 阶完备差集。

辛格曾构成 $q=p^s$ 阶完备差集，其中 p 为素数，s 为任意正整数。特别重要的是 $q=2^s$ 阶的完备差集，是构成二元差集码的基础。

下面给出差集码的作法：

令 $P=\{0, l_1, l_2, \cdots, l_{2^s}\}$ 是一个 2^s 阶的完备单差集，定义下列多项式

$$z(x) = 1 + x^{l_1} + x^{l_2} + \cdots + x^{l_{2^s}}$$

称为差集阶多项式。

令 $n=2^s(2^s+1)+1$，$h(x)$ 是 $z(x)$ 和 x^n+1 的最大公因式，设其次数为 k，即

$$h(x) = \mathrm{GCD}\{z(x), x^n+1\} \stackrel{\text{def}}{=\!=\!=} 1 + h_1 x + h_2 x^2 + \cdots + h_{k-1}x^{k-1} + x^k$$

那么，以

$$g(x) = (x^n+1)/h(x) = 1 + g_1 x + g_2 x^2 + \cdots + x^{n-k}$$

为生成多项式所生成的 (n,k) 循环码，称为差集码。差集码具有下列参数：

码长　$n=2^s(2^s+1)+1=2^{2s}+2^s+1$

一致监督位数　$n-k=3^s+1$

最小距离　$d_{\min}=2^s+2$

例 4.11　由 $q=2^2$ 阶完备单差集 $P=\{0,2,7,8,11\}$，做一个差集码。

差集 P 的差集阶多项式为

$$z(x) = x^{11} + x^8 + x^7 + x^2 + 1$$

监督多项式 $h(x)$ 是 $z(x)$ 和 x^n+1 的最大公因式，其中 $n=q(q+1)+1=2^2(2^2+1)+1=21$，则

$$h(x) = \mathrm{GCD}\{z(x), x^{21}+1\} = z(x) = x^{11} + x^8 + x^7 + x^2 + 1$$

差集码的生成多项式为

$$g(x) = (x^{21}+1)/h(x) = x^{10} + x^7 + x^6 + x^4 + x^2 + 1$$

由$\partial^0 g(x)=n-k=10$得到$k=11$。由$g(x)$所生成的(21,11)循环码是一个差集码，最小距离$d_{\min}=2^2+2=6$。

下面证明差集码是一个完备正交码，因为它可以构成$J=d_{\min}-1=2^s+1$个正交监督和式。

证明 监督多项式的反多项式为$h'(x)=x^k h(x^{-1})$，以$h'(x)$为生成多项式所生成的$(n,n-k)$循环码是由$g(x)=(x^n+1)/h(x)$所生成的循环码的(n,k)对偶码。

$\partial^0 z(x)=l_{2^s}$，$z(x)$的反多项式为$z'(x)$，$z'(x)=x^{l_{2^s}}z(x^{-1})=x^{l_{2^s}}+x^{l_{2^s}-l_1}+\cdots+x^{l_{2^s}-l_{2^s-1}}+1$。

由于$z(x)$为$h(x)$的倍式，所以$z'(x)$必为$h'(x)$的倍式，因此为所生成的$(n,n-k)$循环码的码字。

由于由$g(x)$所生成的(n,k)循环码和由$h'(x)$所生成的$(n,n-k)$循环码互为对偶码，它们的码字空间互为零空间，所以由$h'(x)$生成的码多项式$z'(x)$是由$g(x)$生成的循环码的监督多项式，即监督和式。又因为

$$\partial^0 z'(x)=\partial^0 z(x)=l_{2^s}$$

令$W_0(x)=x^{n-1-l_{2^s}}\cdot z'(x)=x^{n-1}+x^{n-1-l_1}+\cdots+x^{n-1-l_{2^s}}$，可见，$W_0(x)$是一个$n-1$次多项式，当然也是$h'(x)$的倍式，也必定是$h'(x)$所生成的一个码多项式。

将$W_0(x)$进行循环移位，使非0项分别移到最高位$n-1$次上，即将$W_0(x)$循环移位次l_i，当$i=1,2,\cdots,2^s-1$时，得到2^s个由$W_0(x)$的不同循环移位的$n-1$次多项式。

将$W_0(x)$循环移位l_1次，得到$W_1(x)$

$$W_1(x)=x^{l_1}\cdot W_0(x)\qquad(\text{模 } x^n+1)$$

将$W_0(x)$循环移位l_2次，得到$W_2(x)$

依此类推得

$$W_2(x)=x^{l_2}\cdot W_0(x)\qquad(\text{模 } x^n+1)$$

$$W_i(x)=x^{l_i}\cdot W_0(x)\qquad(\text{模 } x^n+1)$$

$$\vdots$$

$$W_{2^s}(x)=x^{l_{2^s}}\cdot W_0(x)\qquad(\text{模 } x^n+1)$$

每相邻两次移位的移位次数等于差集中的一个差值。根据完全单差集的性质，差集中所有差都不相同，所以在$W_0(x),W_1(x),\cdots,W_{2^s}(x)$中，除$x^{n-1}$项外，没有任何共同的项，因此这些多项式是正交于$x^{n-1}$的$J(=2^s+1)$个正交多项式，也是由$g(x)$生成的$(n,k)$循环码的$J$个正交监督和式。因此该差集码是一个一步完备正交码，是可以采用一步大数逻辑译码法的循环码。

例 4.12 求2^2阶完备差集$P=\{0,2,7,8,11\}$确定的差集码的5个正交监督和式。

解 差集P的差集多项式为$z(x)=x^{11}+x^8+x^7+x^2+1$，而$z(x)$的反多项式为

$$z'(x)=x^{11}z(x^{-1})=x^{11}+x^9+x^4+x^3+1$$

$$W_0(x)=x^{n-1-l_{2^s}}\cdot z'(x)=x^{20}+x^{18}+x^{13}+x^{12}+x^9$$

将$W_0(x)$分别循环移位2,7,8,11次，得到

$$W_1(x)=x^{20}+x^{15}+x^{14}+x^{11}+x,\quad W_2(x)=x^{20}+x^{19}+x^{16}+x^6+x^4$$

$$W_3(x)=x^{20}+x^{17}+x^7+x^5+1,\quad W_4(x)=x^{20}+x^{10}+x^8+x^3+x^2$$

根据 $W_0(x),W_1(x),\cdots,W_4(x)$ 组成的正交监督矩阵和式(4.6.8),可画出第 2 类大数逻辑译码电路(略)。

也可根据 $W_0(x),W_1(x),\cdots,W_4(x)$ 构成 5 个正交伴随式分量

$$S_{00}=S_0,\ S_{01}=S_1,\ S_{02}=S_6+S_4$$

$$S_{03}=S_7+S_5+S_0,\ S_{04}=S_8+S_3+S_2$$

由 $S_{00},S_{01},\cdots,S_{04}$ 可构成第 1 类一步大数逻辑译码电路(略)。

以上是应用大数逻辑译码法对一步正交线性循环码进行译码。可将对某一码元位构造正交监督和式推广为对 m 个码元位构造正交监督和式,即可按一步大数逻辑译码法译出 m 个码元位上的错误和,把这种方法用 L 次,如能正确译出一个码元,这种码称为 L 步大数逻辑可译码,亦称 L 步大数逻辑译码法。从实用上说,一般只用一步或两步大数逻辑可译码。当步数增加时,译码器的复杂性也迅速增加,因而多步大数逻辑译码实用上受到限制,这里就不再讨论了。

习　题

4.1　已知(7,4)循环码的全部码字为

0 0 0 0 0 0 0	1 0 0 0 1 0 1
0 0 0 1 0 1 1	1 0 0 1 1 1 0
0 0 1 0 1 1 0	1 0 1 0 0 1 1
0 0 1 1 1 0 1	1 0 1 1 1 0 0
0 1 0 0 1 1 1	1 1 0 0 0 1 0
0 1 0 1 1 0 0	1 1 0 1 0 0 1
0 1 1 0 0 0 1	1 1 1 0 1 0 0
0 1 1 1 0 1 0	1 1 1 1 1 1 1

(1) 试写出该循环码的生成多项式 $g(x)$ 和生成矩阵 $\boldsymbol{G}$。

(2) 写出一致监督矩阵 $\boldsymbol{H}$。

4.2　证明 $x^{10}+x^8+x^5+x^4+x^2+x+1$ 为(15,5)循环码的生成多项式,并求

(1) 该码的一致检验多项式 $h(x)$。

(2) 信息多项式 $m(x)=x^4+x^2+1$ 的系统码多项式。

(3) 该码的生成矩阵和一致监督矩阵。

(4) 构造该码的 k 级编码器。

4.3　设(15,7)循环码由 $g(x)=x^8+x^7+x^6+x^4+1$ 生成,试问 $R(x)=x^{14}+x^5+x+1$ 是码多项式吗?若不是,求出 $R(x)$ 的伴随式。

4.4 令 n 为多项式 $g(x)$ 能整除 x^n+1 的最小整数，证明由 $g(x)$ 生成的二元循环码的最小距离为 3。

4.5 在由 $g(x)$ 生成的 (n,k) 循环码中，若 n 为奇数，且 $x+1$ 不是 $g(x)$ 的因式，试证含有一个全 1 的码字；若 $x+1$ 是 $g(x)$ 的因式，证明全 1 矢量不是码字，但若 n 为偶数，则全 1 矢量是一个码字。

4.6 设计由(31,26)循环汉明码，缩短为(20,15)码的译码器，其中伴随式计算电路不需要附加移位。

4.7 证明在循环码第 2 类译码器中，纠错信号只要反馈回伴随式右端就可消除该错误对伴随式的影响。

4.8 设在 BSC 中，信道转移概率 $P=10^{-2}$，应用(15,7)循环码进行检错，计算该码的不可检错概率 $P_u(E)$。

4.9 对由生成多项式

$$g(x)=x^{10}+x^8+x^5+x^4+x^2+x^1+1$$

生成的(15,5)循环码，纠错能力 $t=3$。若用简单捕错译码法译码：

(1) 证明所有两个错误都能捕获；

(2) 试问有多少种 3 个错误的错误图样不能被捕获？

(3) 给出该码的简单捕错译码器。

4.10 对(23,12)戈莱码，若用简单捕错译码：

(a) 给出简单捕错译码电路；

(b) 不能捕获的 2 个错误的错误图样有多少？

(c) 不能捕获的 3 个错误的错误图样有多少？

4.11 证明纠两个错误的(15,7)BCH 码是一个一步完全可正交码。

4.12 考虑(31,5)极长码，它的一致监督多项式是：$P(x)=x^5+x^2+1$，求正交于数据位 x^{30} 全部正交和式，作出该码的第 1 类和第 2 类大数逻辑译码器。

4.13 $P=\{0,2,3\}$是一个完全单差集，由此差集构造一个差集码。

(1) 求出该码的码长；

(2) 确定它的生成多项式；

(3) 求出正交于数据位 x^{n-1} 的全部正交和式；

(4) 构造该码的第 1 类大数逻辑译码器。

第5章 BCH码和RS码

霍昆格姆(Hocgenhem)于1959年,博斯(Bose)及查德胡里(Chaudhurt)于1960年分别提出的纠正多个随机错误的循环码,称为BCH码。这是一类纠错能力强,构造方便的好码。1960年彼得森(Pelerson)找到了二元BCH码的第一个有效算法,后经多人的推广和改进,于1967年由伯利坎普(Berlekamp)提出了BCH码译码的迭代算法,从而将BCH码由理论研究推向实际应用阶段,使它成为应用广泛而有效的一类线性码。

本章先讨论二元BCH码,然后推广到多元BCH码。对多元BCH码,主要介绍应用广泛的Reed-Solomon码(RS码)。无论是二元还是多元BCH码,其中心问题仍然是编码和译码。

5.1 BCH码的定义及其距离限

5.1.1 BCH码的定义

BCH码是纠正多个随机错误的循环码,可以用生成多项式$g(x)$的根描述。下面给出二元BCH码的定义。

定义5.1.1 设α为$GF(2^m)$的本原元,t为正整数,$g(x)$是以$GF(2^m)$中$d-1$个相邻元素$a,a^2,a^3,\cdots,a^{d-1}$(其中$d=2t+1$)为根的最低次二元多项式,则以$g(x)$为生成多项式的循环码,称为二元本原BCH码;否则,称为非本原BCH码。

定义5.1.1表明,要构造一个码距为d的二元BCH码,则要求生成多项式$g(x)$以$GF(2^m)$中相邻元素$a,a^2,\cdots,a^{d-1}$为根。然而$GF(2^m)$中每个元素的最小多项式就是以该元素为根的最低次多项式。生成多项式$g(x)$要以这些元素为根,则$g(x)$必以这些元素的最小多项式为因式。也就是说,$g(x)$应是$a,a^2,\cdots,a^{d-1}$的最小多项式的最小公倍式,即

$$g(x)=\mathrm{LCM}[m_1(x),m_2(x),\cdots,m_{2t}(x)] \tag{5.1.1}$$

式(5.1.1)中$m_j(x)$是a^j的最小多项式,$t=(d-1)/2$是码的纠错能力,因为a^{2i}的最小多项式$m_{2i}(x)$与c^i的最小多项式$m_i(x)$相同,下标项为偶数可以取消,所以,纠$t=(d-1)/2$个错误的二元BCH码的生成多项式为

$$g(x)=\mathrm{LCM}[m_1(x),m_3(x),\cdots,m_{2t-1}(x)] \tag{5.1.2}$$

定义5.1.1可推广到有限域$GF(q^m)$中,其中q为某一素数的任一次幂,这时码元符号取自于域$GF(q^m)$,所得到的是q进制BCH码,又称为多元BCH码。后面将要介绍的RS码就

是一种多元 BCH 码。

5.1.2 BCH 码的距离限

一个码的纠错能力,完全由它的最小汉明距离决定,而 BCH 码的最小距离则完全由 $g(x)$ 的根决定,正是由于 BCH 码的根与最小距离有密切关系,因此,研究这些关系具有很大的实际意义。

定理 5.1.1 本原 BCH 码的最小距离 $d_{\min} \geqslant d$($d-1$ 是 $g(x)$ 相邻根的个数)。

证明 设 $C(x)$ 为由 $g(x)$ 生成的 BCH 码的任意码多项式

$$C(x) = C_{n-1}x^{n-1} + C_{n-2}x^{n-2} + \cdots + C_0 = \sum_{i=0}^{n-1} C_i x^i$$

由于 $\alpha^j(j=1,2,\cdots,d-1)$ 是 $g(x)$ 的根,而 $C(x)$ 是 $g(x)$ 的倍式,则

$$C(\alpha^j) = \sum_{i=0}^{n-1} C_i \alpha^{ij} = 0 \qquad j = 1,2,\cdots,d-1$$

上式可以写成矩阵形式 $\boldsymbol{HC}^{\mathrm{T}} = \boldsymbol{0}^{\mathrm{T}}$,其中 $\boldsymbol{H}$ 矩阵为

$$\boldsymbol{H} = [\alpha^{ij}]\begin{pmatrix} i = n-1, n-2, \cdots, 0 \\ j = 1,2,\cdots,d-1 \end{pmatrix} \text{或} \boldsymbol{H} = \begin{bmatrix} \alpha^{n-1} & \alpha^{n-2} & \cdots & \alpha & 1 \\ (\alpha^2)^{n-1} & (\alpha^2)^{n-2} & \cdots & \alpha^2 & 1 \\ \vdots & \vdots & & \vdots & \vdots \\ (\alpha^{d-1})^{n-1} & (\alpha^{d-1})^{n-2} & \cdots & \alpha^{d-1} & 1 \end{bmatrix} \tag{5.1.3}$$

显然,$\boldsymbol{H}$ 为 $g(x)$ 生成的循环码的监督矩阵。其矩阵元素 α^{ij} 是 GF(2) 的扩域 GF(2^m) 中的元素。

要证明该码的最小距离 $d_{\min} \geqslant d$,只要证明 $\boldsymbol{H}$ 阵中的任意 $d-1$ 列均线性无关即可。为此从 $\boldsymbol{H}$ 阵中任选 $d-1$ 列构成以下行列式

$$D = \begin{vmatrix} (\alpha)^{j_1} & (\alpha)^{j_2} & \cdots & (\alpha)^{j_{d-1}} \\ (\alpha^2)^{j_1} & (\alpha^2)^{j_2} & \cdots & (\alpha^2)^{j_{d-1}} \\ \vdots & \vdots & & \vdots \\ (\alpha^{d-1})^{j_1} & (\alpha^{d-1})^{j_2} & \cdots & (\alpha^{d-1})^{j_{d-1}} \end{vmatrix} \tag{5.1.4}$$

其中,$j_1 < j_2 < \cdots < j_{d-1}$。

只要行列式的值 $D \neq 0$,就表明由该 $d-1$ 列构成的子矩阵的秩为 $d-1$,也就是 $\boldsymbol{H}$ 阵中任意 $d-1$ 列线性无关。

现将式(5.1.4)中每一列的公因子提出行列式,则

$$D = \alpha^{(j_1+j_2+\cdots+j_{d-1})}\Delta$$

其中

$$\Delta = \begin{vmatrix} 1 & 1 & \cdots & 1 \\ x_1 & x_2 & \cdots & x_s \\ x_1^2 & x_2^2 & \cdots & x_s^2 \\ \vdots & \vdots & & \vdots \\ x_1^{s-1} & x_2^{s-1} & \cdots & x_s^{s-1} \end{vmatrix} \tag{5.1.5}$$

式中 $x_i=\alpha^{j_1}, x_2=\alpha^{j_2}, \cdots, x_s=\alpha^{j_d-1}$。式(5.1.5)为著名的范得蒙行列式，它可分解为若干线性因式的积，即

$$\Delta = \prod_{i>k}^{s}\prod_{k=1}^{s-1}(x_i-x_k) = \prod_{i=2}^{s}(x_i-x_1)\prod_{i=3}^{s}(x_i-x^2)\cdots\prod_{i=s}^{s}(x_i-x_{s-1}) \tag{5.1.6}$$

由式(5.1.6)可知，Δ 的次数为 $(s-1)+(s-2)+\cdots+1$。

对式(5.1.4)的正确性证明如下：

若行列式两列相等，即 $x_i=x_k$，则行列式为 0，所以该行列式一定含有 (x_i-x_k) 的因式，而且对一切 i 和 k 都成立。因而式(5.1.5)一定含有式(5.1.6)的全部因式，即式(5.1.5)一定能被式(5.1.6)整除。

式(5.1.5)和式(5.1.6)的次数相等，都等于 $(s-1)+(s-2)+\cdots+1$。因此两式除常系数外，两个多项式必定可以相互整除。

为了确定式(5.1.5)的常系数因子，可任取一项比较系数，例如比较行列式主对角线上元素的乘积，得到 $x_2\cdot x_3^2\cdots x_s^{s-1}$，而式(5.1.6)中有同一项，所以常系数因子为 1。所以，式(5.1.5)展开成式(5.1.6)是正确的。

由于 $\alpha^{j_i}(i=1,2,\cdots,d-1)$ 是 **GF**(2^m) 中 $d-1$ 个非 0 元素，它们互不相同，所以行列式一定不等于 0。这就证明了式(5.1.3)所表示的监督矩阵的任意 $d-1$ 列线性无关。因此，以相邻元素 $\alpha,\alpha^2,\cdots,\alpha^{d-1}$ 为根的生成多项式 $g(x)$ 所生成的二元 BCH 码的最小距离 $d_{\min}\geqslant d$。

5.2　二元 BCH 码的参数和作法

5.2.1　二元 BCH 码的参数

对任一给定的正整数 m 和 $t(t<2^{m-1})$，存在一个具有下列参数的二元 BCH 码：

码长　　　　$n\leqslant 2^m-1$

监督位数　　$n-k\leqslant mt$

最小距离　　$d_{\min}\geqslant 2t+1$

$d=2t+1$ 称为码的设计距离，它是所构造的码要达到的距离。

可见，其中 m 是 $g(x)$ 根域 GF(2^m) 的本原多项式的次数，t 为所设计的 BCH 码的纠错能力，该码能纠正 t 个或者少于 t 个错误的任意组合。

下面对二元 BCH 码的参数作简要说明。

1. BCH 码的码长

由 GF(2^m)的性质可知，$x^n+1(n=2^m-1)$以 GF(2^m)的全部非 0 元素为根，所以

$$m_j(x) \mid (x^n+1) \qquad j=1,2,\cdots,n$$

然而 $g(x)=\text{LCM}[m_1,(x),m_3(x),\cdots,m_{2t-1}(x)]$，因此

$$g(x) \mid (x^n+1)$$

若 $\alpha^j(j=1,2,\cdots,2t)$中含有本原元素，则 $n=2^m-1$。

这种在生成多项式 $g(x)$的根中含有本原元素的 BCH 码，码长取得最大值 2^m-1，称为本原 BCH 码。

若在 $g(x)$的 $2t$ 个根中不含有本原元素时，$g(x)|(x^{n'}+1)$，其中 $n'<n$，并且 n'是 n 的因子。其码长等于 n'而小于 n，称这种码长$<2^m-1$ 的 BCH 码为非本原 BCH 码。可以证明，非本原 BCH 码的码长为 $2t$ 个根元素的阶的最小公倍数。

2. 纠 t 个错误的 *BCH* 码的监督位数

纠 t 个错误的 BCH 码的 $g(x)$含有 t 个最小多项式，而每个最小多项式的次数都$\leqslant m$，所以$\partial^0 g(x)\leqslant mt$，因此监督元位数$\leqslant mt$。

3. BCH 码的实际距离

BCH 码的设计距离 d 和 $g(x)$有确定的关系，它是由 $g(x)$的相邻根的个数决定的，即设计距离 d 等于相邻根的个数加 1。因而，设计距离 d 是构造 BCH 码生成多项式的依据。

BCH 码的实际最小距离 $d_{\min}\geqslant$设计距离 d。

例如，设 α 为 GF(2^5)的本原元，$m_1=x^5+x^2+1$ 是 α 的最小多项式，则由 $g(x)=m_1(x)$生成本原 BCH 码。$g(x)$的全部根为 $\alpha,\alpha^2,\alpha^4,\alpha^8,\alpha^{10}$，其中 α 和 α^2 是两个相邻根，所以 $d=3$，$t=1$。由第 4 章中知，以本原多项式为生成多项式的循环码是最小距离 $d_{\min}=3$ 的循环汉明码。因而该码的实际最小距离与设计距离相等。

又如，(23,12)戈莱码是一个典型的非本原 BCH 码，码长 $n<2^m-1$，其生成多项式为

$$g_1(x)=x^{11}+x^9+x^7+x^6+x^5+x+1$$
$$g_2(x)=x^{11}+x^{10}+x^6+x^5+x^4+x^2+1$$

$g_1(x)$和 $g_2(x)$都是 $x^{22}+1$ 的因式。它们的根为 $\alpha,\alpha^2,\alpha^3,\alpha^4,\alpha^6,\alpha^8,\alpha^9,\alpha^{12},\alpha^{13},\alpha^{16},\alpha^{18}$。其中 $\alpha,\alpha^2,\alpha^3,\alpha^4$ 是 4 个相邻根，设计距离 $d=5$，而该码的实际最小距离为 7，可纠 3 个随机错误。戈莱码是实际最小距离大于设计距离的例子。

5.2.2 二元 BCH 码的作法

当给定码长 n 和纠错能力 t 时，能直接确定一个二元 BCH 码。

例 5.1 $m=3,t=1$，则 $d-1=2t=2$，生成多项式 $g(x)$应以 α,α^2 为相邻根，在 GF(2^3)扩域中，以 α 为根的最小多项式 $m_1(x)$，由最小多项式性质可知 $m_1(x)$的共轭根系为 α,α^2,α^4，所

以,$m_1(x)=(x-\alpha)(x-\alpha^2)(x-\alpha^4)=x^3+x+1$,$g(x)=m_1(x)=x^3+x+1$,则码长为 $n=2^3-1=7$;信息位数为 $k=4$,$n-k=3$。因此,该码是(7,4)循环汉明码。

例 5.2　给定 $m=5$,$t=2$,则 $d-1=2t=4$,$g(x)$应以 $\alpha,\alpha^2,\alpha^3,\alpha^4$ 为邻根,所以

$$g(x)=\mathrm{LCM}[m_1(x),m_3(x)]$$

$$m_1(x)=x^5+x^2+1(\text{五次本原多项式})$$

可以用最小多项式的概念求 $m_3(x)$。$m_3(x)$以 $\beta=\alpha^3$ 为根,还以 $\beta^2=\alpha^6$,$\beta^4=\alpha^{12}$,$\beta^8=\alpha^{24}$,$\beta^{2^{m-1}}=\beta^{16}=\alpha^{17}$为根,所以

$$m_3(x)=(x-\alpha^3)(x-\alpha^6)(x-\alpha^{12})(x-\alpha^{17})(x-\alpha^{24})$$

下面给出求 $m_3(x)$的另一种方法。元素 α^3 的阶为

$$\alpha^3,(\alpha^3)^2=\alpha^6,(\alpha^3)^4=\alpha^{12},(\alpha^3)^8=\alpha^{24},(\alpha^3)^{16}=\alpha^{48}=\alpha^{17},(\alpha^3)^{32}=\alpha^{64}=\alpha^3$$

$$n_3=\frac{2^m-1}{(j,2^m-1)}=\frac{31}{(3,31)}=31$$

所以,$(\alpha^3)^{31}=1$。$m_3(x)$的根有

$$\alpha^3,(\alpha^3)^2=\alpha^6,(\alpha^3)^4=\alpha^{12},(\alpha^3)^8=\alpha^{24},(\alpha^3)^{16}=\alpha^{48}=\alpha^{17},(\alpha^3)^{32}=\alpha^3$$

因而 $m_3(x)$有 5 个不同的根 $\alpha^3,\alpha^6,\alpha^{12},\alpha^{17},\alpha^{24}$,则

$$m_3(x)=(x-\alpha^3)(x-\alpha^6)(x-\alpha^{12})(x-\alpha^{17})(x-\alpha^{24})$$

为了将 $m_3(x)$化简为一个 5 次多项式,利用本原多项式 $m_1(x)=x^5+x^2+1$ 作出 GF(2^5)元素映射表(见表 5.2.1),表中 $m_1(x)=x^5+x^2+1=0$,即 $\alpha^5=\alpha^2+1$。

表 5.2.1　GF(2^5)元素映射表

0	$\alpha^{16}=\alpha^4+\alpha^3+\alpha+1$
1	$\alpha^{17}=\alpha^4+\alpha+1$
α	$\alpha^{18}=\alpha+1$
α^2	$\alpha^{19}=\alpha^2+\alpha$
α^3	$\alpha^{20}=\alpha^3+\alpha^2$
α^4	$\alpha^{21}=\alpha^4+\alpha^3$
$\alpha^5=\alpha^2+1$	$\alpha^{22}=\alpha^4+\alpha^2+1$
$\alpha^6=\alpha^3+\alpha$	$\alpha^{23}=\alpha^4+\alpha^2+\alpha+1$
$\alpha^7=\alpha^4+\alpha^2$	$\alpha^{24}=\alpha^4+\alpha^3+\alpha^2+\alpha$
$\alpha^8=\alpha^3+\alpha^2+1$	$\alpha^{25}=\alpha^4+\alpha^3+1$
$\alpha^9=\alpha^4+\alpha^3+\alpha$	$\alpha^{26}=\alpha^4+\alpha^2+\alpha+1$
$\alpha^{10}=\alpha^4+1$	$\alpha^{27}=\alpha^3+\alpha+1$
$\alpha^{11}=\alpha^2+\alpha+1$	$\alpha^{28}=\alpha^4+\alpha^2+\alpha$
$\alpha^{12}=\alpha^3+\alpha^2+\alpha$	$\alpha^{29}=\alpha^3+1$

续表 5.2.1

$\alpha^{13}=\alpha^4+\alpha^3+\alpha^2$	$\alpha^{30}=\alpha^4+\alpha$
$\alpha^{14}=\alpha^4+\alpha^3+\alpha^2+1$	$\alpha^{31}=1$
$\alpha^{15}=\alpha^4+\alpha^3+\alpha^2+\alpha+1$	—

利用表 5.2.1 可将 $m_3(x)$化简为多项式的形式,但化简过程较烦,这里采用待定系数法:设 $m_3(x)=a_5x^5+a_4x^4+a_3x^3+a_2x^2+a_1x+a_0$,已知 α^3 为根,则有 $m_3(\alpha^3)=a_5(\alpha^3)^5+a_4(\alpha^3)^4+a_3(\alpha^3)^3+a_2(\alpha^3)^2+a_1(\alpha^3)+a_0$,即 $a_5\alpha^{15}+a_4\alpha^{12}+a_3\alpha^9+a_2\alpha^6+a_1\alpha^3+a_0=0$。

由表 5.2.1 查得 $\alpha^{15},\alpha^{12},\alpha^9,\alpha^6,\alpha^3$ 对应的多项式形式,并分别用列向量表示,代入上式得

$$a_5\begin{bmatrix}1\\1\\1\\1\\1\end{bmatrix}+a_4\begin{bmatrix}0\\1\\1\\1\\0\end{bmatrix}+a_3\begin{bmatrix}1\\1\\0\\1\\0\end{bmatrix}+a_2\begin{bmatrix}0\\1\\0\\1\\0\end{bmatrix}+a_1\begin{bmatrix}0\\1\\0\\0\\0\end{bmatrix}+a_0\begin{bmatrix}0\\0\\0\\0\\1\end{bmatrix}=\begin{bmatrix}0\\0\\0\\0\\0\end{bmatrix}$$

即

$$\begin{aligned}&a_5+a_3=0\\&a_5+a_4+a_3+a_2+a_1=0\\&a_5+a_4=0\\&a_5+a_4+a_3+a_2=0\\&a_5+a_0=0\end{aligned}$$

解上面的联立方程,并考虑到 $a_5=1$,得到

$$a_5=a_4=a_3=a_2=a_0=1,a_1=0$$

则

$$m_3(x)=x^5+x^4+x^3+x^2+1$$

所以

$$g(x)=m_1(x)\cdot m_3(x)=(x^5+x^2+1)(x^5+x^4+x^3+x^2+1)=x^{10}+x^9+x^8+x^5+x^3+1$$

求 BCH 码的生成多项式是一件烦琐的工作,已有现成的表格可供查用。表 5.2.2 列出了部分 m 次本原多项式 $P(x)$。表 5.2.3 和表 5.2.4 分别列出了本原和非本原 BCH 码的参数和生成多项式。表 5.2.3 和表 5.2.4 中括号内的数字表示多项式变量 x 的指数。括号中的数字表示多项式变量 x 的指数。

例如 $g(x)=(5,2,0)$表示 $g_1(x)=x^5+x^2+1$;

$g_3(x)=g_1(x)(5,4,3,2,0)$表示 $g_3(x)=(x^5+x^2+1)(x^5+x^4+x^3+x^2+1)$,等等。

表 5.2.2　m 次本原多项式 $P(x)$

m	本原多项式 $P(x)$	m	本原多项式 $P(x)$
3	x^3+x+1	14	$x^{14}+x^{10}+x^8+x+1$
4	x^4+x+1	15	$x^{15}+x+1$
5	x^5+x^2+1	16	$x^{16}+x^{12}+x^3+x+1$
6	x^6+x+1	17	$x^{17}+x^8+1$
7	x^7+x^3+1	18	$x^{18}+x^7+1$
8	$x^8+x^4+x^3+x^2+1$	19	$x^{19}+x^5+x^2+x+1$
9	x^9+x^4+1	20	$x^{20}+x^3+1$
10	$x^{10}+x^3+1$	21	$x^{21}+x^2+1$
11	$x^{11}+x^2+1$	22	$x^{22}+x+1$
12	$x^{12}+x^8+x^4+x+1$	23	$x^{23}+x^6+1$
13	$x^{13}+x^4+x^3+x+1$	24	$x^{24}+x^4+x^3+x+1$

表 5.2.3　$n\leqslant 255$ 的二进制本原 BCH 码

表中，d 右上角有 * 者，表示该码的实际距离可能超过表中给出的 d 值。右上角有 * 者，表示该码若增加一个全校验位，可变成扩展本原 BCH 码，此时码组增加 1，b 表示纠突发错误的能力，z 表示纠突发错误的效率。

n	k	d	生成多项式 $g(x)$	b	$z=\frac{2b}{n-k}$
7	4	3	$g_1(x)=(3,1,0)$	1	0.67
	1	7	$g_2(x)=g_1(x)(3,2,0)$	3	1.00
15	11	3	$g_1(x)=(4,1,0)$	1*	0.50
	7	5	$g_3(x)=g_1(x)(4,3,2,1,0)$	4	1.00
	5	7	$g_5(x)=g_3(x)(2,1,0)$	5	1.00
	1	15	$g_7(x)=g_5(x)(4,3,0)$	7	1.00
31	26	3	$g_1(x)=(5,2,0)$	1*	0.40
	21	5	$g_3(x)=g_1(x)(5,4,3,2,0)$	4*	0.80
	16	7	$g_5(x)=g_3(x)(5,3,2,1,0)$	7	0.93
	11	11	$g_7(x)=g_5(x)(5,4,3,1,0)$	10*	0.95
	6	15	$g_{11}(x)=g_7(x)(5,4,3,1,0)$	12*	0.95
	1	31	$g_{15}(x)=g_{11}(x)(5,3,0)$	15	1.00

续表 5.2.3

n	k	d	生成多项式 $g(x)$	b	$z=\frac{2b}{n-k}$
63	57	3	$g_1(x)=(6,1,0)$	1*	0.33
	51	5	$g_7(x)g_1(x)(6,4,2,1,0)$	4*	0.67
	45	7	$g_5(x)=g_3(x)(6,5,2,1,0)$	5	0.56
	39	9	$g_7(x)=g_5(x)(6,3,0)$	11	0.92
	36	11	$g_9(x)=g_7(x)(3,2,0)$	12*	0.89
	30	13	$g_{11}(x)=g_0(x)(6,5,3,2,0)$	15	0.91
	24	15	$g_{13}(x)=g_{11}(x)(6,4,3,1,0)$	10*	0.87
	18	21	$g_{15}(x)=g_{13}(x)(6,5,4,3,2,0)$	21*	0.93
	16	23	$g_{21}(x)=g_{15}(x)(2,1,0)$	22	0.93
	10	27	$g_{22}(x)=g_{21}(x)(6,5,4,1,0)$	25*	0.94
	7	31	$g_{27}(x)=g_{23}(x)(3,1,0)$	28	1.00
	1	63	$g_{31}(x)=g_{27}(x)(6,5,0)$	31	1.00
127	120	3	$g_1(x)=(7,3,0)$	1*	0.29
	113	5	$g_3(x)=g_1(x)(7,3,2,1,0)$	4*	0.57
	106	7	$g_5(x)=g_3(x)(7,4,3,2,0)$	8*	0.76
	99	9	$g_7(x)=g_5(x)(7,6,5,4,2,1,0)$	12	0.86
	92	11	$g_9(x)=g_7(x)(7,5,4,3,2,1,0)$	10*	0.80
	85	13	$g_{11}(x)=g_0(x)(7,6,4,2,0)$	19	0.95
	78	15	$g_{13}(x)=g_{11}(x)(7,1,0)$	21	0.86
	71	19	$g_{15}(x)=g_{10}(x)(7,6,5,3,2,1,0)$	27	0.96
	64	21	$g_{19}(x)=g_{15}(x)(7,6,3,1,0)$	29*	0.92
	57	23	$g_{21}(x)=g_{10}(x)(7,6,5,2,0)$	34	0.97
	50	27*	$g_{23}(x)=g_{21}(x)(7,6,0)$	27*	0.93
	43	29	$g_{27}(x)=g_{23}(x)(7,6,4,1,0)$	40	0.95
	36	31	$g_{29}(x)=g_{27}(x)(7,5,3,1,0)$	45	0.90
	29	43*	$g_{31}(x)=g_{29}(x)(7,6,5,3,2,1,0)$	46*	0.92
	22	47	$g_{43}(x)=g_{31}(x)(7,5,2,1,0)$	52	0.99
	15	55	$g_{47}(x)=g_{43}(x)(7,5,4,3,0)$	55*	0.98
	8	63	$g_{55}(x)=g_{47}(x)(7,6,5,4,3,2,0)$	59*	0.99
	1	127	$g_{63}(x)=g_{55}(x)(7,4,0)$	63	1.00

续表 5.2.3

n	k	d	生成多项式 $g(x)$	b	$z=\frac{2b}{n-k}$
255	247	3	$g_1(x)=(8,4,3,2,0)$	1*	0.25
	239	5	$g_3(x)=g_1(8,6,5,4,2,1,0)$	5*	0.62
	231	7	$g_5(x)=g_3(x)(8,7,6,5,4,1,0)$	9*	0.75
	223	9	$g_7(x)=g_5(x)(8,6,5,3,0)$	11*	0.69
	215	11	$g_9(x)=g_7(x)(8,7,5,4,3,2,0)$	17	0.83
	207	13	$g_{11}(x)=g_9(x)(8,7,6,5,2,1,0)$	21*	0.87
	199	15	$g_{13}(x)=g_{11}(x)(8,5,3,1,0)$	26	0.93
	191	17	$g_{15}(x)=g_{13}(x)(8,7,6,4,2,1,0)$	27*	0.84
	187	19	$g_{17}(x)=g_{15}(x)(4,1,0)$	27*	0.80
	179	21*	$g_{19}(x)=g_{17}(x)(8,6,5,2,0)$	35*	0.92
	171	23	$g_{21}(x)=g_{19}(x)(8,7,3,1,0)$	39*	0.93
	163	25*	$g_{23}(x)=g_{21}(x)(8,6,5,1,0)$	43*	0.93
	155	27	$g_{25}(x)=g_{23}(x)(8,4,3,1,0)$	47	0.94
	147	29*	$g_{27}(x)=g_{25}(x)(8,5,4,,3,2,1,0)$	50	0.93
	139	31	$g_{29}(x)=g_{27}(x)(8,7,3,2,0)$	55*	0.95
	131	37*	$g_{31}(x)=g_{20}(x)(8,5,3,2,0)$	60*	0.97
	123	39*	$g_{37}(x)=g_{31}(x)(8,6,4,3,2,1,0)$	66	0.97
	115	43*	$g_{39}(x)=g_{37}(x)(8,7,6,5,4,3,0)$	68	0.97
	107	45*	$g_{43}(x)=g_{39}(x)(8,7,6,1,0)$	70*	0.95
	99	47	$g_{45}(x)=g_{43}(x)(8,5,4,3,0)$	75*	0.96
	91	51	$g_{47}(x)=g_{45}(x)(9,7,5,3,0)$	80*	0.98
	87	53	$g_{51}(x)=g_{17}(4,3,2,1,0)$	83	0.99
	79	55	$g_{53}(x)=g_{51}(x)(8,7,5,4,0)$	86*	0.98
	71	59*	$g_{55}(x)=g_{53}(x)(8,7,5,4,0)$	90	0.98
	63	61*	$g_{59}(x)=g_{55}(x)(8,6,3,2,0)$	93*	0.97
	55	63	$g_{61}(x)=g_{59}(x)(8,8,6,3,2,1,0)$	99	0.99
	47	85	$g_{68}(x)=g_{61}(x)(8.7,6,4,3,2,0)$	103	0.99
	45	87*	$g_{85}(x)=g_{66}(x)(2,1,0)$	104	0.99
	37	91*	$g_{87}(x)=g_{85}(x)(8,7,5,2,0)$	107*	0.9
	29	95	$g_{91}(x)=g_{87}(x)(8,7,6,5,4,2,0)$	111	0.9
	21	111	$g_{95}(x)=g_{91}(x)(8,7,4,3,2,1,0)$	116	0.9
	13	119	$g_{111}(x)=g_{95}(x)(8,6,5,4,3,1,0)$	120*	0.9
	9	127	$g_{119}(x)=g_{111}(x)(4,3,0)$		
	1	255	$g_{127}(x)=g_{119}(x)(8,6,5,4,0)$	127	1.00

表 5.2.4 某些非本原二元 BCH 码

n	k	d	生成多项式 $g(x)$
17	9	5	(8,7,6,4,2,1,0)
21	16	3	(3,2,0)(2,1,0)
	12	5	(6,4,2,1,0)(3,2,0)$=g_1(x)$
	6	7	$g_1(x)$(6,5,4,2,0)$=g_2(x)$
	4	9	$g_2(x)$(2,1,0)$=g_3(x)$
	3	12	$g_3(x)$(1,0)
	2	14	$g_2(x)$(1,0)(3,1,0)
23	12	7	(19,9,7,6,5,1,0)
25	5	5	(20,15,10,5,0)$=g_1(x)$
	4	10	$g_1(x)$(1,0)
27	9	3	(18,9,0)$=g_1(x)$
	7	6	$g_1(x)$(2,1,0)
	3	9	$g_1(x)$(6,3,0)$=g_2(x)$
	2	18	$g_2(x)$(1,0)
30	27	3	(12,10,9,8,7,3,2,1,0)$=g_1(x)$
	26	6	$g_1(x)$(1,0)
	15	10	$g_1(x)$(12,11,10,9,8,7,6,5,4,3,2,1,0)$=g_2(x)$
	13	12	g_2(2,1,0)
	3	13	$g_2(x)$(12,11,10,9,5,4,3,2,0)$=g_3(x)$
	2	26	$g_3(x)$(1,0)
33	23	3	(10,9,5,1,0)$=g_1(x)$
	22	6	$g_1(x)$(1,0)$=g_2(x)$
	12	10	$g_2(x)$(10,9,8,7,6.5,4,3,2,1,0)$=g_3(x)$
	10	12	$g_3(x)$(2,1,0)
	2	22	$g_3(x)$(10,7,5,3,0)
	3	20	$g_3(x)$(1,0)
35	28	3	(3,1,0)(4,3,2,1,0)
	20	6	(12,11,10,8,5,4,3,2,1,0)(3,1,0)$=g_1(x)$
	16	7	$g_1(x)$(4,3,2,1,0)
	10	10	(1,0)(12,11,10,8,5,4,3,2,1,0)(12,10,9,8,7,4,2,1,0)$=g_2(x)$
	7	14	$g_2(x)$(3,1,0)
	4	15	$g_1(x)$(12,10,9,8,7,4,2,1,0)(4,3,2,1,0)$=g_3(x)$

续表 5.2.4

n	k	d	生成多项式 $g(x)$
41	21	9	$(20,19,17,16,14,11,10,9,6,4,3,1,0)=g_1(x)$
	20	10	$g_1(x)(1,0)$
43	29	6	$(14,12,10,7,4,2,0)=g_1(x)$
	15	13	$g_1(x)(14,11,10,9,8,7,6,5,4,3,0)$
45	35	4	$(4,1,0)(6,3,0)$
	29	5	$(12,3,0)(4,1,0)=g_1(x)$
	28	6	$g_1(x)(1,0)=g_2(x)$
	23	7	$g_1(x)(6,3,0)=g_3(x)$
	22	8	$g_3(x)(1,0)$
	16	10	$g_2(x)(12,9,0)=g_4(x)$
	12	10	$g_4(x)(4,3,0)$
	10	12	$g_4(x)(6,3,0)$
	7	15	$g_3(12,9,0)(4,3,2,1,0)=g_5(x)$
	6	18	$g_5(x)(10)=g_6(x)$
	5	21	$g_5(x)(2,1,0)$
	2	30	$g_6(x)(4,3,0)$
47	24	11	$(23,19,18,14,13,12,10,9,7,6,5,3,2,1,0)=g_1(x)$
	23	12	$g_1(x)(1,0)$

注：以上表 5.2.3～表 5.2.4 由几本书综合而成。

5.3　多元 BCH 码和 RS 码

将上面二元 BCH 码的概念推广到多元 BCH 码。符号取自于二元域 GF(2)，纠 t 个错误的二元 BCH 码的生成多项式是以 GF(2)的扩域 GF(2^m)上 $2t$ 个相邻元素为根的多项式。而多元 BCH 码的码元符号取自于多元域 GF(q)，q 为某一素数的幂，纠 t 个错误的多元 BCH 码的生成多项式是以 GF(q)的扩域 GF(q^r)上 $2t$ 个相邻元素为根的多项式

$$g(x)=(x-\alpha)(x-\alpha^2)\cdots(x-\alpha^{2t}) \tag{5.3.1}$$

式中 $\alpha,\alpha^2,\cdots,\alpha^{2t}$ 为 GF(q^r)中 $2t$ 个相邻元素。

与式(5.1.3)相对应，多元 BCH 码的监督矩阵为

$$\boldsymbol{H}=\begin{bmatrix} \alpha^{n-1} & \alpha^{n-2} & \cdots & \alpha & 1 \\ (\alpha^2)^{n-1} & (\alpha^2)^{n-2} & \cdots & \alpha^2 & 1 \\ \vdots & \vdots & & \vdots & \vdots \\ (\alpha^{d-1})^{n-1} & (\alpha^{d-1})^{n-2} & \cdots & \alpha^{d-1} & 1 \end{bmatrix} \tag{5.3.2}$$

式中 α 为 GF(q^r)的本原元，码长 $n=q^r-1$，d 为设计距离，$d=2t+1$。由 $g(x)$或 $\boldsymbol{H}$ 确定的

BCH 码是 q 元本原 BCH 码。

当 $r=1$ 时的 q 元 BCH 码是多元 BCH 码的特殊子类，称为里德-索洛蒙(Reed - Solomon)码，简称 RS 码。

纠 t 个错误的 RS 码有如下的参数：

码长 $n=q-1$

监督符号数目 $n-k=2t$

最小距离 $d_{\min}=2t+1$

由于 $r=1$，所以 RS 码是 $g(x)$ 的根和码元符号在同一域上的多元 BCH 码。

当 $q=2^m$ 时，码元符号取自伽罗华域 GF(2^m)。这时码元符号可以表示成相应的二元数组，与通常所用的二进制序列相对应，所以 GF(2^m) 上的 RS 码是一类应用相当广泛的 RS 码。

因此，在 GF(2^m) 上纠 t 个错误的 RS 码的生成多项式为

$$g(x)=(x-\alpha)(x-\alpha^2)\cdots(x-\alpha^{2t}) \tag{5.3.3}$$

式中 $\alpha^i\in \text{GF}(2^m)$，$i=1,2,\cdots,2t$。

为了便于比较，将纠 t 个错误的二元 BCH 码、多元 BCH 码、一般 RS 码和 $q=2^m$ 的 RS 码的主要参数列于表 5.3.1。表中 q 为某一素数的任一次幂。

表 5.3.1 BCH 码和 RS 码主要参数表

码　类	参　数			
	符号域	$g(x)$ 的根域(符号域的扩域)	码　长	$g(x)$
二元本原 BCH 码	GF(2)	GF(2^m)	2^m-1	$(x-\alpha)(x-\alpha^2)\cdots(x-\alpha^{2t})$，$\alpha$ 为 GF(2^m) 的本原元
多元本原 BCH 码	GF(q)	GF(q^r)	q^r-1	$(x-\alpha)(x-\alpha^2)\cdots(x-\alpha^{2t})$，$\alpha$ 为 GF(q^r) 的本原元
RS 码	GF(q)	GF(q)	$q-1$	$(x-\alpha)(x-\alpha^2)\cdots(x-\alpha^{2t})$，$\alpha$ 为 GF(q) 的本原元
$q=2^m$ 时的 RS 码	GF(2^m)	GF(2^m)	2^m-1	$(x-\alpha)(x-\alpha)\cdots(x-\alpha^{2t})$，$\alpha$ 为 GF(2^m) 的本原元

5.4 BCH 码的译码

BCH 码是纠正多个随机错误的循环码，其编码原理与(n,k)循环码相同，这里只讨论译码问题。

设发送的码矢为 $C=[C_{n-1},C_{n-2},\cdots,C_1,C_0]$，发送码多项式 $C(x)$ 为

$$C(x)=C_{n-1}x^{n-1}+C_{n-2}x^{n-2}+\cdots C_1x^1+C_0=\sum_{i=1}^{n}C_{n-i}x^{n-i}$$

接收多项式 $R(x)$ 为

$$R(x) = R_{n-1}x^{n-1} + R_{n-2}x^{n-2} + \cdots + R_1 x + R_0 = \sum_{i=1}^{n} R_{n-i}x^{n-i}$$

若信道错误图样多项式 $E(x)$为

$$E(x) = E_{n-1}x^{n-1} + E_{n-2}x^{n-2} + \cdots + E_1 x + E_0 = \sum_{i=1}^{n} E_{n-i}x^{n-i}$$

则 $R(x)=C(x)+E(x)$。

又设码的纠错能力为 t,信道产生的实际错误个数 $e\leqslant t$,因而在 $E(x)$中只有 e 项不为 0。假定这 e 项为 $Y_1x^{t_1}, Y_1x^{t_2}, \cdots, Y_ex^{t_e}$,其他项均为 0,则有

$$E(x) = Y_1x^{t_1} + Y_2x^{t_2} + \cdots + Y_ex^{t_e} \quad e \leqslant t \tag{5.4.1}$$

式(5.4.1)中 $x^{t_1}, x^{t_2}, \cdots, x^{t_e}$称为错误位置数,而 $t_1, t_2, \cdots, t_e$ 为错误位置;$Y_1, Y_2, \cdots, Y_e$ 为相应位置上的错误值。

译码的任务就是从接收矢量 $\boldsymbol{R}(x)$求出错误位置数 $x^{t_1}, x^{t_2}, \cdots, x^{t_e}$和相应的错误值 Y_1, $Y_2, \cdots, Y_e$。再从 $\boldsymbol{R}(x)$中减去 $E(x)$,就得到了码字 $C(x)$的估值 $\widehat{C}(x)$,从而完成了译码。

和一般线性分组码译码一样,由接收多项式计算伴随式,然后根据伴随式和错误图样一一对应的关系,利用逻辑电路将伴随式译为相应的错误图样。但是在码长较长、错误个数较多的情况下,伴随式到错误图样的译码逻辑电路就相当复杂,对多元码,困难就更大了。1966 年,伯利坎普提出了求差错位置的迭代算法,经过不断改进和完善,逐步形成了完整的译码方法。

BCH 码译码的主要步骤如下:

(1) 根据接收的 $\boldsymbol{R}(x)$,计算伴随式 $S_j(j=1,2,\cdots,2t)$;

(2) 用伯利坎普迭代算法,从 S_j 求出差错位置多项式 $\sigma(x)$;

(3) 用钱(Chen)搜索法(试探法),求出 $\sigma(x)$的根,其倒数为差错位置数;

(4) 计算错误值(二元 BCH 码不需要这步);

(5) 接收多项式减差错多项式,完成纠错。

下面对以上各步骤分别进行讨论。

5.4.1 由接收多项式 $R(x)$计算伴随式 S_j

根据式(5.1.3)和式(5.3.4),纠 t 个错误的 BCH 码的监督矩阵为

$$\boldsymbol{H} = \begin{bmatrix} \alpha^{n-1} & \alpha^{n-2} & \cdots & \alpha & 1 \\ (\alpha^2)^{n-1} & (\alpha^2)^{n-2} & \cdots & \alpha^2 & 1 \\ \vdots & \vdots & & \vdots & \vdots \\ (\alpha^{2t})^{n-1} & (\alpha^{2t})^{n-2} & \cdots & (\alpha^{2t})^2 & 1 \end{bmatrix}$$

接收矢量的伴随式 $\boldsymbol{S}$ 为

$$S = HR^{\mathrm{T}} = \begin{bmatrix} \sum_{i=1}^{n} R_{n-i}\alpha^{n-i} \\ \sum_{i=1}^{n} R_{n-i}(\alpha^2)^{n-i} \\ \vdots \\ \sum_{i=1}^{n} R_{n-i}(\alpha^{2i})^{n-i} \end{bmatrix} = \begin{bmatrix} R(\alpha) \\ R(\alpha^2) \\ \vdots \\ R(\alpha^{2t}) \end{bmatrix} = \begin{bmatrix} S_1 \\ S_2 \\ \vdots \\ S_{2t} \end{bmatrix} \tag{5.4.2}$$

因而，伴随式的各分量 S_j 为

$$S_j = R(\alpha^j) \qquad j = 1,2,\cdots,2t \tag{5.4.3}$$

即 BCH 码的接收多项式的伴随式的各分量 S_j 等于 $g(x)$ 的根 α^j 代入接收多项式所得的值。

5.4.2 用伯利坎普迭代算法并由伴随式 S_j 求差值位置多项式 $\boldsymbol{\sigma}(x)$

由于 BCH 码的每一个码多项式 $C(x)$ 都是生成多项式 $g(x)$ 的倍式，所以 $C(x)$ 也必然以 $\alpha,\alpha^2,\cdots,\alpha^{2t}$ 为根，即 $C(\alpha^j)=0,\quad \alpha\in \mathrm{GF}(2^m) \quad j=1,2,\cdots,2t$。所以

$$R(\alpha^j) = C(\alpha^j) + E(\alpha^j) = E(\alpha^j) \tag{5.4.4}$$

由式(5.4.3)和(5.4.4)，得到

$$S_j = E(\alpha^j) \quad j = 1,2,\cdots,2t \tag{5.4.5}$$

考虑到式(5.4.1)和式(5.4.5)，得到

$$S_j = \sum_{k=1}^{e} Y_k(\alpha^j)^{l_k} = \sum_{k=1}^{e} Y_k(\alpha^{l_k})^j \overset{\text{def}}{=\!=\!=} \sum_{k=1}^{e} Y_k X_k^j \quad j = 1,2,\cdots,2t \tag{5.4.6}$$

即

$$\left.\begin{aligned} S_1 &= Y_1X_1 + Y_2X_2 + \cdots + Y_eX_e \\ S_2 &= Y_1X_1^2 + Y_2X_2^2 + \cdots + Y_eX_e^2 \\ &\vdots \\ S_{2t} &= Y_1X_1^{2t} + Y_2X_2^{2t} + \cdots + Y_eX_e^{2t} \end{aligned}\right\} \tag{5.4.7}$$

式中 $X_k = a^{l_k}, k=1,2,\cdots,e$ 是错误位置数。

任何纠错的方法都是求解式(5.4.7)方程组，以此求出错误位置数 X_k 和错误值 $Y_k(k=1,2,\cdots,e)$。该方程组一般有多组(但为有限组)可能解，每组解产生不同的错误图样。如果实际错误图样是可纠正的，即 $e\leqslant t$，则含最小错误的错误图样才满足 $2e+1\leqslant d_{\min}$ 的关系，因而含最小错误数目的错误图样才是式(5.4.7)方程组的正确解，即含最少错误数目的错误图样是信道产生的错误图样。

直接求解(5.4.7)的非线性方程组是很困难的。若设法使求 X_k 和 Y_k 分开解决，则可将非线性方程化为线性方程。为此，按照码的纠错能力 t 定义一个错误位置多项式 $\sigma(x)$，即

$$\sigma(x)=(1-X_1x)(1-X_2x)\cdots(1-X_tx)=1+\sigma_1x+\cdots+\sigma_{t-1}x^{t-1}+\sigma_tx^t \tag{5.4.8}$$

式中

$$\left.\begin{aligned}\sigma_1 &= -(X_1+X_2+\cdots+X_t)\\ \sigma_2 &= X_1X_2+X_1X_2+\cdots+X_{t-1}X_t\\ &\vdots \\ \sigma_t &= (-1)^t(X_1X_2\cdots X_t)\end{aligned}\right\} \tag{5.4.9}$$

可见，$\sigma_1,\sigma_2,\cdots,\sigma_t$ 是 $X_1,X_2,\cdots,X_t$ 的初等对称函数。由式(5.4.8)可知，$\sigma(x)$的根是错误位置数的倒数，即 $\sigma(X_k^{-1})=0$，所以称 $\sigma(x)$为错误位置多项式。

将 X_k^{-1} 代入式(5.4.8)得到

$$\sigma(X_k^{-1})=1+\sigma_1X_k^{-1}+\cdots+\sigma_{t-1}X_k^{-t+1}+\sigma_tX_k^{-t}=0 \qquad k=1,2,\cdots,t \tag{5.4.10}$$

上式两边乘以 X_k^t 得

$$X_k^t+\sigma_1X_k^{t-1}+\cdots+\sigma_{t-1}X_k+\sigma_t=0$$

两边再乘以 $Y_kX_k^j$，并对 k 求和($k=1,2,\cdots,t$)得

$$\sum_{k=1}^{t}Y_kX_k^{j+t}+\sum_{k=1}^{t}\sigma_1Y_kX_k^{j+t-1}+\cdots+\sum_{k=1}^{t}\sigma_{t-1}Y_kX_k^{j+1}+\sum_{k=1}^{t}\sigma_tY_kX_k^{j}=0 \tag{5.4.11}$$

考虑到式(5.4.6)，则可将式(5.4.11)写成

$$S_{j+t}+\sigma_1S_{j+t-1}+\cdots+\sigma_{t-1}S_{j+1}+\sigma_tS_j=0 \qquad j=1,2,\cdots,t \tag{5.4.12}$$

将式 (5.4.12)展开得到

$$\left.\begin{aligned}S_{t+1}+\sigma_1S_t+\cdots+\sigma_{t-1}S_2+\sigma_tS_1&=0\\ S_{t+2}+\sigma_1S_{t+1}+\cdots+\sigma_{t-1}S_3+\sigma_tS_2&=0\\ &\vdots\\ S_{2t}+\sigma_1S_{2t-1}+\cdots+\sigma_{t-1}S_{t+1}+\sigma_tS_t&=0\end{aligned}\right\} \tag{5.4.13}$$

式(5.4.13)是由 t 个方程组成的、含有 t 个未知数的线性方程组，原则上是可求解的。但是，当实际错误个数 $e<t$ 时，该方程组的系数行列式就是奇异的，这时需要将方程组逐步降阶，直到所有方程式完全线性独立为止。

当码的纠错能力 t 比较大时，用一般的消元等方法解(5.4.13)的方程组也很麻烦。1966 年，伯利坎普提出的迭代算法，解决了 BCH 码译码的关键，下面先给出这种算法。

求错误位置多项式 $\sigma(x)$的迭代算法如下：

所谓迭代算法就是由初始值，经过 $2t$ 次迭代，最后求得错误位置多项式的一种递推方法。在迭代过程中，迭代次数用 n 表示，第 n 次迭代求得的错误位置多项式用

$$\sigma^{(n)}(x)=1+\sigma_1^{(n)}x+\cdots+\sigma_{l_n}^{(n)}x^{l_n}$$

表示，其中 l_n 为 $\sigma^{(n)}(x)$的次数。

定义一个第 $n+1$ 步与第 n 步的差值 d_n，其具体意义将在迭代法证明中介绍。迭代过程为：

假设已经迭代完第 n 次，求得

$$\sigma^{(n)}(x) = 1 + \sigma_1^{(n)}x + \cdots + \sigma_{l_n}^{(n)}x^{l_n}$$

先计算 d_n 得

$$d_n = S_{n+1} + S_n\sigma_1^{(n)} + \cdots + S_{n+1-l_n}\sigma_{l_n}^{(n)} \tag{5.4.14}$$

然后进行第 $n+1$ 次迭代。

若 $d_n = 0$，则

$$\left.\begin{aligned} \sigma^{(n+1)}(x) &= \sigma^{(n)}(x) \\ l_{n+1} &= l_n \end{aligned}\right\} \tag{5.4.15}$$

若 $d_n \neq 0$，则

$$\begin{aligned} \sigma^{(n+1)}(x) &= \sigma^{(n)}(x) - d_n d_m^{-1} x^{n-m} \sigma^{(m)}(x) \\ l_{n+1} &= \max[l_n, n - m + l_m] \end{aligned} \tag{5.4.16}$$

式中 m 是第 n 次迭代之前的某次迭代次数，满足 $d_m \neq 0$，且 $m - l_m$ 为最大值。

关于迭代初始值，由于每次迭代都涉及前面两次迭代，为使迭代次数从 1 开始，把初始次数定为 -1 和 0，则

$$n = -1,\quad \sigma^{(-1)}(x) = 1,\quad d_{-1} = 1,\quad l_{-1} = 0$$
$$n = 0,\quad \sigma^{(0)}(x) = 1,\quad d_0 = S_1,\quad l_0 = 0$$

可将迭代过程变为填写如 5.4.1 的表格。

表 5.4.1 迭代过程

n	$\sigma^{(n)}(x)$	d_n	l_n	$n-l_n$
-1	1	1	0	-1
0	1	S_1	0	0
1	—	—	—	—
…	—	—	—	—
$2t$	—	—	—	—

最后一行中所求得的 $\sigma^{(2t)}(x)$ 就是所要求的 $\sigma(x)$，如果它的次数大于 t，则有 t 个以上的错误，一般不可能找出它们的位置。

下面给出求 $\sigma(x)$ 的迭代算法的证明。

1. 迭代算法的思路和依据

所谓迭代算法，就是递推算法。由 Berlekamap 和 Massey 提出，简称 BM 算法。由含错误信息的伴随式，逐步推出接收码字实际错误图样的错误位置多项式。递推过程是：首先把伴随式分量 S_1, S_2 看成为接收码字含一个错误的伴随式，从已知的含 0 个错误的错误位置多项式推出含 1 个错误的错误位置多项式；再把 S_1, S_2, S_3, S_4 看成含 2 个错误的伴随式，由含 1 个

错误的错误位置多项式推出含 2 个错误的错误位置多项式；……；直到最后推出含 e 个错误（实际错误个数，$e\leqslant t$）的错误位置多项式 $\sigma(x)$。

接收码字伴随式 $S(x)=S_{2t}x^{2t}+S_{2t-1}x^{2t-1}+\cdots+S_1x+1$，包含了码字错误的全部信息，其中 $S_0=1$。令

$$S(x)\cdot\sigma(x)=\omega(x)\quad \bmod x^{2t+1} \tag{5.4.17}$$

式(5.4.17)称为译码的关键方程，其中 $\omega(x)$ 称为辅助多项式。将其展开，前面 t 项包含了 t 个错误的错误值信息，后面 t 项包含了 t 个错误的位置信息。对后 t 项，由等式两边同次项系数相等，得到 t 个方程，与式(5.4.13)比较可知，当 $\sigma(x)$ 为 $S(x)$ 所确定的含 t 个错误的错误位置多项式时，则

$$S(x)\cdot\sigma(x)=0\qquad(\text{后面 } t \text{ 项}) \tag{5.4.18}$$

否则，$\sigma(x)$ 就不是伴随式 $S(x)$ 所决定的错误位置多项式，所以式(5.4.18)是由伴随式 $S(x)$ 求解错误位置多项式 $\sigma(x)$ 的依据。

2. 求 σ(x) 迭代公式的证明

假设已完成第 n 次迭代，求得错误位置多项式 $\sigma^{(n)}(x)$，则有 $\sigma^{(n)}(x)\cdot S_n(x)=0$（后面 t 项），而 $\sigma^{(n)}(x)$ 对伴随式 $S_{n+1}(x)$ 的积有一偏差 d_n。偏差用 d_n 表示，对应伴随式 $S_n(x)$ 的错误位置多项式 $\sigma^{(n)}(x)$ 对伴随式 $S_{n+1}(x)$ 存在一偏差 d_n，即 $\sigma^{(n)}(x)\cdot S_{n+1}(x)=d_n\neq0$；另外，$\sigma^{m}(x)$ 是第 n 次迭代前第 m 次迭代求得的错误位置多项式，满足 $\sigma^{m}(x)\cdot S_m(x)=0$，而 $\sigma^{m}(x)\cdot S_{m+1}(x)=d_m\neq0$，且 $m-l_m$ 为最大。Berlekamp 与 Massey 提出的由第 n 次迭代到第 $n+1$ 次迭代求出适合 $S_{n+1}(x)$ 的错误位置多项式 $\sigma^{(n+1)}(x)$ 的迭代公式为

$$\sigma^{(n+1)}(x)=\sigma^{(n)}(x)-d_nd_m^{-1}x^{n-m}\sigma^{(m)}(x) \tag{5.4.19}$$

证明 迭代公式表示在前次迭代结果 $\sigma^{(n)}(x)$ 的基础上，减去一个适当的校正多项式，使校正后的错误位置多项式 $\sigma^{(n+1)}(x)$ 对伴随式 $S_{n+1}(x)$ 乘积的后 $t+1$ 项也为 0。

由于 $S_{n+1}(x)$ 比 $S_{m+1}(x)$ 幂次高 $n-m$，而 $x^{n-m}\sigma^{(m)}(x)$ 使 $\sigma^{(m)}(x)$ 的幂次增加 $n-m$，那么 $x^{n-m}\sigma^{(m)}(x)$ 对 $S_n(x)$ 和 $S_{n+1}(x)$ 仍保持了 $\sigma^{(m)}(x)$ 对 $S_m(x)$ 和 $S_{m+1}(x)$ 对应项系数的相乘关系不变，若用 $[F(x)]_{x^n}$ 表示多项式 $F(x)$ 第 n 次项系数，则

$$[x^{n-m}\sigma^{(m)}(x)S_n(x)]_{x^n}=$$

$$S_{n-(n-m)}+\sigma_1^{(m)}S_{n-1-(n-m)}+\cdots+\sigma_{l_m}^{(m)}S_{n-l_m-(n-m)}=S_m+\sigma_1^{m}S_{m-1}+\cdots+\sigma_{l_m}^{(m)}S_{m-l_m}=0$$

而 $[x^{n-m}\sigma^{(m)}(x)S_{n+1}(x)]_{x^{n+1}}=S_{n+1-(n-m)}+\sigma_1^{(m)}S_{n-(n-m)}+\cdots+\sigma_{l_m}^{(m)}S_{n+1-l_m-(n-m)}=S_{m+1}+\sigma_1^{(m)}S_m+\cdots+\sigma_{l_m}^{(m)}S_{m-l_m+1}=d_m\neq0$

上式两边同乘 $d_nd_m^{-1}$，得

$$\left.\begin{aligned}&[d_nd_m^{-1}x^{n-m}\sigma^{(m)}(x)S_n(x)]_{x^n}=0\\&[d_nd_m^{-1}x^{n-m}\sigma^{(m)}(x)S_{n+1}(x)]_{x^{n+1}}=d_n\end{aligned}\right\} \tag{5.4.20}$$

式(5.4.20)表明，校正多项式 $d_nd_m^{-1}x^{n-m}\sigma^{(m)}(x)$ 对伴随式 $S_n(x)$ 乘积为 0，对 $S_{n+1}(x)$ 也有

偏差 d_n，那么按式(5.4.18)叠加后的错误位置多项式 $\sigma^{(n+1)}(x)$ 对 $S_{n+1}(x)$ 满足使关键方程后 $t+1$ 项等于 0，所以线性组合构成的多项式可作为伴随式 $S_{n+1}(x)$ 的错误位置多项式，$S_{n+1}(x)$ 是对应 $t+1$ 个错误的伴随式。显然 $\sigma^{(n+1)}(x)$ 的幂次等于构成组合多项式中较高的幂次，即

$$l_{n+1} = \max[l_n, n-m+l_m]$$

因为 $m-l_m$ 为最大，则 $n-m+l_m$ 为最小。这就是说，$\sigma^{(m)}(x)$ 在所有可用来构成修正多项式中是幂次最低的多项式，这就保证了最后得到的 $\sigma(x)$ 为满足 $\sigma(x)S(x)=0$ 的最低幂次多项式，具有唯一的一组根，也就保证了 $\sigma(x)$ 的根是符合接收码字实际错误位置的错误位置多项式。

每次迭代需要前面两次迭代结果作为初值，设第 1 次迭代前的两次迭代为第 -1 次和第 0 次，从 0 个错误开始，所以 $\sigma^{(-1)}(x)=1$，$\sigma^{(0)}(x)=1$，迭代初值列表于 5.4.2 中。

表 5.4.2 迭代初值

迭代次数 n	$\sigma^{(n)}(x)$	偏差 d_n	幂次 l_n	$n-l_n$
-1	1	1	0	-1
0	1	S_1	0	0

以上就证明了按 BM 迭代公式和过程进行迭代，能够得出符合接收码字错误的错误位置多项式 $\sigma(x)$。

同理可证：$\omega^{n+1}(x)=\omega^{(n)}(x)-d_n d_m^{-1} x^{u-m}\sigma^{(m)}(x)$，证明从略。

例 5.3 设纠 5 个错误的(31,11)二元 BCH 码的接收字为 $R(x)=x^{29}+x^{11}+x^8$，求错误位置多项式。

由接收矢量 $\boldsymbol{R}(x)=x^{29}+x^{11}+x^8$，根据 $S_j=R(a^j)$ 得

$$S_1 = R(a) = a^{18},\ S_2 = R(a^2) = a^5,\ S_3 = R(a^3) = a^{18},\ S_4 = R(a^4) = a^{10}$$

$$S_5 = R(a^5) = a^{13};\ S_6 = R(a^6) = a^5,\ S_7 = R(a^7) = a^{22},\ S_8 = R(a^8) = a^{20}$$

$$S_9 = R(a^9) = a^{11},\ S_{10} = R(a^{10}) = a^{20}$$

迭代初始值：

$$\sigma^{(-1)}(x) = 1,\ d_{-1} = 1,\ l_1 = 0,\ n-l_n = -1$$

$$\sigma^{(0)}(x) = 1,\ d_0 = S_1,\ l_0 = 0, 0-l_0 = 0$$

$$d_0 = S_1 = a^{18}$$

(1) 当 $n=1$，取 $m=-1$，则

$$\sigma^{(1)}(x) = \sigma^{(0)}(x) - d_0 d_{-1}^{-1} x\sigma^{(-1)}(x) = 1 - a^{18}x$$

$$l_1 = \max[l_0, 0+1+l_{-1}] = 1$$

$$1 - l_{-1} = 0$$

$$d_1 = S_2 + \sigma^{(1)} S_1 = a^2 + a^{18} \cdot a^{18} = 0$$

(2) $n=2$，$\sigma^{(2)}(x)=\sigma^{(1)}(x)=1+a^{18}x$

$$l_2 = l_1 = 1,\ 2 - l_2 = 1$$

$$d_2 = S_3 + \sigma_1^{(2)} S_2 = a^{18} + a^{18} \cdot a^5 = a^{20}$$

(3) 当 $n=3$,取 $m=0$,则

$$\sigma^{(3)}(x) = \sigma^{(2)}(x) - d_2 d_0 x^2 \sigma^{(0)}(x)\sigma(x) = \sigma^{(5)}(x) =$$
$$1 + a^{18}x - a^{20} \cdot a^{13}x^2 = 1 + a^{18}x - a^2x^2$$
$$l_2 = \max[l_2, 2 - 0 + l_0] = 2$$
$$3 - l_3 = 1$$
$$d_3 = S_4 + \sigma_1^{(3)} S_3 + \sigma_2^{(2)} S_2 = 0$$

(4) $n=4, \sigma^{(4)}(x) = \sigma^{(3)}(x) = a^2x^2 + a^{18}x + 1$

$$l_4 = l_2 = 2, 4 - l_4 = 2$$
$$d_4 = S_5 + \sigma_1^{(4)} S_4 + \sigma_2^{(4)} S_3 = a^{10}$$

(5) 当 $n=5$,取 $m=2$,则

$$\sigma^{(5)}(x) = \sigma^{(4)}(x) - d_4 d_2^{-1} x\sigma^{(2)}(x) = a^{17}x^3 + a^{28}x^2 + a^{18}x + 1$$
$$l_5 = \max[l_4, 4 - 2 + l_2] = 3, 5 - l_5 = 2$$
$$d_5 = S_0 + \sigma_1^{(5)} S_5 + \sigma_2^{(5)} S_4 + \sigma_3^{(5)} S_3 = 0$$
$$d_6 = d_7 = d_8 = d_9 = 0$$

所以,$\sigma(x) = \sigma^{(5)}(x) = a^{17}x^3 + a^{28}x^2 + a^{18}x + 1$。这是一个三次多项式,它有三个根,表明存在三个错误。

上面的计算过程也可用表格形式列出结果,可使运算清晰简练。这里从略。

二元 BCH 码求 $\sigma(x)$的简化算法:

对二元 BCH 码在求 $\sigma(x)$的迭代过程中,当迭代次数 n 为奇数时,$d_n=0$,因而偶次迭代可以取消,使迭代次数减少一半,只要迭代 t 次,填满 t 个空行的表就够了。当然由于实际迭代次数减半,公式中迭代次数 n 出现的地方,都应变为 $2n$,才与原来的意义相符。因此,修正后的二元 BCH 码译码假设已经迭代完第 n 次,得到的迭代公式为 $\sigma^{(n)}(x) = 1 + \sigma_1^{(n)}x + \sigma_2^{(n)}x^2 + \cdots + \sigma_{l_n}^{(n)}x^{l_n}$,先计算 $d_n = S_{2n+1} + S_{2n}\sigma_1^{(n)} + \cdots + S_{2n+1-l_n} \cdot \sigma_{l_n}^{(n)}$,然后进行第 $n+1$ 次迭代,如果 $d_n=0$,则

$$\left.\begin{aligned} \sigma^{(n+1)}(x) &= \sigma^{(n)}(x) \\ l_{n+1} &= l_n \end{aligned}\right\} \tag{5.4.21}$$

如果 $d_n \neq 0$,则

$$\left.\begin{aligned} \sigma^{(n+1)}(x) &= \sigma^{(n)}(x) - d_n d_m^{-1} x^{2(n-m)} \cdot \sigma^{(m)}(x) \\ l_{n+1} &= \max[l_n, 2(n-m) + l_m] \end{aligned}\right\} \tag{5.4.22}$$

式中 m 取第 n 次迭代之前,满足 $d_m \neq 0$,$2m - l_m$ 为最大的那一次的迭代次数。

再计算 d_{n+1},并进行下一次迭代,这样一直到算出 $\sigma^{(t)}(x)$为止,$\sigma^{(t)}(x)$就是所求的 $\sigma(x)$。迭代过程仍可用表格记录,如表 5.4.3 所列。

仍以上面的例子来说明，用二元 BCH 码求 $\sigma(x)$ 的迭代公式再计算一遍，以便比较。上例为求(31,11)二元 BCH 码当接收矢量为 $\boldsymbol{R}(x)=x^{20}+x^{11}+x^{8}$ 时的错误位置多项式。

表 5.4.3 二元 BCH 码译码求 $\sigma(x)$ 的简化表

n	$\sigma^{(n)}(x)S_1$	d_n	l_n	$2n-l_n$
$-1/2$	1	1	0	-1
0	1	S_1	0	0
1				
…				
t				

解 $d_0=S_1=\alpha^{18}$。

当 $n=1$，取 $m=-1/2$，则

$$\sigma^{(1)}(x)=1+S_1x=1+\sigma^{18},\ d_1=S_3+\alpha_1^{(1)}S_2=\alpha^{18}+\alpha^{23}=\alpha^{20}$$

当 $n=2$，取 $m=0$，则

$$\sigma^{(2)}(x)=\sigma^{(1)}(x)+d_1d_0{}^{-1}x^{2(1-0)}\sigma^{(0)}(x)=\alpha^{2}x^{2}+\alpha^{18}x+1,\ d_2=S_5+S_4\sigma_1^{(2)}+S_3\sigma_2^{(2)}=\alpha^{10}$$

当 $n=3$，取 $m=1$，则

$$\sigma^{3}(x)=\sigma^{(2)}(x)+d_2d_1^{-1}x^{2(2-1)}\cdot\sigma^{(1)}(x)=\alpha^{17}x^{3}+\alpha^{28}x^{2}+\alpha^{18}x+1$$

$$d_3=S_7+S_6\sigma_1^{(3)}+S_5\sigma_2^{(3)}+S_4\sigma_3^{(3)}=\alpha^{22}+\alpha^{5+18}+\alpha^{18+28}+\alpha^{10+27}=0$$

当 $n=4$，$\sigma^{(4)}(x)=\sigma^{(3)}(x)$，则

$$d_4=S_9+S_8\sigma_1^{(3)}+S_7\sigma_2^{(3)}+S_6\sigma_3^{(3)}=\alpha^{11}+\alpha^{20+18}+\alpha^{22+28}+\alpha^{17+5}=0$$

当 $n=5$，$\sigma^{(5)}(x)=\sigma^{(3)}(x)$，则

$$\sigma(x)=\sigma^{(5)}(x)=\alpha^{17}x^{3}+\alpha^{28}x^{2}+\alpha^{18}x+1$$

可见，应用二元 BCH 码迭代公式计算要简单得多。

为实现 BCH 码高速连续译码，需采用硬件电路。在求 $\sigma(x)$ 迭代时，要计算逆元 d_m^{-1}，可以采用查表或组合逻辑电路；对常用的有限域 GF(2^m)，当 m 较大时，用查表或组合逻辑实现求逆即不方便还要消耗较多的资源，目前流行一种无求逆算法。

为了消去经典迭代公式中的逆元，在式(5.4.16)两边同乘 d_m，得

$$d_m\sigma^{(n+1)}(x)=d_m\sigma^{(n)}(x)-d_nx^{n-m}\sigma^{(m)}(x) \tag{5.4.23}$$

显然，方程两边同乘以常数，不会改变最后得到的 $\sigma(x)$ 的根，也就是可以得到相同的错误位置数。以后将看到，对计算错误值的公式，也是分子、分母扩大相同倍数，不影响错误值。

式(5.4.23)中，$\sigma^{(n+1)}(x)$ 表示第 $n+1$ 次迭代得到的错误位值多项式，令最后迭代结果等于 0，可得到错误位置，所以用符号 $\sigma^{(n+1)}(x)$ 代 $d_m\sigma^{(n+1)}(x)$ 不会对最后结果求根和计算错误值有影响；并且在迭代中，关键方程的后 t 项构成的方程组(5.4.13)仍然成立，因此将式

(5.4.23)改写得到无求逆算法迭代公式为

$$\sigma^{(n+1)}(x) = d_m\sigma^{(n)}(x) - d_n x^{n-m}\sigma^{(m)}(x) \tag{5.4.24}$$

应注意的是,无求逆迭代得到的 $\sigma_0 \neq 1$,而最后得到的 $\sigma(x)$ 比经典算法得到的结果扩大了 σ_0 倍。

5.4.3　求 $\boldsymbol{\sigma}(x)$ 的倒数根确定错误位置

根据错误位置多项式的定义,错误位置数是 $\sigma(x)$ 的根的倒数,用 $\sigma(x)$ 求错误位置数是用试探法进行,即依次将 $1,\alpha,\cdots,\alpha^{n-1}(n=2^m-1)$ 代入 $\sigma(x)$ 中,便可求出 $\sigma(x)$ 的根。由于 $\alpha^n=1$,$\alpha^{-l}=\alpha^{n-l}$,所以 α^l 为 $\sigma(x)$ 的根,则 α^{n-l} 是错误位置数,那么接收数字 R_{n-l} 是错误数字。考虑前面的例子,已求得错误位置多项式是

$$\sigma(x) = \alpha^{17}x^3 + \alpha^{28}x^2 + \alpha^{18}x + 1$$

将 $1,\alpha,\alpha^2,\cdots,\alpha^{36}$ 代入 $\sigma(x)$,发现 $\alpha^2,\alpha^{20},\alpha^{28}$ 是 $\sigma(x)$ 的根,所以错误位置数是 $\alpha^{20},\alpha^{11},\alpha^8$,错误图样为

$$E(x) = x^{20} + x^{11} + x^8,\quad R(x) - E(x) = 0$$

所以,发送的是 0 码字。

用试探法求错误位置的代数运算比较烦琐,钱氏从 BCH 码的循环特性出发,采用搜索检验错误位置的方法,称为钱氏搜索法。

设接收矢量为

$$\boldsymbol{R}(x) = R_{n-1}x^{n-1} + R_{n-2}x^{n-2} + \cdots + R_1x + R_0$$

先译最前的最高阶位,逐步进行译码。为了译 R_{n-1},译码器试验 α^{n-1} 是否为错误位置数,这就等于试验 $(\alpha^{n-1})^{-1}=\alpha$ 是否为 $\sigma(x)$ 的根。若 α 为 $\sigma(x)$ 的根,则

$$\sigma(a) = \sigma_e\alpha^e + \sigma_{e-1}\alpha^{e-1} + \cdots + \sigma_1\alpha + 1 = 0$$

或

$$\sigma_e\alpha^e + \sigma_{e-1}\alpha^{e-1} + \cdots + \sigma_1\alpha = -1 \tag{5.4.25}$$

式中 e 为实际错误个数。因此,译码器应求出 $\sigma_1\alpha,\sigma_2\alpha^2,\cdots,\sigma_t\alpha^t$ 之和,若和为 -1,则 α^{n-1} 是错误位置数,R_{n-1} 是错误数字;否则 R_{n-1} 便是正确数字。一般来说,为了译 R_{n-l},译码器应求出 $\sigma_1\alpha^l,\sigma_2(\alpha^l)^2,\cdots,\sigma_t(\alpha^l)^t$,并检验下列和

$$\sigma_1\alpha^l + \sigma_2(\alpha^l)^2 + \cdots + \sigma_t(\alpha^l)^t$$

如果这和是 -1,则 α^l 是 $\sigma(x)$ 的根,R_{n-l} 是错误数字;否则 R_{n-l} 是正确数字。

按照上述原理检验错误位置的钱氏搜索电路如图 5.4.1 所示。

在此电路中,t 个 σ 寄存器分别送入 $\sigma_1,\sigma_2,\cdots,\sigma_t$(当 $e<t$ 时,$\sigma_{e+1}=\cdots=\sigma_t=0$),用时钟脉冲分别激励各乘法器一次,得到乘积 $\sigma_1\alpha,\sigma_2\alpha^2,\cdots,\sigma_t\alpha^t$,并送回寄存器,再将各 σ 寄存器输出求和 $\sum_{i=1}^{t}\sigma_i\alpha^i$,$R(x)$ 的最高阶位应正好移到缓存器末端。仅当和为 -1 时,求和电路 A 输出将控

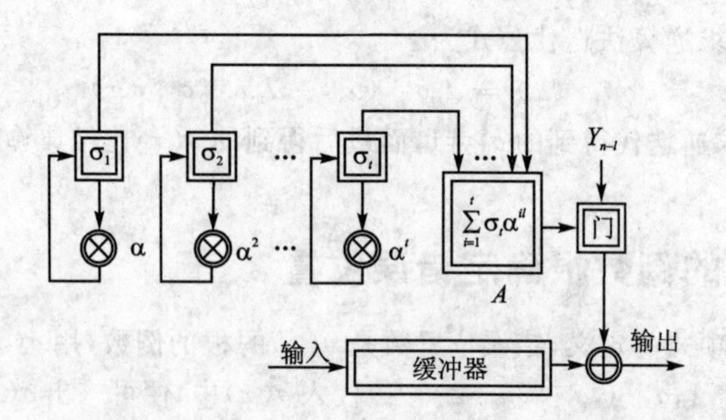

图 5.4.1 钱氏搜索电路

制门打开，R_{n-1}和错误值 Y_{n-1} 相减进行纠错，下一个时钟脉冲将已纠正的 $\widehat{C}_{n-1}(=R_{n-1}-Y_{n-1})$送出，同时 R_{n-2} 移到缓存器末端，t 个寄存器又被激励一次，寄存器存数变为 $\sigma_1\alpha^2$，$\sigma_2\alpha^2$，…，$\sigma_t\alpha^{2t}$，试验$\sum_{i=1}^{t}\sigma_i\alpha^{2i}$是否为$-1$，$A$ 输出控制门是否启开，决定 R_{n-2} 是否需要纠正。这一过程继续进行，直到接收码字符号全部从缓存器读出为止。对二元 BCH 码，门电路可以不要，求和电路 A 输出直接和缓存器输出相加进行纠错。

5.4.4 计算错误值

对二元码，错误值为 1，因此知道了错误位置就确定了错误值，这一步就不需要了。但对于 q 元码，错误值是 GF(q)中的非 0 元，在求出错误位置后，还需要计算出错误值。在求出伴随式分量 S_j 和错误位置数 X_k 后，方程组式(5.4.7)可改写为

$$\left.\begin{aligned}X_1Y_1+X_2Y_2+\cdots+X_eY_e&=S_1\\&\vdots\\X_1^{2t}Y_1+X_2^{2t}Y_2+\cdots+X_e^{2t}Y_e&=S_{2t}\end{aligned}\right\}\tag{5.4.26}$$

根据式(5.4.26)可求出错误值 $Y_k(k=1,2,\cdots,e)$。但这是不方便的，因为必须在全部 X_k 解出后，计算 Y_k 才能进行，影响译码的速度，并且所需设备比较复杂。由多项式 $\sigma(x)$的根和系数的关系，可以从$\sigma(x)$的系数和伴随式分量 S_j 确定 Y_k，因而使计算简化。

假设实际发生的错误数为 $e\leqslant t$，这时

$$\sigma(x)=\prod_{i=1}^{t}(1-X_ix)=\sum_{i=0}^{e}(-1)^i\sigma_ix^i \tag{5.4.27}$$

式中 $\sigma_0=1$。另外，若定义一个函数 $\sigma_k(x)$为

$$\sigma_k(x)=\sigma(x)(1-X_kx) \tag{5.4.28}$$

应该注意，当 $x=X_k^{-1}$ 时(X_k^{-1} 是$\sigma(x)$的根)，$\sigma_k(x)\neq 0$。将式(5.4.27)代入式(5.4.28)得

$$\sigma_k(x)=\prod_{i=1,i\neq k}^{e}(1-X_ix)=\prod_{i=0}^{e-1}(-1)^t\sigma_{ki}x^i$$

式中 σ_{ki} 为 $\sigma_k(x)$ 展开式的系数，且 $\sigma_{k0}=1$。由于

$$\sigma(x) = (1 - X_k x)\sigma_k(x) \tag{5.4.29}$$

所以 $\sigma_k(x)$ 的系数和 $\sigma(x)$ 的系数 σ_i 有确定关系。

将式(5.4.29)展开得到

$$\sum_{i=0}^{e}(-1)^i\sigma_i x^i = (1 - X_k x)\sum_{i=0}^{e-1}(-1)^i\sigma_{ki}x^i = \sum_{i=0}^{e-1}(-1)^i\sigma_{ki}x^i - \sum_{i=0}^{e-1}(-1)^i\sigma_{ki}X_k x^{i+1}$$

比较式(5.4.29)两边同次项的系数得到

$$\sigma_{k0} = \sigma_0 = 1,\quad \sigma_i = \sigma_{ki} + \sigma_{k(i-1)}X_k(\text{加是由于取 } X^i \text{ 项的系数})$$

或

$$\sigma_{ki} = \sigma_i - \sigma_{k(i-1)}X_k \qquad i = 1,2,\cdots,e-1 \tag{5.4.30}$$

为了求出错误值 Y_k 的表示式，作函数

$$\sum_{i=0}^{e-1}(-1)^i\sigma_{ki}S_{e-i} = \sum_{i=0}^{e-1}(-1)^i\sigma_{ki}\Big(\sum_{j=0}^{e}Y_jX_j^{e-i}\Big).$$

改变求和次序得到

$$\sum_{i=0}^{e-1}(-1)^i\sigma_{ki}S_{e-i} = \sum_{j=1}^{e}Y_jX_j^e\Big(\sum_{i=0}^{e-1}(-1)^i a_{ki}X_j^{-i}\Big) = \sum_{j=1}^{e}Y_jX_j^e\sigma_k(X_j^{-1}) \tag{5.4.31}$$

式中 $\sigma_k(X_j^{-1})$ 表示 $\sigma_k(x)$ 在 $x=X_j^{-1}$ 时的值，只有当 $j=k$ 时，$\sigma_k(X_j^{-1})\neq 0$，j 为其他值时全为 0。所以，式(5.4.31)化为

$$\sum_{i=0}^{e-1}(-1)^i\sigma_{ki}S_{e-i} = Y_kX_k^e\sigma_k(X_k^{-1}) = Y_k\sum_{i=0}^{e-1}(-1)^i\sigma_{ki}X_k^{e-i}$$

由此得到

$$Y_k = \frac{\sum_{i=0}^{e-1}(-1)^i\sigma_{ki}S_{e-i}}{\sum_{i=0}^{e-1}(-1)^i\sigma_{ki}X_k^{e-i}} \tag{5.4.32}$$

式中 X_k 为 $\sigma(x)$ 的第 k 个根的倒数，σ_{ki} 由式(5.4.30)确定。

由式(5.4.32)可知，Y_k 只与 σ_i、S_j 和 X_k 有关，因而在求出 $\sigma(x)$ 和 X_k 后，可立即计算 Y_k。可以按 $i=n-1,n-2,\cdots,1,0$ 逐一计算，也可以仅当判定有错时再计算。利用式(5.4.32)计算 Y_k 比解方程组简单，前者的计算量与 t^2 成正比，而解方程组的计算量则与 t^3 成正比。

当译码用硬件实现时，用辅助多项式 $\omega(x)$ 计算错误值更简单。此时

$$Y_k = \frac{\omega(X_k^{-1})}{X_k^{-1}\sigma'(X_k^{-1})} \tag{5.4.33}$$

式中 $\sigma'(X_k^{-1})$ 为 $\sigma(x)$ 在 X_k^{-1} 上的导数。

错误位置数的倒数

$$X_k^{-1} = (\alpha^{l_k})^{-1} = \alpha^{-l_k} = \alpha^{n-l_k}$$

译码通常是从最高阶位 $n-1$ 开始搜索错误位置 $n-l_k$，其错误位置数的倒数 $X_{n-l_k}^{-1}=(\alpha^{n-l_k})^{-1}=\alpha^{l_k}$，代入式(5.4.33)，得到计算错误值的常用形式为

$$Y_{n-l_k}=\frac{\omega(\alpha^{l_k})}{\alpha^{l_k}\sigma'(\alpha^{l_k})} \tag{5.4.34}$$

当BCH码生成多项式 $g(x)$ 的连续 $d-1$ 个根中，$m_0\neq1$ 时，计算错误值的公式需要修正，其修正因式是 $X_k^{-m_0+1}$。

计算错误值的公式(5.4.32)和(5.4.33)右边乘修正因式 $X_k^{-m_0+1}$ 变为

$$Y_k=\frac{\sum_{i=0}^{e-1}(-1)^i\sigma_{ki}S_{e-i}}{\sum_{i=0}^{e-1}(-1)^i\sigma_{ki}X_k^{e-i}}\cdot X_k^{-m_0+1} \tag{5.4.35}$$

和

$$\left.\begin{aligned} Y_k&=\frac{X_k^{-m_0+1}\omega(X_k^{-1})}{X_k^{-1}\sigma'(X_k^{-1})}\\ \text{或 } Y_{n-l_k}&=\frac{\alpha^{l_k(m_0-1)}\omega(\alpha^{l_k})}{\alpha^{l_k}\sigma'(\alpha^{l_k})}\end{aligned}\right\} \tag{5.4.36}$$

例 5.4 设 $GF(2^3)$ 上的(7,3)RS码的接收字为 $R(x)=\alpha x^4+\alpha^3x^2$，求发送码矢。

解 作 $\alpha\in GF(2^3)$ 的元素表。

三次本原多项式 $P(x)=x^3+x+1$，令 α 为根，则 $P(\alpha)=\alpha^3+\alpha+1=0$，那么 $\alpha^3=\alpha+1$。元素如表5.4.4所列。

表 5.4.4 GF(2^3)域元素表

0	$\alpha^3=\alpha+1$
$\alpha^0=1$	$\alpha^4=\alpha^2+\alpha$
α	$\alpha^5=\alpha^2+\alpha+1$
α^2	$\alpha^6=\alpha^2+1$

设码的纠错能力为 t，$2t=n-k=4$。译码步骤如下：

(1) 计算伴随式

$S_1=R(\alpha)=\alpha^5+\alpha^5=0$，　$S_2=R(\alpha^2)=\alpha^9+\alpha^7=\alpha^6$

$S_3=R(\alpha^3)=\alpha^{13}+\alpha^9=1$，　$S_4=R(\alpha^4)=\alpha^{17}+\alpha^{11}=\alpha^6$

(2) 求错误位置多项式　迭代过程为填写下面的表格

n	$\sigma^{((n))}(x)^e$	d_n	l_m	$n-l_m$
-1	1	1	0	-1
0	1	$S_1=0$	0	0
1	1	α^6	0	1
2	$1+\alpha^6x^2$	1	2	0(取 $m=-1$)
3	$1+\alpha x+\alpha^6x^2$	0	2	1($m=1$)
4	$1+\alpha x+\alpha^6x^2$		2	2

所以，$\sigma(x)=\alpha^6x^2+\alpha x+1$；$\sigma_1=\alpha$，$\sigma_2=\alpha^6$。

(3) 计算错误位置数　将 $1,\alpha,\cdots,\alpha^6$ 分别代入 $\sigma(x)$，求得 α^5，α^3 是 $\sigma(x)$ 的根，得错误位置数为 α^2，α^4。所以，接收符号 R_2 和 R_4 是错误的。

(4) 计算错误值

$$X_1 = \alpha^2, X_2 = \alpha^4$$

$$\sigma_{k0} = \sigma_0 = 1$$

$$\sigma_{ki} = \sigma_i - \sigma_{k(i-1)} X_k \qquad k = 1,2$$

$$\sigma_{11} = \sigma_1 - \sigma_{1.0} X_1 = \alpha + \alpha^2 = \alpha^4$$

$$\sigma_{21} = \sigma_1 - \sigma_{2.0} X_2 = \alpha + \alpha^4 = \alpha^2$$

代入式(5.4.31)得

$$Y_1 = \frac{S_2 + \sigma_{11} S_1}{X_1(X_1 + \sigma_{11})} = \frac{\alpha^6 + 0}{\alpha^2(\alpha^2 + \alpha^4)} = \alpha^3, \quad Y_2 = \frac{S_2 + \sigma_{21} S_1}{X_2(X_2 + \sigma_{21})} = \alpha$$

得错误图样为

$$E(x) = \alpha x^4 + \alpha^3 x^2$$

(5) 计算发送码矢

$$\widehat{C}(x) = R(x) - E(x) = 0$$

所以,判决发送码字为 0 矢量。

5.4.5 译码算法的改进

首先讨论迭代算法实现的改进。

(1) 以判断 $k(n)$ 是否大于 0,代替比较 $n-l_n$ 与 $m-l_m$ 的大小。对第 $n+1$ 次迭代,当 $d_n \neq 0$,求出 $\sigma^{(n+1)}(x)$ 后,需比较 $n-l_n$ 与 $m-l_m$ 的大小,以决定 $\sigma^{(m)}(x)$ 是否需要更新。

令 $k(n)=(n-l_n)-(m-l_m)$;显然,判断 $k(n)$ 是否大于 0,等效于比较 $n-l_n$ 与 $m-l_m$ 的大小。

下面求出每次迭代后,$k(n)$ 的变化:

若 $k(n) \geqslant 0$,即 $n-l_n \geqslant m-l_m$,得 $l_n \leqslant n-m+l_m$,根据式(5.4.16)应取 $l_{n+1}=n-m+l_m$,则 $n+1-l_{n+1}=m-l_m+1$。在这种条件下,$\sigma^{(m)}(x)$ 要用 $\sigma^{(n)}(x)$ 更新,更新后 $m-l_m=n-l_n$,所以,$k(n+1)=m-l_m+1-(n-l_n)=-k(n)+1$。

当 $k(n)<0$,即 $n-l_n<m-l_m$ 时,$l_n>n-m+l_m$,根据式(5.4.16),应选取 $l_{n+1}=l_n$,则 $n+1-l_{n+1}=n-l_n+1$,而 $\sigma^{(m)}(x)$ 应保持不变,所以,$k(n+1)=n-l_n+1-(m-l_m)=k(n)+1$。

当 $d_n=0$ 时,$l_{n+1}=l_n$,m 和 l_m 不变,$k(n+1)=n+1-l_n-(m-l_m)=k(n)+1$。

综上所述,$k(n)$ 需用一个补码计数器来存放和计数,迭代中判断 $k(n)$ 是否大于 0 即可。

(2) 迭代公式的简化。在第 $n+1$ 次迭代计算 $\sigma^{(n+1)}(x)$ 的公式(5.4.16)中,$\sigma^{(m)}(x)$ 要乘以因式 x^{n-m},引入多项式 $\Phi^{(n)}(x)$ 表示第 n 次迭代后 $x^{n-m}\sigma^{(m)}(x)$ 的乘积,如果第 n 次迭代后,$\Phi^{(n)}(x)$ 已被 $\sigma^{(n-1)}(x)$ 更新,$\Phi^{(n)}(x)$ 和 $\sigma^{(n)}(x)$ 为两次连续迭代结果,则 $m=n-1$,$x^{n-m}=x$;如果未被更新,由于迭代次数 n 增 1,$\Phi^{(n)}(x)$ 也只要乘 x,因此将迭代公式(5.4.20)简化为下面形式

或
$$\left.\begin{aligned}\sigma^{(n+1)}(x)&=\sigma^{(n)}(x)-d_n d_m^{-1} x\Phi^{(n)}(x)\\ \sigma^{(n+1)}(x)&=d_m\sigma^{(n)}(x)-d_n x\Phi^{(n)}(x)\end{aligned}\right\}\tag{5.4.37}$$

由于$\Phi^{(n)}(x)$表示在第n次迭代后$x^{n-m}\sigma^{(m)}(x)$的乘积，所以$x\Phi^{(n)}(x)$运算不仅使$\Phi^{(n)}(x)$幂次增1，还使硬件译码电路中$\Phi^{(n)}(x)$存储器必须右移一位；而且，$x\Phi^{(n)}(x)=\Phi^{(n+1)}(x)$。

简化的迭代初值如表5.4.5所列。

表5.4.5 简化的迭代初值

迭代次数 n	$\sigma^{(n)}(x)$	偏差 d_n	$k(n)$
-1	1	1	—
0	1	S_1	1

应该指出，迭代算法的两点简化对求逆迭代和无求逆迭代电路都是适用的。其次，在算出$\sigma(x)$后，用迭代计算偏差d_n电路来计算$\omega(x)$。

按照迭代算法，在迭代求错误位置多项式$\sigma(x)$的同时，计算错误值多项式$\omega(x)$，这在用硬件实现译码时，计算$\omega(x)$需用大量资源，所以通常都在迭代算出$\sigma(x)$后，使用迭代电路计算偏差d_n的部分，利用$\omega(x)=\sigma(x)S(x)\cdots\text{mod}x^{n+1}$计算$\sigma(x)$。

作为改进迭代算法的一个例子，将改进的无求逆BM迭代算法整理如下：

设已完成第n次迭代，得到
$$\sigma^{(n)}(x)=\sigma_0^{(n)}+\sigma_1^{(n)}x+\cdots+\sigma_{l_n}^{(n)}x^{l_n}$$
计算偏差度
$$d_n=\sigma_0^{(n)}S_{n+1}+\sigma_1^{(n)}S_n+\cdots+\sigma_{l_n}^{(n)}S_{n+1-l_n}\tag{5.4.38}$$
如果$d_n=0$，则
$$\left.\begin{aligned}&\sigma^{(n+1)}(x)=d_m\sigma^{(n)}(x)\\ &\text{或 }\sigma^{(n+1)}(x)=\sigma^{n}(x)\\ &k(n+1)=k(n)+1\end{aligned}\right\}\tag{5.4.39}$$
如果$d_n\neq0$，计算
$$\left.\begin{aligned}&\sigma^{(n+1)}(x)=d_m\sigma^{(n)}(x)-d_n x\Phi^{(n)}(x)\\ \text{当 } d_n\neq0,\text{且 } k(n)\geqslant0,\text{则}\quad &\Phi^{(n)}(x)=\sigma^{(n)}(x),d_m=d_n,k(n+1)=-k(n)+1\\ \text{当 } d_n\neq0,k(n)<0\text{ 时}\quad &k(n+1)=k(n)+1\end{aligned}\right\}\tag{5.4.40}$$
经过$2t$次迭代后，得到$\sigma(x)=\sigma^{(2t)}(x)$。根据关键方程，计算错误值多项式
$$\omega(x)=\sigma(x)S(x)\cdots\text{mod}x^{2n+1}$$

5.5 RS码的编码

由于BCH码是一类循环码，所以二元BCH码可按二元循环码编码，即可用k级或$n-k$

级除法电路实现编码，编码电路的构成原则与一般循环码相同。对于多元 BCH 码，只讨论 $GF(2^m)$上 RS 码的编码。按照码字的结构，RS 码也有系统码和非系统码。本节将介绍系统码形式的 RS 码的编码。首先举例说明。

例 5.5 在 $GF(2^3)$上构造一个码长为 $n=7$，纠错能力 $t=2$ 的 RS 码。

$GF(2^3)$由三次本原多项式 $P(x)=x^3+x+1$ 的根 α 以其各次幂和零元素构成。由于 α 是 $P(x)=x^3+x+1$ 的根，则 $P(\alpha)=\alpha^3+\alpha+1=0$，因而 $\alpha^2=\alpha+1$。由此关系式作出域 $GF(2^3)$的元素表，参见表 5.4.4。

由于 $t=2$，该码的生成多项式 $g(x)$为

$$g(x)=(x-\alpha)(x-\alpha^2)(x-\alpha^3)(x-\alpha^4)$$

$g(x)$以 $\alpha,\alpha^2,\alpha^3,\alpha^4$ 为根，展开上式，利用 $GF(2^3)$各元素的关系，可以得到

$$g(x)=x^4+\alpha^3x^3+x^2+\alpha x+\alpha^3$$

因此，$g(x)$的次数为 $n-k=4$。

由 $g(x)$生成的 RS 码参数如下：

码长： $n=2^3-1=7$

监督位数： $n-k=4$

信息位数： $k=3$

最小距离： $d_{\min}=n-k+1=5$

因此，得到的是(7,3)RS 码，其纠错能力 $t=2$。

与二元 BCH 码的编码类似，利用生成多项式 $g(x)$，就可以对待编码的信息多项式 $m(x)$进行编码；对(7,3)RS 码而言，$m(x)=m_2x^2+m_1x+m_0$，$m_i\in GF(2^3)$，$i=0,1,2,\cdots$。其编码步骤为：

(1) $x^4\cdot m(x)$；

(2) 利用 $g(x)$求监督多项式 $r(x)$，$r(x)\equiv x\cdot m(x)\cdots \bmod g(x)$；

(3) 码字 $c(x)=x^4\cdot m(x)+r(x)$。

设 $m(x)=\alpha^4x^2+\alpha^2x+\alpha$，对应以上编码步骤可得：

(1) $x^4\cdot m(x)=\alpha^4x^6+\alpha^2x^5+\alpha x^4$；

(2) $r(x)\equiv x^4\cdot m(x)\cdots \bmod(x^4+\alpha^3x^3+x^2+\alpha x+\alpha^3)$，$r(x)\equiv\alpha x^3+d^3x$；

(3) $c(x)=\alpha^4x^6+\alpha^2x^5+\alpha x^4+\alpha x^3+\alpha^2x$。

在求监督多项式 $r(x)$时，可以利用 $g(x)$的除法电路；对(7,3)RS 码而言，$n-k=4$，因此，除法电路由带反馈的 4 级移存器、乘法器、加法器构成；与二元码不同的是，这些运算是在 $GF(2^3)$域上的运算，(7,3)RS 码的编码电路如图 5.5.1 所示。

注意：图中⊕表示 $GF(2^m)$中两个元素相加的加法器；⊗表示 $GF(2^m)$中固定元素乘以同一域中元素的乘法器；□表示能存储 $GF(2^m)$域中元素的存储器。

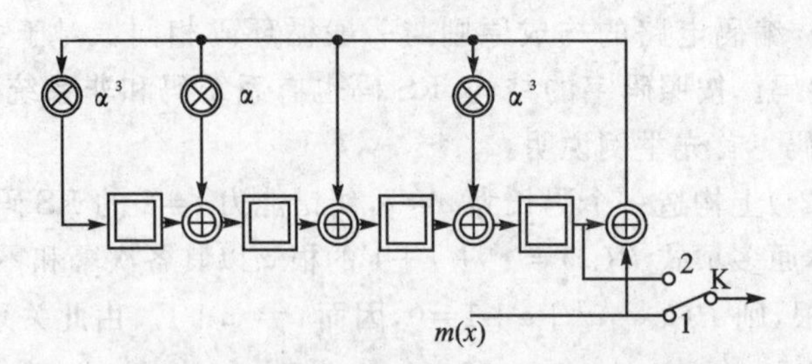

图 5.5.1 用 4 级实现的(7,3)RS 码编码器

关于 $GF(2^3)$域上的运算将在后叙章节中介绍，这里只给出了原理框图。图中的加法器、乘法器和存储器均为多元域 $GF(2^m)$中的运算和存储器件，故用双线表示。

一般来说，对(n,k)RS 码，利用 $g(x)$进行系统编码的步骤如下：

(1) $x^{n-k}\cdot m(x)$；

(2) 利用 $g(x)$求监督多项式 $r(x)$，$r(x)\equiv x^{n-k}\cdot m(x)\cdots \mathrm{mod}g(x)$；

(3) 码字 $c(x)=x^{n-k}\cdot m(x)+r(x)$。

其编码电路如图 5.5.2 所示。

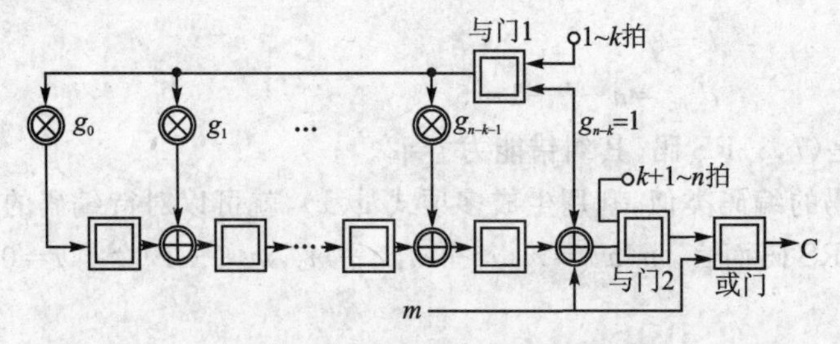

图 5.5.2 一般(n,k)RS 码编码电路

5.6 非系统 RS 码的编码和译码

非系统 RS 码的编译码法属于变换式编译码的新方法。在译码时，不需要求出错误位置和错误值，比系统 RS 码的译码步骤少，速度快，设备简单，很有实用价值。

本节介绍非系统 RS 码的编码和译码。现首先介绍 MS(Mattson-Solomon)多项式。

5.6.1 MS 多项式的定义

定义 5.6.1 设 $a(x)$系数取自 $GF(2^m)$的任一多项式

$$a(x)=a_{n-1}x^{n-1}+a_{n-2}x^{n-2}+\cdots+a_1x+a_0,a_i\in GF(2^m)$$

而 $b(x)$是以 $a(\alpha^i)$为系数的多项式，$i=0,1,2,\cdots,n-1$，且 α 是 $GF(2^m)$中的 n 阶元素，则称

$$b(x)=a(\alpha^{n-1})x^{n-1}+a(\alpha^{n-2})x^{n-2}+\cdots+a(\alpha)x+a(1) \tag{5.6.1}$$

为 $a(x)$ 的 MS 多项式。

定理 5.6.1　若 $b(x)$ 为 $a(x)$ 的 MS 多项式，即 $b_i=a(\alpha^i)$，则 $a_i=b(\alpha^{-i})$。

证明　因为 $b(x)$ 是 $a(x)$ 的 MS 多项式，所以

$$
\begin{aligned}
b(x) = & a(\alpha^{n-1})x^{n-1} + a(\alpha^{n-2})x^{n-2} + \cdots + a(\alpha)x + a(1) = \\
& [a_{n-1}(\alpha^{n-1})^{n-1} + a_{n-2}(\alpha^{n-1})^{n-2} + \cdots + a_1\alpha^{n-1} + a_0]x^{n-1} + \\
& [a_{n-1}(\alpha^{n-2})^{n-1} + a_{n-2}(\alpha^{n-2})^{n-2} + \cdots + a_1\alpha^{n-2} + a_0]x^{n-2} + \cdots + \\
& [a_{n-1} + a_{n-2} + \cdots + a_1 + a_0]\cdot 1
\end{aligned}
$$

上式沿纵列方向合并同类项，得到

$$
\begin{aligned}
b(x) = & a_{n-1}[(\alpha^{n-1}x)^{n-1} + (\alpha^{n-1}x)^{n-2} + \cdots + 1] + \\
& a_{n-2}[(\alpha^{n-2}x)^{n-1} + (\alpha^{n-2}x)^{n-2} + \cdots +] + \cdots + a_0[x^{n-1} + x^{n-2} + \cdots + 1]
\end{aligned} \tag{5.6.2}
$$

由于 α 是 n 阶元素，$GF(2^m)$ 中的所有非 0 元素 $1,\alpha,\cdots,\alpha^{n-1}$ 均是多项式

$$x^n - 1 = (x-1)(x^{n-1} + x^{n-2} + \cdots + x + 1)$$

的根。因此，除 1 以外，$\alpha,\alpha^2,\cdots,\alpha^{n-1}$ 必是 $x^{n-1}+x^{n-2}+\cdots+x+1$ 的根，即

$$(\alpha^i)^{n-1} + (\alpha^i)^{n-2} + \cdots + \alpha^i + 1 = 0 \tag{5.6.3}$$

且 $1^{n-1}+1^{n-2}+\cdots+1^i+1=n\cdot 1$（$n$ 为奇数）。

所以，对式(5.6.2)，令 $x=\alpha^{-i}$ 得

$$
\begin{aligned}
b(\alpha^{-i}) = & a_{n-1}[(\alpha^{n-i-1})^{n-1} + (\alpha^{n-i-1})^{n-2} + \cdots + 1] + \\
& a_{n-2}[(\alpha^{n-i-2})^{n-1} + (\alpha^{n-i-2})^{n-2} + \cdots + 1] + \cdots + \\
& a_{i+1}[\alpha^{n-1} + \alpha^{n-2} + \cdots + 1] + \\
& a_i[1^{n-1} + 1^{n-2} + \cdots + 1] + \\
& a_{i-1}[(\alpha^{-1})^{n-1} + (\alpha^{-1})^{n-2} + \cdots + 1] + \cdots + \\
& a_0[(\alpha^{-t})^{n-1} + (\alpha^{-t})^{n-2} + \cdots +]
\end{aligned}
$$

由式(5.6.3)知，上式除系数为 a_i 一项外，其他各项均为 0，所以

$$b(\alpha^{-i}) = a_i$$

证毕

若已知一个多项式 $a(x)$ 的 MS 多项式 $b(x)$，则

$$a(x) = \sum_{i=0}^{n-1} b(a^{-i})x^i \tag{5.6.4}$$

综上所述，若已知 $GF(2^m)$ 上的多项式 $a(x)$，由 MS 多项式的定义，可以构造出它的 MS 多项式 $b(x)$；如果已知其 MS 多项式 $b(x)$，则根据定理 5.5.1 可以确定原多项式 $a(x)$，即

$$\left.\begin{aligned} b_i &= a(\alpha^i) \\ a_i &= b(\alpha^{-i}) \end{aligned}\right\} \quad i = 0,1,2,\cdots,n-1$$

由于 $\alpha^{-i}\equiv\alpha^{n-i}$，即 $\alpha^{-1}\equiv\alpha^{n-1}$，$\alpha^{-2}\equiv\alpha^{n-2}$，$\cdots$，$\alpha^{-(n-1)}\equiv\alpha$（模 α^n+1）。所以，求系数 a_i 实质上就是确定 $b(x)$ 的 MS 多项式的过程，只不过系数的排列顺序要颠倒过来。

$$a_{n-1} = b(\alpha), \quad a_{n-2} = b(\alpha^2) \quad \cdots \quad a_1 = b(\alpha^{n-1}) \quad a_0 = b(1)$$

因此，若 $b(x)$ 是 $a(x)$ 的 MS 多项式，则 $a(x)$ 也是 $b(x)$ 的 MS 多项式。只不过系数的排列要颠倒顺序。所以，称 $a(x)$ 和 $b(x)$ 互为 MS 多项式。

定理 5.6.2 设 α 为 $GF(2^m)$ 的本原元，$m(x)$ 为 $GF(2^m)$ 上的 $k-1$ 阶多项式，$C(x)$ 为 $m(x)$ 的 MS 多项式，则 $C(x)$ 是以 $m(x)$ 作为信息多项式，而以 $g(x)=(x-\alpha)(x-\alpha^2)\cdots(x-\alpha^{n-k})$ 为生成多项式所生成的 RS 码的码多项式。

证明 设 $m(x)=m_{k-1}x^{k-1}+m_{k-2}x^{k-2}+\cdots+m_0$，它的 MS 多项式 $C(x)$ 的表示式为

$$C(x) = C_{n-1}x^{n-1} + C_{n-2}x^{n-2} + \cdots + C_1 x + C_0 = m(\alpha^{n-1})x^{n-1} + \cdots + m(\alpha)x + m(1) \tag{5.6.5}$$

式中

$$C_j = m(\alpha^j) = m_{k-1}(\alpha^j)^{k-1} + \cdots + m_1(\alpha^j) + m_0 \quad j=n-1,n-2,\cdots,1,0 \tag{5.6.6}$$

根据 MS 多项式定理得到

$$\left.\begin{aligned} m_0 &= C(\alpha^n) \\ m_1 &= C(\alpha^{n-1}) \\ &\vdots \\ m_{k-1} &= C(\alpha^{n-k+1}) \end{aligned}\right\} \tag{5.6.7}$$

$$\left.\begin{aligned} m_k &= 0 = C(\alpha^{n-k}) \\ &\vdots \\ m_{n-1} &= 0 = C(\alpha) \end{aligned}\right\} \tag{5.6.8}$$

式(5.6.8)表明，$C(x)$ 的 MS 多项式的 1 到 $n-k$ 次项为 0，这也说明了 $\alpha,\alpha^2,\cdots,\alpha^{n-k}$ 是 $C(x)$ 的根，因而 $C(x)$ 含有 RS 码生成多项式

$$g(x) = (x-\alpha)(x-\alpha^2)\cdots(x-\alpha^{n-k})$$

的全部因式，即 $C(x)$ 为 $g(x)$ 的倍式。这就证明了信息多项式 $m(x)$ 的 MS 多项式 $C(x)$ 是 RS 码的码多项式。

证毕

由式(5.6.7)可见，码多项式 $C(x)$ 的 MS 多项式的 $C(\alpha^n)$ 到 $C(\alpha^{n-k+1})$ 项与信息符号 m_0 到 m_{k-1} 相对应，但它们之间是反序关系。

5.6.2 非系统 RS 码的编码

根据定理 5.6.2，非系统 RS 码可以通过求信息多项式的 MS 多项式来编码。将式(5.6.6)改写为下面的形式

$$C_j = m_{k-1}(\alpha^{k-1})^j + m_{k-2}(\alpha^{k-2})^j + \cdots + m_1\alpha^j + m_0 \tag{5.6.9}$$

由式(5.6.9)可以得到如图 5.6.1 所示的非系统 RS 码的编码电路。

图 5.6.1 所示编码电路的工作过程是：将 k 个信息符号写入 k 级寄存器，输出 $C_0=m(1)$；对各级寄存器激励一次，输出 $C_1=m(\alpha)$，…，激励第 $n-1$ 次，得 $C_{n-1}=m(\alpha^{n-1})$，由此编完一个

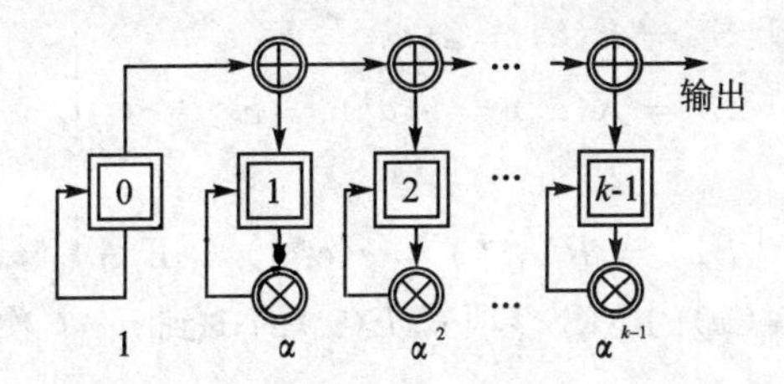

图 5.6.1　非系统 RS 码编码逻辑框图

码字。

若用软件实现编码，应将式(5.6.9)改写成下面的形式

$$C_j=[\cdots(m_{k-1}\alpha^j+m_{k-2})\alpha^j+\cdots+m_1]\alpha^j+m_0,\quad j=n-1,n-2,\cdots,1,0 \tag{5.6.10}$$

5.6.3　非系统 RS 码的译码

设发送的码多项式

$$C(x)=C_{n-1}x^{n-1}+C_{n-2}x^{n-2}+\cdots+C_1x+C_0$$

信道的错误图样为 $e(x)$，而接收多项式为

$$R(x)=C(x)+e(x) \tag{5.6.11}$$

其中 $e(x)=e_{n-1}x^{n-1}+e_{n-2}x^{n-2}+\cdots+e_1x+e_0$。

又设 $E(x)$ 为 $e(x)$ 的 MS 多项式，则

$$E(x)=e(\alpha^{n-1})x^{n-1}+e(\alpha^{n-2})x^{n-2}+\cdots+e(\alpha)x+e(1)=$$
$$E_{n-1}x^{n-1}+E_{n-2}x^{n-2}+\cdots+E_1x+E_0$$

因此，接收多项式 $R(x)$ 的 MS 多项式为

$$S(x)=S_nx^n+S_{n-1}x^{n-1}+\cdots+S_1x=\sum_{j=1}^{n}S_jx^j=$$
$$R(\alpha^n)x^n+R(\alpha^{n-1})x^{n-1}+\cdots+R(\alpha)x$$

利用式(5.6.11)得到

$$\left.\begin{aligned}S_1&=R(\alpha)=C(\alpha)+e(\alpha)\\S_2&=R(\alpha^2)=C(\alpha^2)+e(\alpha^2)\\&\vdots\\S_n&=R(\alpha^n)=C(\alpha^n)+e(\alpha^n)\end{aligned}\right\} \tag{5.6.12}$$

由(5.6.12)式可以得到下面的结论：

(1) 接收多项式的 MS 多项式 $S(x)$ 等于码多项式的 MS 多项式与错误图样的 MS 多项式之和；而码多项式的 MS 多项式是倒序的信息多项式，所以接收多项式 $R(x)$ 的 MS 多项式 $S(x)$ 等于倒序的信息多项式和错误图样 $e(x)$ 的 MS 多项式 $E(x)$ 之和。

(2) 由式(5.6.8)知，$C(\alpha)=C(\alpha^2)=\cdots=C(\alpha^{n-k})=0$，所以从式(5.6.12)得

$$\left.\begin{aligned} S_1 &= R(\alpha) = e(\alpha) = E_1 \\ S_2 &= R(\alpha^2) = e(\alpha^2) = E_2 \\ &\vdots \\ S_{n-k} &= R(\alpha^{n-k}) = e(\alpha^{n-k}) = E_{n-k} \end{aligned}\right\} \tag{5.6.13}$$

式(5.6.13)说明，错误图样 $e(x)$ 的 MS 多项式 $E(x)$ 的 1 到 $n-k$ 次项系数 $E_1, E_2, \cdots, E_{n-k}$ 分别等于 $S_1, S_2, \cdots, S_{n-k}$。

假设接收字中含有 t 个错误，这些错误发生在 $t_1, t_2, \cdots, t_t$ 位置上，对应的错误值分别为 $e_{l_1}, e_{l_2}, \cdots, e_{l_t}$，则错误图样可写成

$$e(x) = e_{t_1} x^{l_1} + e_{t_2} x^{l_2} + \cdots + e_{t_t} x^{l_t} \tag{5.6.14}$$

$e(x)$ 的 MS 多项式的各项系数为

$$\left.\begin{aligned} E_1 &= e_{l_1}\alpha^{l_1} + e_{l_2}\alpha^{l_2} + \cdots + e_{l_t}\alpha^{l_t} = \sum_{t=1}^{t} e_{l_i}\alpha^{l_i} \\ E_2 &= \sum_{i=1}^{t} e_{l_i}\alpha^{2l_i} \\ &\vdots \\ E_{n-k} &= \sum_{i=1}^{t} e_{l_i}\alpha^{(n-k)l_i} \end{aligned}\right\} \tag{5.6.15}$$

$$\left.\begin{aligned} E_{n-k+1} &= \sum_{i=1}^{t} e_{l_i}\alpha^{(n-k+1)l_i} \\ &\vdots \\ E_n &= \sum_{i=1}^{t} e_{l_i}\alpha^{nl_i} \end{aligned}\right\} \tag{5.4.16}$$

令 $X_i = \alpha^{l_i}$，称为错误位置数，表示第 i 个错误发生在 l_i 位置上，又令 $Y_i = e_{l_i}$ 是第 i 个错误的错误值，这样式 (5.6.15)可以写成

$$\left.\begin{aligned} E_1 &= \sum_{i=1}^{t} Y_i X_i \\ E_2 &= \sum_{i=1}^{t} Y_i X_i^2 \\ &\vdots \\ E_{n-k} &= \sum_{i=1}^{t} Y_i X_i^{(n-k)} \end{aligned}\right\} \tag{5.6.17}$$

同样，式(5.6.16)可以写成

$$\left.\begin{aligned} E_{n-k+1} &= \sum_{i=1}^{t} Y_i X_i^{n-k+1} \\ &\vdots \\ E_n &= \sum_{i=1}^{t} Y_i X_i^n \end{aligned}\right\} \tag{5.6.18}$$

将 $S_j = E_j (j=1,2,\cdots,n-k)$ 代入式(5.6.17)得

$$\left.\begin{aligned} \sum_{i=1}^{t} Y_i X_i &= S_1 \\ \sum_{i=1}^{t} Y_i X_i^2 &= S_2 \\ &\vdots \\ \sum_{i=1}^{t} Y_i X_i^{n-k} &= S_{n-k} \end{aligned}\right\} \tag{5.6.19}$$

其中 $S_1, S_2, \cdots, S_{n-k}$ 可由接收多项式求出，因而式(5.6.19)所表示的方程组有确定解。如将 $Y_i X_i$ 分开解决，可将非线性方程化为线性方程。和以前一样，定义一个错误位置多项式

$$\sigma(x) \stackrel{\text{def}}{=\!=} (1-X_1 x)(1-X_2 x)\cdots(1-X_t x) \stackrel{\text{def}}{=\!=} 1+\sigma_1 x+\sigma_2 x^2+\cdots+\sigma_t x^t \tag{5.6.20}$$

式中 $\sigma_1, \sigma_2, \cdots, \sigma_t$ 是 $X_1, X_2, \cdots, X_t$ 的初等对称函数，错误位置数 $X_1, X_2, \cdots, X_t$ 为 $\sigma(x)$ 的倒数根，即

$$\sigma(X_j^{-1}) = 1 + \sigma_1 X_j^{-1} + \sigma_2 X_j^{-2} + \cdots + \sigma_t X_j^{-t} = 0$$

上式两边同乘以 $Y_j X_j^i$ 得到

$$Y_j X_j^i + \sigma_1 Y_j X_j^{i-1} + \cdots + \sigma_t Y_j X_j^{i-t} = 0$$

在上式中，令 $j=1,2,\cdots,t$，得 t 个等式，将它们相加得到

$$\sum_{j=1}^{t} Y_j X_j^i + \sum_{j=1}^{t} \sigma_1 Y_j X_j^{i-1} + \cdots + \sum_{j=1}^{t} \sigma_i Y_j X_j^{i-t} = 0 \tag{5.6.21}$$

对式(5.6.21)分别令 $i=t+1,\ t+2,\ \cdots,\ 2t(=n-k)$ 并将式(5.6.19)代入得

$$\left.\begin{aligned} S_{t+1} + \sigma_1 S_t + \cdots + \sigma_t S_1 &= 0 \\ S_{t+2} + \sigma_1 S_{t+1} + \cdots + \sigma_t S_2 &= 0 \\ &\vdots \\ S_{2t} + \sigma_1 S_{2t-1} + \cdots + \sigma_t S_t &= 0 \end{aligned}\right\} \tag{5.6.22}$$

同样在式(5.6.21)中，令 $i=2t+1, 2t+2, \cdots, n$，并将式(5.6.18)代入得到

$$\left.\begin{aligned} E_{2t+1} + \sigma_1 E_{2t} + \cdots + \sigma_t E_{t+1} &= 0 \\ &\vdots \\ E_n + \sigma_1 E_{n-1} + \cdots + \sigma_t E_{n-t} &= 0 \end{aligned}\right\} \tag{5.6.23}$$

按 5.5 节中介绍的伯利坎普迭代算法，求出错误位置多项式

$$\sigma(x) = 1 + \sigma_1 x + \sigma_2 x^2 + \cdots + \sigma_t x^t$$

将 $\sigma_1, \sigma_2, \cdots, \sigma_t$ 代入式(5.6.23)，可依次推出 $E_{n-k+1}, E_{n-k+2}, \cdots, E_n$。

最后，根据式(5.4.7)和式(5.4.12)，可求得信息符号的估值为

$$\left.\begin{aligned} \hat{m}_0 &= C(\alpha^n) = S_n - E_n \\ \hat{m}_1 &= C(\alpha^{n-1}) = S_{n-1} - E_{n-1} \\ &\vdots \\ \hat{m}_{k-1} &= C(\alpha^{n-k+1}) = S_{n-k+1} - E_{n-k+1} \end{aligned}\right\} \tag{5.6.24}$$

因此，可将非系统 RS 码译码过程归纳如下：

(1) 由接收多项式 $R(x)$，求其 MS 多项式 $S(x)$

$$S(x) = S_n x^n + S_{n-1} x^{n-1} + \cdots + S_1 x = R(\alpha^n) x^n + R(\alpha^{n-1}) x^{n-1} + \cdots + R(\alpha) x$$

注意：由于信息符号 m_0 与 S_n 相对应，所以把常数项 $S_0 = R(1)$ 提到首项，写作 $S_n = R(\alpha^n)$。

(2) 由 $S_1, S_2, \cdots, S_{n-k}$，用伯利坎普迭代算法，求错误位置多项式

$$\sigma(x) = 1 + \sigma_1 x + \sigma_2 x^2 + \cdots + \sigma_t x^t$$

(3) 利用式(5.6.23)，求信道错误图样 $e(x)$ 的 MS 多项式的分量 $E_{n-k+1}, \cdots, E_{n-k+2}, \cdots, E_n$。

(4) 用式(5.6.24)，求出发送信息符号的估值。

例 5.6 考虑 GF(2^4)中，纠 3 个错误的(15,9)RS 码，试采用非系统 RS 码编码和译码。

设信息多项式为

$$m(x) = 0x^8 + 0x^7 + 0x^6 + 0x^6 + 0x^4 + 0x^3 + 0x^2 + 0x + 0$$

令 $x = \alpha^j$，$j = 14, 13, \cdots, 1, 0$ 时，$m(\alpha^j)$ 都为 0，所以码多项式也是一个全 0 多项式，即

$$C(x) = 0x^{14} + 0x^{13} + \cdots + 0x + 0$$

设传输中码元符号有 3 个错误，接收多项式为

$$R(x) = \alpha^4 x^{12} + \alpha^3 x^6 + \alpha^7 x^3$$

译码过程如下：

第一步，计算接收多项式 $R(x)$ 的 MS 多项式：

$$S_1 = R(\alpha) = \alpha^{12},\ S_2 = R(\alpha^2) = 1,\ S_3 = R(\alpha^3) = \alpha^{14}$$

$$S_4 = \alpha^{10},\ S_5 = 0,\ S_6 = \alpha^{12},\ S_7 = 1,\ S_8 = \alpha^{14},\ S_9 = \alpha^{10}$$

$$S_{10} = 0,\ S_{11} = \alpha^{12},\ S_{12} = 1,\ S_{13} = \alpha^{14},\ S_{14} = \alpha^{10},\ S_{15} = 0$$

第二步，按伯利坎普迭代算法，求出错误位置多项式

$$\sigma(x) = 1 + \alpha^7 x + \alpha^4 x^2 + \alpha^6 x^3$$

第三步，由错误图样的 MS 多项式的 6 个低次项系数：$E_1 = S_1 = \alpha^{13}$，$E_2 = S_2 = 1$，$E_3 = S_3 = \alpha^{14}$，$E_4 = S_4 = \alpha^{10}$，$E_5 = S_5 = 0$，$E_6 = S_6 = \alpha^{12}$，利用式(5.4.23)，求其余 9 个高次项系数：$E_7 = 1$，$E_8 = \alpha^{14}$，$E_9 = \alpha^{10}$，$E_{10} = 0$，$E_{11} = \alpha^{12}$，$E_{12} = 1$，$E_{13} = \alpha^{14}$，$E_{14} = \alpha^{10}$，$E_{15} = 0$。

第四步,求信息符号的估值:由式(5.6.24),得到

$$\hat{m}_0 = S_{15} - E_{15} = 0, \hat{m}_1 = 0, \hat{m}_2 = 0, \hat{m}_3 = 0, \hat{m}_4 = 0, \hat{m}_5 = 0, \hat{m}_6 = 0, \hat{m}_7 = 0, \hat{m}_8 = 0$$

5.7 BCH码的纠删/纠错译码

在删除信道下,当码元做删除处理时,它在接收序列中的位置是确定的,只是不知道其错误值。最小距离为 $d_{\min}=2t+1$ 的 BCH 码,能够在纠正 v 个错误的同时纠正 e 个删除,在只用于纠删时,可以纠正 $d-1$ 个删除。其中 v 是实际产生的错误个数。

对于二元 BCH 码,纠删纠错译码比较简单,用前面介绍的迭代算法求差错位置多项式 $\sigma(x)$ 很方便。对多进制 BCH 码而言,如 RS 码,纠删纠错译码较复杂。这里先讨论二元 BCH 码的纠删纠错译码。

设接收码字 $R(x)$ 中有 $\leqslant v$ 个差错和 $\leqslant e$ 个删除。可以证明,只要 $2v+e\leqslant d-1$,则该码可以纠正 v 和 e 的任意组合。纠删纠错的方法如下:

由于 e 个删除的位置是已知的,只是不知道其错误值是“1”还是“0”。所以,可以在删除位置上先填上 e 个“0”,如果发送码字在这 e 个删除位置上有 e^* 个“1”,$e-e^*$ 个“0”,则用全 0 填充的删除位置上有 e^* 个错误码元,再加上已有的 v 个差错共有 $v+e^*$ 个错误。如果 $v+e^*\leqslant(d-1)/2$,则该码可以纠正这些错误,如果 $v+e^*>(d-1)/2$ 个错误,则不能纠正这些错误。在这种情况下,在删除位置上全填上“1”,则在删除位置上有 $e-e^*$ 个错误,再加已有的 v 个差错,共有 $v+e-e^*$ 个错误;如果 $v+e-e^*\leqslant(d-1)/2$ 个错误,则这些错误是可以纠正的。

下面证明,当 $v+e^*>(d-1)/2$,在删除位置上全部填充“1”以后,这个条件是满足的。

由于 $d-1=2v+e$,所以 $2v+e-(v+e^*)\leqslant(d-1)/2$,即 $v+e-e^*\leqslant(d-1)/2$。

由上述可见,二元 BCH 码的纠删纠错译码较简单。首先在接收码字中的 $R(x)$ 上的删除位置上全填上“0”,再送到译码器译码。若译码器译码后的码字中,除去删除位置外纠错的数目 $\leqslant(d-1)/2$,则译码是正确的;否则说明译码有误。在这种情况下,在 $R(x)$ 中的删除位置上全部填上“1”,再送入译码器进行译码,译码后的码字就是正确的发送码字 $C(x)$。

例 5.7 (15,5,7)二元 BCH 码,$d_{\min}=7$,可以纠正 $\leqslant 3$ 个随机错误;当用于纠错纠删时,可以纠正 $2v+e\leqslant 7-1=6$ 个错误。该码的生成多项式为

$$g(x) = x^{10} + x^8 + x^5 + x^4 + x^2 + x + 1$$

设 $R(x)=x^{10}+e_9x^9+e_8x^8+x^6+e_5x^5+x^4+x^3+1$,其中 x^9, x^8, x^5 位置为删除位置。

译码时,先在删除位置上补 0,则送入译码器的码字为 $R'(x)=x^{10}+x^6+x^4+x^3+1$。

按照译码的步骤求伴随式 $S_j=R'(\alpha_j)$,$j=1,2,3,4,5,6$ 得到

$$S_1 = 1,\quad S_2 = 1,\quad S_3 = \alpha^{13},\quad S_4 = 1,\quad S_5 = 1,\quad S_6 = \alpha^{11}$$

用迭代法求 $\sigma(x)$,最后得到 $\sigma(x)=1+x+x^2+\alpha^{13}x^3$。按照钱氏搜索法求 $\sigma(x)$ 的根后得到错误多项式 $E(x)$ 为

$$E(x) = x^{11} + x^9 + x^8$$

发送码字 $C(x)$ 为

$$C(x) = R'(x) + E(x) = x^{11} + x^{10} + x^9 + x^8 + x^6 + x^4 + x^3 + 1$$

不难验证，$C(x)$ 是生成多项式 $g(x)$ 的倍式。除去删除位置外，纠正错误的数为 1（x^{11} 位置）<3。说明译码是正确的。

在例 5.7 中若差错数目 $v=1$，删除位置数目 $e=3$，$2v+e=5$，小于 $d_{\min}-1$。读者可以验证，当接收码字中仅有删除错误时，该码可以纠正 $\leqslant 6$ 个删除错误。

但是对多进制 BCH 码，例如 RS 码，利用迭代法求错误位置多项式 $\sigma(x)$ 时要考虑接收多项式中的差错部分（即信道传输引起的差错）和删除部分（即信道传输后，错误位置是确知的，但错误值的大小不确知）的影响，前者称为差错位置多项式 $\sigma_t(x)$，后者称为删除位置多项式。现以例 5.8 说明 RS 码纠删纠错的译码过程。

例 5.8 GF(2^4) 上的 (15,7,9) RS 码，当 $n-k=8$，$d_{\min}=9$ 时，其生成多项式以 $\alpha, \alpha^2, \alpha^3, \alpha^4, \alpha^5, \alpha^6, \alpha^7, \alpha^8$ 为根，α 是 GF(2^4) 中的本原元。该码生成的多项式 $g(x)$ 为

$$g(x) = (x-\alpha)(x-\alpha^2)(x-\alpha^3)(x-\alpha^4)(x-\alpha^5)(x-\alpha^6)(x-\alpha^7)(x-\alpha^8) =$$
$$x^8 + \alpha^{14}x^7 + \alpha^2x^6 + \alpha^4x^5 + \alpha^2x^4 + \alpha^{13}x^3 + \alpha^5x^2 + \alpha^{13}x + \alpha^6$$

$d_{\min}=2t+e+1=9$。

设接收多项式 $R(x)$ 为

$$R(x) = \alpha^3x^{14} + \alpha^9x^{13} + e_{12}x^{12} + \alpha^{12}x^{11} + e_{10}x^{10} + \alpha^7x^9 +$$
$$\alpha^9x^7 + \alpha^{13}x^6 + \alpha^{10}x^5 + \alpha x^4 + \alpha^{14}x^3 + e_2x^2 + \alpha^4x$$

式中，e_{12}，e_{10} 和 e_2 表示这几个位置上是删除错误，则错误值 e_{12}，e_{10} 和 e_2 不确定。译码时，设删除位置上的错误值为零，该码能纠正 t 和 e 个错误的任意组合，只要满足 $2t+e\leqslant d_{\min}-1$，对本例而言，$e=3$，所以还可以纠正 $v\leqslant 2$ 个差错。(15,7,9) RS 码的纠删纠错的，译码可分为以下各步：

第一步，计算伴随式 $S(x)$：伴随式的各个分量 $S_j=R(\alpha^j)$，$j=1,2,\cdots,8$，$(n-k=d-1=8)$：

$$S_1=\alpha^6, S_2=\alpha^2, S_3=\alpha^6, S_4=\alpha^5, S_5=\alpha^{14}, S_6=\alpha^5, S_7=\alpha^{13}, S_8=\alpha^5$$

第二步，计算删除错误位置多项式 $\sigma_e(x)$：$\sigma_e(x)=\prod_{j=1}^{e}(1-X_jx)$，其中，$e$ 为实际产生的删除错误个数，即

$$\sigma_e(x) = (1-\alpha^2x)(1-\alpha^{10}x)(1-\alpha^{12}x) =$$
$$1 + \alpha^6x + \alpha^{13}x^2 + \alpha^9x^3 =$$
$$1 + \sigma_{e1}x + \sigma_{e2}x^2 + \sigma_{e3}x^3$$

式中，$\sigma_{e1}=\alpha^6$，$\sigma_{e2}=\alpha^{13}$，$\sigma_{e3}=\alpha^9$。

第三步，计算修正伴随式 $T(x)$：所谓修正伴随式是指消除删除错误影响后的伴随式。在译码第一步求出的伴随式 $S(x)$ 中既有差错引起的伴随分量，也有删除错误引起的分量，而差

错和删错的影响是线性独立的。

设 $S(x)$ 中由删除错误引起的部分为 $S'(x)$，即

$$S'(x) = 1 + S'_{1x} + S'_2 x^2 + \cdots + S'_8 x^8$$

作 $S'(x)\sigma_e(x)$，可以发现，$S'(x)\sigma_e(x)$ 中的 $e+1$ 次项到 $d_{\min}-1$ 次项为 0，对本例而言，$e=3$（实际删除错误数），$d_{\min}-1=8$。所以，用 $S(x)$ 乘 $\sigma_e(x)$ 就消除了 $S'(x)$ 对伴随式 $S(x)$ 的影响。

定义　$T_j = \sum_{i=0}^{e'} \sigma_{ei} S_{j-i}$，$j=e'+1, e'=2, \cdots, d_{\min}-1$ 为修正伴随式，其中 e' 为实际产生的删除数目，对例 5.8 而言，$e'=3$，则

$$T_4 = S_4 + S_3\sigma_{e1} + S_2\sigma_{e2} + S_1\sigma_{e3} = \alpha^{14}$$
$$T_5 = S_5 + S_4\sigma_{e1} + S_3\sigma_{e2} + S_2\sigma_{e3} = \alpha^{9}$$
$$T_6 = S_6 + S_5\sigma_{e1} + S_4\sigma_{e2} + S_3\sigma_{e3} = \alpha^{14}$$
$$T_7 = S_7 + S_6\sigma_{e1} + S_5\sigma_{e2} + S_4\sigma_{e3} = \alpha^{8}$$
$$T_8 = S_8 + S_7\sigma_{e1} + S_6\sigma_{e2} + S_5\sigma_{e3} = \alpha^{3}$$

第四步，利用修正伴随式计算差错位置多项式：在利用迭代法计算时，仍然利用前述介绍迭代算法时的基本公式

$$\sigma^{(j+1)}(x) = \sigma^{(j)}(x) - d_j d_m^{-1} x^{j-m} \sigma^{(m)}(x)$$

$$d_j = S_{j+1} + \sum_{i=1}^{\partial^\circ \sigma^{(j)}(x)} S_{j+1-i}\sigma_i^{(j)}$$

但计算时，要用 $T_{e'+j}$ 代替上式中的 S_j，对本例而言，$\sigma_t(x)$ 的计算过程如表 5.7.1 所列。

表 5.7.1　$\sigma_t(x)$ 的计算过程表

j	$\sigma^{(j)}(x)$	$D(j)$	$j-D(j)$	d_j	m
−1	1	0	−1	1	
0	1	0	0	$T_{e'+1}=T_4$	
1	$1+\alpha^{14}x$	1	0	α^{10}	−1
2	$1+\alpha^{10}x$	1	1	α^{9}	0
3	$1+\alpha^{11}x+\alpha^{13}x^2$	2	1	α^{14}	1
4	$1+\alpha^{3}x+\alpha^{6}x^2$	2	2		

$$\sigma_t(x) = 1+\alpha^3 x+\alpha^6 x^2 = 1+\sigma_{t_1}x+\alpha_{t_2}x^2 \qquad t=2$$

第五步，计算总错误位置多项式 $\sigma(x)$：

$$\sigma(x) = \sigma_t(x)\sigma_e(x) = 1 + \sigma_1 x + \sigma_2 x^2 + \sigma_3 x^3 + \cdots + \sigma_{t+e} x^{t+e} =$$
$$(1 + \alpha^3 x + \alpha^6 x^2)(1 + \alpha^6 x + \alpha^{13} x^2 + \alpha^9 x^3) =$$
$$1 + \alpha^2 x + \alpha^7 x^2 + \alpha^{10} x^3 + \alpha^6 x^4 + x^5$$

$\sigma(x)$ 的次数为 5，表明差错与删除错误的数目一共有 5 个。

第六步，计算错误值多项式 $\omega(x)$，即

$$\omega(x) = S(x)\sigma(x)$$

由于

$$S(x)\sigma_e(x) \equiv T(x) \quad \bmod x^d$$

所以

$$\omega(x) \equiv T(x)\sigma_t(x) \quad \bmod x^d$$

对本例而言

$$T(x) = 1 + \alpha^5 x^2 + \alpha^{14} x^4 + \alpha^9 x^5 + \alpha^{14} x^6 + \alpha^8 x^7 + \alpha x^8$$

$$\omega(x) \equiv T(x)\sigma_t(x) = 1 + \alpha^3 x + \alpha^9 x^2 + \alpha^8 x^3 + \alpha^{10} x^4 + \alpha^{11} x^5$$

第七步，用钱氏搜索法求 $\sigma(x)$ 的错误位置数（$\sigma(x)$ 的逆根），同时利用 $\omega(x)$ 计算错误位置，经过钱氏搜索，得到 $\sigma(x)$ 的根。其逆根即错误位置数为

$$X_1 = \alpha^2,\ X_2 = \alpha^8,\ X_3 = \alpha^{10},\ X_4 = \alpha^{12},\ X_5 = \alpha^{13}$$

由于 $\sigma(x)$ 的次数为 5，差错与删除错误的数目共有 5 个，X_1, X_2, X_3, X_4, X_5 分别表明了错误位置数；这些位置上的错误值 Y_1, Y_2, Y_3, Y_4, Y_5 可以同时按式(5.4.33)计算。

经计算得到

$$Y_1 = \alpha^8, Y_2 = \alpha^2, Y_3 = \alpha^5, Y_4 = \alpha^{11}, Y_5 = \alpha^5$$

所以，信道错误图样 $E(x)$ 为

$$E(x) = \alpha^5 x^{13} + \alpha^{11} x^{12} + \alpha^5 x^{10} + \alpha^2 x^8 + \alpha^8 x^2$$

译码器的输出为

$$C(x) = R(x) + E(x) = \alpha^3 x^{14} + \alpha^6 x^{13} + \alpha^{11} x^{12} + \alpha^{12} x^{11} + \alpha^5 x^{10} + \alpha^7 x^9 + \alpha^2 x^8 + \alpha^9 x^7 + \alpha^{13} x^6 + \alpha^{10} x^5 + \alpha x^4 + \alpha^{14} x^3 + \alpha^8 x^2 + \alpha^2 x$$

不难验证，$C(x)$ 是 $g(x)$ 的倍式，译码是正确的。

5.8 GF(2^m)域元素的计算电路及其在 BCH 码和 RS 码编译码中的应用

BCH 码与多进制码（如 RS 码）的编译码电路中经常要用到扩域 GF(2^m)的元素 α^i 和 α^j 之间的相加与相乘运算。本节简要介绍这些运算的实现方法。

我们知道，一个 m 次本原多项式的本原元 α 及其各幂次可以构成 GF(2^m)扩域。例如，四次本原多项式：$P(x)=x^4+x+1$，本原元 α 是它的根，它的各幂次及零元素构成 GF(2^4)上的扩域，如表 5.8.1 所列。

表 5.8.1　GF(2^4)域元素表

GF(2^4)元素	四重矢量	GF(2^4)元素	四重矢量
0	0000	$\alpha^7=\alpha^3+\alpha+1$	1011
$\alpha^0=1$	0001	$\alpha^8=\alpha^2+1$	0101
α^1	0010	$\alpha^9=\alpha^3+\alpha$	1010
α^2	0100	$\alpha^{10}=\alpha^2+\alpha+1$	0111
α^3	1000	$\alpha^{11}=\alpha^3+\alpha^2+\alpha$	1110
$\alpha^4=\alpha+1$	0011	$\alpha^{12}=\alpha^3+\alpha^2+\alpha+1$	1111
$\alpha^5=\alpha^2+\alpha$	0110	$\alpha^{13}=\alpha^3+\alpha^2+1$	1101
$\alpha^6=\alpha^3+\alpha^2$	1100	$\alpha^{14}=\alpha^3+1$	1001

由此可见，GF(2^4)扩域中每个元素可以表示为本原元的幂次，四重矢量或三次多项式。因此，域元素的加、乘可以归结为多项式的相加与相乘。

5.8.1　GF(2^m)域元素的加法运算

首先，把域元素表示为 $m-1$ 次多项式。设 GF(2^m)域中的元素 α^i 和 α^j，它们分别可以表示为

$$\alpha^i = a_{m-1}\alpha^{m-1} + a_{m-2}\alpha^{m-2} + \cdots + a_1\alpha + a_0$$

$$\alpha^j = b_{m-1}\alpha^{m-1} + b_{m-2}\alpha^{m-2} + \cdots + b_1\alpha + b_0$$

$$\alpha^i + \alpha^j = (a_{m-1} + b_{m-1})\alpha^{m-1} + (a_{m-2} + b_{m-2})\alpha^{m-2} + \cdots + (a_1 + b_1)\alpha + (a_0 + b_0) \tag{5.8.1}$$

其中，$a_i, b_i \in \mathrm{GF}(2)$，$i=0,1,2,\cdots,(m-1)$。

可见，α 幂次形式的两个元素相加，只要按照多项式加法规则将同次项系数相加即可。以 GF(2^4)域为例，α^7 和 α^{10} 是域中的两个元素，由表 5.8.1 可知：

$$\alpha^7 = \alpha^3 + \alpha + 1,\ a_3 = 1,\ a_2 = 0,\ a_1 = 1,\ a_0 = 1$$

$$\alpha^{10} = \alpha^2 + \alpha + 1,\ b_3 = 0,\ b_2 = 1,\ b_1 = 1,\ b_0 = 1$$

$$\alpha^7 + \alpha^{10} = (a_3 + b_3)\alpha^3 + (a_2 + b_2)\alpha^2 + (a_1 + b_1)\alpha^1 + (a_0 + b_0)\alpha^0 = \alpha^3 + \alpha^2 = \alpha^6$$

两个域元素相加可以由图 5.8.1 所示的电路实现。

首先，要相加的两个元素的多项式系数（四重矢量元素）分别存入寄存器 A 和寄存器 B。这时，寄存器 A（累加器）输入端（与门 3～与门 0 的输入端）分别为 a_3+b_3，a_2+b_2，a_1+b_1，a_0+b_0，在加脉冲作用下，a_3+b_3，a_2+b_2，a_1+b_1，a_0+b_0 分别写入寄存器 A 的 a_3，a_2，a_1，a_0 各单元中。

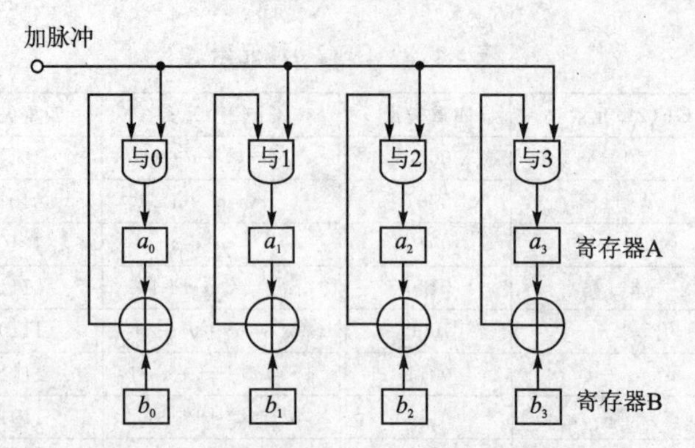

图 5.8.1 GF(2^4)域上两个元素的加法电路

5.8.2 GF(2^m)域元素的乘法运算

本节首先介绍 S. Lin 在文献[4]中给出的 GF(2^m)域元素的乘法电路,这些电路又称为“普通基比特串行乘法电路”,然后介绍以“普通基比特串行乘法电路”为基础的“普通基比特串行序列乘法电路”。所谓“普通基”就是在 GF(2^m)上基底为($\alpha^{m-1},\alpha^{m-2},\cdots,\alpha,1$)的自然基。由于在“普通基”上,编译码的加减乘除运算就是按有限域 GF(2^m)上的算术运算规则进行,非常方便。

普通基比特串行乘法电路可以归纳为以下 4 种电路:

(1) GF(2^m)域上任意元素乘以固定元素 α 和除以 α 的电路(α 乘、除法器);

(2) GF(2^m)域上任意两元素相乘的第一种乘法器电路(串行比特乘法器Ⅰ);

(3) GF(2^m)域上任意两元素相乘的第二种乘法器电路(串行比特乘法器Ⅱ);

(4) GF(2^m)域上任一元素与固定元素的乘法器电路。

下面分别介绍这 4 种乘法器电路。

设 GF(2^m)由本原多项式 $p(x)=x^m+p_{m-1}x^{m-1}+\cdots+p_1x+1$ 生成,本原元素 α 是它的根,其中,$p_k\in \mathrm{GF}(2)$,$k=m-1,m-2,\cdots,1$。

1. GF(2^m)域上任意元素 A 乘 α 的电路(简称 α 乘法器)

为简洁起见,以 GF(2^4)域上的运算为例。GF(2^4)域由本原多项式 $p(x)=x^4+x+1$ 的本原元素 α 及其各次幂和 0 元素构成。任一域元素 A 可以表示为三次多项式

$$A=a_3\alpha^3+a_2\alpha^2+a_1\alpha+a_0 \tag{5.8.2}$$

其中,$a_i\in \mathrm{GF}(2)$,$i=0,1,2,3$。

用 α 乘以 A,并考虑到 α 是 $p(x)$的根,即 $\alpha^4=\alpha+1$,则 $\alpha\cdot A$ 可以表示为

$$\alpha\cdot A=a_2\alpha^3+a_1\alpha^2+(a_3+a_0)\alpha+a_3$$

比较 A 和 $\alpha\cdot A$ 的多项式的系数可以发现,只要将多项式 A 的系数项高次项移位一次,并将最高位系数反馈到一次项和零次项,就可以得到 $\alpha\cdot A$ 的多项式系数,从而实现了 $\alpha\cdot A$

的运算，具体电路如图 5.8.2 所示。

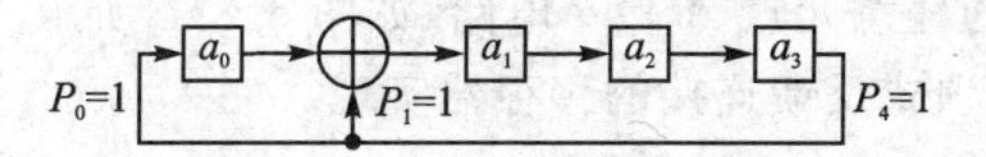

图 5.8.2　任意元素 A 乘 α 的电路

在进行运算时，首先将任意元素 A 的各系数存入寄存器，然后在时钟的控制下(图中未画出时钟电路)，向右移位一次(向高次项移位一次)，则寄存器的内容(状态)就是 $\alpha\cdot A$ 的系数值。例如，GF(2^4)上的元素 $A=\alpha^7$，由 GF(2^4)域上元素的关系，$\alpha^7=\alpha^3+\alpha+1$，即 $a_3=1,a_2=0,a_1=1,a_0=1$，α^7 的四重矢量可表示为[1　0　1　1]。在进行 $\alpha\cdot A$ 的乘法运算时，首先将 $A=\alpha^7=\alpha^3+\alpha+1$ 多项式的各系数存入 A 寄存器中，然后右移一次，A 寄存器的内容为 $a_3=0$，$a_2=1,a_1=0,a_0=1$，即得到 $\alpha\cdot A=\alpha\cdot\alpha^7=\alpha^8=\alpha^2+1$ 的各系数值。

图 5.8.2 表明，"α 乘法器"是由低位向高位移位并按本原多项式反馈连接的移存器。首先将被乘域元素 A 的多项式的各系数写入移存器，最高次项系数写入移存器的最右级，由右向左依次为次高项等，最左一级为零次项的系数，见图 5.8.2，移位一次，则完成 $\alpha\cdot A$ 的运算，若连续移位 i 次，则移存器的内容为 $\alpha^i\cdot A$ 的各系数。对本例而言，连续移位 14 次，可以得到 GF(2^4)域上的各元素(0 元素除外)。第 15 次移位后，移存器的内容为 $\alpha^{15}\cdot A=A$ 元素的各系数。

由此例不难得到 GF(2^m)域上的任意元素 A 乘以 α 的运算电路，如图 5.8.3 所示。α 是 m 次本原多项式 $p(x)=x^m+p_{m-1}x^{m-1}+\cdots+p_1x+1$ 的根。

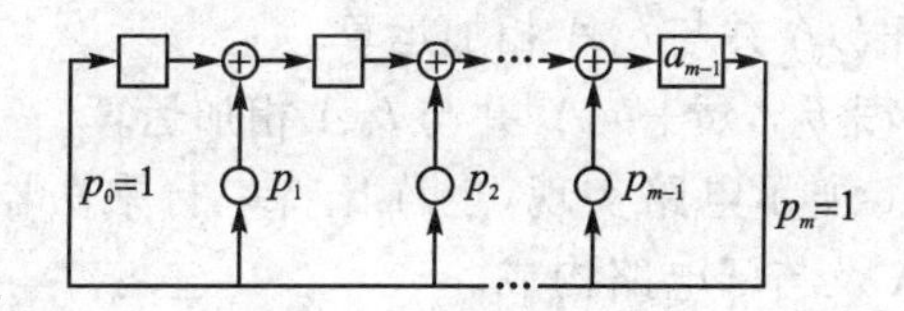

图 5.8.3　GF(2^m)域上任意元素 A 乘 α 的乘法电路

当 $p_k=1$ 时，反馈连通；反之当 $p_k=0$ 时，反馈断开。这里，$k=1,2,\cdots,m-1$，$p_m=p_0=1$。

下面简要介绍 GF(2^m)域上任意元素 A 除以 α 的除法电路(称为"α 除法器")。

由 $p(\alpha)=0$ 得

$$\alpha^m+p_{m-1}\alpha^{m-1}+\cdots+p_1\alpha=1 \tag{5.8.3}$$

上式两边除以 α 得

$$\alpha^{-1}=\alpha^{m-1}+p_{m-1}\alpha^{m-2}+\cdots+p_1\alpha^0 \tag{5.8.4}$$

A 除以 α 得

$$A/\alpha=a_{m-1}\alpha^{m-2}+a_{m-2}\alpha^{m-3}+\cdots+a_1\alpha^0+a_0\alpha^{-1} \tag{5.8.5}$$

当 $a_0=1$ 时，上式中的 α^{-1} 用表示本原多项式的关系式(5.8.4)代入，得

$$A/\alpha = \alpha^{m-1} + (a_{m-1} + p_{m-1})\alpha^{m-2} + \cdots + (a_1 + p_1)\alpha^0 \tag{5.8.6}$$

由式(5.8.6)所构成的任意元素 A 除 α 电路，如图 5.8.4 所示。可见，除 α 电路可用由高阶向低阶移位并按本原多项式反馈连接的移存器实现。

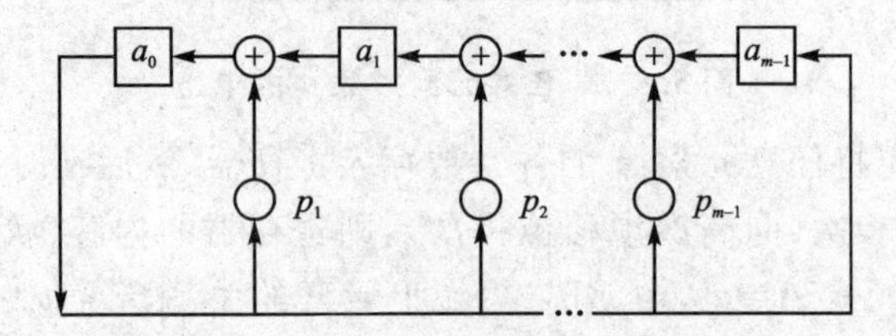

图 5.8.4 任意域元素除 α 的除法电路

任意域元素 A 先写入移存器，移位一次，A 除以 α，连续移位，连续除以 α，亦可生成域中全部非 0 元素。

2. GF(2^m)域上任意两元素相乘的第一种乘法器电路(串行比特乘法器Ⅰ)

首先，仍以 GF(2^4)为例说明。设 A 和 B 为 GF(2^4)上的两个元素，它们的多项式表示为

$$A = a_3\alpha^3 + a_2\alpha^2 + a_1\alpha + a_0, \quad B = b_3\alpha^3 + b_2\alpha^2 + b_1\alpha + b_0$$

其中，$a_i \in \mathrm{GF}(2)$，$b_i \in \mathrm{GF}(2)$，$i=0,1,2,3$，乘积 AB 可以表示成如下形式

$$C = AB = [(b_3A\alpha + b_2A)\alpha + b_1A]\alpha + b_0A \tag{5.8.7}$$

由式(5.8.7)可见，乘积 AB 的步骤为：

第一步，完成 b_3A 运算；

第二步，完成 α 乘 b_3A 并与 b_2A 相加运算；

第三步，完成 α 乘 $b_3A\alpha+b_2A$ 并与 b_1A 相加运算；

第四步，完成 α 乘$[(b_3A\alpha+b_2A)\alpha+b_1A]$并与 b_0A 相加运算。

上述运算可以用图 5.8.5 所示电路实现，也称比特串行乘法器(Ⅰ)，它由移存器 C(乘 α 累加器)、移存器 B、寄存器 A 及与门电路构成。

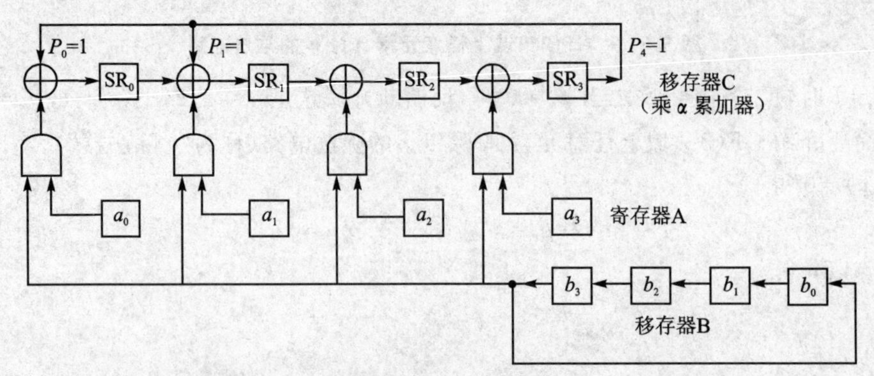

图 5.8.5 GF(2^4)域上任意两元素相乘的第一种电路

图 5.8.5 电路的工作原理如下：在初始状态时，移存器 C 的各级 SR_3，SR_2，SR_1，SR_0 被清

零，元素 A 的多项式系数 a_3,a_2,a_1,a_0 存放在寄存器的各级 a_3,a_2,a_1,a_0 中，元素 B 的多项式系数 b_3,b_2,b_1,b_0 分别存入移存器各级 b_3,b_2,b_1,b_0 中。在移位脉冲(图中没有画出)作用下，移存器 B 和 C 移位 4 次后，就可以完成 $C=AB$ 的运算，移存器 C 各级的状态就是 C 多项式的各系数。

第一次移位后，移存器 C 的各级 SR_3,SR_2,SR_1,SR_0 的状态分别为 $b_3a_3,b_2a_2,b_1a_1,b_0a_0$(即 b_3A 的各系数)；

第二次移位后，移存器 C 的各级状态为 $b_3A\alpha+b_2A$ 的各系数；

第三次移位后，移存器 C 的各级状态为$[(b_3A\alpha+b_2A)\alpha+bA]$的各系数；

第四次移位后，移存器 C 的各级状态为$[(b_3A\alpha+b_2A)\alpha+b_1A]+bA$ 的各系数。

例如，$A=\alpha^7,B=\alpha^6$，由 $GF(2^4)$域中元素的关系可知，$A=\alpha^7=\alpha^2+\alpha+1$，即 $a_3=1,a_2=0,a_1=1,a_0=1,B=\alpha^6=\alpha^3+\alpha^2$，即 $b_3=1,b_2=1,b_1=0,b_0=0,C=AB=\alpha^7\cdot\alpha^6=\alpha^{13}=\alpha^3+\alpha^2+1$ 即 $c_3=1,c_2=1,c_1=0,c_0=1$，或用矢量表示 $\boldsymbol{C}=[1\quad 1\quad 0\quad 1]$。

按照图 5.8.5 所示电路进行两元素 A 和 B 的乘法运算过程如下：

初始状态时，移存器 C 的各级 SR_3,SR_2,SR_1,SR_0 被清零，A 和 B 的各系数分别存入寄存器 A 和寄存器 B 中，具体如表 5.8.2 所列。

表 5.8.2　移存器各系数表

移位次数	移位后 C 的状态				备　注
	SR_0	SR_1	SR_2	SR_3	—
1	1	1	0	1	b_3A
2	0	1	1	1	$b_3A\alpha+b_2A$
3	1	1	1	1	$(b_3A\alpha+b_2A)\alpha+b_1A$
4	1	0	1	1	$[(b_3A\alpha+b_2A)\alpha+b_1A]+b_0A$

移存器经 4 次移位后的状态为 $c_3=1,c_2=1,c_1=0,c_0=1$，乘积 $C=AB=\alpha^3+\alpha^2+1,C=[1\quad 1\quad 0\quad 1]$。

由此，不难得到 $GF(2^m)$域上的两个任意元素相乘的第一种乘法器(比特串行乘法器 Ⅰ)。两个任意域元素 A 和 B，其二元矢量表示为

$$\boldsymbol{A}=a_{m-1}\alpha^{m-1}+a_{m-2}\alpha^{m-2}+\cdots+a_1\alpha+a_0$$

$$\boldsymbol{B}=b_{m-1}\alpha^{m-1}+b_{m-2}\alpha^{m-2}+\cdots+b_1\alpha+b_0$$

式中 a_k 和 $b_k\in GF(2),k=m-1,m-2,\cdots,0$，乘积可表示为

$$\begin{aligned}\boldsymbol{C}=\boldsymbol{A}\cdot\boldsymbol{B}=&Ab_{m-1}\alpha^{m-1}+Ab_{m-2}\alpha^{m-2}+\cdots Ab_1\alpha+Ab_0=\\&(\cdots(Ab_{m-1}\alpha+Ab_{m-2})\alpha+\cdots+Ab_1)\alpha+Ab_0\end{aligned}\tag{5.8.8}$$

图 5.8.6 中下部是任意元素乘 α 再对输入(与门输出)累加的电路，称为“乘 α 累加器”。所以，比特串行乘法器(Ⅰ)由 m 个与门和“乘 α 累加器”组成。

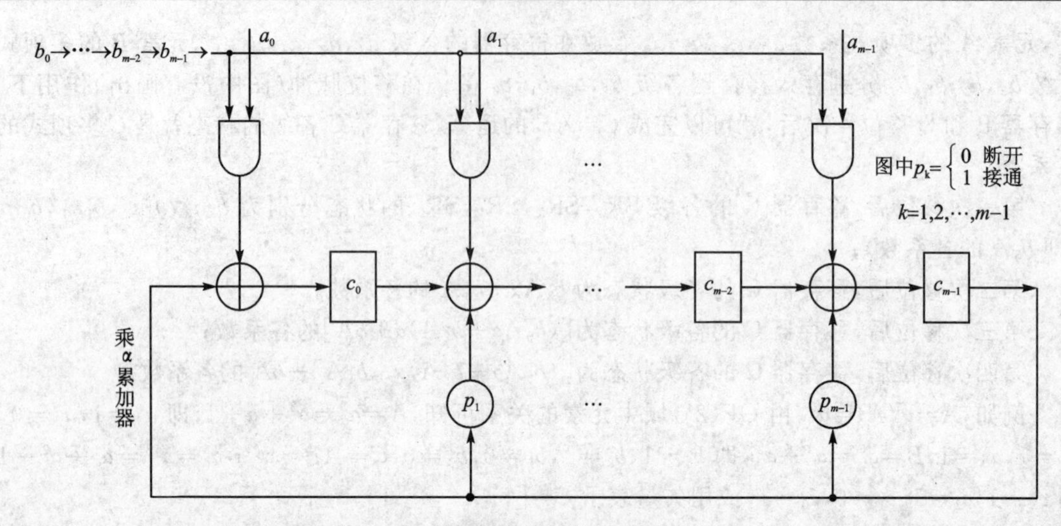

图 5.8.6 一般式比特串行乘法器(Ⅰ)

3. GF(2^m)域上任意两元素相乘的第二种乘法器电路

仍以 GF(2^4)为例说明,设 A 和 B 为 GF(2^4)上的两个元素,它们的多项式表示为

$$A = a_3\alpha^3 + a_2\alpha^2 + a_1\alpha + a_0, \quad B = b_3\alpha^3 + b_2\alpha^2 + b_1\alpha + b_0$$

其中,$a_i \in \mathrm{GF}(2)$,$b_i \in \mathrm{GF}(2)$,$i=0,1,2,3$,乘积 AB 可以表示为

$$C = AB = b_3(A\alpha^3) + b_2(A\alpha^2) + b_1(A\alpha) + b_0 A \tag{5.8.9}$$

由式(5.8.9)可得到任意两元素相乘的第二种乘法电路,又称为"比特串行乘法器(Ⅱ)",如图 5.8.7 所示。

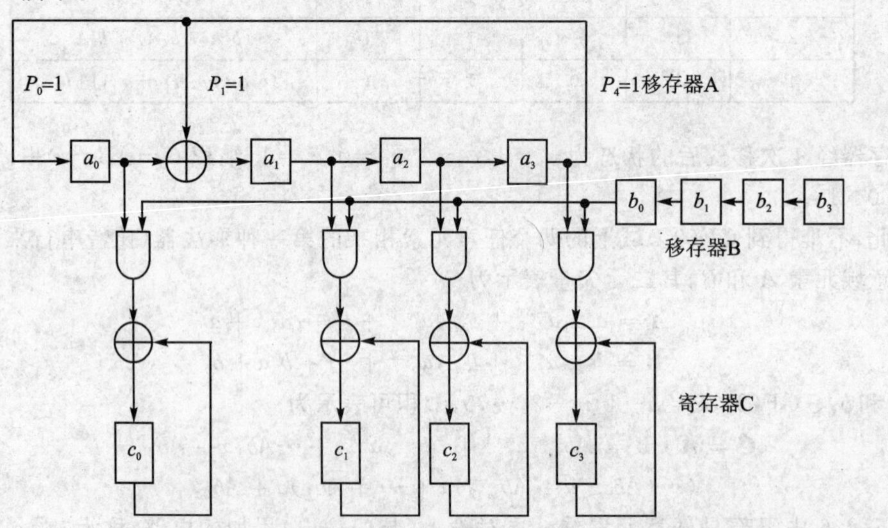

图 5.8.7 GF(2^4)域上任意两元素相乘的第二种乘法电路(比特串行乘法器Ⅱ)

第二种乘法电路由移存器 A、移存器 B、寄存器 C 以及与门电路和模 2 加法器组成。电路工作过程如下：初始状态时，寄存器 C 被清零，元素 A 的各系数分别存入移存器 A 的各级 a_3，a_2，a_1，a_0 中，元素 B 的各系数分别存入移存器 B 的各级 b_3，b_2，b_1，b_0 中。在移位脉冲作用下，各寄存器移位 4 次后，寄存器 C 的各级状态就是 $C=AB$ 的多项式各系数。

例如，
$$A=\alpha^7=\alpha^3+\alpha+1,\ a_3=1, a_2=0,\ a_1=1,\ a_0=1$$
$$B=\alpha^7=\alpha^3+\alpha+1,\ b_3=1,\ b_2=0,\ b_1=1, b_0=1$$

电路工作过程如表 5.8.3 所列。

表 5.8.3 移存器各系数表

移位次数	移位后 C 的状态				备 注
	SR_0	SR_1	SR_2	SR_3	—
1	1	1	0	1	b_0A
2	0	1	1	1	$b_0A+b_1A\alpha$
3	0	1	1	1	$b_0A+b_1A\alpha+b_2A\alpha^2$
4	1	0	0	1	$b_0A+b_1A\alpha+b_2A\alpha^2+b_3A\alpha^3$

4 次移位后的移存器状态为 $c_3=1, c_2=0, c_1=0, c_0=1$，乘积 $C=AB=\alpha^3+1=\alpha^7\cdot\alpha^7=\alpha^{14}$。

由此，不难得到 $GF(2^m)$ 域上任意两元素 A 和 B 的乘法电路。设
$$A=a_{m-1}\alpha^{m-1}+a_{m-2}\alpha^{m-2}+\cdots+a_1\alpha+a_0$$
$$B=b_{m-1}\alpha^{m-1}+b_{m-2}\alpha^{m-2}+\cdots+b_1\alpha+b_0$$

乘积
$$C=A\cdot B=b_{m-1}(A\alpha^{m-1})+b_{m-2}(A\alpha^{m-2})+\cdots+b_1(A\alpha)+b_0A \tag{5.8.10}$$

由式(5.8.10)得到两任意元素相乘的第二种乘法器电路，称为“比特串行乘法器(Ⅱ)”，如图 5.8.8 所示。

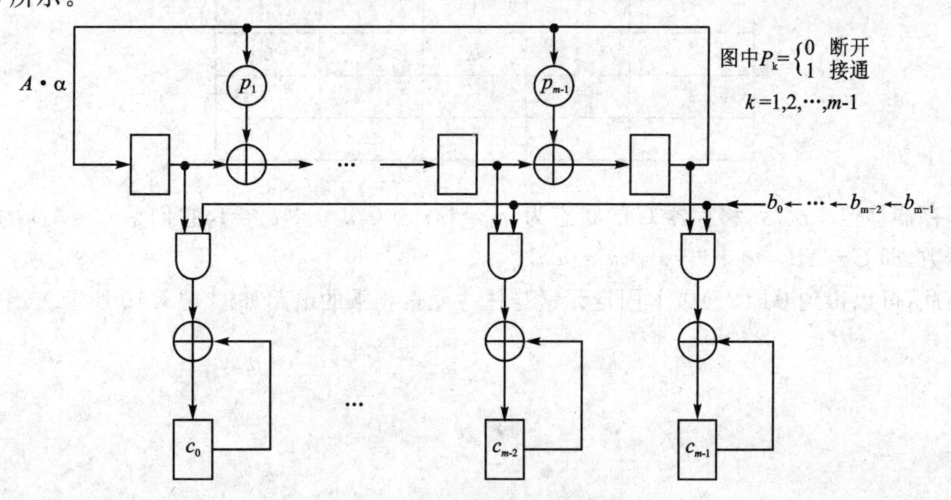

图 5.8.8 一个比特串行乘法器(Ⅱ)

4. GF(2^m)域上任意元素与固定元素的乘法电路

假设在图 5.8.5 所示的比特串行乘法电路（Ⅰ）中，元素 $A=\alpha^j=\alpha_3\alpha^3+\alpha_2\alpha^2+\alpha_1\alpha+\alpha_0$ 的多项式中 $\alpha_3,\alpha_2,\alpha_1,\alpha_0$ 是已知的，则由图 5.8.5 可以得到任一元素与固定元素 A 的乘法电路如图 5.8.9 所示，该电路又称为“固定乘数比特串行乘法器”。

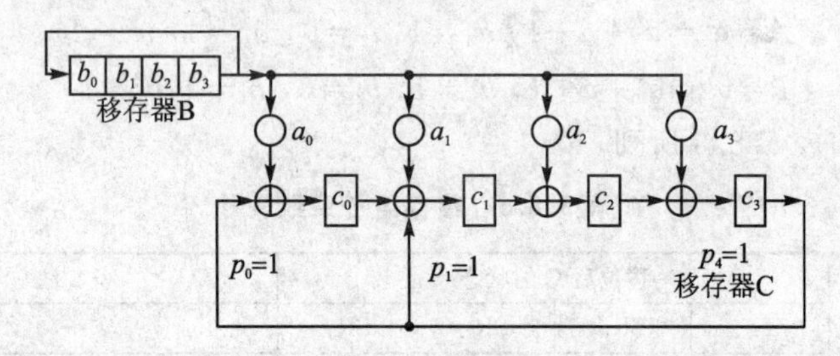

图 5.8.9 GF(2^4)域上固定乘数比特串行乘法器

图 5.8.9 中，移存器 C 的反馈连接由 GF(2^4)域上的本原多项式 $p(x)=x^4+x+1$ 的系数确定，○表示乘法器。当 $a_i=1$ 时，$i=0,1,2,3$，表示乘以 1，即直接连通；若 $a_i=0$，则乘法器断开，a_i 的值由固定元素 A 的多项式系数确定。仍举例说明该电路的工作过程。

设 $A=\alpha^7=\alpha^3+\alpha+1,\alpha_3=1,\alpha_2=0,\alpha_1=1,\alpha_0=1$；$B$ 为 GF(2^4)域上的任一元素，设 $B=\alpha^7=\alpha^3+\alpha+1,b_3=1,b_2=0,b_1=1,b_0=1$。在初始状态下，移存器 C 被清零，B 的系数存入移存器 B。在移位脉冲作用下，移存器 C 的各级状态如表 5.8.4 所列。

表 5.8.4 移存器各系数表

移位次数	移位后 C 的状态			
	C_0	C_1	C_2	C_3
1	1	1	0	1
2	1	0	1	0
3	1	0	0	0
4	1	0	0	1

移存器移位 4 次后，移存器 C 的状态为：$c_3=1,c_2=0,c_1=0,c_0=1$，它们是 $C=AB$ 的多项式的系数，即 $C=AB=\alpha^3+1=\alpha^7\cdot\alpha^7=\alpha^{14}$。

由此，可以得到 GF(2^m)域上固定元素与任一元素相乘的电路如图 5.8.10 所示。

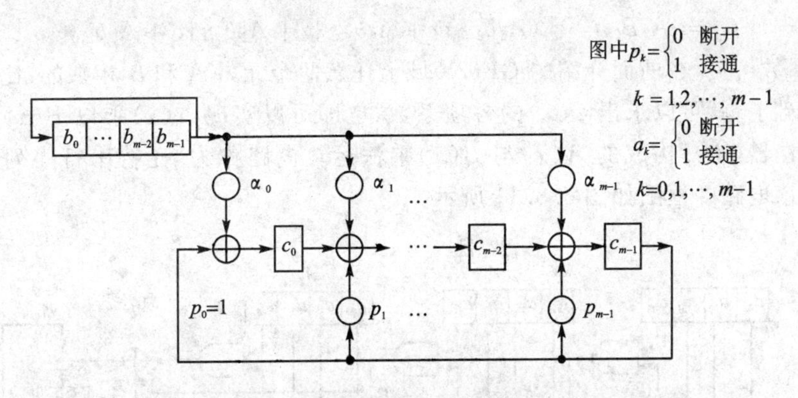

图 5.8.10 固定乘数比特串行乘法器

5.8.3 在 GF(2^m)域上的“普通基比特串行乘法电路”[Ⅰ]

(1) 比特串行序列乘法电路:该电路用来完成两个多项式 $A(x)$ 和 $B(x)$ 的乘法运算 $C(x)=A(x)B(x)$。

(2) 普通基比特串行乘法累加电路:该电路用来完成如下形式的数乘多项式并进行累加的运算。即 $C(x)=A(x)+D\cdot x\cdot B(x)$,$D$ 为域上的任一元素。

下面分别介绍这两种电路。

1. 比特串行序列乘法电路

设 $A(x)$和 $B(x)$为 GF(2^4)域上的多项式

$$A(x)=A_2x^2+A_1x+A_0, B(x)=B_2x^2+B_1x+B_0$$

式中,$A_i, B_i\in \mathrm{GF}(2^4)$,$i=0,1,2$

$$A_i=a_{i3}\alpha^3+a_{i2}\alpha^2+a_{i1}\alpha+\alpha_{i0},\quad B_i=b_{i3}\alpha^3+b_{i2}\alpha^2+b_{i1}\alpha+b_{i0}$$

式中,$a_{i,j}, b_{i,j}\in \mathrm{GF}(2)$,$j=0,1,2,3$。

乘积

$$C(x)=A(x)B(x)=(A_0B_0)+(A_0B_1+A_1B_0)x+(A_0B_2+A_1B_1+A_2B_0)x^2+(A_1B_2+A_2B_1)x^3+(A_2B_2)x^4=C_0+C_1x+C_2x^2+C_3x^3+C_4x^4$$

将 B_0, B_1, B_2 的二元矢量表达式代入 $C(x)$各项系数,则有

$$C_0=A_0B_0=\{[(A_0b_{03})\alpha+A_1b_{02}]\alpha+A_0b_{01}\}\alpha+A_0b_{00}$$

$$C_1=A_0B_1+A_1B_0=\{[(A_0b_{13}+A_1b_{03})\alpha+(A_0b_{12}+A_1b_{02})]\alpha+(A_0b_{11}+A_1b_{01})\}\alpha+(A_0b_{10}+A_1b_{00})$$

$$C_2=A_0B_2+A_1B_1+A_2B_0=\left\{\left[\left(\sum_{i=1}^{2}A_ib_{2-i,3}\right)\alpha+\left(\sum_{i=0}^{2}A_ib_{2-i,2}\right)\right]\alpha+\left(\sum_{i=0}^{2}A_ib_{2-i,1}\right)\right\}\alpha+\left(\sum_{i=0}^{2}A_ib_{2-i,0}\right)$$

$$C_4 = A_2B_2 = \{[(A_2b_{2,3})\alpha + A_2b_{2,2}]\alpha + A_2b_{2,1}\}\alpha + A_2b_{2,0}$$

由各项系数可见，在前面介绍的 GF(2^4)域上任意两个元素 A 和 B 相乘的“比特串行乘法器(Ⅰ)”的基础上，就可以求出 $C(x)$的各项系数，也即可以实现 $A(x)$乘以 $B(x)$的运算。由“比特串行乘法器(Ⅰ)”构成的 $A(x)$与 $B(x)$乘法运算电路称为“比特串行序列乘法电路”。对本例而言，该电路的框图如图 5.8.11 所示。

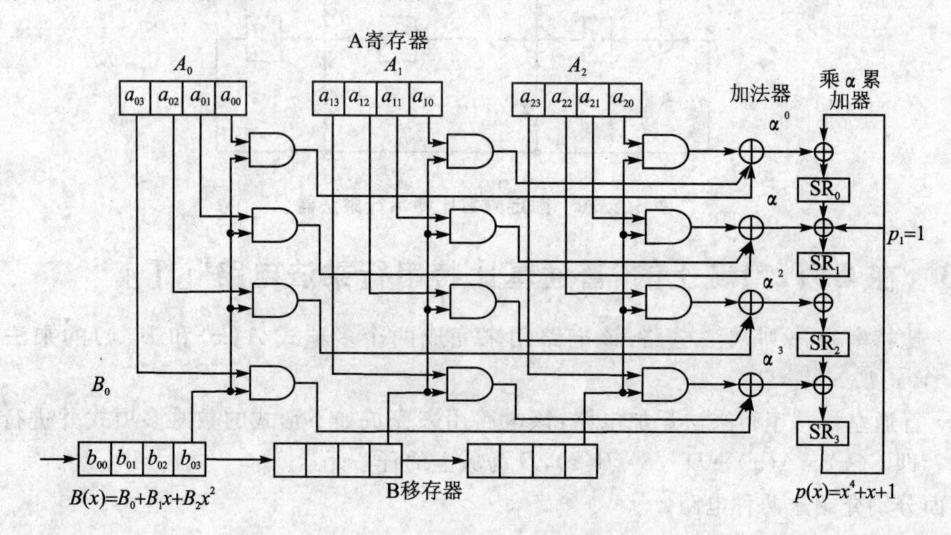

图 5.8.11　GF(2^4)域上比特串行序列乘法电路

由图 5.8.11 可见，该电路由 A 寄存器(A_0,A_1,A_2)、B 移存器、与门、加法器以及乘 α 累加器组成。A 寄存器有三组寄存器 A_0,A_1,A_2，多项式 $A(x)$的各系数 A_0,A_1,A_2 分别置入了寄存器 A_0,A_1,A_2 中，多项式 $B(x)$的系数从低次项 B_0 开始依次进入移存器 B。

电路工作过程如下：初始状态时，乘 α 累加器处于全零状态。系数 A_0,A_1,A_2 在 GF(2^4)域上二元矢量表示式的系数 $a_{03},a_{02},a_{01},a_{00}$；$a_{13},a_{12},a_{11},a_{10}$；$a_{23},a_{22},a_{21},a_{20}$ 分别置入寄存器 A_0,A_1,A_2，其中 $a_{ij}\in$ GF(2)。$B(x)$系数 B_0 在 GF(2^4)域上二元矢量表示式的系数 $b_{03},b_{02},b_{01},b_{00}$ 移入移存器 B 的第一级，进入的次序是高位在前(见图 5.8.11)。经过 4 次移位后，在乘 α 累加器移存器 SR_3,SR_2,SR_1,SR_0 的状态为 A_0B_0 的各系数。在下一个系数 B_1 的各个二元比特 $b_{13},b_{12},b_{11},b_{10}$ 移入移存器 B 的第一级后，B_0 的各二元比特 $b_{03},b_{02},b_{01},b_{00}$ 也移位到移存器 B 的第二级，准备进行 $C_1=A_0B_1+A_1B_0$ 的运算。在计算前，首先将 $A_0B_0=C_0$ 的各系数从乘 α 累加器各移存器 SR_3,SR_2,SR_1,SR_0 中取出并存入暂存器 C 中(图中未画出)。然后对乘 α 累加器清零。再经过 4 次移位，乘 α 累加器中得到 $A_0B_1+A_1B_0=C_1$ 的各系数。依次类推，依次得到 $A_0B_2+A_1B_1+A_2B_0=C_2$，$A_1B_2+A_2B_1=C_3$，$A_2B_2=C_4$ 的各系数。最后，将暂存器 C_0,C_1,C_2,C_3 和 C_4 的各系数按 α 的同幂次项相加，最终得到 $C(x)=C_0+C_1x+C_2x^2+C_3x^3+C_4x^4$，完成了 $A(x)$乘 $B(x)$的运算。

由本例可以得到 GF(2^m)域上两个多项式 $A(x)$ 和 $B(X)$ 相乘的“比特串行序列乘法电路”。设

$$A(x)=A_0+A_1x+\cdots+A_tx^t,\quad B(x)=B_0+B_1x+\cdots+B_tx^t$$

式中 $A_i,B_i\in \mathrm{GF}(2^m),i=0,1,\cdots,t$。

$$C(x)=A(x)B(x)=(A_0B_0)+(A_0B_1+A_1B_0)x+\cdots+\left(\sum_{i=0}^{t}A_iB_{t-i}\right)x^t+\cdots+A_tB_tx^{2t}$$

设 C_t 为 x^t 项的系数，则

$$C_t=\sum_{i=0}^{t}A_iB_{t-i}=A_0B_t+A_1B_{t-1}+\cdots+A_tB_0 \tag{5.8.11}$$

将 B_i 分别用二元矢量表示，且高阶位在前，则

$$\begin{aligned}
B_i&=b_{i,m-1}\alpha^{m-1}+b_{i,m-1}\alpha^{m-2}+\cdots+b_{i,0}\\
A_0B_t&=A_0b_{t,m-1}\alpha^{m-1}+A_0b_{t,m-2}\alpha^{m-2}+\cdots+A_0b_{t,0}\\
A_1B_{t-1}&=A_1b_{t-1,m-1}\alpha^{m-1}+A_1b_{t-1,m-2}\alpha^{m-2}+\cdots+A_1b_{t-1,0}\\
&\vdots\\
A_tB_0&=A_tb_{0,m-1}\alpha^{m-1}+A_tb_{0,m-2}\alpha^{m-2}+\cdots+A_tb_{0,0}
\end{aligned} \tag{5.8.12}$$

对式(5.8.12)，按 α 同次幂(按列)合并同类项，并化简得

$$\begin{aligned}
\sum_{i=0}^{t}A_iB_{t-i}=&(\cdots((A_0b_{t,m-1}+A_1b_{t-1,m-1}+\cdots+A_tb_{0,m-1})\alpha+\\
&(A_0b_{t,m-2}+A_1b_{t-1,m-2}+\cdots+A_tb_{0,m-2}))\alpha+\cdots+(A_0b_{t,0}+A_1b_{t-1,0}+\cdots+A_tb_{0,0})=\\
&\left(\cdots\left(\left(\sum_{i=0}^{t}A_ib_{t-i,m-1}\right)\alpha+\left(\sum_{i=0}^{t}A_ib_{t-i,m-2}\right)\right)\alpha+\cdots+\left(\sum_{i=0}^{t}A_ib_{t-i,1}\right)\right)\alpha+\left(\sum_{i=0}^{t}A_ib_{t-i,0}\right)
\end{aligned} \tag{5.8.13}$$

式(5.8.12)中每一小项 $A_ib_{t-i,k}(i=0,\cdots t;k=m-1,\cdots,0)$ 表示多项式 $A(x)$ 的第 i 次项系数 A_i 与 $B(x)$ 的对应项系数 B_{t-i} 的第 k 个比特位 $b_{t-i,k}$ 相乘，需用 m 个与门；而对其求和 $\sum A_ib_{t-i,k}$ 则需要 m 个 t 输入异或门；求和之后是乘 α 累加的关系，可用“乘 α 累加器”来完成，总起来可得到用比特串行移位计算多项式乘法的电路，如图 5.8.12 所示。由于每求乘积多项式的一项，即做一次乘法，相当于两多项式系数序列相乘，因此将此电路称为“比特串行序列乘法电路”

从图 5.8.12 可见，“比特串行序列乘法电路”由与门、求和电路和“乘 α 累加器”组成。实际上，该电路是根据译码运算的需要，将多个“比特串行乘法器(Ⅰ)”进行组合，当各乘法器做比特乘法时，将乘法器中的“乘 α 累加器”移到了求和电路之后，成为一个公用的“乘 α 累加器”，而在每个乘法器位置上只剩下 m 个与门。所以，该电路除将输出寄存器改为“乘 α 累加器”外，就是以 m 个与门代替了复杂的乘法器。

该电路用于译码迭代运算求偏差 d_n，频域译码推算错误图样的傅氏变换，级联 RS 码采用

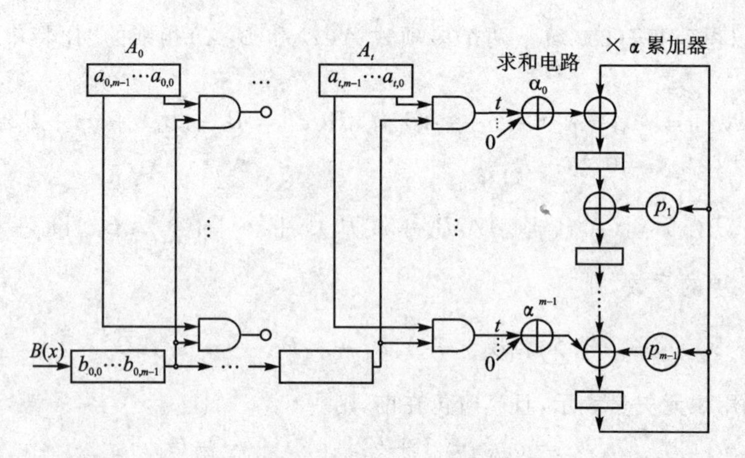

图 5.8.12 比特串行序列乘法电路

纠删/纠错译码时，求修正伴随式，将差错与删错多项式相乘求总错误位置多项式，以及修正伴随式乘差错位置多项式求错误值多项式等。应注意，乘积的输出除迭代求 d_n 是从寄存器输出端输出外，其他计算的输出是在符号周期最后一比特从寄存器输入端取出，并同时将寄存器清零。这样可省去输出和清零的时间，保证了比特串行乘法电路的比特和符号周期按码原有的比特和符号周期同步工作。

2. 普通基比特串行乘法累加电路

该电路用来完成下列的数乘多项式并进行累加的运算，即

$$C(x) = A(x) + D \cdot xB(x) \tag{5.8.14}$$

式中 D 为 $\mathrm{GF}(2^m)$ 域上任意元素。设

$$A(x)=1+A_1x+A_2x^2+\cdots+A_rx^r,\quad A_i\in\mathrm{GF}(2^m),i=1,2,\cdots,r$$

$$B(x)=B_0+B_1x+B_2x^2+\cdots+B_sx^s,\quad B_i\in\mathrm{GF}(2^m),i=1,2,\cdots,s$$

$B_0=b_0\in\mathrm{GF}(2)$，且 $s\leqslant r$。为了构造电路，只需分析 $s=r$ 的情况，为简洁起见，以 $\mathrm{GF}(2^4)$ 域上的运算为例。设

$$A(x) = A_3x^3 + A_2x^2 + A_1x + 1$$

$$B(x) = B_3x^3 + B_2x^2 + B_1x + B_0$$

$$D = d_3\alpha^3 + d_2\alpha^2 + d_1\alpha + d_0$$

$$C(x)=1+(DB_0+A_1)x+(DB_1+A_2)x^2+(DB_2+A_3)x^3+DB_3x^4 \tag{5.8.15}$$

上式中第 i 次项的系数为

$$DB_{i-1} + A_i \qquad i = 1,2,3 \tag{5.8.16}$$

其中 $A_i=a_{i3}\alpha^3+a_{i2}\alpha^2+a_{i1}\alpha+a_{i0}$，$B_i=b_{i3}\alpha^3+b_{i2}\alpha^2+b_{i1}\alpha+b_{i0}$

将代入式(5.8.16)后，第 i 次项的系数可表示为

$$DB_{i-1} + A_i = (b_{i-1,0}D + A_i) + b_{i-1,1}(D\alpha) + b_{i-1,2}(D\alpha^2) + b_{i-1,3}(D\alpha^3) \qquad i = 1,2,3 \tag{5.8.17}$$

比较式(5.8.17)与式(5.8.9)，不难看出，在 GF(2^4)域上任意两元素相乘的第二种电路(比特串行乘法器Ⅱ)的基础上，可以构成求第 i 次项系数的电路，只要注意到 $B(x)$参与第 i 级(x^i)运算的是前级的输出 B_{i-1}，由此可以得到图 5.8.13 所示的计算 $C(x)$各项系数的电路。

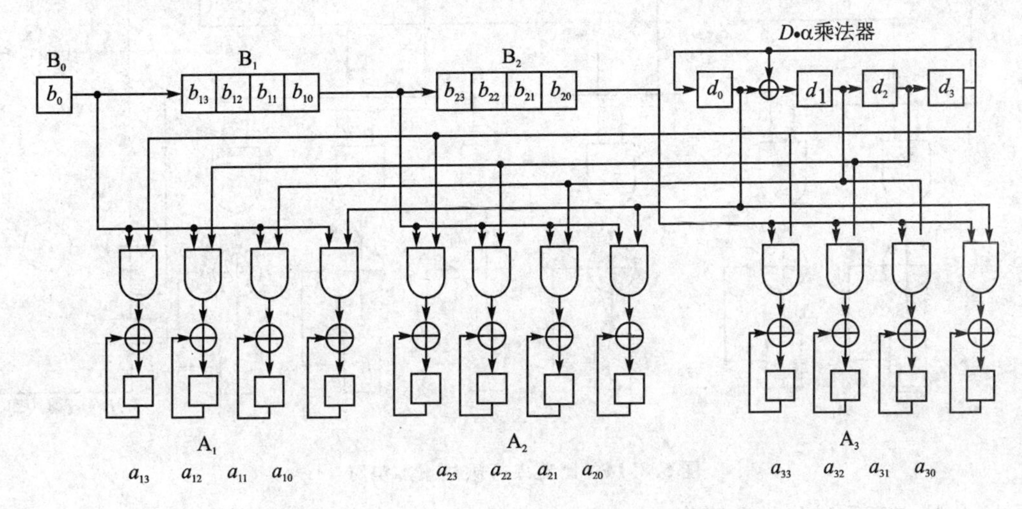

图 5.8.13　GF(2^4)域上比特串行乘法累加电路

该电路用比特串行移位完成数乘多项式并对以前各次运算结果累加，故称为“比特串行乘法累加电路。

由此，不难得到 GF(2^m)域上完成如式(5.8.14)所示的数乘多项式并进行累加运算的。电路如图 5.8.14 所示。

$$C(x) = A(x) + D \cdot x \cdot B \cdot (x)$$

其中，$D \in \mathrm{GF}(2^m)$，设

$$A(x) = 1 + A_1 x + A_2 x^2 + \cdots + A_r x^r, \quad A_i \in \mathrm{GF}(2^m), \quad i = 1,2,\cdots,r$$

则

$$B(x) = B_0 + B_1 x + B_2 x^2 + \cdots + B_r x^r, \quad B_i \in \mathrm{GF}(2^m), \quad i = 1,2,\cdots,r$$

$$C(x) = 1 + (DB_0 + A_1)x + (DB_1 + A_2)x^2 + \cdots + (DB_{i-1} + A_i)x^i + \cdots + (DB_{r-1} + A_r)x^r + DB_r x^{r+1} \tag{5.8.18}$$

式(5.8.18)中，第 i 项系数可表示为

$$DB_{i-1} + A_i = (b_{i-1,0}D + A_i) + b_{i-1,1}(D\alpha) + \cdots + b_{i-1,m-1}(D\alpha^{m-1}), \quad i = 1,2,3,\cdots,m-1 \tag{5.8.19}$$

在图 5.8.13 和图 5.8.14 中，在初始状态下，首先将 A_i 的初始值置入寄存器 A(例如，RS 码译码时前次运算的结果)，$B(x)$各项系数 $B_0, B_1, \cdots, B_{i-1}$ 置入 B 寄存器，域元素 D 的各系数存入$D \cdot \alpha$乘法器。不难验证，移位 m 次后，寄存器 A_i 中的状态就是 $DB_{i-1} + A_i$ 的值。

比较图 5.8.7 所示的“比特串行乘法器Ⅱ“和图 5.8.14 所示的比特串行乘法累加电路，可

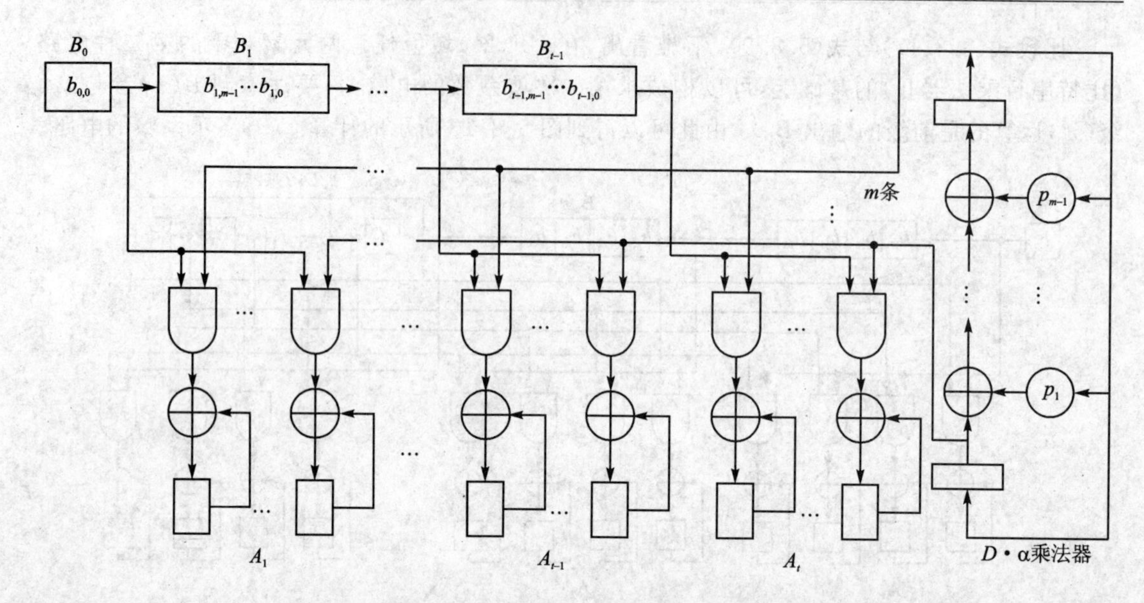

图 5.8.14 比特串行乘法累加电路

以看出,比特串行乘法累加电路将式(5.8.19)中进行比特串行乘法所需的累加器与乘积对初值的累加器合二为一,乘法运算的比特移位正好满足 $B(x)$ 乘 x 的运算。比特串行乘法器Ⅱ中的乘法器用 m 个与门代换,公用乘数 D 寄存器换成 $D\cdot\alpha$ 乘法器。实际应用中,为了保存本次累加寄存器 A_i 中的存数,还应该增加暂存器,将每次乘法的结果暂存起来,以备下次使用。

“比特串行乘法累加电路”在译码时,用于计算迭代法差错位置多项式和错误值多项式,在纠删/纠错译码时,计算删错位置多项式等。

例 5.9 用“普通基比特串行乘法器”构成(204,188)RS 码的编码电路。

设域 GF(2^8)的本原多项式为

$$p(x) = x^8 + x^4 + x^3 + x^2 + 1$$

(204,188)RS 码是(255,239)RS 码的缩短码,其生成多项式 $g(x)$ 的 16 个连续根为:$\alpha^0, \alpha^1, \alpha^2, \cdots, \alpha^{15}$,则

$$g(x) = (x-\alpha^0)(x-\alpha^1)\cdots(x-\alpha^{15}) = x^{16} + g_{15}x^{15} + \cdots + g_1 x + g_0 \quad (5.8.20)$$

式中,$g_i \in \mathrm{GF}(2^8)$,$i=0,1,\cdots,15$。图 5.8.15 为(204,188)RS 编码器电路。

由于 $g_0, g_1, g_2 \cdots, g_{15}$ 为固定已知元素,所以,$\otimes g_0, \otimes g_1, \cdots, \otimes g_{15}$ 为任意元素乘固定元素 g_j 乘法器($j=0,1,\cdots,15$)。

编码电路的第 j 级如图 5.8.16 所示,上面部分是反馈信息乘 g_j 的乘法器,按比特串行乘法器工作,下部的编码移存器按符号比特并行相加移位,符号时钟是比特时钟的 8 分频,如图 5.8.17 所示。

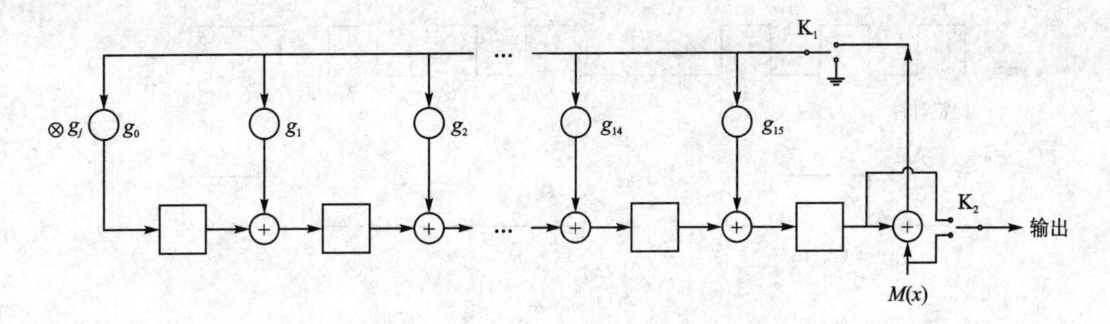

图 5.8.15　(204,188)RS 码编码电路

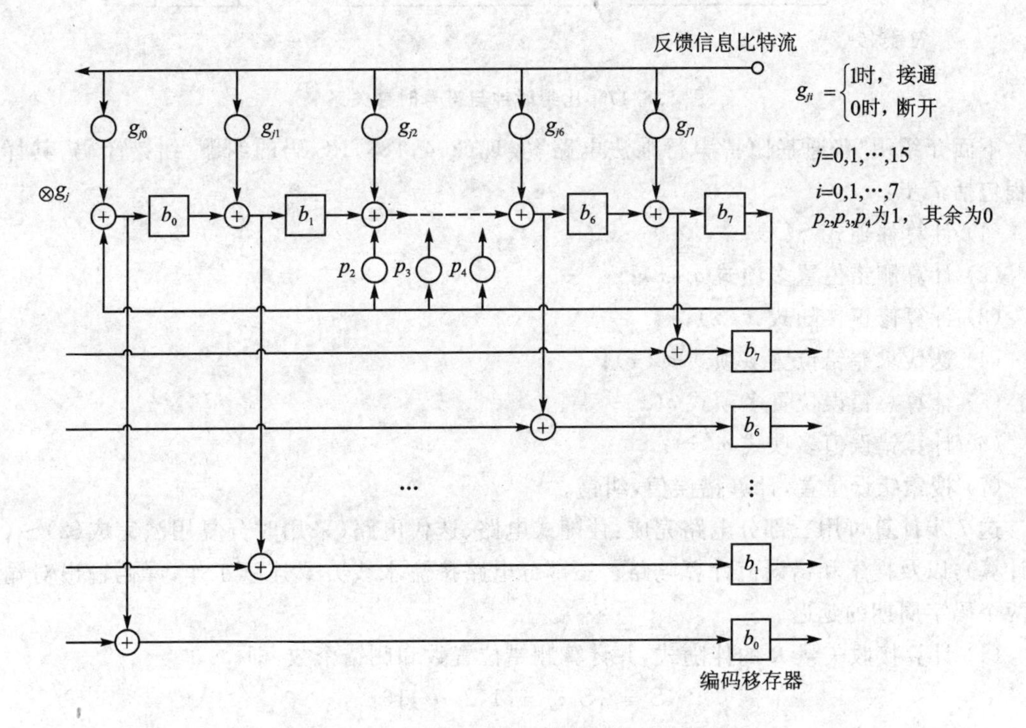

图 5.8.16　比特串行乘法器编码电路的第 j 级

编码电路在一个符号周期内的工作过程是：

在上一符号周期内完成$\otimes g_j$后，串行移存器已清零。

(1) 编码电路反馈数据流按比特串行移位，每输入完一个信息符号的 8 比特，通过反馈连接的乘法器($\otimes g_j$)完成反馈数据乘 g_j 的运算。

(2) 乘法器输出是在符号周期的最后一个比特从串行移位寄存器输入端取出，通过相加器送入编码并行移存器，同时将所有串行移存器清零。

例 5.10　用"普通基比特串行乘法电路"实现(204,188)RS 码译码。

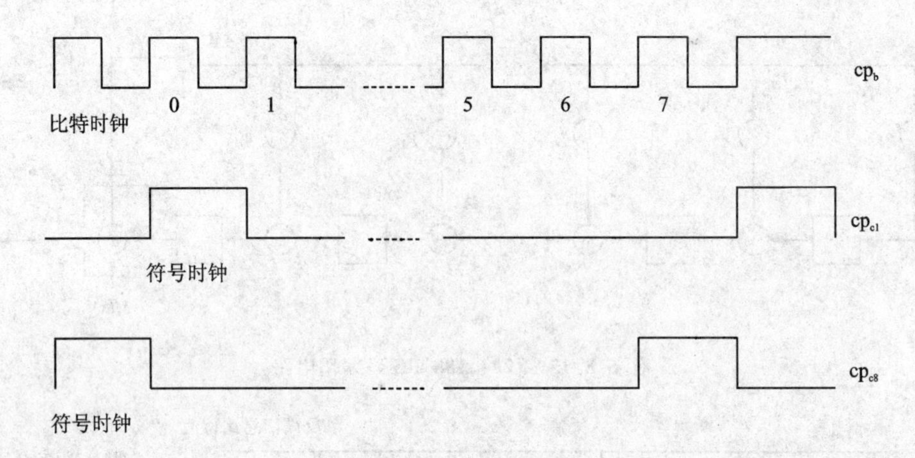

图 5.8.17 比特时钟与符号时钟关系

下面介绍用“普通基比特串行乘法电路”实现(204,188)RS 码的纠删/纠错译码，其译码过程包括 7 步：

(1) 计算伴随式 $S(x)$；

(2) 计算删错位置多项式 $\sigma_e(x)$；

(3) 计算修正伴随式 $T(x)$；

(4) 迭代求差错位置多项式 $\sigma_r(x)$；

(5) 计算总错误位置多项式 $\sigma(x)$；

(6) 计算错误值多项式 $\omega(x)$；

(7) 搜索错误位置，计算错误值，纠错。

这 7 步计算可用三部分电路完成：伴随式电路、迭代电路(采用时分复用法完成(2)～(6)步计算)，以及搜索和错误值计算电路。三部分电路按流水线方式连续工作，译码输出对输入有两个码字周期的延迟。

(1) 计算接收矢量 $\boldsymbol{R}$ 的伴随式，并计算删错位置数和删错个数，即

$$S = \{S_j; j = 1,2,\cdots,16\}$$

设接收矢量 $\boldsymbol{R}=\{R_{203},R_{202},\cdots,R_0\}$，其相应的多项式表示为

$$\boldsymbol{R}(x) = R_{203}x^{203} + R_{202}x^{202} + \cdots + R_1x + R_0$$

则接收矢量 $\boldsymbol{R}$ 的伴随式为

$$S_j = \sum_{i=0}^{203} R_i\alpha^j = R(\alpha^j) = (\cdots(R_{203}\alpha^j + \cdots + R_{202})\alpha^j + \cdots + R_1)\alpha^j + R_0$$

令 $\alpha^j = h_7\alpha^7 + h_6\alpha^6 + \cdots + h_1\alpha + h_0$，对某个 j，α^j 为固定域元素，$h_7,h_6,\cdots,h_1,h_0$ 为已知数，$h_k \in \mathrm{GF}(2)$，那么可用“固定乘数比特串行乘法器”构成分量 S_j 计算电路，如图5.8.18 所示。

接收码字按码元顺序以比特并行输入 16 个比特串行伴随式分量 S_j 计算电路，当 R_0 输入

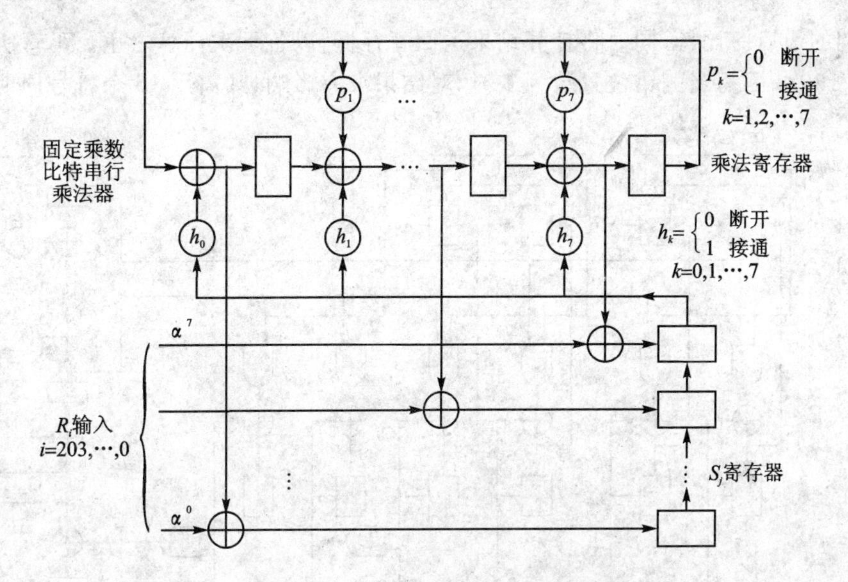

图 5.8.18　伴随式分量 S_j 计算电路

后，在该符号周期最后一比特将 16 个 S_j 并行送入串行移位的 $S(x)$转移寄存器。

在计算伴随式的同时，用“除 α 除法器”（置初值 α^{203}），将码元位置转换为码元位置数，当输入码元为删错时，将其删错位置数存储到设置的 16 个删错位置数寄存器中。并设置一个删错个数计数器(可逆)，每收到一个删错，计数器加 1。

由于译码第(2)～第(6)步计算可用迭代电路时分复用完成，故先介绍一下迭代电路的结构(以后再详细说明其电路)。每次迭代，先用“比特串行乘法电路”计算偏差 d_n，再用“比特串行乘法累加电路”计算 $\sigma^{(n+1)}(x)$，所以，迭代电路主要是两种电路的组合，如图 5.8.19 所示。因为最多可能有 16 个删错，所以电路包含 16 级。

(2) 由删错位置数计算删错位置多项式 $\sigma_e(x)$电路，设

$$\sigma_e(x)\equiv 1+\sigma_{e1}x+\sigma_{e2}x^2+\cdots+\sigma_{es}x^s=(1-X_1x)(1-X_2x)\cdots(1-X_sx) \tag{5.8.21}$$

式中，$X_k=\alpha^{i_k}$为删错位置数，i_k 为系统给出的删错位置，$k=1,2,\cdots,s$，s 为码组中实际发生的删错个数。

式(5.8.21)是连乘的形式，设在接收码矢的过程中已得到 $k-1$ 个删错的删错位置多项式 $\sigma_e^{(k-1)}(x)=A(x)$，那么 k 个删错的删错位置多项式为

$$\sigma_e^{(k)}(x)=A(x)(1-X_kx)=A(x)+X_kxA(x) \tag{5.8.22}$$

式(5.8.22)和式(5.8.14)形式一样，只不过是 $B(x)=A(x)$的特定情况，所以，删错位置多项式可用图 5.8.14 的“比特串行乘法累加电路”来计算，也可用图 5.8.19 迭代电路的上部电路来计算。按迭代电路连接，$B(x)$寄存器以图 5.8.19 中的暂存器代替，Φ_0 初值置 1，每输入一个删错位置数，暂存器串行移位，加到下一级的与门输入，电路完成一次数乘多项式的计算，在

该符号周期的最后一比特，同时将计算结果送回暂存器，以备下次计算之用。不管实际删错多少，都计算 16 次，因为当删错位置数为 0 时，对结果没有影响，共需用 16 个符号周期。

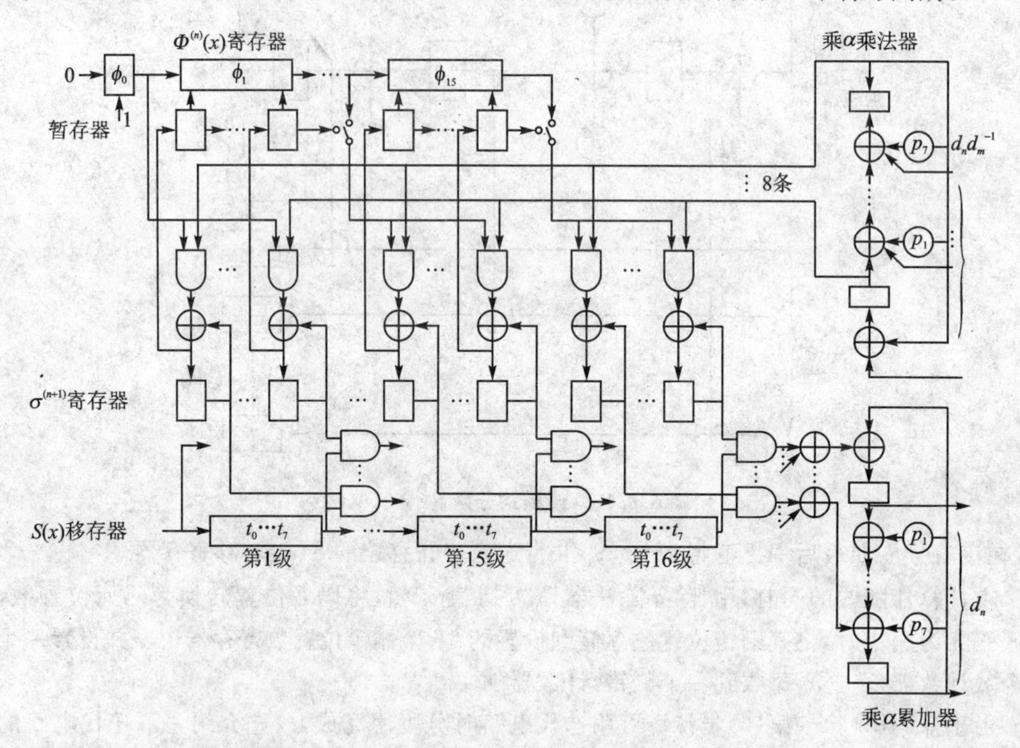

图 5.8.19 用两种"比特串行乘法电路"构成的迭代电路

(3) 计算修正伴随式 $T(x)$电路

$$\left.\begin{aligned} T(x) &= 1 + T_1 x + T_2 x^2 + \cdots + T_{d-1} x^{d-1} \\ T_m &= \sum_{j=0}^{s} \sigma_{ej} S_{m-j} \qquad m = 1,2,\cdots,d-1 \end{aligned}\right\} \tag{5.8.23}$$

式(5.8.23)和式(5.8.11)形式相同，因而计算 T_m 可用图 5.8.19 迭代电路下部的"比特串行序列乘法电路"来实现。将 $S(x)$接到迭代电路输入，S_0 与 σ_{e0} 对应，$S(x)$转移寄存器 $S_{转移}$ 和迭代移存器预先移一个符号位，使 S_1 与 σ_{e0} 对应；然后 $S(x)$每移 1 个符号位，运算一次，顺序得到 $T_1, T_2, \cdots, T_{16}$。不管删错的实际数目，都计算 16 次，共用 16 个符号周期。

(4) 求差错位置多项式 $\sigma_r(x)$的迭代运算电路

A. 用"比特串行序列乘法电路"构成求偏差 d_n 电路

假设已完成第 n 次迭代得到 $\sigma_r^{(n)}(x) = 1 + \sigma_{r1}^{(n)} x + \sigma_{r2}^{(n)} x^2 + \cdots + \sigma_{rD(n)}^{(n)} x^{D(n)}$

式中 $D(n)$为 $\sigma_r^{(n)}(x)$的阶，则

$$d_n = T_{n+1} + \sigma_{r1}^{(n)} T_n + \sigma_{r2}^{(n)} T_{n-1} + \cdots + \sigma_{rD(n)}^{(n)} T_{n+1-D(n)} \tag{5.8.24}$$

将式(5.8.24)与式(5.8.11)比较，其目的都是完成两个序列相乘，因此，计算偏差 d_n 的电路可用图 5.8.13 的“比特串行序列乘法电路”来实现。

B. 用“比特串行乘法累加电路”构成计算 $\sigma_r^{n+1}(x)$ 电路

$$\sigma_r^{(n+1)}(x)=\sigma_r^{(n)}(x)+d_n d_m^{-1} x\Phi^{(n)}(x) \tag{5.8.25}$$

式中，$\Phi^{(n)}(x)$ 表示第 n 次迭代后 $x^{n-m}\sigma^{(m)}(x)$ 的乘积，实际上在连续迭代中，在没有被更新的条件下 $\Phi^{(n)}(x)=x\Phi^{(n-1)}(x)$。

式(5.8.25)和式(5.8.14)形式相同，所以，迭代电路中计算 $\sigma_r^{(n+1)}(x)$ 部分，可用图 5.8.13“比特串行乘法累加电路”来构成，当然需将乘数 $d_n d_m^{-1}$ 寄存器改为“乘 α 乘法器”，并且为了实现 $\sigma_r^{(n)}(x)\rightarrow\Phi^{(n)}(x)$，累加寄存器应增设暂存器。

C. d_n 乘 d_m^{-1} 及 $d_n d_m^{-1}$ 乘 α 组合电路

当 k_0 接地时，图 5.8.20 中“乘 α 累加器”就变成了图 5.8.19 中上面的“乘 α 乘法器”。

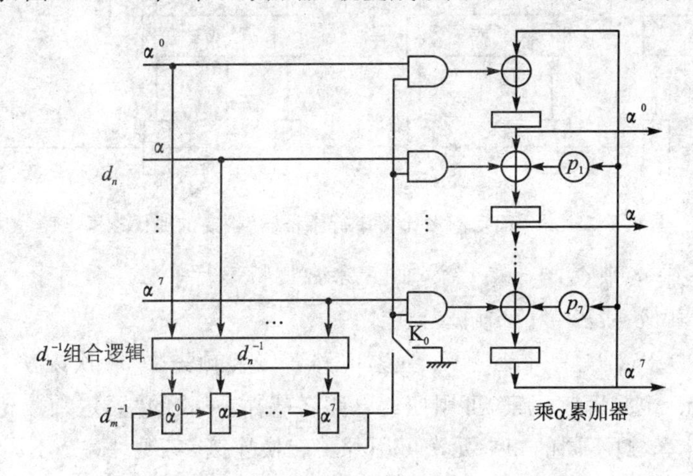

图 5.8.20　$d_n d_m^{-1}$ 和 $d_n d_m^{-1}\otimes\alpha$ 组合电路

(5) 求总错误位置多项式 $\sigma(x)$ 的电路

$$\sigma(x)\equiv 1+\sigma_1 x+\sigma_2 x^2+\cdots+\sigma_{s-t}x^{s+t}=\sigma_r(x)\sigma_e(x) \tag{5.8.26}$$

由(5.8.26)式可见，$\sigma(x)$ 可由两个多项式相乘，故可用图 5.8.19 迭代电路下部的“比特串行序列乘法电路”来计算，得到的乘积序列，存于迭代电路外的 $\sigma(x)$ 寄存器列中。删错个数最多为 16，计算 $\sigma(x)$ 需用 16 个符号周期。

(6) 计算错误值多项式 $\omega(x)$ 的电路

$$\omega(x)=\sigma(x)S(x)=\sigma_e(x)\sigma_r(x)S(x)=\sigma_r(x)T(x)\quad \mathrm{mod}x^{17} \tag{5.8.27}$$

式(5、8、27)表明 $w(x)$ 两个多项式相乘，可以用图 5.8.19 迭代电路的下半部的“比特串行序列乘法电路”实现计算。

(7) 用钱氏搜索电路搜索错误位置 $n-l$，计算 $\omega(\alpha^l)$ 和错误值 e_{n-l}。

A. 钱氏搜索电路和计算 $\omega(\alpha^l)$ 电路

求错误位置时,用 $\alpha^l(l=52,53,239)$ 代入错误位置多项式 $\sigma(x)$,若 α^l 为其根,$\sigma(\alpha^l)=0$,则 $n-l$ 为错误位置,R_{n-l} 为错误的接收符号,这就是由 $\sigma(\alpha^l)$ 值确定错误位置的"钱氏搜索电路"。用"固定乘数比特串行乘法器"构造的钱氏搜索电路,如图 5.8.21 所示。

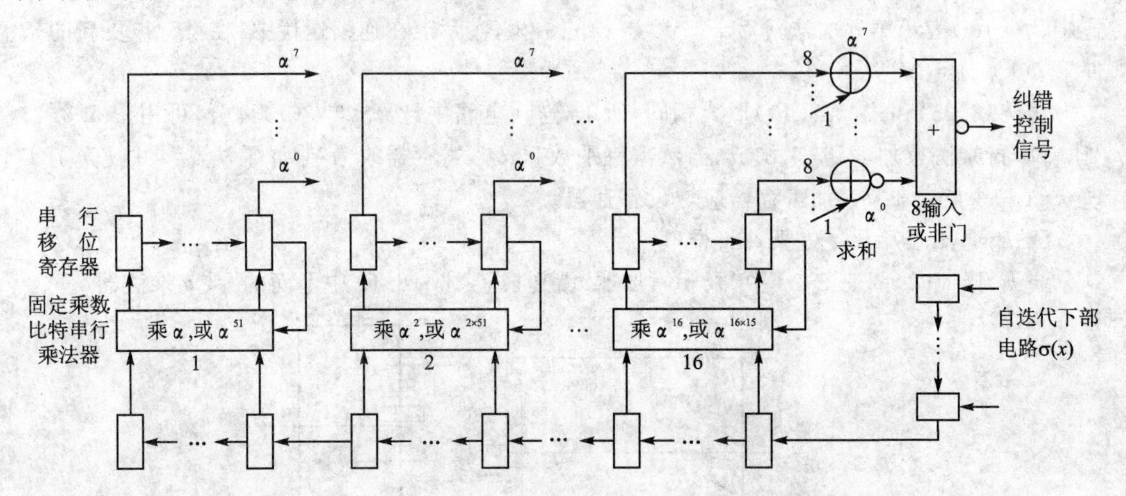

图 5.8.21 用"固定乘数比特串行乘法器"构成的钱氏搜索电路

图 5.8.21 中,乘 α,乘 α^2,…,乘 α^{16} 为"固定乘数比特串行乘法器",由于 $\sigma_0=1$,求和电路中 α^0 位为异或非门,其他各位均为 16 输入异或门。

由于(204,188)RS 码是一个缩短码,搜索电路各级要预先做 51 次乘法,即 σ_i 要先乘 α^{51i} $(i=1,2,\cdots,16)$;α^{51i} 也是固定元素,可用搜索电路各级中乘 α^i 的"固定乘数比特串行乘法器"完成这个初值的计算,对不同的相乘元素可用开关转换连接,实现对两个不同固定乘数乘法的时分复用。

计算 $\omega(\alpha^l)$ 电路与搜索电路的级数和结构形式相同,不再重画。

如果 α^{n-l} 为一个错误位置数,那么 $R(x)$ 在 $n-l$ 位置上的错误值为

$$e_{n-l}=\frac{\alpha^{-l}\omega(\alpha^l)}{\alpha^l\sigma'(\alpha^l)} \tag{5.8.28}$$

式中 $\sigma'(\alpha^l)$ 是 $\sigma(x)$ 在 α^l 上的导数,$\alpha^l\sigma'(\alpha^l)$ 为 $\sigma(\alpha^l)$ 的奇次项之和,由图 5.8.21 中乘 α^1,乘 α^3,…,输出求和得到,α^{-l} 用"α 除法器"得到,置初值 α^{204},综合得到错误值计算及纠错电路如图 5.8.22 所示。

综上所述,使用"普通基比特串行乘法电路"实现时域或频域中 BCH 码和 RS 码的编译码具有明显的优点:

(1) 用"普通基比特串行乘法电路"(包括"比特串行序列乘法电路"和"比特串行乘法累加电路")基本上以 m 个与门代替了两个任意域元素相乘的复杂乘法器,并且译码电路的时钟频

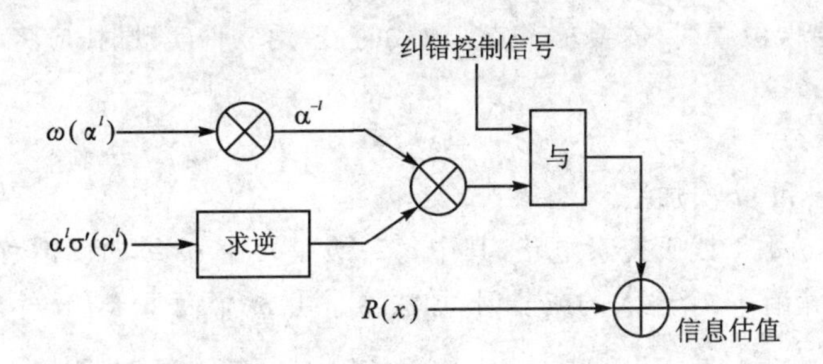

图 5.8.22 错误值计算及纠错电路

率完全按信息比特速率和符号速率协调工作。编译码中的四则运算就是有限域 GF(2^m)中的算术运算,电路和时序控制都很简单,明显优于"对偶基比特串行乘法器"的编译码电路。

(2) 实现 BCH 码或 RS 码编译码电路的各级结构整齐规则,便于用 FPGA 实现或超大规模集成电路设计。

5.9 纠错的实现

以上讨论了 BCH 码译码的主要步骤和算法,下面简要归纳每一步的实现和计算量。

译码纠错由以下四步完成:

第一步,计算伴随式 $S_j(j=1,2,\cdots,2t)$,是将域元素 $\alpha,\alpha^2,\cdots,\alpha^{2t}$ 分别代入接收多项式

$$R(x)=R_{n-1}x^{n-1}+R_{n-2}x^{n-2}+\cdots+R_1x+R_0$$

用软件计算时,多项式应写成如下的形式

$$R(x)=(\cdots(R_{n-1}x^{n-1}+R_{n-2}x^{n-2})+\cdots+R_1)x+R_0$$

对 $n-1$ 次多项式,每计算一个 S_j,需要做 $n-1$ 次乘法和同样次数的加法,故计算 $2t$ 个 S_j 需做 $2(n-1)t$ 次乘法和同样次数加法。对二元码,由于 $S_j^2=\left[\sum_{k=1}^{t}X_k^j\right]^2=\sum_{k=1}^{t}X_k^{2j}=S_{2j}$,所以 $S_2,S_4,\cdots$ 可由 $S_1,S_2,\cdots$ 简单算出,这使伴随式计算量减半。

也可用硬件电路计算 S_j,设 α^j 的最小多项式为 $m_j(x)$,又设

$$R(x)=q(x)m_j(x)+d(x) \tag{5.9.1}$$

式中 $d(x)$为 $R(x)$除以 $m_j(x)$的余式。由于 α^j 为 $m_j(x)$的根,所以

$$S_j=R(\alpha^j)=d(\alpha^j) \tag{5.9.2}$$

式(5.9.2)和式(5.9.1)表明,对二元 BCH 码,伴随式分量 S_j 可用 α^j 的最小多项式作除式的除法电路来实现。每个 S_j 计算电路是一个 m 级的反馈移存器。硬件的优点是速度快。

第二步,计算错误位置多项式时,使用软件,平均说来,作一次迭代,计算 $\sigma^{(n)}(x)$和 d_n 共需要 t 次加法和 t 次乘法。每译一个码字需要 $2t$ 次迭代,所以这步大约需要作 $2t^2$ 次加法和 $2t^2$ 次乘法。

第三步,在求错误位置时,需要求 t 次多项式的值,用软件实现时,应将多项式 $\sigma(x)$ 写成如下形式

$$\sigma(x) = (\cdots(\sigma_t x + \sigma_{y-1})x + \cdots + \sigma_1)x + 1$$

并做 $n(t-1)$ 次乘法和 nt 次加法。

用硬件采用图 5.4.1 钱氏搜索电路,其中每一级是一个 m 级的反馈移存器,求和电路包括一个加法器和一个有 m 个输入的或非门,加法器是由 m 个而每个有 t 个输入的奇偶校验器组成。

第四步,在求差错值中,每计算一个 Y_k 大约需要做 $2t$ 次乘法和 $2t$ 次加法,纠 t 个错误的码共需做 $2t^2$ 次乘法和同样次数加法。

将以上四步所需的计算量列于表 5.9.1 中。

表 5.9.1 计算量表

步 骤	加法次数	乘法次数
一	$2n(t-1)$	$2n(t-1)$
二	$2t^2$	$2t^2$
三	nt	$n(t-1)$
四	$2t^2$	$2t^2$

由于 n 一般比 t 大得多,所以第一和第三步计算量很大,因而在这些步骤中硬件应是非常重要的,如在这些步中用硬件完成,所需的运算时间比用软件实现要小得多。

5.10 BCH 码和 RS 码的应用

5.10.1 (82,61)BCH 码的应用

俄罗斯在进行“KOCΠAC - SARSAT”国际合作时,为提高无线电事故信标—航天器—地面间的链路能量增益,使用了(82,61)BCH 码。(82,61)BCH 码是从(127,106)BCH 码缩短而来的。该码的最小距离为 7。可以纠正由 82 个二进制码元组成的码字中的≤3 个错误。该码的生成多项式为

$$g(x) = x^{21} + x^{18} + x^{17} + x^{15} + x^{14} + x^{12} + x^{11} + x^8 + x^7 + x^6 + x^5 + x + 1$$

通过试验得到,在未编码时原始误码率低于 10^{-3} 时,使用编码可以使错误概率降低 1 个量级或更多。

BCH 译码器是 1981 年研制并投产的。译码算法的原理是彼得逊算法。译码器可以纠正 3 个错误,能检测到 4 个或更多个误码,并输出发现误码的标识。

译码器利用集成电路和固定存储器集成电路研制而生。固定存储器应用(8,6)字节码,从而具有容错能力。当从固定存储器读取信息时,(8,6)码可以纠正其中的随机错误或纠正固定存储器的故障。

译码器属于"COSPAS"系统地面接收站的组成部分,从 1982 年开始使用,以后的译码器由硬件实现转变为软件实现。

5.10.2　(248,128)RS 码的应用

为提高地面测控站与飞控中心之间信息传输的可靠性,俄罗斯航天仪表研究所于 1997—1999 年研制了以二进制(248,128)码表示的 GF(256)域上的(31,16)RS 码的编码器和译码器。

(31,16)RS 码是通过将(255,240)RS 码缩短得到的,码距为 16,相应地可以纠正任意 7 个错误字节(一字节为 8 bit)。如果在第 8 个码字字节中包含错误,也可被检查出来。此外,由于该码可以对任意 7 个字节进行纠错,那么可以纠正这些字节中 49 bit 的任意突发错误。

习　题

5.1　由四次本原多项式 $P(x)=x^4+x+1$ 作出伽罗华域 $GF(2^m)$ 的元素表。

5.2　设 α 为 $GF(2^4)$ 域的本原元,求 α、α^3 和 α^5 的最小多项式。

5.3　求码长为 15,纠两个错误的二元 BCH 码的生成多项式和一致校验矩阵。

5.4　设(15,7)二元 BCH 码的接收多项式为

$$R(x) = x^{12} + x^5 + x^3$$

求发送码字。

5.5　求符号取自 $GF(2^4)$,纠两个错误的 RS 码的生成多项式 $g(x)$。α 为 $GF(2^4)$ 的本原元,设接收多项式 $R(x)=\alpha^{11}x^7+\alpha x^3$,用迭代译码法求发送码字 $C(x)$。

5.6　画出习题 5 的编码电路。

5.7　画出习题 5 的伴随式分量的计算电路。

5.8　应用习题 1,画出用固定元素 α^5 乘 $GF(2^4)$ 域中任一元素的乘法电路。

5.9　由五次本原多项式 $P(x)=x^5+x^2+1$ 生成 $GF(2^5)$ 域,画出 $GF(2^5)$ 中任意两个元素的乘法电路。

第6章　卷积码基础

前面讨论的分组码都是将信息码元分组后独立地进行编码，编码后的前后码组没有任何联系，译码时也是仅从本码组获取译码信息，从信息论的角度来看，这样做忽略了信息分组之间的联系，必然损失一部分相关信息。而且信息序列分组码字越短，损失的信息越多。如果使分组码码长尽量增大，译码的复杂度就会成指数规律上升。于是人们想到，在码长一定时，将有限分组的相关信息加到码字里，译码时利用码字的相关性将前面的译码信息反馈到后面供译码参考，这些想法导致了卷积码的产生。

卷积码(又称连环码)首先由麻省理工学院的埃里亚斯(Elias)于1955年提出。正如第1章所指出，卷积码和线性分组码都是线性码。卷积码不同于分组码之处在于：在任意给定时间单元时刻，编码器输出的n_0个码元中，每一个码元不仅和此时刻输入的k_0个信息元有关，而且还与前连续m个时刻输入的信息元有关。而在(n,k)分组码编码器输出的n个码元中，每一个码元仅和此时输入的k个信息元有关。卷积码通常用(n_0,k_0,m)表示，其中n_0和k_0是小的整数，m称为编码存储。除了构造上的不同外，在同样的编码效率R下，卷积码的性能优于分组码，至少不低于分组码。当编码存储m较大时，可以得到较低的译码错误概率。

卷积码理论的发展经历与译码的三个最主要的方法有着密切的联系。这三种译码方法分别是门限译码、序列译码和维特比译码，分别由梅西、沃曾克拉夫特和维特比提出，从而推动了理论的发展和应用。门限译码是一种代数译码法，它的主要特点是算法简单，易于实现，译出的每一个信息元所需的译码运算时间是个常数，即译码延时是固定的。序列译码和维特比译码都是概率译码。序列译码的延时是随机的，与信息干扰情况有关。而维特比译码的运算时间是固定的，其译码的复杂性(无论是硬件实现还是软件实现)均与m成指数增长。但是随着大规模集成电路技术的发展，这些已不是妨碍维特比译码或序列译码得以广泛应用的关键因素。

本章将介绍卷积码的基本概念和编码及译码的基本原理。

6.1　卷积码的基本概念

6.1.1　卷积码的生成序列、约束度和约束长度

现通过以下实例说明这些概念。

例6.1　在(2,1,3)码中，$n_0=2$，$k_0=1$，$m=3$，该码的编码电路原理图如图6.1.1所示。

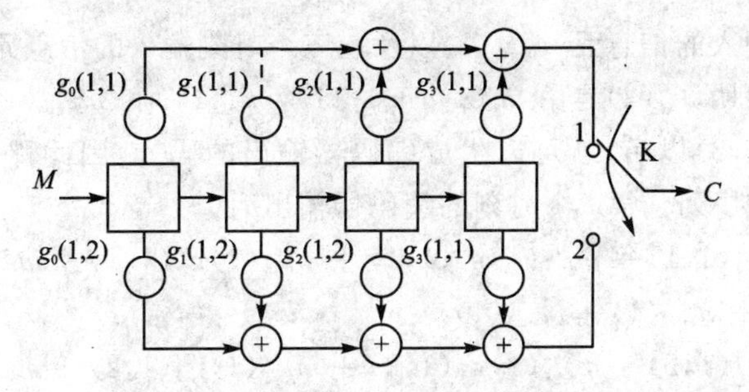

图 6.1.1　(2,1,3)码编码电路

由图 6.1.1 可见，编码电路由 4 组移存器和模 2 加法器组成。4 组移存器用于存储当前时刻以及与此时刻相邻的前一个、前二个和前三个时刻进入编码器的信息组，模 2 加法器用于对这 4 个时刻的信息组进行线性运算。

编码器的输入为待编码的信息序列 M。在编码前，将信息序列 M 中的信息元每 k_0 个划为一个信息组，对本例而言 $k_0=1$，则信息序列 M 可以表示为

$$M=[m_0(1)m_1(1)m_2(1)\cdots m_l(1)\cdots]$$

其中，$m_l(1)$表示第 l 时刻进入编码器的第 $k_0=1$ 个码元，$l=0,1,2,\cdots$。当 $m_l(1)$进入编码器后，编码器输出 2 个码元($n_0=2$)，分别用 $C_l(1)$和 $C_l(2)$表示，并且称为第 l 时刻输出的子码。因此，信息序列 M 进入编码器后，编码器输出的码序列 C 为

$$C=[C_0(1)C_0(2)C_1(1)C_1(2)C_2(1)C_2(2)\cdots C_l(1)C_l(2)\cdots]$$

当第 l 时刻的信息元 $m_l(1)$进入编码器后，编码器的 4 级存储器中分别存储了第 l 时刻以及与第 l 时刻相邻的前三个时刻的信息元，分别用 $m_l(1)$，$m_{l-1}(1)$，$m_{l-2}(1)$和 $m_{l-3}(1)$表示。为了得到第 l 时刻输出子码的 2 个码元 $C_l(1)$和 $C_l(2)$，必须要确定它们分别是由哪几个时刻的信息元参加线性运算后生成的。在卷积码的编码过程中，这个规则由卷积码的生成序列 $g(i,j)$确定，其中 $i=1,2,\cdots,k_0$，$j=1,2,\cdots,n_0$。对本例而言，这个规则为两个生成序列 $g(1,1)$和 $g(1,2)$，分别为

$$g(1,1)=[g_0(1,1)g_1(1,1)g_2(1,1)g_3(1,1)]$$
$$g(1,1)=[g_0(1,2)g_1(1,2)g_2(1,2)g_3(1,2)]$$

每个生成序列有 $m+1=N=4$ 个元素，每个元素 $g_t(1,1)$和 $g_t(1,2)$取值为 1 或 0，$t=0,1,2,3$。式中：下标 0 表示当前时刻；下标 1,2,3 分别表示与当前时刻相邻的前一个、前二个和前三个时刻。$g_t(1,1)$为 0 时，表示该时刻的第 $k_0=1$ 个信息元不参加求 $C_l(1)$的运算；为 1 时，则表示参加求 $C_l(1)$的运算。同理，$g_t(1,2)$为 0 时，表示该时刻的信息元不参加求 $C_l(2)$的运算；为 1 时，则表示参加求 $C_l(2)$的运算。在图 6.1.1 中给出了

$$g(1,1)=[g_0(1,1)g_1(1,1)g_2(1,1)g_3(1,1)]=[1011]$$
$$g(1,2)=[g_0(1,2)g_1(1,2)g_2(1,2)g_3(1,2)]=[1111]$$

上式 $g(1,1)$表明，任一时刻 l 时，输出端 1 的码元 $C_l(1)$是由此 l 时刻输入的信息元

$m_l(1)$与前两个时刻输入的信息元 $m_{l-2}(1)$以及前三个时刻输入的信息元 $m_{l-3}(1)$模 2 相加后的和。同理,$g(1,2)$表明,$C_l(2)$是由 $m_l(1)$,$m_{l-1}(1)$,$m_{l-2}(1)$和 $m_{l-3}(1)$的模 2 和。所以,只要给定 $g(1,1)$和 $g(1,2)$以后,就可以生成编码器输出的码元,因此称 $g(1,1)$和 $g(1,2)$为(2,1,3)卷积码的生成序列。第 l 个时刻的编码器输出为

$$C_l(1) = m_l(1)g_0(1,1) + m_{l-1}(1)g_1(1,1) + m_{l-2}(1)g_2(1,1) + m_{l-3}(1)g_3(1,1) = m_l(1) + m_{l-2}(1) + m_{l-3}(1)$$

$$C_l(2) = m_l(1)g_0(1,2) + m_{l-1}(1)g_1(1,2) + m_{l-2}(1)g_2(1,2) + m_{l-3}(1)g_3(1,2) = m_l(1) + m_{l-1}(1) + m_{l-2}(1) + m_{l-3}(1)$$

或者表示为

$$C_l(j) = \sum_{t=0}^{3} m_{l-t}(1)g_t(1,j) \qquad j = 1,2, \qquad l = 1,2,\cdots \tag{6.1.1}$$

式(6.1.1)表明,任一时刻编码器的输出 $C_l(j)$可以由信息元与生成序列的离散卷积运算求出。这是卷积码名称的由来。

设 $M=[m_0(1)m_1(1)m_2(1)m_3(1)]=[1011]$,则编码器的两个输出端的序列分别为

$$C(1) = [C_0(1)C_1(1)C_2(1)C_3(1)] = [1000]$$

$$C(2) = [C_0(2)C_1(2)C_2(2)C_3(2)] = [1101]$$

而码序列 C 为

$$C = [C_0(1)C_0(2)C_1(1)C_1(2)C_2(1)C_2(2)C_3(1)C_3(2)] = [11\quad 01\quad 00\quad 01]$$

由此可见,在任一时刻单元,送入编码器一个信息元($k_0=1$),编码器输出由两个($n_0=2$)码元组成的一个码组,称为子码;每个子码中的码元不仅与此时此刻的信息元有关,而且还与前 m 个($m=3$)时刻的信息元有关。因此,在编码过程中,每 4 个($m+1=N=4$)子码之间相互约束。在这里称 m 为编码存储;$N=m+1$ 为编码的约束度,它表明编码过程中互相约束的子码数;称 $N\cdot n_0$ 为编码约束长度,它表明编码过程中互相约束的码元数。对本例而言,$m=3,N=4,N\cdot n_0=8$。

图 6.1.1 所示的(2,1,3)是非系统码,因为在码序列 C 中的每个子码不是系统码的码字结构。由(2,1,3)非系统卷积码的生成,可以推广到任一(n_0,1,m)非系统卷积码的生成。

对于(n_0,1,m)码,它的生成完全由 n_0 个生成序列所确定,即由 $g(1,1),g(1,2),\cdots,g(1,n_0)$所确定。如果用矢量表示每个生成序列,则每个矢量中含有 N 个元素,$N=m+1$。

例 6.2 (2,1,6)卷积码,其 $m=6,N=7$,它的生成序列为

$$g(1,1) = [g_0(1,1)g_1(1,1)g_2(1,1)g_3(1,1)g_4(1,1)g_5(1,1)g_6(1,1)] = [1011011]$$

$$g(1,2) = [g_0(1,2)g_1(1,2)g_2(1,2)g_3(1,2)g_4(1,2)g_5(1,2)g_6(1,2)] = [1111001]$$

仿照式(6.1.1)可以写出第 l 时刻的编码器输出

$$C_l(k) = \sum_{t=0}^{6} m_{l-t}(1)g_t(1,j) \qquad j = 1,2$$

例 6.3　(3,2,1)码,其 $n_0=3,k=2,m=1$。它的任一子码 C_l 有三个码元,每个码元由此时此刻的两个信息元和前一个时刻进入编码器的两个信息元模 2 运算和求出;这些信息元参加模 2 运算的规则由 $3\times2=6$ 个生成序列所确定,每个生成序列含有两个元素;这 6 个生成序列是

$$\left.\begin{aligned} g(1,1) &= [g_0(1,1)g_1(1,1)] = [11] \\ g(1,2) &= [g_0(1,2)g_1(1,2)] = [01] \\ g(1,3) &= [g_0(1,3)g_1(1,3)] = [11] \\ g(2,1) &= [g_0(2,1)g_1(2,1)] = [01] \\ g(2,2) &= [g_0(2,2)g_1(2,2)] = [10] \\ g(2,3) &= [g_0(2,3)g_1(2,3)] = [10] \end{aligned}\right\} \tag{6.1.2}$$

若待编码的信息序列 $M=[m_0(1)m_0(2)m_1(1)m_1(2)\cdots m_t(1)m_t(2)\cdots]$,则码序列 C 中的任一子码为

$$\left.\begin{aligned} C_l(1) &= \sum_{i=1}^{2}\sum_{t=0}^{1} m_{l-t}(i)g_t(i,1) \\ C_l(2) &= \sum_{i=1}^{2}\sum_{t=0}^{1} m_{l-t}(i)g_t(i,2) \\ C_l(3) &= \sum_{i=1}^{2}\sum_{t=0}^{1} m_{l-t}(i)g_t(i,3) \end{aligned}\right\} \tag{6.1.3}$$

根据式(6.1.2)和式(6.1.3)可以得到(3,2,1)码串行编码电路,如图 6.1.2 所示。

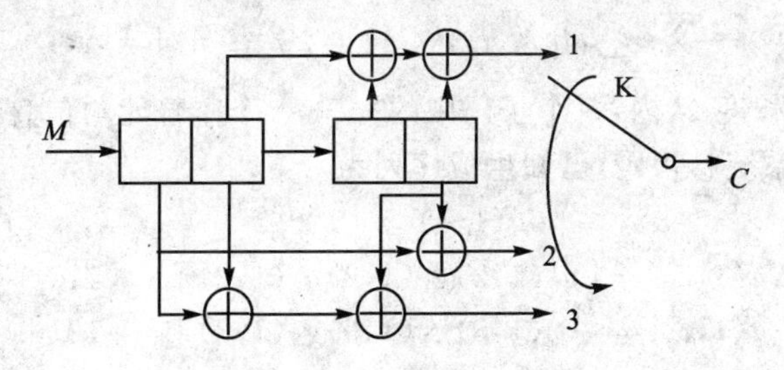

图 6.1.2　(3,2,1)码串行编码电路

在图 6.1.2 中,每个时刻单元从编码器输入 $k_0=2$ 个信息元,它们与前一个时刻进入编码器的两个信息元按式(6.1.3)所确定的卷积关系进行运算后,在输出端 1,2,3 分别得到该时刻子码中的三个码元。

编码器由 $N=2$ 个移位寄存器组合模 2 加法器构成,每个移位寄存器组含有 $k_0=2$ 级移位寄存器,每级移位寄存器的输出按式(6.1.2)的规则引出后进行模 2 加的运算。

图 6.1.2 所示的也是非系统码形式的卷积码。由例 6.1 和例 6.2 可以推出(n_0,k_0,m)非系统码形式的生成序列 $g(i,j)$。(n_0,k_0,m)码完全可由 $k_0\times n_0$ 个生成序列所生成,每个生成序列中含有 N 个元素。码序列 $C=[C_0(1)C_0(2)\cdots C_0(n_0)C_1(1)C_1(2)\cdots C_1(n_0)\cdots C_l(1)$

$C_l(2)\cdots C_l(n_0)\cdots]$中任一子码可以由待编码的信息序列 $M=[m_0(1)m_0(2)\cdots m_0(k_0)m_1(1)$ $m_1(2)\cdots m_1(k_0)\cdots m_l(1)m_l(2)\cdots m_l(k_0)\cdots]$按如下卷积关系求出

$$C_l(j)=\sum_{i=1}^{k_0}\sum_{t=0}^{m}m_{l-t}(i)g_t(i,j)\quad j=1,2,\cdots,n_0,l=0,1,2\cdots \tag{6.1.4}$$

其中 $g(i,j)=[g_0(i,j)g_1(i,j)\cdots g_m(i,j)],g_t(i,j)\in\{0,1\},t=0,1,2,\cdots,m$

6.1.2 系统码形式的卷积码

系统卷积码是卷积码的一类。它的码序列中任一子码的 C_l 也有 n_0 个码元，其前 k_0 位与待编码的信息序列中的第 l 信息组 $m_l(i)$ 相同，而后 n_0-k_0 位监督元由生成序列生成。由于每个码中的前 k_0 位是此时刻待编码的 k_0 位信息元，所以在生成序列 $g(i,j)$ 中有 $k_0\times k_0$ 个生成序列是固定的，为简单起见，将它们写成如下形式：

$$g(1,1)=1,g(1,2)=g(1,3)=\cdots=g(1,k_0)=0$$
$$g(2,2)=1,g(2,1)=g(2,3)=\cdots=g(2,k_0)=0$$
$$\vdots$$
$$g(k_0,k_0)=1,g(k_0,1)=g(k_0,2)=\cdots=g(k_0,k_0-1)=0$$

只有 $k_0\times(n_0-k_0)$ 个生成序列需要给定，以便确定每个子码中 n_0-k_0 个监督元。根据式(6.1.4)可以给出如下关系式

$$\left.\begin{aligned}&C_l(j)=m_l(i) && i=j=1,2,\cdots,k_0\\&C_l(j)=\sum_{i=1}^{k_0}\sum_{t=0}^{m}m_{l-t}(i)g_t(i,j) && j=k_0+1,\cdots,n_0\end{aligned}\right\} \tag{6.1.5}$$

式(6.1.5)表明在约束长度 N 内，每个子码中的 n_0-k_0 个监督元与信息元的卷积关系。

例 6.4 (3,1,2)系统卷积码，已知生成序列为

$$g(1,1)=[100]$$
$$g(1,2)=[g_0(1,2)g_1(1,2)g_2(1,2)]=[110]$$
$$g(1,3)=[g_0(1,3)g_1(1,3)g_2(1,3)]=[101]$$

该码编码电路示于图 6.1.3。其任一子码为

$$C_l(1)=m_l(1)$$
$$C_l(2)=\sum_{t=0}^{2}m_{l-t}(1)g_t(1,2)$$
$$C_l(3)=\sum_{t=0}^{2}m_{l-t}(1)g_t(1,3)$$

例 6.5 (3,2,2)系统卷积码的生成序列为

$g(1,1)=[g_0(1,1)g_1(1,1)g_2(1,1)]=[100],g(2,2)=[g_0(2,2)g_1(2,2)g_2(2,2)]=[100]$
$g(1,2)=[g_0(1,2)g_1(1,2)g_2(1,2)]=[000],g(2,1)=[g_0(2,1)g_1(2,1)g_2(2,1)]=[000]$
$g(1,3)=[g_0(1,3)g_1(1,3)g_2(1,3)]=[101],g(2,3)=[g_0(2,3)g_1(2,3)g_2(2,3)]=[110]$

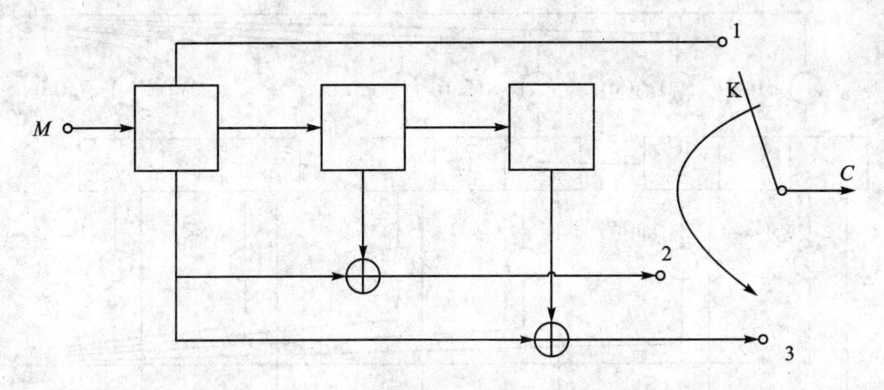

图 6.1.3　(3,1,2)系统码编码电路

该码的任一子码 C_l 中前两位与 $m_l(1)$,$m_l(2)$相同,而后一位的监督元由式(6.1.5)确定,即

$$C_l(1) = m_l(1)$$

$$C_l(2) = m_l(2)$$

$$C_l(3) = \sum_{i=1}^{k_0} \sum_{t=0}^{2} m_{l-t}(i) g_t(i,3)$$

(3,2,2)码的编码电路如图 6.1.4 所示。

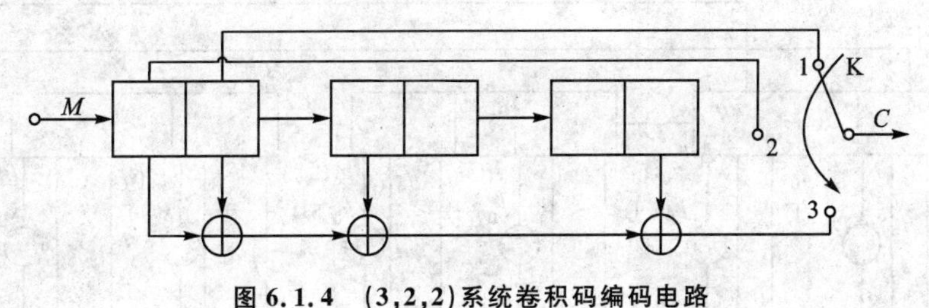

图 6.1.4　(3,2,2)系统卷积码编码电路

6.1.3　卷积码的编码

卷积码的编码电路按照结构可以分为三种,分别是串行输入串行输出、并行Ⅰ型和并行Ⅱ型编码电路。

(1) 串行输入、串行输出的编码电路　构造这种类型编码电路的基础是式(6.1.4)和(6.1.5)。根据式(6.1.4)构造的是非系统编码器,而式(6.1.5)则是系统编码电路的依据。图 6.1.5所示的是(n_0,k_0,m)非系统卷积码的串行编码电路。图 6.1.6 是(n_0,k_0,m)系统码的编码电路。

(2) $(n_0-k_0)\times m$ 级移位寄存器构成的并行编码电路　这是系统码形式的一种编码电路,又称Ⅰ型编码电路。将式(6.1.5)展开后可以写成如下形式

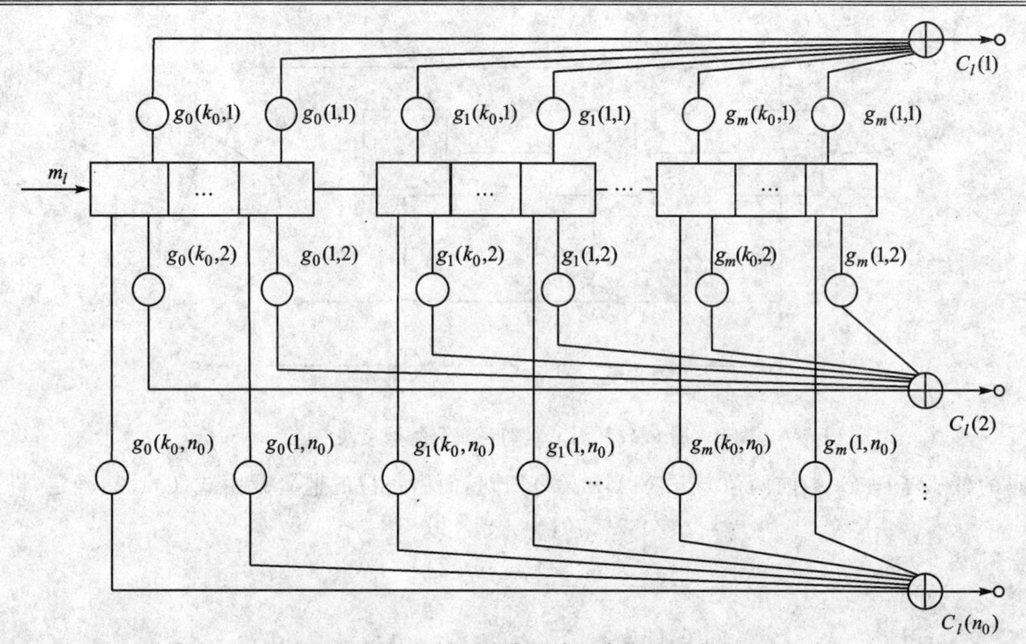

图 6.1.5 (n_0,k_0,m)非系统码串行编码电路

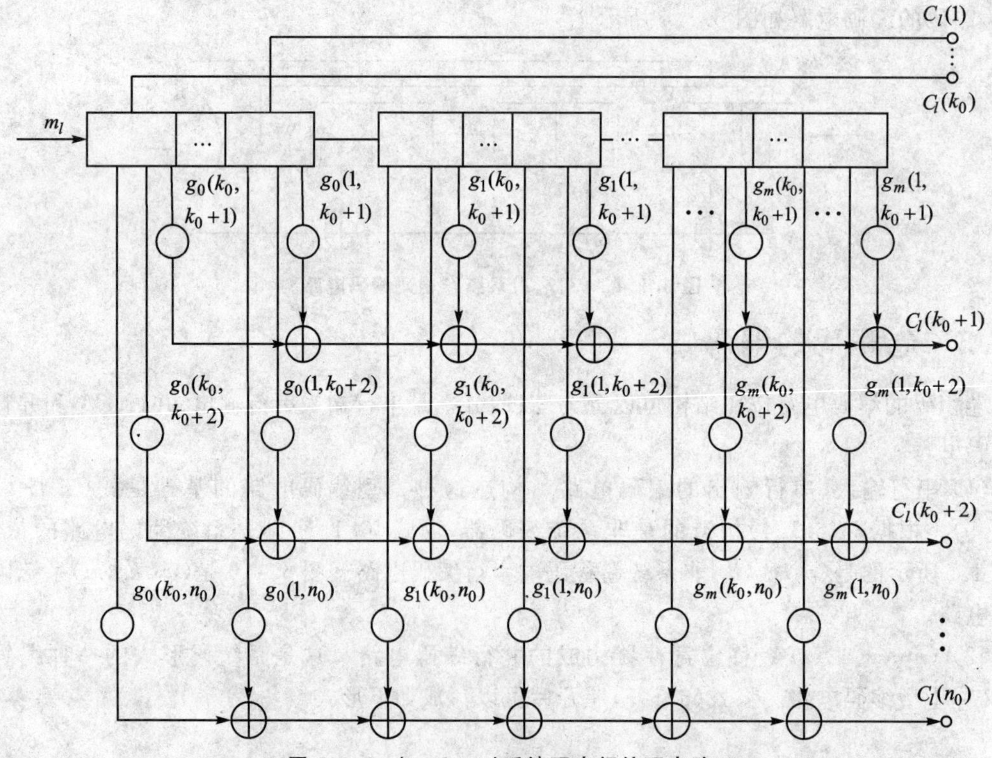

图 6.1.6 (n_0,k_0,m)系统码串行编码电路

$$C_l(j)=m_l(i),\quad j=i=1,2,\cdots,k_0$$

$$C_l(j)=\sum_{i=1}^{k_0}m_l(i)g_0(i,j)+\sum_{i=1}^{k_0}m_{l-i}(i)g_1(i,j)+\cdots+\sum_{i=1}^{k_0}m_{l-m}(i)g_m(i,j)\quad j=k_0+1,\cdots,n_0$$

(6.1.6)

式(6.1.6)表明,在并入并出方式下,为了获得第 l 个子码的 n_0-k_0 个监督元,需要 n_0-k_0 个移位寄存器组,每一组移位寄存器的数目为 m 个。它们根据生成序列 $g(i,j)$ 所确定的关系存储了第 l 个信息组相邻的前 m 个信息组。

例 6.6　(3,2,2)码Ⅰ型编码电路,已知该码的生成序列为

$$g(1,1)=[100],\qquad g(2,2)=[100]$$
$$g(1,2)=[000],\qquad g(2,1)=[000]$$
$$g(1,3)=[101],\qquad g(2,3)=[110]$$

根据式(6.1.6),第 l 个子码的监督元为

$$C_l(3)=m_l(1)g_0(1,3)+m_l(2)g_0(2,3)+m_{l-1}(1)g_1(1,3)+m_{l-1}(2)g_1(2,3)+m_{l-2}(1)g_2(1,3)+m_{l-2}(2)g_2(2,3)$$

将生成序列各元素代入后有

$$C_l(3)=m_l(1)+m_l(2)+m_{l-1}(2)+m_{l-2}(1)$$

(3,2,2)码的Ⅰ型编码电路示于图 6.1.7。图 6.1.8 是(n_0,k_0,m)系统码Ⅰ型编码器电路。

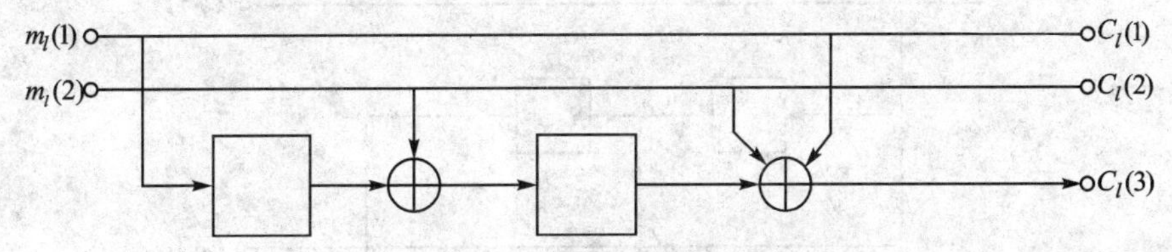

图 6.1.7　(3,2,2)码Ⅰ型编码电路

(3) $k_0\times m$ 级移位寄存器编码电路　该电路又称Ⅱ型并行编码电路。它是以式(6.1.5)为依据构成的,为此,将式(6.1.5)展开

$$C_l(j)=\sum_{t=0}^{m}m_{l-t}(1)g_t(1,j)+\sum_{t=0}^{m}m_{l-t}(2)g_t(2,j)+\cdots+\sum_{t=0}^{m}m_{l-t}(k_0)g_t(k_0,j)$$
$$j=k_0+1,\cdots,n_0\qquad(6.1.7)$$

由式(6.1.7)可见,只须将第 l 时刻的 k_0 个信息元与前 m 个时刻的各信息元按生成序列所确定的关系进行模 2 相加,就可以得到此时此刻的 n_0-k_0 个监督元。Ⅱ型编码电路由 k_0 个移位寄存器组构成,每一组有 m 级移位寄存器,它们分别寄存了前 m 时刻进入编码器的第一个到 k_0 个信息元。

例 6.7　(3,1,2)码,已知码的生成序列为

$$g(1,1)=[100],\quad g(1,2)=[110],\quad g(1,3)=[101]$$

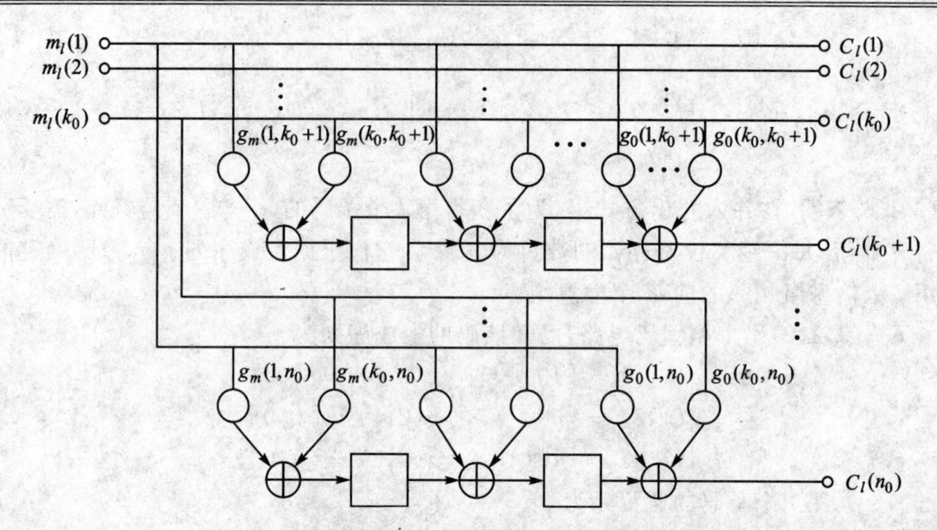

图 6.1.8 (n_0,k_0,m_0)码Ⅰ型编码电路

由式(6.1.7),该码任一子码的监督元为

$$C_l(2)=m_l(1)g_0(1,2)+m_{l-1}(1)g_1(1,2)+m_{l-2}(1)g_2(1,2)$$

$$C_l(3)=m_l(1)g_0(1,3)+m_{l-1}(1)g_1(1,3)+m_{l-2}(1)g_2(1,3)$$

它的编码电路图如图 6.1.9 所示。

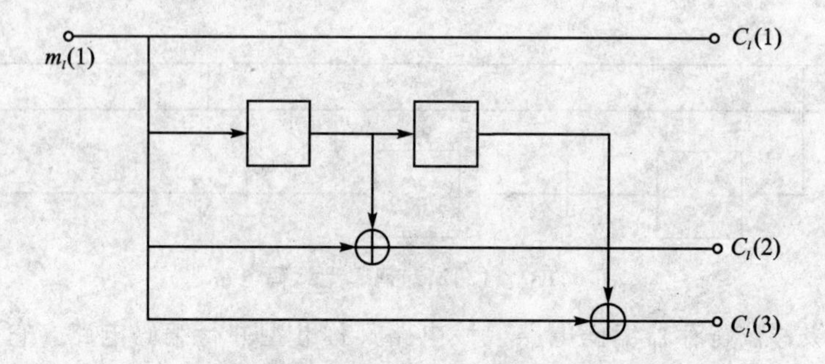

图 6.1.9 (3,1,2)码Ⅱ型编码电路

例 6.8 (3,2,2)码,其生成序列是

$$g(1,1)=[100],\quad g(1,2)=[000]$$

$$g(2,2)=[100],\quad g(2,1)=[000]$$

$$g(1,3)=[101],\quad g(2,3)=[110]$$

任一子码的监督元为

$$C_l(3)=m_l(1)g_0(1,3)+m_{l-1}(1)g_1(1,3)+m_{l-2}(1)g_2(1,3)+$$
$$m_l(2)g_0(2,3)+m_{l-1}(2)g_1(2,3)+m_{l-2}(2)g_2(2,3)$$

它的Ⅱ型编码电路示于图 6.1.10。(n_0,k_0,m)码的Ⅱ型编码电路如图 6.1.11 所示。

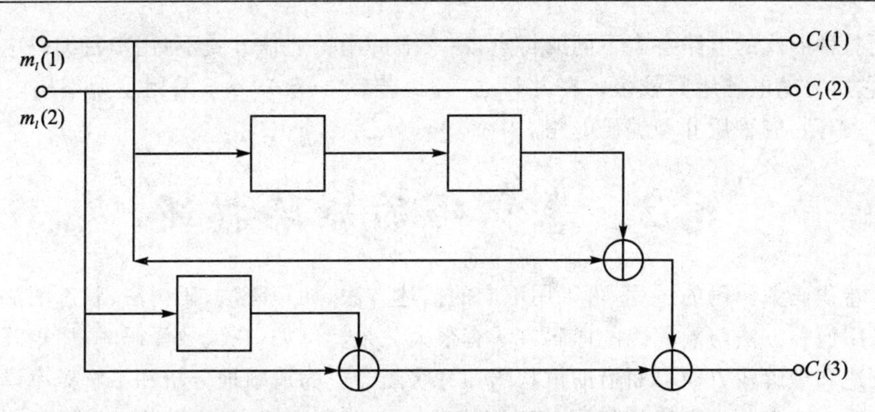

图 6.1.10　(3,2,2)码Ⅱ型编码电路 k_0m 级电路

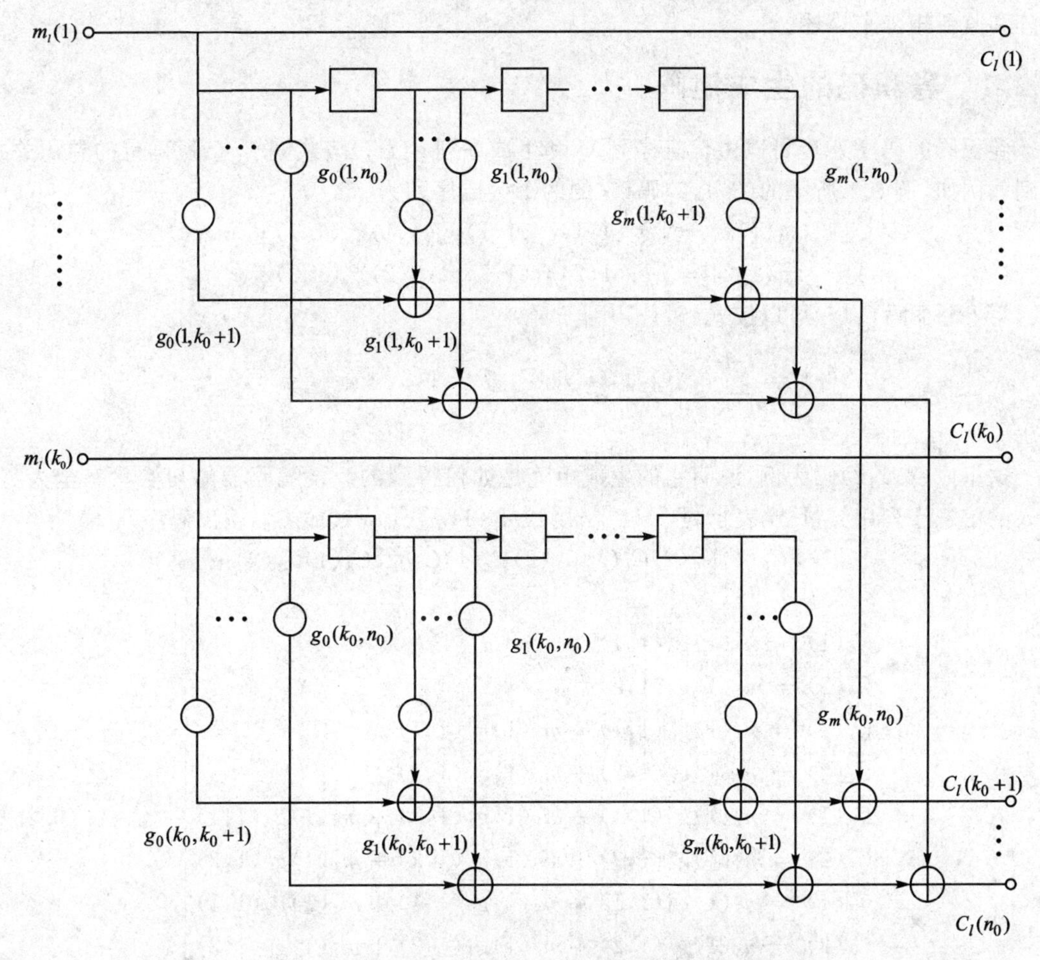

图 6.1.11　(n_0,k_0,m)码Ⅱ型编码电路 k_0m 级电路

以上三种形式的电路各有不同的特点，在一般的串行通信方式下，用串行编码电路比较方便，虽然它所需的电路级数较多。在并行通信时，若$(n_0-k_0)<k_0$，采用Ⅰ型编码电路较Ⅱ型更为简单；否则，应采用Ⅱ型编码电路。

6.2 卷积码的矩阵描述

描述卷积码编译码的过程，可以用不同的描述方法，如矩阵法、码树法、状态图法和篱状图法等。采用何种方法与卷积码的译码方法有很大关系。例如，在代数译码时，用矩阵法对译码原理的叙述和理解较方便。而借助树状图和篱状图能更为清晰地分析和了解概率译码的过程和码的性能。这里首先介绍卷积码的矩阵描述。类似(n,k)线性分组码，卷积码也可用生成矩阵和监督矩阵来描述。

6.2.1 卷积码的生成矩阵

卷积码的码序列C可以由信息序列M和生成序列$g(i,j)$按式(6.1.4)所确定的卷积关系得到。例如，例6.1所举的(2,1,3)码，它的两个生成序列为

$$g(1,1)=[g_0(1,1)g_1(1,1)g_2(1,1)g_3(1,1)]$$
$$g(1,2)=[g_0(1,2)g_1(1,2)g_2(1,2)g_3(1,2)]$$

第l个子码$C_l(j)$可以按式(6.1.1)

$$C_l(j)=\sum_{t=0}^{3}m_{l-t}(1)g_t(i,j)\qquad j=1,2,\cdots,\quad l=1,2,\cdots$$

求出。

这里以(2,1,3)码为例，说明它的生成矩阵是如何得到的。设编码器的初始状态全为零，输入的信息序列用矢量$\boldsymbol{M}$表示，且$\boldsymbol{M}=[m_0(1)m_1(1)m_2(1)m_3(1)\cdots]$，输出码序列

$$C=[C_0(1)C_0(2)C_1(1)C_1(2)C_2(1)C_2(2)C_3(1)C_3(2)\cdots]$$

其中

$$\left.\begin{aligned}
C_0(1)&=m_0(1)g_0(1,1)\\
C_0(2)&=m_0(1)g_0(1,2)\\
C_1(1)&=m_1(1)g_0(1,1)+m_0(1)g_1(1,1)\\
C_1(2)&=m_1(1)g_0(1,2)+m_0(1)g_1(1,2)\\
C_2(1)&=m_2(1)g_0(1,1)+m_1(1)g_1(1,1)+m_0(1)g_2(1,1)\\
C_2(2)&=m_2(1)g_0(1,2)+m_1(1)g_1(1,2)+m_1(1)g_2(1,2)\\
C_3(1)&=m_3(1)g_0(1,1)+m_2(1)g_1(1,1)+m_1(1)g_2(1,1)\\
C_3(2)&=m_3(1)g_0(1,2)+m_2(1)g_1(1,2)+m_1(1)g_2(1,2)\\
&\vdots
\end{aligned}\right\}\qquad(6.2.1)$$

若将式(6.2.1)表示成矩阵方程,则有

$$\begin{bmatrix} C_0(1) \\ C_0(2) \\ C_1(1) \\ C_1(2) \\ C_2(1) \\ C_2(2) \\ C_3(1) \\ C_3(2) \\ \vdots \end{bmatrix} = \begin{bmatrix} g_0(1,1) & 0 & & 0 \\ g_0(1,2) & 0 & & \\ g_1(1,1) & g_0(1,1) & & \vdots \\ g_1(1,2) & g_0(1,2) & & \vdots \\ g_2(1,1) & g_1(1,1) & g_0(1,1) & \\ g_2(1,2) & g_1(1,2) & g_0(1,2) & 0 \\ 0 & g_2(1,2) & g_1(1,1) & g_0(1,1) \\ 0 & g_2(1,2) & g_1(1,2) & g_0(1,2) \\ & \vdots & \vdots & \vdots \end{bmatrix} \begin{bmatrix} m_0(1) \\ m_1(1) \\ m_2(1) \\ m_3(1) \\ \vdots \end{bmatrix}$$

或者

$$\boldsymbol{C}_\infty = \boldsymbol{M}_\infty \boldsymbol{G}_\infty \tag{6.2.2}$$

式中

$$\boldsymbol{G}_\infty = \begin{bmatrix} \boldsymbol{G}_0 & \boldsymbol{G}_1 & \boldsymbol{G}_2 & & & \\ & \boldsymbol{G}_0 & \boldsymbol{G}_1 & \boldsymbol{G}_2 & & \\ & & \boldsymbol{G}_0 & \boldsymbol{G}_1 & \boldsymbol{G}_2 & \\ & & & \boldsymbol{G}_0 & \boldsymbol{G}_1 & \boldsymbol{G}_2 \\ & & & \vdots & \vdots & \vdots \end{bmatrix} \tag{6.2.3}$$

式(6.2.3)中的各元素分别是

$$\left.\begin{aligned} \boldsymbol{G}_0 &= [g_0(1,1)\ g_0(1,2)] \\ \boldsymbol{G}_1 &= [g_1(1,1)\ g_1(1,2)] \\ \boldsymbol{G}_2 &= [g_2(1,1)\ g_2(1,2)] \end{aligned}\right\} \tag{6.2.4}$$

称 $\boldsymbol{G}_\infty$ 为(2,1,2)码的生成矩阵。当输入的信息序列是有头无尾的半无限序列时,生成矩阵也是半无限阵,$\boldsymbol{G}_\infty$ 的下标∞就是这个含义,这时码序列 C_∞ 亦为半无限序列。

由式(6.2.3)可以看出,生成矩阵 $\boldsymbol{G}_\infty$ 中,只要第一行 $\boldsymbol{G}_0\boldsymbol{G}_1\boldsymbol{G}_2$ 确定以后,生成矩阵 $\boldsymbol{G}_\infty$ 也就确定了。所以,定义生成矩阵 $\boldsymbol{G}_\infty$ 的第一行为该码的基本生成矩阵,用符号 $\boldsymbol{g}_\infty$ 表示。对(2,1,3)码而言,它的基本生成矩阵 $\boldsymbol{g}_\infty$ 为

$$\boldsymbol{g}_\infty = [\boldsymbol{G}_0\ \boldsymbol{G}_1\ \boldsymbol{G}_2\ 0\ 0\ 0\cdots] \tag{6.2.5}$$

而 $\boldsymbol{g}_\infty$ 中的每一个元素完全由码的生成序列各元素所确定。因此,一旦给定了码的生成序列 $g(i,j)$ 后,该码的基本生成矩阵和生成矩阵也就确定了。有了生成矩阵,根据式(6.2.2)就可以得到编码器的输出码序列 $\boldsymbol{C}_\infty$。对(2,1,3)码而言,基本生成阵中的每个元素 $\boldsymbol{G}_0$、$\boldsymbol{G}_1$ 和 $\boldsymbol{G}_2$ 都是 1×2 阶矩阵($k_0\times n_0, k_0=1, n_0=2$),元素的数目共三个($m+1=N=3$)。

为了更好地了解生成序列与生成矩阵,再以 $k_0>1$ 的(3,2,2)码为例予以说明。

例 6.9 (3,2,2)非系统卷积码,它的 6 个生成序列为

$$g(1,1)=[g_0(1,1)g_1(1,1)g_2(1,1)]=[110]$$
$$g(1,2)=[g_0(1,2)g_1(1,2)g_2(1,2)]=[010]$$
$$g(1,3)=[g_0(1,3)g_1(1,3)g_2(1,3)]=[100]$$
$$g(2,1)=[g_0(2,1)g_1(2,1)g_2(2,1)]=[001]$$
$$g(2,2)=[g_0(2,2)g_1(2,2)g_2(2,2)]=[100]$$
$$g(2,3)=[g_0(2,3)g_1(2,3)g_2(2,3)]=[111]$$

设信息序列 $M=[m_0(1)\ m_0(2)\ m_1(1)\ m_1(2)\ m_2(1)\ m_2(2)\ m_3(1)\ m_3(2)\ \cdots]$,由式(6.1.4)编码器的输出 C 为

$$C_0(1)=m_0(1)g_0(1,1)+m_0(2)g_0(2,1)$$
$$C_0(2)=m_0(1)g_0(1,2)+m_0(2)g_0(2,2)$$
$$C_0(3)=m_0(1)g_0(1,3)+m_0(2)g_0(2,3)$$
$$C_1(1)=m_1(1)g_0(1,1)+m_1(2)g_0(2,1)+m_0(1)g_1(1,1)+m_0(2)g_1(2,1)$$
$$C_1(2)=m_1(1)g_0(1,2)+m_1(2)g_0(2,2)+m_0(1)g_1(1,2)+m_0(2)g_1(2,2)$$
$$C_1(3)=m_1(1)g_0(1,3)+m_1(2)g_0(2,3)+m_0(1)g_1(1,3)+m_0(2)g_1(2,3)$$
$$C_2(1)=m_2(1)g_0(1,1)+m_2(2)g_0(2,1)+m_1(1)g_1(1,1)+m_1(2)g_1(2,1)+m_0(1)g_2(1,1)+m_0(2)g_2(2,1)$$
$$C_2(2)=m_2(1)g_0(1,2)+m_2(2)g_0(2,2)+m_1(1)g_1(1,2)+m_1(2)g_1(2,2)+m_0(1)g_2(1,2)+m_0(2)g_2(2,2)$$
$$C_2(3)=m_2(1)g_0(1,3)+m_2(2)g_0(2,3)+m_1(1)g_1(1,3)+m_1(2)g_1(2,3)+m_0(1)g_2(1,3)+m_0(2)g_2(2,3)$$
$$C_3(1)=m_3(1)g_0(1,1)+m_3(2)g_0(2,1)+m_2(1)g_1(1,1)+m_2(2)g_1(2,1)+m_1(1)g_2(1,1)+m_1(2)g_2(2,1)$$
$$C_3(2)=m_3(1)g_0(1,2)+m_3(2)g_0(2,2)+m_2(1)g_1(1,2)+m_2(2)g_1(2,2)+m_1(1)g_2(1,2)+m_1(2)g_2(2,2)$$
$$C_3(3)=m_3(1)g_0(1,3)+m_3(2)g_0(2,3)+m_2(1)g_1(1,3)+m_2(2)g_1(2,3)+m_1(1)g_2(1,3)+m_1(2)g_2(2,3)$$
$$\vdots \qquad \vdots \tag{6.2.6}$$

类似(2,1,2)码,将式(6.2.6)写成矩阵方程,可以得到(3,2,2)码的基本生成矩阵和生成矩阵

$$\boldsymbol{G}_\infty=[G_0G_1G_2 0\ 0\ 0\ \cdots]$$

$$\boldsymbol{G}_\infty = \begin{bmatrix} \boldsymbol{G}_0 & \boldsymbol{G}_1 & \boldsymbol{G}_2 & & & \\ & \boldsymbol{G}_0 & \boldsymbol{G}_1 & \boldsymbol{G}_2 & & \\ & & \boldsymbol{G}_0 & \boldsymbol{G}_1 & \boldsymbol{G}_2 & \\ & & & \boldsymbol{G}_0 & \boldsymbol{G}_1 & \boldsymbol{G}_2 \\ & & & \vdots & \vdots & \vdots \end{bmatrix}$$

其中:$\boldsymbol{G}_0,\boldsymbol{G}_1,\boldsymbol{G}_2$ 分别是 $2\times3(k_0\times n_0)$阶矩阵。$\boldsymbol{G}_0,\boldsymbol{G}_1,\boldsymbol{G}_2$ 分别为

$$\boldsymbol{G}_0 = \begin{bmatrix} g_0(1,1) & g_0(1,2) & g_0(1,3) \\ g_0(2,1) & g_0(2,2) & g_0(2,3) \end{bmatrix} = \begin{bmatrix} 1 & 0 & 1 \\ 0 & 1 & 1 \end{bmatrix}$$

$$\boldsymbol{G}_1 = \begin{bmatrix} g_1(1,1) & g_1(1,2) & g_1(1,3) \\ g_1(2,1) & g_1(2,2) & g_1(2,3) \end{bmatrix} = \begin{bmatrix} 1 & 1 & 0 \\ 0 & 0 & 1 \end{bmatrix}$$

$$\boldsymbol{G}_2 = \begin{bmatrix} g_2(1,1) & g_2(1,2) & g_2(1,3) \\ g_2(2,1) & g_2(2,2) & g_2(2,3) \end{bmatrix} = \begin{bmatrix} 0 & 0 & 0 \\ 1 & 0 & 1 \end{bmatrix}$$

通过上述两个例子,借助式(6.2.4),不难得到(n_0,k_0,m)码的基本生成矩阵和生成矩阵

$$\boldsymbol{g}_\infty = [\boldsymbol{G}_0\ \boldsymbol{G}_1\ \boldsymbol{G}_2 \cdots \boldsymbol{G}_m\ 0\ 0\ 0\ \cdots] \tag{6.2.7}$$

$$\boldsymbol{G}_\infty = \begin{bmatrix} \boldsymbol{G}_0 & \boldsymbol{G}_1 & \boldsymbol{G}_2 & \cdots & \boldsymbol{G}_m & & \\ & \boldsymbol{G}_0 & \boldsymbol{G}_1 & \cdots & \boldsymbol{G}_{m-1} & \boldsymbol{G}_m & \\ & & \boldsymbol{G}_0 & \cdots & \boldsymbol{G}_{m-2} & \boldsymbol{G}_{m-1} & \boldsymbol{G}_m \\ & & \vdots & & \vdots & \vdots & \vdots \\ & & & \boldsymbol{G}_0 & \boldsymbol{G}_1 & \boldsymbol{G}_2 & \cdots \\ & & & & \boldsymbol{G}_0 & \boldsymbol{G}_1 & \cdots \\ & & & & & \boldsymbol{G}_0 & \cdots \end{bmatrix} \tag{6.2.8}$$

由卷积码的定义可知,(n_0,k_0,m)码的任一 N 个连续的子码之间有着相同的约束关系。此外,在卷积码的代数译码中,也只考虑一个编码约束长度内的码序列。所以,不失一般性,只考虑编码器初始状态全为 0 时,编码器输入 N 个信息组,即 $N\cdot k_0$ 个信息元后,编码器输出的首 N 个子码,即 $N\cdot n_0$ 个码元之间的约束关系即可。这首 N 个子码组成的码组称为卷积码的初始截短码组 C,即

$$\boldsymbol{C} = [C_0\ C_1\ C_2 \cdots C_m] \tag{6.2.9}$$

式中 $C_i=C_i(1)C_i(2)\cdots C_i(n_0)$;$i=0,1,2,\cdots,m$。

根据初始截短码组的定义,$\boldsymbol{C}$ 可以表示成矩阵方程

$$\boldsymbol{C} = \boldsymbol{MG} \tag{6.2.10}$$

式中:$M=[m_0\ m_1\ m_2\cdots\ m_m]$,且 $m_i=m_i(1)m_i(2)\cdots m_i(k_0)$,$i=0,1,2,\cdots,m$。

$$
\boldsymbol{G}=\begin{bmatrix}
\boldsymbol{G}_0 & \boldsymbol{G}_1 & \boldsymbol{G}_2 & \cdots & \boldsymbol{G}_m \\
 & \boldsymbol{G}_0 & \boldsymbol{G}_1 & \cdots & \boldsymbol{G}_{m-1} \\
 & & \boldsymbol{G}_0 & \cdots & \boldsymbol{G}_{m-2} \\
 & & & \ddots & \vdots \\
 & & & & \boldsymbol{G}_0
\end{bmatrix} \tag{6.2.11}
$$

称 $\boldsymbol{G}$ 为初始截短码组的生成矩阵。相应的基本生成矩阵 $\boldsymbol{g}$ 为

$$
\boldsymbol{g}=[G_0\ G_1\ G_2\ \cdots\ G_m] \tag{6.2.12}
$$

在系统码条件下,由于 $k_0\times k_0$ 个生成序列是已知的,即当 $i=j$ 时,$g(i,j)=1$;当 $i\neq j$ 时,$g(i,j)=0,i=1,2,\cdots,k_0,j=1,2,\cdots,k_0$。且每个子码中的前 k_0 个码元与相应的 k_0 个信息元相同,而后 n_0-k_0 个监督元则由信息序列与生成序列的卷积运算得到(见式(6.1.5))。由此可知,系统码的初始截短码组的生成矩阵由式(6.2.11)得

$$
G=\begin{bmatrix}
\boldsymbol{I}_{k_0}\boldsymbol{P}_0 & \boldsymbol{0P}_1 & \boldsymbol{0P}_2 & \cdots & \boldsymbol{0P}_m \\
 & \boldsymbol{I}_{k_0}\boldsymbol{P}_0 & \boldsymbol{0P}_1 & \cdots & \boldsymbol{0P}_{m-1} \\
 & & \ddots & & \vdots \\
 & & & & \boldsymbol{I}_{k_0}\boldsymbol{P}_0
\end{bmatrix} \tag{6.2.13}
$$

它是一个 $N\cdot k_0\times N\cdot n_0$ 阶阵,式中

$$
\boldsymbol{P}_l=\begin{bmatrix}
g_l(1,k_0+1) & g_l(1,k_0+2) & \cdots & g_l(1,n_0) \\
g_l(2,k_0+1) & g_l(2,k_0+2) & \cdots & g_l(2,n_0) \\
\vdots & \vdots & \vdots & \vdots \\
g_l(k_0,k_0+1) & g_l(k_0,k_0+2) & \cdots & g_l(k_0,n_0)
\end{bmatrix} \tag{6.2.14}
$$

$\boldsymbol{I}_{k_0}$ 是 k_0 阶单位方阵,$\boldsymbol{P}_l$ 是 $k_0\times(n_0-k_0)$ 阶阵,$l=0,1,2,\cdots,m$,而系统卷积码初始截短码组的基本生成矩阵为

$$
\boldsymbol{g}=[\boldsymbol{I}_{k_0}\boldsymbol{p}_0\quad \boldsymbol{0p}_1\quad \boldsymbol{0p}_2\quad \cdots\quad \boldsymbol{0p}_m] \tag{6.2.15}
$$

例 6.10 (3,1,2)系统码,它的 3 个生成序列为

$$
g(1,1)=[100]
$$
$$
g(1,2)=[110]
$$
$$
g(1,3)=[101]
$$

它的初始截短码组的基本生成矩阵 $\boldsymbol{g}$ 和生成矩阵 $\boldsymbol{G}$ 分别是

$$
\boldsymbol{g}=[111\ 010\ 001],\quad \boldsymbol{G}=\begin{bmatrix}
110 & 010 & 001 \\
 & 111 & 010 \\
 & & 111
\end{bmatrix}
$$

若设 $M=[m_0(1)m_1(1)m_2(1)]=[101]$,则由式(6.2.10)可以得出初始截短码组 C,则

$$
\boldsymbol{C}=\boldsymbol{MG}=[111\quad 101\quad 110]
$$

不难验证，利用式(6.1.5)的卷积运算可以得到相同的结果。由于初始截短码组的基本生成矩阵和生成矩阵完全可以描述码的卷积关系，为简洁起见，直接称它们为码的基本生成矩阵和生成矩阵。

6.2.2　卷积码的监督矩阵

由于系统卷积码的译码方法主要采用代数译码，所以，这里只讨论系统卷积码的监督矩阵。由描述系统卷积码卷积关系的(6.1.5)式可以看出，任一时刻单元的信息元不仅参与本时刻子码中(n_0-k_0)个监督元的运算，而且还参与了相邻的后 m 个子码中的监督元的运算。这种约束关系用矩阵表示，就是卷积码的监督矩阵。下面以例说明。

例 6.11　已知(3,1,2)系统卷积码的生成序列

$$g(1,1)=1$$
$$g(1,2)=[g_0(1,2)g_1(1,2)g_2(1,2)]$$
$$g(1,3)=[g_0(1,3)g_1(1,3)g_2(1,3)]$$

根据式(6.1.15)，(3,1,2)码的任一子码可以表示为

$$C_l(1)=m_l(1)$$
$$C_l(2)=m_l(1)g_0(1,2)+m_{l-1}(1)g_1(1,2)+m_{l-2}(1)g_2(1,2)$$
$$C_l(3)=m_l(1)g_0(1,3)+m_{l-1}(1)g_1(1,3)+m_{l-2}(1)g_2(1,3)$$

不失一般性，这里仅讨论初始截短码组的监督矩阵即可证明码的监督关系。为此，设 $l=0,1,2$，便可得到(3,1,2)码的初始截短码组

$$\left.\begin{aligned}
&C_0(1)=m_0(1)\\
&C_0(2)=m_0(1)g_0(1,2)\\
&C_0(3)=m_0(1)g_0(1,3)\\
&C_1(1)=m_1(1)\\
&C_1(2)=m_1(1)g_0(1,2)+m_0(1)g_1(1,2)\\
&C_1(3)=m_1(1)g_0(1,3)+m_0(1)g_1(1,3)\\
&C_2(1)=m_2(1)\\
&C_2(2)=m_2(1)g_0(1,2)+m_1(1)g_1(1,2)+m_0(1)g_2(1,2)\\
&C_2(3)=m_2(1)g_0(1,3)+m_1(1)g_1(1,3)+m_0(1)g_2(1,3)
\end{aligned}\right\}\qquad(6.2.16)$$

将式(6.2.16)中各子码的监督元表示式重写如下

$$\left.\begin{aligned}
&g_0(1,2)C_0(1)+C_0(2)=0\\
&g_0(1,3)C_0(1)+C_0(3)=0\\
&g_0(1,2)C_0(1)+g_0(1,2)C_1(1)+C_1(2)=0\\
&g_1(1,3)C_0(1)+g_0(1,2)C_1(1)+C_1(3)=0\\
&g_2(1,2)C_0(1)+g_1(1,2)C_1(1)+g_0(1,2)C_2(1)+C_2(2)=0\\
&g_2(1,3)C_0(1)+g_1(1,3)C_1(1)+g_0(1,3)C_2(1)+C_2(3)=0
\end{aligned}\right\}\tag{6.2.17}$$

如果把式(6.2.14)中的各个码元的系数用矩阵表示,得到如下的矩阵方程

$$\begin{bmatrix}\boldsymbol{P}_0^{\mathrm{T}}I_2 & & \\ \boldsymbol{P}_1^{\mathrm{T}}\boldsymbol{0} & \boldsymbol{P}_0^{\mathrm{T}}I_2 & \\ \boldsymbol{P}_2^{\mathrm{T}}\boldsymbol{0} & \boldsymbol{P}_1^{\mathrm{T}}\boldsymbol{0} & \boldsymbol{P}_0^{\mathrm{T}}I_2\end{bmatrix}\boldsymbol{C}^{\mathrm{T}}=\boldsymbol{0}^{\mathrm{T}}\tag{6.2.18}$$

或写作

$$\boldsymbol{H}\boldsymbol{C}^{\mathrm{T}}=\boldsymbol{0}^{\mathrm{T}}\tag{6.2.19}$$

式中:

$\boldsymbol{C}^{\mathrm{T}}$ 是初始截短码组的转置,$C=[C_0(1)C_0(2)C_0(3)C_1(1)C_1(2)C_1(3)C_2(1)C_2(2)C_2(3)]$;

$\boldsymbol{0}^{\mathrm{T}}$ 是一个 6×1 阶全 0 阵;$N\cdot(n_0-k_0)=6$;

$\boldsymbol{H}$ 是个 6×9 阶矩阵,($N\cdot(n_0-k_0)=6$,$N\cdot n_0=9$)称为初始截短码组的监督矩阵。

$$\boldsymbol{H}=\begin{bmatrix}\boldsymbol{P}_0^{\mathrm{T}}I_2 & & \\ \boldsymbol{P}_1^{\mathrm{T}}\boldsymbol{0} & \boldsymbol{P}_0^{\mathrm{T}}I_2 & \\ \boldsymbol{P}_2^{\mathrm{T}}\boldsymbol{0} & \boldsymbol{P}_1^{\mathrm{T}}\boldsymbol{0} & \boldsymbol{P}_0^{\mathrm{T}}I_2\end{bmatrix}\tag{6.2.20}$$

在监督矩阵 $\boldsymbol{H}$ 中,$\boldsymbol{I}_2$ 是 2 阶单位方阵,0 是 2 阶全 0 方阵,而 $\boldsymbol{P}_0^{\mathrm{T}},\boldsymbol{P}_1^{\mathrm{T}},\boldsymbol{P}_2^{\mathrm{T}}$ 分别为

$$\boldsymbol{P}_0^{\mathrm{T}}=\begin{bmatrix}g_0(1,2)\\g_0(1,3)\end{bmatrix},\quad \boldsymbol{P}_1^{\mathrm{T}}=\begin{bmatrix}g_1(1,2)\\g_1(1,3)\end{bmatrix},\quad \boldsymbol{P}_2^{\mathrm{T}}=\begin{bmatrix}g_2(1,2)\\g_2(1,3)\end{bmatrix}$$

由式(6.2.20)可见,监督矩阵 $\boldsymbol{H}$ 完全可由最后一行获得,所以称它为码的基本监督阵,并且用符号 $\boldsymbol{h}$ 表示。它是一个 2×9 阶阵,即

$$\boldsymbol{h}=[\boldsymbol{P}_2^{\mathrm{T}}\boldsymbol{0}\quad \boldsymbol{P}_1^{\mathrm{T}}\boldsymbol{0}\quad \boldsymbol{P}_0^{\mathrm{T}}I_2]\tag{6.2.21}$$

由(3,1,2)码不难推广到(n_0,k_0,m)码的基本监督矩阵和监督矩阵,分别

$$\boldsymbol{h}=[\boldsymbol{P}_m^{\mathrm{T}}\boldsymbol{0}\quad \boldsymbol{P}_{m-1}^{\mathrm{T}}\boldsymbol{0}\cdots\boldsymbol{P}_1^{\mathrm{T}}\boldsymbol{0}\quad \boldsymbol{P}_0^{\mathrm{T}}I_r]\tag{6.2.22}$$

$$\boldsymbol{H}=\begin{bmatrix}\boldsymbol{P}_0^{\mathrm{T}}I_r & & & & & \\ \boldsymbol{P}_1^{\mathrm{T}}\boldsymbol{0} & \boldsymbol{P}_0^{\mathrm{T}}I_r & & & & \\ \vdots & \vdots & & & & \\ \boldsymbol{P}_{m-1}^{\mathrm{T}}\boldsymbol{0} & \boldsymbol{P}_{m-2}^{\mathrm{T}}\boldsymbol{0} & \cdots & \boldsymbol{P}_1^{\mathrm{T}}\boldsymbol{0} & \boldsymbol{P}_0^{\mathrm{T}}I_r & \\ \boldsymbol{P}_m^{\mathrm{T}}\boldsymbol{0} & \boldsymbol{P}_{m-1}^{\mathrm{T}}\boldsymbol{0} & \cdots & \boldsymbol{P}_2^{\mathrm{T}}\boldsymbol{0} & \boldsymbol{P}_1^{\mathrm{T}}\boldsymbol{0} & \boldsymbol{P}_0^{\mathrm{T}}I_r\end{bmatrix}\tag{6.2.23}$$

式(6.2.22)的 $\boldsymbol{h}$ 矩阵是$(n_0-k_0)\times n_0\cdot N$ 阶阵,而式(6.2.23)的 $\boldsymbol{H}$ 矩阵是$(n_0-k_0)\cdot N\cdot$

$n_0 \cdot N$ 阶阵。

如果把 $\boldsymbol{H}$ 矩阵中的首 n_0 列用 $\boldsymbol{B}_0$ 矩阵表示，则 $\boldsymbol{H}$ 矩阵可以简写成

$$\boldsymbol{H} = [\boldsymbol{B}_0\ \boldsymbol{B}_1\ \boldsymbol{B}_2\ \cdots\ \boldsymbol{B}_m] \tag{6.2.24}$$

式(6.2.24)中，$\boldsymbol{B}_i$ 是 $\boldsymbol{B}_0$ 自左向右移动 $i \cdot n_0$ 列，并且下降 $i \cdot (n_0 - k_0)$ 行后所得到的矩阵，则

$$\boldsymbol{B}_0 = [\boldsymbol{P}_0^{\mathrm{T}} I_r \quad \boldsymbol{P}_1^{\mathrm{T}} \boldsymbol{0} \quad \cdots \quad \boldsymbol{P}_{m-1}^{\mathrm{T}} \boldsymbol{0} \quad \boldsymbol{P}_m^{\mathrm{T}} \boldsymbol{0}]^{\mathrm{T}} \tag{6.2.25}$$

由以上关于生成矩阵 $\boldsymbol{G}$ 和监督矩阵 $\boldsymbol{H}$ 的讨论可以看到，它们与码的生成序列 $g(i,j)$ 有密切的关系，只不过是以矩阵的方式描述了卷积码的卷积关系式(6.1.4)或(6.1.5)。所以，在卷积码的应用中，经常是给定码的生成序列 $g(i,j)$，在有了生成序列 $g(i,j)$ 后，就可以确定卷积码的编码电路及其矩阵表示式。

6.3 用延时算子表示卷积码

延时算子 D 是一个运算符号，如果用 D 表示编码过程中的一个单元时刻(n_0 个码元的时间长度)，则编码过程的卷积运算可以用多项式的乘法运算来描述。下面举例说明这一概念。

例 6.12　(3,1,2)码，该码的生成序列为

$$g(1,1) = [g_0(1,1) g_1(1,1) g_2(1,1)] = [100]$$
$$g(1,2) = [g_0(1,2) g_1(1,2) g_2(1,1)] = [110]$$
$$g(1,3) = [g_0(1,3) g_1(1,3) g_2(1,3)] = [101]$$

设信息序列 $M = [m_0(1) m_1(1) m_2(1) \cdots]$，编码器输出的码序列

$$C = [C_0(1) C_0(2) C_0(3) C_1(1) C_1(2) C_1(3) \cdots]$$

码序列 C 与信息序列 M 的关系完全由式(6.1.4)确定，即

$$C_l(j) = \sum_{t=0}^{m} m_{l-t}(i) g_t(i,j) \qquad i = 1,\ j = 1,2,3\ m = 2$$

引入延时算子 D 后，信息序列 M 可以用 D 的多项式 $M(D)$ 来表示，即

$$M(D) = m_0(1) + m_1(1)D + m_2(1)D^2 + \cdots \tag{6.3.1}$$

如果把 M 序列中的每个信息组的第 i 位($i = 1,2,\cdots,k_0$)用 $M(i)(D)$ 表示，则

$$\left.\begin{aligned} M(1)(D) &= m_0(1) + m_1(1)D + m_2(1)D^2 + \cdots \\ M(2)(D) &= m_0(2) + m_1(2)D + m_2(2)D^2 + \cdots \\ &\vdots \\ M(k_0)(D) &= m_0(k_0) + m_1(k_0)D + m_2(k_0)D^2 + \cdots \end{aligned}\right\} \tag{6.3.2}$$

很明显，对(3,1,2)码而言

$$M(1)(D) = M(D)$$

同样，编码器输出的码序列可以表示为 D 的多项式 $C(D)$，即

$$C(D) = C_0(j) + C_1(j)D + C_2(j)D^2 + \cdots =$$

$$C_0(1)C_0(2)C_0(3)+(C_1(1)C_1(2)C_1(3))D+(C_2(1)C_2(2)C_2(3))D^2+\cdots \tag{6.3.3}$$

用 $C(j)(D)$ 表示序列 C 中，每个子码的第 j 位所构成的多项式($j=1,2,\cdots,n_0$)，则

$$\left.\begin{aligned} C(1)(D) &= C_0(1)+C_1(1)D+C_2(1)D^2+\cdots \\ C(2)(D) &= C_0(2)+C_1(2)D+C_2(2)D^2+\cdots \\ C(3)(D) &= C_0(3)+C_1(3)D+C_2(3)D^2+\cdots \end{aligned}\right\} \tag{6.3.4}$$

而生成序列 $g(i,j)$ 的多项式 $g(i,j)(D)$ 则为

$$\left.\begin{aligned} g(1,1)(D) &= g_0(1,1)+g_1(1,1)D+g_2(1,1)D^2 \\ g(1,2)(D) &= g_0(1,2)+g_1(1,2)D+g_2(1,2)D^2 \\ g(1,3)(D) &= g_0(1,3)+g_1(1,3)D+g_2(1,3)D^2 \end{aligned}\right\} \tag{6.3.5}$$

对本例而言

$$\left.\begin{aligned} g(1,1)(D) &= 1 \\ g(1,2)(D) &= 1+D \\ g(1,3)(D) &= 1+D^2 \end{aligned}\right\} \tag{6.3.6}$$

称它们为(3,1,2)码的生成多项式。

如果将式(6.1.4)展开，令 $l=0,1,2,\cdots$ 借助式(6.3.1)、(6.3.2)、(6.3.4)和式(6.3.5)不难看出

$$\left.\begin{aligned} C(1)(D) &= M(1)(D)\cdot g(1,1)(D) \\ C(2)(D) &= M(1)(D)\cdot g(1,2)(D) \\ C(3)(D) &= M(1)(D)\cdot g(1,3)(D) \end{aligned}\right\} \tag{6.3.7}$$

式(6.3.7)表明，只要给定生成序列 $g(i,j)$ 以后，将它们写成延时算子 D 的多项式，不难通过信息多项式与生成多项式的乘法运算求得编码器的输出多项式。

设 $M=[1011\cdots]$，则 $M(D)$ 为

$$M(D)=M(1)(D)=1+D^2+D^3+\cdots$$

借助式(6.3.6)和式(6.3.7)可得

$$\left.\begin{aligned} C(1)(D) &= (1+D^2+D^3+\cdots)\cdot 1 = 1+D^2+D^3+\cdots \\ C(2)(D) &= (1+D^2+D^3+\cdots)\cdot(1+D) = 1+D+D^2+D^3+D^4+\cdots \\ C(3)(D) &= (1+D^2+D^3+\cdots)\cdot(1+D^2) = 1+D^3+D^4+D^5\cdots \end{aligned}\right\} \tag{6.3.8}$$

与式(6.3.4)相对应，有

$$C_0(1)=1,\quad C_1(1)=0,\quad C_2(1)=1,\quad C_3(1)=1,\cdots$$

$$C_0(2)=1,\quad C_1(2)=1,\quad C_2(2)=1,\quad C_3(2)=1,\cdots$$

$$C_0(3)=1,\quad C_1(3)=0,\quad C_2(3)=0,\quad C_3(3)=1,\cdots$$

码多项式 $C(D)$ 和码序列 C 分别为

$$C(D)=(111)+(010)D+(110)D^2+(111)D^3+\cdots$$

$$C=[111\quad 010\quad 110\quad 111\quad \cdots]$$

可以验证,这个结果与式(6.1.4)的卷积运算结果是一致的。

为了求出初始截短码组,只要将信息多项式 $M(D)$ 和多项式 $C(1)(D)$、$C(2)(D)$ 和 $C(3)(D)$ 或 $C(D)$ 中,D 的幂次取到 D^2 项(本例中 $m=2$)就可以了。

式(6.3.8)可以写成更简洁的形式,即

$$C(j)(D)=M(D)\cdot g(1,j)(D)\qquad j=1,2,3 \tag{6.3.9}$$

由式(6.3.9)所示的(3,1,2)码的关系式,可以得到(n_0,1,m)码的关系式,这时生成多项式为

$$g(1,j)(D)=g_0(1,j)+g_1(1,j)D+\cdots g_m(1,j)D^m\qquad j=1,2,\cdots,n_0 \tag{6.3.10}$$

由于卷积码也是线性码,对(3,1,2)码而言,它的编码器是有一个输入、三个输出的线性系统。所以,码的生成多项式 $g(1,1)(D)$、$g(1,2)(D)$ 和 $g(1,3)D$ 可以看成是该系统的三个转移函数,由此可以构成该系统的转移矩阵,并用 $\boldsymbol{G}(D)$ 来表示,即

$$\boldsymbol{G}(D)=[g(1,1)(D)g(1,2)(D)g(1,3)D] \tag{6.3.11}$$

编码器输出的码多项式也可以用矩阵 $\boldsymbol{C}(C)$ 表示,即

$$\boldsymbol{C}(D)=[C(1)(D)C(2)(D)C(3)(D)] \tag{6.3.12}$$

由式(6.3.7)可以得到如下矩阵方程

$$\boldsymbol{C}(D)=[C(1)(D)C(2)(D)C(3)(D)]=M(1)(D)\cdot G(D) \tag{6.3.13}$$

式中

$$M(1)(D)=[M(1)(D)]$$

由式(6.3.11)可见,(3,1,2)码的转移函数矩阵是 1×3 阶矩阵。一般来说,对(n_0,1,m)码而言,$\boldsymbol{G}(D)$ 是 $1\times n_0$ 阶矩阵。下面,再以 $k_0>1$ 的码为例,进一步明确生成多项式 $g(i,j)(D)$ 和转移矩阵 $\boldsymbol{G}(D)$ 的概念。

例 6.13　(3,2,2)码,该码的生成序列是

$$g(1,1)=[110],\qquad g(2,1)=[001]$$
$$g(1,2)=[010],\qquad g(2,2)=[100]$$
$$g(1,3)=[100],\qquad g(2,3)=[111]$$

它们可以用多项式表示如下

$$g(1,1)(D)=1+D,\quad g(2,1)(D)=D^2$$
$$g(1,2)(D)=D,\qquad g(2,2)(D)=1$$
$$g(1,3)(D)=1,\qquad g(2,3)(D)=1+D+D^2$$

在例 6.9 中,该码每个子码的三个码元 $C_l(1)$、$C_l(2)$ 和 $C_l(3)$ 已由式(6.2.6)给出,利用延时算子 D 可以写出 $C(1)(D)$、$C(2)(D)$ 和 $C(3)(D)$,分别为

$$\left.\begin{aligned}C(1)(D)&=M(1)(D)\cdot g(1,1)(D)+M(2)(D)\cdot g(2,1)(D)\\C(2)(D)&=M(1)(D)\cdot g(1,2)(D)+M(2)(D)\cdot g(2,2)(D)\\C(3)(D)&=M(1)(D)\cdot g(1,3)(D)+M(2)(D)\cdot g(2,3)(D)\end{aligned}\right\} \tag{6.3.14}$$

式中

$$M(1)(D) = m_0(1) + m_1(1)D + m_2(1)D^2 + \cdots$$
$$M(2)(D) = m_0(2) + m_1(2)D + m_2(2)D^2 + \cdots$$

式(6.3.14)还可以更简洁地表示为

$$C(j)(D) = \sum_{i=1}^{2} M(i)(D) \cdot g(i,j)(D) \qquad j = 1,2,3 \tag{6.3.15}$$

如果将式(6.3.14)写成矩阵方程,则

$$C(D) = [C(1)(D) \quad C(2)(D) \quad C(3)(D)] = \boldsymbol{M}(D) \cdot \boldsymbol{G}(D) \tag{6.3.16}$$

式中

$$\left.\begin{aligned} \boldsymbol{M}(D) &= [M(1)(D) \quad M(2)(D)] \\ \boldsymbol{G}(D) &= \begin{bmatrix} g(1,1)(D) & g(1,2)(D) & g(1,3)(D) \\ g(2,1)(D) & g(2,2)(D) & g(2,3)(D) \end{bmatrix} \end{aligned}\right\} \tag{6.3.17}$$

称 $\boldsymbol{G}(D)$为(3,2,2)码的转移函数矩阵,它是 2×3 阶矩阵。

若 $\boldsymbol{M}=[11 \quad 01 \quad 10 \quad \cdots]$,则

$$\boldsymbol{M}(1)(D) = 1 + D^2 + \cdots$$
$$\boldsymbol{M}(2)(D) = 1 + D + \cdots$$

编码器的输出 $C(D)$为

$$\boldsymbol{C}(D) = \boldsymbol{M}(D)\boldsymbol{G}(D) = [1 + D^2 + \cdots \quad 1 + D + \cdots] \cdot \begin{bmatrix} 1+D & D & 1 \\ D^2 & 1 & 1+D+D^2 \end{bmatrix} =$$
$$[1 + D + \cdots, \quad 1 + D^3 + \cdots, \quad D^2 + D^4 + \cdots]$$
$$C(1)(D) = 1 + D + \cdots$$
$$C(2)(D) = 1 + D^3 + \cdots$$
$$C(3)(D) = D^2 + D^4 + \cdots$$

所以

$$C_0(1) = 1; \qquad C_0(2) = 1; \qquad C_0(3) = 0$$
$$C_1(1) = 1; \qquad C_1(2) = 0; \qquad C_1(3) = 0$$
$$C_2(1) = 0; \qquad C_2(2) = 0; \qquad C_2(3) = 1$$

如果在 $\boldsymbol{M}(D)$和 $C(j)(D)$中,D 的最高次项取到 D^2 项,就可以得到 $\boldsymbol{M}=[11 \quad 01 \quad 10]$所对应的初始截短码组 $\boldsymbol{C}$,即

$$\boldsymbol{C} = [110 \quad 100 \quad 001]$$

由上述两个例子,可以推论出(n_0, k_0, m)卷积码的生成多项式$(g(i,j)(D))$,码多项式 $C(j)(D)$的表示式分别是

$$g(i,j)(D) = g_0(i,j) + g_1(i,j)D + \cdots + g_m(i,j)D^m \tag{6.3.18}$$

$$C(j)(D) = \sum_{i=1}^{k_0} M(i)(D) \cdot g(i,j)(D) \tag{6.3.19}$$

其中

$$M(i)(D) = m_0(i) + m_1(i)D + m_2(i)D^2 + \cdots$$

若用矩阵方程表示式(6.3.19)，则

$$\boldsymbol{C}(D) = \boldsymbol{M}(D) \cdot \boldsymbol{G}(D) \tag{6.3.20}$$

式中

$$\begin{aligned}
\boldsymbol{C}(D) &= [C(1)(D) \quad C(2)(D) \quad \cdots \quad C(n_0)(D)] \\
\boldsymbol{M}(D) &= [M(1)(D) \quad M(2)(D) \quad \cdots \quad M(K_0)(D)] \\
\boldsymbol{G}(D) &= \begin{bmatrix} g(1,1)(D) & g(1,2)(D) & \cdots & g(1,n_0)(D) \\ g(2,1)(D) & g(2,2)(D) & \cdots & g(2,n_0)(D) \\ \vdots & \vdots & & \vdots \\ g(k_0,1)(D) & g(k_0,2)(D) & \cdots & g(k_0,n_0)(D) \end{bmatrix}
\end{aligned} \tag{6.3.21}$$

综上所述，用延时算子 D 来描述卷积码，只不过是以生成多项式 $g(i,j)(D)$ 来描述码的生成过程，式(6.3.19)和式(6.3.20)都是描述码的卷积特性的另一种形式。一般来说，多用生成序列 $g(i,j)$ 以及码的生成矩阵 $\boldsymbol{G}$ 和监督矩阵 $\boldsymbol{H}$ 来描述卷积码的编码和译码。

6.4 卷积码的代数译码

卷积码的译码可分为代数译码和概率译码。前者从码的代数结构出发，以一个约束度的接收序列为单位，对该接收序列的信息码组进行译码。后者从信息的统计特性出发，以远大于约束度的接收序列为单位，对信息码组进行最大似然的判决。本节将讨论代数译码的基本原理以及大数逻辑译码法，大数逻辑译码法是代数译码的主要方法。最后给出大数逻辑译码法的性能估计。一般情况下，代数译码法主要用于系统码。

6.4.1 伴随式的计算

类似于分组码，卷积码的伴随式也是用监督矩阵和接收序列来定义的。

设发送的码序列是半无限序列

$$C = [C_0(1)C_0(2)\cdots C_0(n_0)C_1(1)C_1(2)\cdots C_1(n_0)\cdots C_j(1)C_j(2)\cdots C_j(n_0)\cdots]$$

信道的错误图样序列为

$$E = [E_0(1)E_0(2)\cdots E_0(n_0)E_1(1)E_1(2)\cdots E_1(n_0)\cdots E_j(1)E_j(2)\cdots E_j(n_0)\cdots]$$

则接收序列为

$$R = [R_0(1)R_0(2)\cdots R_0(n_0)R_1(1)R_1(2)\cdots R_1(n_0)\cdots R_j(1)R_j(2)\cdots R_j(n_0)\cdots] \tag{6.4.1}$$

式中

$$R_j(i) = C_j(i) + E_j(i); \qquad i = 1,2,\cdots,n_0$$

接收序列的伴随式定义为

$$\boldsymbol{S}_\infty = \boldsymbol{R}_\infty \boldsymbol{H}^{\mathrm{T}} = \boldsymbol{E}_\infty \boldsymbol{H}^{\mathrm{T}} \tag{6.4.2}$$

伴随式 $\boldsymbol{S}_\infty$ 也是个半无限序列，它的各分量为

$$\begin{aligned}\boldsymbol{S}_\infty = [&S_0(k_0+1)S_0(k_0+2)\cdots S_0(n_0);S_1(k_0+1)S_1(k_0+2)\cdots S_1(n_0);\cdots\\ &S_j(k_0+1)S_j(k_0+2)\cdots S_j(n_0);\cdots;\cdots]\end{aligned} \tag{6.4.3}$$

而接收序列中首 N 个码组的伴随式 S 为

$$\boldsymbol{S} = \boldsymbol{R}\boldsymbol{H}^{\mathrm{T}} = \boldsymbol{E}\boldsymbol{H}^{\mathrm{T}} \tag{6.4.4}$$

或者表示成式(6.4.3)的形式

$$\begin{aligned}S = [&S_0(k_0+1)S_0(k_0+2)\cdots S_0(n_0);\quad S_1(k_0+1)S_1(k_0+2)\cdots S_1(n_0);\quad \cdots\\ &S_m(k_0+1)S_m(k_0+2)\cdots S_m(n_0)]\end{aligned}$$

式(6.4.4)中，$\boldsymbol{H}$ 是初始截短码组的监督矩阵，$\boldsymbol{R}$ 是接收序列中的首 N 个码组。译码器收到首 N 个码组后，根据伴随式 S 判决前 m 个时刻的接收码组 R_0 是否有错，并对 R_0 进行译码。对 R_0 译码后，就要对下一个码组 R_1 进行译码，这时，要利用 R_1 到 R_N 之间的约束关系，这种约束关系反映在伴随式 S_∞ 中的分量 S_1 到 S_N 之间。那么，伴随式 S_∞ 有何特点，能否利用以式(6.4.4)为基础构成的译码电路对接收序列中的各码组 $R_0, R_1\cdots$ 进行译码和纠错，这是需要讨论的问题。下面举例说明代数译码的基本原理及其实现方法。

例 6.14 (2,1,3)系统卷积码。已知该码的生成序列为

$$g(1,1) = [1000]$$
$$g(1,2) = [1101]$$

根据生成序列可以写出该码的初始截短码组生成矩阵 $\boldsymbol{H}$ 为

$$\boldsymbol{H} = \begin{bmatrix} \boldsymbol{P}_0^{\mathrm{T}} I_1 & & & \\ \boldsymbol{P}_1^{\mathrm{T}}\boldsymbol{0} & \boldsymbol{P}_0^{\mathrm{T}} I_1 & & \\ \boldsymbol{P}_2^{\mathrm{T}}\boldsymbol{0} & \boldsymbol{P}_1^{\mathrm{T}}\boldsymbol{0} & \boldsymbol{P}_0^{\mathrm{T}} I_1 & \\ \boldsymbol{P}_3^{\mathrm{T}}\boldsymbol{0} & \boldsymbol{P}_2^{\mathrm{T}}\boldsymbol{0} & \boldsymbol{P}_1^{\mathrm{T}}\boldsymbol{0} & \boldsymbol{P}_0^{\mathrm{T}} I_1 \end{bmatrix}$$

若接收序列的首 N 个码组为

$$R = [R_0(1)R_0(2)R_1(1)R_1(2)R_2(1)R_2(2)R_3(1)R_3(2)]$$

则伴随式 S 可写做

$$S = [S_0(2)S_1(2)S_2(2)S_3(2)] \tag{6.4.5}$$

式中

$$\left.\begin{aligned} S_0(2) &= R_0(1)\boldsymbol{P}_0^{\mathrm{T}} + R_0(2)\\ S_1(2) &= R_0(1)\boldsymbol{P}_1^{\mathrm{T}} + R_1(1)\boldsymbol{P}_0^{\mathrm{T}} + R_1(2)\\ S_2(2) &= R_0(1)\boldsymbol{P}_2^{\mathrm{T}} + R_1(1)\boldsymbol{P}_1^{\mathrm{T}} + R_2(1)\boldsymbol{P}_0^{\mathrm{T}} + R_2(2)\\ S_3(2) &= R_0(1)\boldsymbol{P}_3^{\mathrm{T}} + R_1(1)\boldsymbol{P}_2^{\mathrm{T}} + R_2(1)\boldsymbol{P}_1^{\mathrm{T}} + R_3(1)\boldsymbol{P}_0^{\mathrm{T}} + R_3(2) \end{aligned}\right\} \tag{6.4.6}$$

由生成序列 $g(1,2)$ 和式(6.2.14)关于 $\boldsymbol{P}_l$ 阵的定义可知

$$\boldsymbol{P}_0=[g_0(1,2)],\quad \boldsymbol{P}_1=[g_1(1,2)]$$
$$\boldsymbol{P}_2=[g_2(1,2)],\quad \boldsymbol{P}_3=[g_3(1,2)]$$

所以，式(6.4.6)可以写成如下形式

$$\left.\begin{aligned}
S_0(2)&=R_0(1)g_0(1,2)+R_0(2)\\
S_1(2)&=R_0(1)g_1(1,2)+R_1(1)g_0(1,2)+R_1(2)\\
S_2(2)&=R_0(1)g_2(1,2)+R_1(1)g_1(1,2)+R_2(1)g_0(1,2)+R_2(2)\\
S_3(2)&=R_0(1)g_3(1,2)+R_1(1)g_2(1,2)+R_2(1)g_1(1,2)+R_3(1)g_0(1,2)+R_3(2)
\end{aligned}\right\}\tag{6.4.7}$$

在式(6.4.7)中，$R_0(1)$、$R_1(1)$、$R_2(1)$、$R_3(1)$是接收序列的首 4 个($N=4$)接收信息元，$R_0(2)$、$R_1(2)$、$R_2(2)$和 $R_3(2)$是相应的接收监督元；将式(6.4.7)与系统码形式卷积码的卷积关系式(6.1.5)相比较不难发现：式(6.4.7)中接收信息元和生成序列 $g(1,2)$ 各元素的关系与式(6.1.5)中用待编码信息元和生成序列 $g(1,2)$ 的卷积关系求相应子码监督元的形式完全相同，只是在伴随式各分量的表示式中，除了相应的卷积运算外，还要与接收监督元进行模 2 加。因此，可在该码编码电路的基础上根据式(6.4.7)构成该码的伴随式计算电路。(2,1,3)码的伴随式计算电路如图 6.4.1 所示。

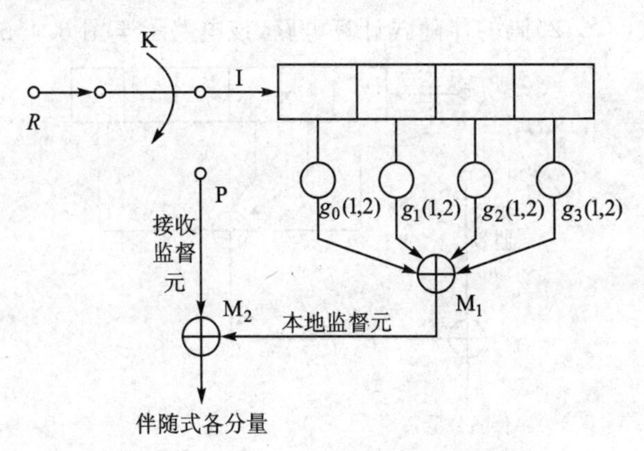

图 6.4.1　(2,1,3)码的伴随式计算电路

(2,1,3)码的伴随式计算电路由(2,1,3)码的串行编码电路和模 2 加法器构成。图 6.4.1 中，K 表示时分开关，在每一个单位时刻内，开关分别接通 I 端和 P 端，I 端是接收信息元的输入端，P 端是接收监督元的输入端。4 级移存器和模 2 加法器 M_1 按生成序列 $g(1,2)$ 所确定的关系构成了本地编码器，它对接收信息元进行编码，编码器的输出称为本地监督元，电路的工作原理如下：

初始状态时，各移存器的状态为零状态，开关 K 首先接至 I 端，在每一个单元时刻内，有一个接收信息元送入移存器，经编码后，M_1 输出一个本地监督元，然后，开关 K 接通 P 端，接

收监督元与本地监督元在模 2 加法器 M_2 内完成加法运算,其模 2 和就是相应的伴随分量。在下一个单元时刻,开关 K 再次接至 I 端将下一个接收信息元送入电路。例如,在第 0 个单元时刻,$R_0(1)$首先进入本地编码器最左面的移存器,其他三级移存器的状态为零,所以,M_1 输出的本地监督元为 $R_0(1)g_0(1,2)$,它与接收监督元 $R_0(2)$在模 2 加法器 M_2 相加,其和为伴随分量 $S_0(2)$,在第一个单元时刻,$R_0(1)$移位到左数第二级移存器,而 $R_1(1)$由 I 端进入第一级移存器,这时,本地编码器输出的本地监督元为 $R_0(1)g_1(1,2)+R_1(1)g_0(1,2)$,它与 P 端进入的接收监督元 $R_1(2)$模 2 加后,得到伴随分量 $S_1(2)$。依此类推,伴随式计算电路依次得到伴随分量 $S_2(2)$和 $S_3(2)$。

例 6.15 (3,2,2)码的生成序列为

$$g(1,3)=[101]$$
$$g(2,3)=[110]$$

该码的伴随式 S 有三个伴随分量,它们分别为

$$\left.\begin{aligned}S_0(3)&=R_0(1)g_0(1,3)+R_0(2)g_0(2,3)+R_0(3)\\S_1(3)&=R_0(1)g_1(1,3)+R_0(2)g_1(2,3)+R_1(1)g_0(1,3)+R_1(2)g_0(2,3)+R_1(3)\\S_2(3)&=R_0(1)g_2(1,3)+R_0(2)g_2(2,3)+R_1(1)g_1(1,3)+R_1(2)g_1(2,3)+\\&\quad R_2(1)g_0(1,3)+R_2(2)g_0(2,3)+R_2(3)\end{aligned}\right\}\tag{6.4.8}$$

由式(6.4.8)可以构成(3,3,2)码的伴随式计算电路,该电路示于图 6.4.2 中。

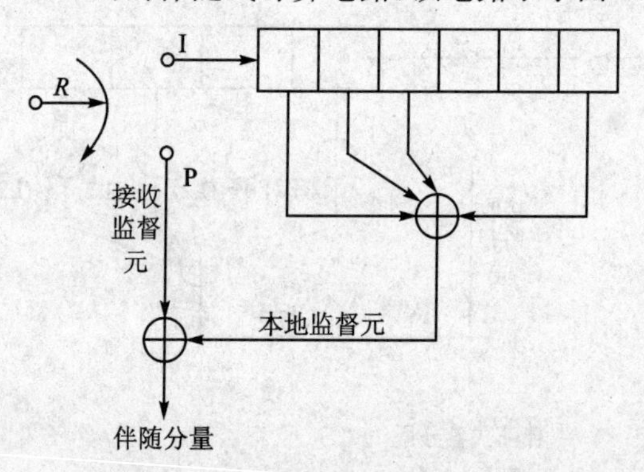

图 6.4.2 (3,2,2)码的伴随式计算电路

以上两个例子说明了系统卷积码的伴随式计算及其电路实现的方法。任何一个(n_0,k_0,m)系统卷加码的伴随式计算;都可以用上述方法实现,其计算电路如图 6.4.3 所示。

图 6.4.3 中,$R_l(1)R_l(2)\cdots R_l(n_0)$表示接收序列的第 l 个接收码组,其中 k_0 个信息元经本地编码器编码后,产生(n_0-k_0)个本地监督元 $C'_l(k+l)\cdots C'_l(n_0)$,它们与$(n_0-k_0)$个接收监督元模 2 加后分别得到第 l 单元时刻的伴随分量 $S_l(k+1)\cdots S_l(n_0)$。当 N 个接收码组送入伴随计算电路后,就得到了伴随式 S 的 $N(n_0-k_0)$个伴随分量。下一节所述的代数译码就是根据伴随式进行译码。

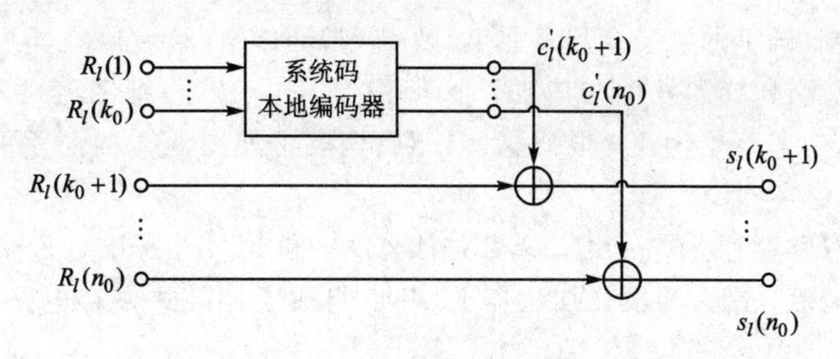

图 6.4.3　(n_0,k_0,m)系统卷积码伴随式计算电路

6.4.2　代数译码的基本原理

卷积码的代数译码原理与分组码的代数译码类似。在循环码译码时，组合逻辑电路的输出有两个作用：一个是将接收码字中的错误进行纠错；另外，该输出信号反馈到伴随式寄存器以修正伴随式，在卷积码的译码中，进行修正伴随式的译码方法称为反馈译码法；而在译码过程中不进行伴随式修正的译码方法称为定译码，在这里主要讨论反馈译码。下面，以例说明反馈译码的原理。

例 6.16　(3,2,2)卷积码的反馈译码。

若接收序列 $R_\infty=[R_0(1)R_0(2)R_0(3)R_1(2)R_1(3)\cdots]$为半无限序列，则伴随式也是个半无限序列，由例 6.15 已知该码的生成序列，根据伴随式的定义，可以求出伴随式的各分量为

$$\left.\begin{aligned}S_0(3)&=E_0(1)+E_0(2)+E_0(3)\\S_1(3)&=E_0(2)+E_1(1)+E_1(2)+E_1(3)\\S_2(3)&=E_0(1)+E_1(2)+E_2(1)+E_2(2)+E_2(3)\\S_2(3)&=E_1(1)+E_2(2)+E_3(1)+E_3(2)+E_3(3)\\&\vdots\end{aligned}\right\}\tag{6.4.9}$$

在译码过程中，人们只关心接收码组中的信息元是否有错误。所以，首先分析信息元是否发生差错，伴随式有何特点，译码器是如何利用这一特点对信息元进行译码的。

由式(6.4.9)可见，第 0 个接收码组中信息元的错误 $E_0(1)$和 $E_0(2)$只在首三个伴随分量中出现。它们是译码器接收了首三个接收码组以后的伴随分量，而第一个接收码组中，信息元的错误 $E_1(1)$和 $E_1(2)$只影响 $S_1(3)$、$S_2(3)$和 $S_3(3)$这三个伴随分量；它们是译码器根据 R_1、R_2 和 R_3 这三个接收码组所求得的伴随分量，这正是因为本例的约束度 N 为三的缘故，所以，在代数译码时，每译一个接收码组所涉及的接收码组数目也是三个，这称为译码约束度，并用 N_d 表示，对本例而言，译码约束度 $N_d=3$，它等于编码时的约束度 N。在译每一个接收码组时，所涉及的伴随分量的数目为 $N(n_0-k_0)$，对本例而言，$N(n_0-k_0)=3$。

假设在首三个接收码组的九个码元内发生了一个错误。例如 $E_0(1)=1$，即第 0 个接收码组的第一个信息元有错，则由式(6.4.9)可见，伴随式分量 $S_0(3)$和 $S_2(3)$为 1，$S_1(3)=0$；若错

误发生在第 0 个接收码组的第二个信息元上，则 $S_0(3)=1, S_1(3)=1, S_2(3)=0$。如果第 0 个接收码组的信息元无错，错误发生在其他 7 个码元中的任一位上，则伴随式分量 $S_0(3)$、$S_1(3)$ 和 $S_2(3)$ 中最多有一个分量为 1。根据这一特点，构成了如图 6.4.4 所示的(3,2,2)码译码电路。

在图 6.4.4 中，移存器 $SR_0 \sim SR_5$、模 2 加法器 M_1 和 M_2、时分开关 K 构成了伴随式计算电路，移存器 SR'_0、SR'_1、SR'_2 和模 2 加法器 M_5、M_6 组成了伴随式寄存电路，与门 1 和与门 2 是组合逻辑电路。

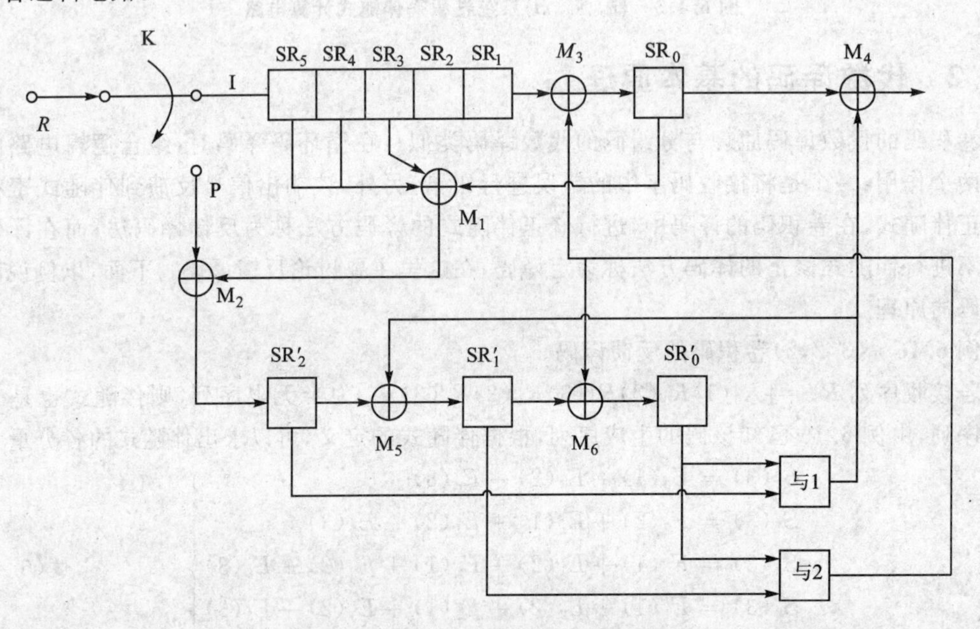

图 6.4.4 (3,2,2)码的反馈译码电路

电路的简要工作过程如下：初始状态时，所有的移存器被清零。当译码器接收了首三个接收码组后，伴随式寄存器 SR'_0、SR'_1、SR'_2 中分别寄存了伴随分量 $S_0(3)$、$S_1(3)$ 和 $S_2(3)$。若第 0 个接收码组的第一个信息元有错，则由前面所述，伴随式寄存电路的状态为 1 0 1，与门 1 输出为 1，这时，第 0 个接收码组的第一个信息元 $R_0(1)$ 也恰好移位到移存器 SR_0，在 M_4 中完成 $R_0(1)+1=C_0(1)+1+1=C_0(1)$ 的运算，从而纠正了 $R_0(1)$ 中的错误。同理，若 $E_0(2)=1$，伴随式寄存电路状态为 1 1 0，与门 2 输出为 1，它与 $R_0(2)$ 在模 2 加法器 M_3 中完成模 2 加的运算，从而就纠正了 $R_0(2)$ 中的错误。

如果第 0 个接收码组的信息元无错，伴随式计算电路的移存器中，最多有一级的状态为 1，两个与门都不会有输出，接收信息元 $R_0(1)$ 和 $R_0(2)$ 依次从 M_4 输出。由图 6.4.4 可见，与门 1 和与门 2 的输出信号还反馈至伴随式寄存电路，反馈的作用在于修正伴随式，以消除本接收码组中的错误对下一个接收码组信息元的译码影响。

在第 0 个接收码组译码完毕后，就要对第一个接收码组的信息元 $R_1(1)$ 和 $R_1(2)$ 进行译码。第一个接收码组进入译码器后，伴随式寄存电路中寄存了伴随分量 $S_1(3)$、$S_2(3)$ 和 $S_3(3)$。下面将讨论译码器如何根据这三个伴随分量对接收信息元 $R_1(1)$ 和 $R_1(2)$ 进行译码，以及利用反馈修正伴随式的作用。

由式(6.4.9)有

$$\left.\begin{aligned} S_1(3) &= E_0(2) + E_1(1) + E_1(2) + E_1(3) \\ S_2(3) &= E_0(1) + E_1(2) + E_2(1) + E_2(2) + E_2(3) \\ S_3(3) &= E_1(1) + E_2(2) + E_3(1) + E_3(2) + E_3(3) \end{aligned}\right\} \tag{6.4.10}$$

如果第 0 个接收码组的信息元无错，则上式为

$$\left.\begin{aligned} S_1(3) &= E_1(1) + E_1(2) + E_1(3) \\ S_2(3) &= E_1(2) + E_2(1) + E_2(2) + E_2(3) \\ S_3(3) &= E_1(1) + E_2(1) + E_3(1) + E_3(2) + E_3(3) \end{aligned}\right\} \tag{6.4.11}$$

将式(6.4.11)与式(6.4.9)相比较，它们有相同的结构。当 $E_1(1)=1$ 时，伴随式寄存电路的状态为 1 0 1，与门 1 输出一个 1，将 $R_1(1)$ 的错误纠正；若 $E_1(2)=1$ 时，则伴随式寄存电路的状态为 1 1 0，与门 2 输出一个信号，将 $R_1(2)$ 中的错误纠正。如果第 0 个接收码组中有一位错误，例如 $E_0(1)=1$，则由图 6.4.4 可见，经反馈信号对伴随式寄存电路进行修正后，式(6.4.10)有如下形式

$$\left.\begin{aligned} S'_1(3) &= E_1(1)+E_1(2)+E_1(3) \\ S'_2(3) &= E_0(1)+1+E_1(2)+E_2(1)+E_2(2)+E_2(3) = \\ &\quad E_1(2)+E_2(1)+E_2(2)+E_2(3) \\ S'_3(3) &= E_1(1)+E_2(1)+E_3(1)+E_3(2)+E_3(3) \end{aligned}\right\} \tag{6.4.12}$$

式(6.4.12)与式(6.4.11)或与式(6.4.11)的结构完成相同。因此，采用图 6.4.4 的译码电路可以依次对接收序列中的各码组进行译码。对本码而言，它只能纠正相邻 N 个($N=3$)码组中的一个错误。关于代数译码的纠错能力将在后续章节中具体讨论。综上所述，可以看到，卷积码的反馈译码的特点是：

(1) 译码器是在收到了第$(1+m)$个接收码组以后，才对第 0 个接收码组进行译码，译码约束度 N_d 与码的约束度 N 相同。因此，译码延时为 N 个码组的长度。

(2) 译码时所涉及的伴随分量数目为$(n_0-k_0)N$。

(3) 每译一个接收码组时，要对伴随式进行修正；修正的办法是由组合逻辑电路的输出反馈至伴随式寄存电路。

(4) 在电路实现上，伴随式计算电路中的本地编码器与该码编码器的构成规则相同；组合逻辑电路完全可以根据首$(n_0-k_0)N$ 个伴随分量在第 0 个接收码组的信息元发生错误时的特点进行设计，如(3,2,2)码中的两个与门。

下面讨论(n_0,k_0,m)系统卷积码反馈译码的原理。(n_0,k_0,m)系统卷积码的反馈译码原

理图如图 6.4.5 所示。

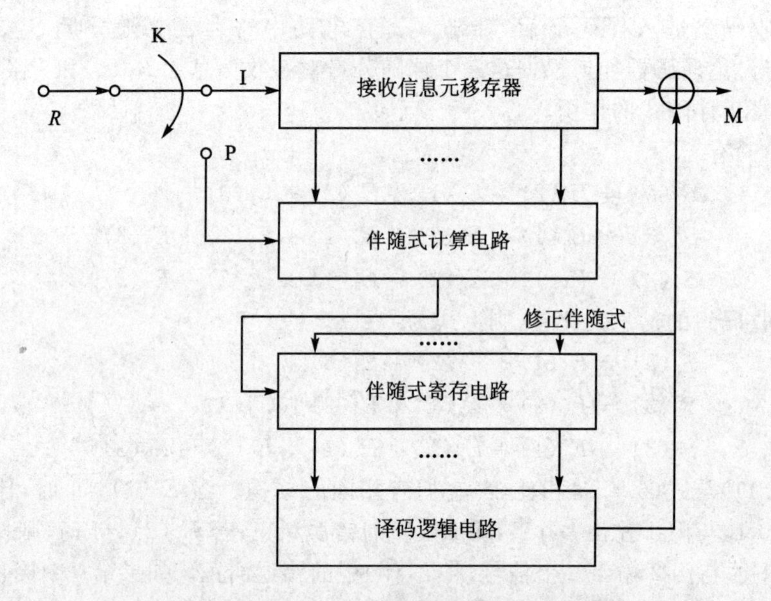

图 6.4.5　(n_0,k_0,m)系统卷积码反馈原理图

设(n_0,k_0,m)码的生成序列为 $g(i,j)$。其中，$i=1,2,\cdots,k_0$；$j=k_0+1,k_0+2,\cdots,n_0$。由伴随式的定义式(6.4.2)可以得到第 l 个接收码组的(n_0-k_0)各伴随分量为

$$S_l(j)=E_l(j)+\sum_{i=1}^{k_0}E_l(i)g_0(i,j)+\cdots+\sum_{i=1}^{k_0}E_{l-m}(i)g_m(i,j) \tag{6.4.13}$$

式中，$l=0,1,2,\cdots$。当 $l<0$ 时，$E_l=0$。将式(6.4.13)按 l 展开后可得

$$\left.\begin{aligned}
S_0(j)&=E_0(j)+\sum_{i=1}^{k_0}E_0(i)g_0(i,j)\\
S_1(j)&=E_1(j)+\sum_{i=1}^{k_0}E_1(i)g_0(i,j)+\sum_{i=1}^{k_0}E_0(i)g_l(i,j)\\
S_m(j)&=E_m(j)+\sum_{i=1}^{k_0}E_m(i)g_0(i,j)+\cdots+\sum_{i=1}^{k_0}E_0(i)g_m(i,j)\\
S_N(j)&=E_N(j)+\sum_{i=1}^{k_0}E_N(i)g_0(i,j)+\cdots+\sum_{i=1}^{k_0}E_1(i)g_m(i,j)\\
&\qquad\vdots\qquad\qquad\qquad\qquad\vdots
\end{aligned}\right\} \tag{6.4.14}$$

式(6.4.14)表明，第 0 个接收码组中信息元的错误 $E_0(i)$的影响涉及 $S_0(j)\sim S_m(j)$的 $N(n_0-k_0)$个分量，或者说，$E_0(i)$由首 $N(n_0-k_0)$个伴随分量所监督。所以，对第 0 个接收码组的信息元译码时，仅用到 $S_0(j)\sim S_m(j)$这 $N(n_0-k_0)$个伴随分量。

在第 0 个接收码组的译码结束后，需要根据 $S_1(j) \sim S_N(j)$ 对第一个接收码组的信息元进行译码，式(6.4.14)还表明，为了消除第 0 个接收码组信息元的错误 $E_0(i)$ 的影响，需要对伴随分量 $S_1(j) \sim S_m(j)$ 进行修正。这一修正由反馈来实现。

已修正的 $S_1(j) \sim S_N(j)$ 为

$$\left.\begin{aligned}
S'_1(j) &= E_1(j) + \sum_{i=1}^{k_0} E_1(i) g_0(i,j) \\
S'_2(j) &= E_2(j) + \sum_{i=1}^{k_0} E_2(i) g_0(i,j) + \sum_{i=1}^{k_0} E_1(i) g_1(i,j) \\
&\vdots \\
S'_m(j) &= E_m(j) + \sum_{i=1}^{k_0} E_m(j) g_0(i,j) + \cdots + \sum_{i=1}^{k_0} E_1(i) g_m(i,j) \\
S_N(j) &= E_N(j) + \sum_{i=1}^{k_0} E_N(i) g_0(i,j) + \cdots + \sum_{i=1}^{k_0} E_1(i) g_m(i,j)
\end{aligned}\right\} \quad (6.4.15)$$

依次类推。每译完一个接收码组后，都要将组合逻辑电路的输出反馈至伴随式寄存电路以消除该码组信息元的错误影响。依次完成各个接收码组的译码。

6.4.3 大数逻辑译码

由前节已知，当某一个接收码组的信息元有错时，与其相应的 $N(n_0-k_0)$ 个伴随分量将具有某种特征，而组合逻辑电路需要对这一特征有所响应。本节所要讨论的大数逻辑译码，就是根据伴随分量中 1 的数目是否为多数，组合逻辑电路将做出该码组信息元是否有错误的判决，从而完成该接收码组信息元的译码。大数逻辑译码的方法最早由梅西于 1963 年提出，1967 年鲁滨逊和伯恩斯坦用差三角构造了一批可以用大数逻辑译码法译码的自正交码。另外一类码称为可正交码，它也可以用大数逻辑译码法进行译码。下面分别介绍这两类码。

1. 自正交码

我们先举例说明自正交码的定义和特点。

例 6.17　(2,1,6)自正交码。它的生成序列 $g(1,2)$ 为

$$g(1,2) = [1 \quad 0 \quad 1 \quad 0 \quad 0 \quad 1 \quad 1]$$

根据生成序列可以写出该码的监督矩阵 $\boldsymbol{H}_\infty$ 为

$$
\boldsymbol{H}_{\infty}=\begin{bmatrix}
1 & 1 & & & & & & & & & & & & & \\
0 & 0 & 1 & 1 & & & & & & & & & & & \\
1 & 0 & 0 & 0 & 1 & 1 & & & & & & & & & \\
0 & 0 & 1 & 0 & 0 & 0 & 1 & 1 & & & & & & & \\
0 & 0 & 0 & 0 & 1 & 0 & 0 & 0 & 1 & 1 & & & & & \\
1 & 0 & 0 & 0 & 0 & 0 & 1 & 0 & 0 & 0 & 1 & 1 & & & \\
1 & 0 & 1 & 0 & 0 & 0 & 0 & 0 & 1 & 0 & 0 & 0 & 1 & 1 & \\
 & & 1 & 0 & 1 & 0 & 0 & 0 & 0 & 0 & 1 & 0 & 0 & 0 & \cdots \\
 & & & & 1 & 0 & 1 & 0 & 0 & 0 & 0 & 0 & 1 & 0 & \cdots \\
 & & & & & & \vdots & \vdots & \vdots & \vdots & \vdots & \vdots & \vdots & \vdots &
\end{bmatrix}
$$

若信道错误图样为

$$
E_{\infty}=[E_0(1)E_0(2)E_1(1)E_1(2)E_2(1)E_2(2)\cdots]
$$

则根据伴随式的定义，可以写出伴随式的诸分量

$$
\left.\begin{aligned}
S_0(2) &= E_0(1)+E_0(2)\\
S_1(2) &= E_1(1)+E_1(2)\\
S_2(2) &= E_0(1)+E_2(1)+E_2(2)\\
S_3(2) &= E_1(1)+E_3(1)+E_3(2)\\
S_4(2) &= E_2(1)+E_4(1)+E_4(2)\\
S_5(2) &= E_0(1)+E_3(1)+E_5(1)+E_5(2)\\
S_6(2) &= E_0(1)+E_1(1)+E_4(1)+E_6(1)+E_6(2)\\
S_7(2) &= E_1(1)+E_2(1)+E_5(1)+E_7(1)+E_7(2)\\
\vdots \quad & \qquad \vdots
\end{aligned}\right\}\tag{6.4.16}
$$

由于(2,1,6)码的约束度 $N=7$，译码器将根据式(6.4.16)应中首 7 个($N(n_0-k_0)=7$)伴随分量对第 0 个接收码组的信息元进行译码。因此，首先分析式(6.4.16)中首 7 个伴随分量的特点。在 $S_0(2)\sim S_6(2)$ 这 7 个伴随分量的和式中，信息元的错误位 $E_0(1)$ 在 $S_0(2)$、$S_2(2)$、$S_5(2)$、$S_6(2)$ 这 4 个和式内都出现，而其他的码元错误位 $E_0(2)\sim E_6(2)$ 在这 4 个和式中最多只出现一次；因此称这 4 个和式为正交于信息元错误位 $E_0(1)$ 的一致监督和式。如果在首 14 个接收码元中($N\cdot n_0=14$)，有两个以下的错误，其中的一个错误发生在正交码元位上，即 $E_0(1)$ 为 1，而另外一个错误发生在其他码元位上，则这 4 个正交一致监督和式中，至少有 3 个为 1；如果 $E_0(1)=0$，即正交码元位上无错，两个错误发生在其他码元位上，则这 4 个正交一致监督和式中最多有两个为 1。这也就是说，接收序列中第 0 个接收码组中的信息元 $R_0(1)$ 是否有错误，完全可以根据正交一致监督和式中是否有多数个 1 来确定，而且，这 4 个正交一致监督和式(伴随分量)是由该码监督矩阵 $\boldsymbol{H}_{\infty}$ 的第一、第三、第五和第六行所确定的监督关系直接获得的。

定义 6.4.1 一个(n_0,k_0,m)卷积码，如果能从该码的首 $N(n_0-k_0)$ 个伴随分量和式中，

不经线性变换而直接构成 $J_i(i=1,2,\cdots,k_0)$ 个对信息元错误位 $E_0(i)$ 正交的一致监督和式，则称该码为自正交码。该码能纠正译码约束长度 Nn_0 个码元内任意 $t\leqslant\left[\frac{J}{2}\right]$ 个随机错误，其中，J 是 J_i 中的最小值。若码的最小距离为 $J+1$，则称该码是完备码。

在本例中，$J=4$，该码能纠正相邻的 14 个码元内的两个随机错误。在电路实现上，可以用大数门来判决正交伴随分量中是否有多数个 1，从而确定接收信息元是否发生了错误。在第 0 个接收码组译码后，需要对伴随式进行修正，即在式(6.4.16)中的 $S_0(2)\sim S_6(2)$ 和式内消除 $E_0(1)$ 码元位。由式(6.4.16)可见，修正以后的伴随分量 $S'_1(2)\sim S'_7(2)$ 为

$$\left.\begin{aligned}
S'_1(2) &= E_1(1)+E_1(2)\\
S'_2(2) &= E_2(1)+E_2(2)\\
S'_3(2) &= E_1(1)+E_3(1)+E_3(2)\\
S'_4(2) &= E_2(1)+E_4(1)+E_4(2)\\
S'_5(2) &= E_3(1)+E_5(1)+E_5(2)\\
S'_6(2) &= E_1(1)+E_4(1)+E_6(1)+E_6(2)\\
S'_7(2) &= E_1(1)+E_2(1)+E_5(1)+E_7(1)+E_7(2)\\
&\vdots \qquad\qquad \vdots
\end{aligned}\right\}\tag{6.4.17}$$

可以看出，式(6.4.17)中，$S'_1(2)\sim S'_7(2)$ 这 7 个伴随分量内，$S'_1(2)$、$S'_3(2)$、$S'_6(2)$ 和 $S'_7(2)$ 构成了对第一个接收码组信息元错误 $E_1(1)$ 正交的 4 个监督和式，因此，用大数逻辑译码的方法可以确定 $R_1(1)$ 是否有错。依此类推，完成了接收序列中各码组的译码。(2,1,6)自正交码的大数逻辑译码电路示于图 6.4.6。

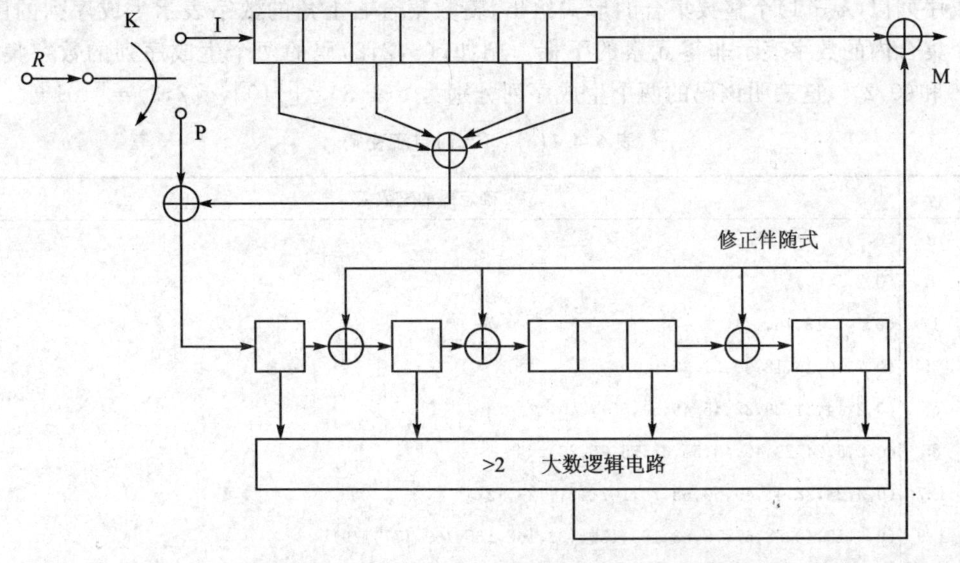

图 6.4.6　(2,1,6)自正交码大数逻辑译码原理图

根据自正交码的定义，在例 6.15 的(3,2,2)码中，由式(6.4.9)可见，该码首 3 个伴随分量为 $S_0(3)$、$S_1(3)$ 和 $S_2(3)$，其中，$S_0(3)$ 和 $S_2(3)$ 对信息元错误位 $E_0(1)$ 正交，$S_0(3)$ 和 $S_1(3)$ 对 $E_0(2)$ 正交，因此 $J=J_1=J_2=2$。该码能纠正相邻 9 个码元内的一个错误。

自正交码按码的结构特点可分为(n_0，n_0-1，m)自正交码和(n_0，1，m)自正交码。下面分别介绍这两个自正交码。

(1) (n_0，n_0-1，m)自正交码　鲁滨逊和伯恩斯坦提出了构造这类自正交码的方法，这个方法的实质是：根据对 $E_0(i)$ 正交的要求，该码生成序列中哪些元素是 1，哪些元素是 0，应该有一定的规则，由前面两个例子可以看出，码的伴随分量完全由生成序列中的非零元素所确定。例如，对(2,1,6)码而言，它的生成序列是 $g(1,2)=[1010011]$，其中，$g_0(1,2)$、$g_2(1,2)$、$g_5(1,2)$ 和 $g_6(1,2)$ 是 $g(1,2)$ 中的非零元素，正交于 $E_0(1)$ 的 4 个伴随分量为 $S_0(2)$、$S_2(2)$、$S_5(2)$ 和 $S_6(2)$。如果用 $\Delta(1)$ 表示这些非零元素下标的正差数的集合，则 $\Delta(1)=\{1,5,6,4,2,3\}$，称 $\Delta(1)$ 为与 $g(1,2)$ 有关的差三角。若 $\Delta(1)$ 中所有的差是不同的，则称 $\Delta(1)$ 是完全的。在例 6.16 的(3,2,2)码中，它的两个生成序列 $g(1,3)=[110]$，$g(2,3)=[101]$，其中，第一个生成序列的非零元素为 $g_0(1,3)$ 和 $g_1(1,3)$，与 $g_1(1,3)$ 有关的差三角 $\Delta(1)=\{1\}$。第二个生成序列的非零元素是 $g_0(2,3)$ 和 $g_2(2,3)$，$\Delta(2)=\{2\}$。这两个差三角中，每一个差三角都不含有相同的差，而且两个差三角之间不含有公共差，因此称这两个差三角是完全且不相交的。对于(n_0，n_0-1，m)码而言，有(n_0-1)个差三角，只有当差三角 $\Delta(1)$，$\Delta(2)$，…，$\Delta(n_0-1)$ 是完全且不相交时，生成序列所构成的码才是自正交码。

表 6.4.1(a)～(d)给出了各种纠错能力和约束度的(n_0，n_0-1，m)自正交码。其中，(n_0-1)个生成序列以(n_0-1)个整数集合的形式给出，整数集合右上角的数字表示生成序列的序号，而每个集合内的数字表示非零元素的下标。例如，(3,2,2)码的两个生成序列的数字集合为 $(0,1)^1$ 和 $(0,2)^2$，这表明该码的两个生成序列分别为 $g(1,3)=[110]$，$g(2,3)=[101]$。

表 6.4.1(a)　(2,1)自正交码

l	m	确定码的整数值
1	2	$(0,1)^1$
2	6	$(0,2,5,6,)^1$
3	17	$(0,2,7,13,16,17)^1$
4	35	$(0,7,10,16,18,30,31,35)^1$
5	55	$(0,2,14,21,29,32,45,49,54,55)^1$
6	85	$(0,2,6,24,29,40,43,55,68,75,76,85)^1$
7	127	$(0,5,28,38,41,49,50,68,75,107,121,123,127)^1$
8	179	$(0,6,19,40,58,67,78,83,109,132,133,162,165,169,177,179)^1$
9	216	$(0,2,10,22,53,56,82,83,89,98,130,148,153,167,188,192,205,216)^1$

续表 6.4.1(a)

l	m	确定码的整数值
10	283	$(0,24,30,43,55,71,75,89,104,125,127,162,167,189,206,215,272,275,282,283)^{1}$
11	358	$(0,3,10,45,51,65,104,125,142,182,206,210,218,228,237,289,326,333,356,358)^{1}$
12	425	$(0,22,41,57,72,93,99,139,147,173,217,220,234,273,283,285,296,303,328,387,388,392,416,425)^{1}$

表 6.4.1(b)　(3,2)自正交码

l	m	确定码的整数值
1	2	$(0,1)^{1}$;$(0,2)^{2}$
2	13	$(0,8,9,12)^{1}$;$(0,6,11,13)^{2}$
3	40	$(0,2,6,24,29,40)^{1}$
4	87	$(0,3,15,28,35,36)^{2}$
5	130	$(0,1,27,30,61,73,81,83)^{1}$
6	195	$(0,18,23,37,58,62,75,86)^{2}$
7	289	$(0,1,6,25,32,72,100,108,120,130)^{1}$

表 6.4.1(c)　(4,3)自正交码

l	m	确定码的整数值
1	3	$(0,1)^{1}$;$(0,2)^{2}$;$(0,3)^{3}$
2	19	$(0,3,15,19)^{1}$
		$(0,8,17,18)^{2}$
		$(0,6,11,13)^{3}$
3	68	$(0,5,15,34,35,42)^{1}$
		$(0,31,33,4,47,56)^{2}$
		$(0,17,21,43,49,67)^{3}$
4	129	$(0,9,33,37,38,97,122,129)^{1}$
		$(0,11,13,23,62,76,79,123)^{2}$
5	202	$(0,19,35,50,71,77,177,125)^{3}$
		$(0,7,27,76,113,137,155,156,170,202)^{1}$
		$(0,8,38,48,59,82,111,146,150,152)^{2}$
		$(0,12,25,26,76,81,98,107,143,197)^{3}$

表 6.4.1(d) (5,4)自正交码

l	m	确定码的整数值
1	4	$(0,1)^1;(0,2)^2;(0,3)^3;(0,4)^4$
2	26	$(0,16,20,21)^1$
		$(0,2,10,25)^2$
		$(0,14,17,26)^3$
		$(0,11,18,24)^4$
3	78	$(0,5,26,51,55,69)^1$
		$(0,6,7,41,60,72)^2$
		$(0,8,11,24,44,82)^3$
		$(0,10,32,47,49,77)^4$
4	178	$(0,19,59,68,85,88,103,141)^1$
		$(0,39,87,117,138,148,154,162)^2$
		$(0,2,13,25,96,118,168,172)^3$
		$(0,7,65,70,97,98,144,178)^4$

(2) $(n_0,1,m)$自正交码 $(n_0,1,m)$自正交码是(n_0,n_0-1,m)自正交码的对偶码。因此，只要将(n_0,n_0-1,m)码的初始截短码组的监督矩阵作为$(n_0,1,m)$码的生成矩阵，就可以由(n_0,n_0-1,m)码获得$(n_0,1,m)$自正交码。下面，可以直接给出获得$(n_0,1,m)$自正交码的方法。

设(n_0,n_0-1,m)自正交码的(n_0-1)个生成序列为

$$g(i,n_0)=[g_0(i,n_0)g_1(i,n_0)\cdots g_m(i,n_0)]$$

式中，$i=1,2,\cdots,n_0-1$。令

$$h(1,i+1)=g(i,n_0)$$

并用$h(1,i+1)$作为$(n_0,1,m)$码的生成序列，以确定该码的(n_0-1)个监督元，所生成的码就是一个$(n_0,1,m)$自正交码。

例 6.18 已知(3,2,2)自正交码的生成序列

$$g(1,3)=[110],\quad g(2,3)=[101]$$

令

$$h(1,2)=[110],\quad h(1,3)=[101]$$

用$h(1,2)$和$h(1,3)$所生成的(3,1,2)码，即是(3,2,2)码的对偶码，(3,1,2)码也是自正交码。不难验证，该码正交于$E_0(1)$的伴随和式为$S_0(2)$，$S_0(3)$，$S_1(2)$和$S_2(3)$，$J=J_1=4$。用大数

逻辑译码时,可以纠正相邻 9 个码元内的两个随机错误。

2. 可正交码

可正交码是另一类可用大数逻辑译码法译码的系统卷积码。我们知道,自正交码的 J 个正交一致监督和式是由相应的各行直接得到的,而可正交码的 J 个正交一致监督和式是由该码监督矩阵相应行的线性组合得到的。可正交码的构造还没有什么规律性的原则,梅西用试凑法找到了一些可正交码。在表 6.4.2 中列出了某些可正交码,并给出了每个码在构造正交一致监督和式的规则,下面以例说明。

例 6.19 (3,1,4)可正交码,在表 6.4.2 中,以整数集合$(0,1)^2$,$(0,2,3,4)^2$ 表示该码的两个生成序列为

$$g(1,2)=[11000],\quad g(1,3)=[10111]$$

表中在"正交化规则"一栏下给出的$\{0^2,0^3,1^2,2^3,(1^3,3^3),(2^3,4^3)\}$表示构成正交于 $E_0(1)$的规则,其中 l^j 表示伴随分量 $S_l(j)$构成对 $E_0(1)$的正交一致监督和,而$(l^j m^i)$表示伴随分量 $S_l(j)$与 $S_m(i)$的线性和构成了对 $E_0(1)$的正交一致监督和。因此,(3,1,4)码的 J 个正交一致监督和式为

$$S_0(2)、S_0(3)、S_1(2)、S_2(3)、S_1(3)+S_3(3)、S_2(2)+S_4(3)$$

由伴随式的定义,可以求出该码首 10 个伴随分量为

$$S_0(2)=E_0(1)+E_0(2)$$
$$S_0(3)=E_0(1)+E_0(3)$$
$$S_1(2)=E_0(1)+E_1(1)+E_1(2)$$
$$S_1(3)=E_1(1)+E_1(3)$$
$$S_2(2)=E_1(1)+E_2(1)+E_2(2)$$
$$S_2(3)=E_0(1)+E_2(1)+E_2(3)$$
$$S_3(2)=E_2(1)+E_3(1)+E_3(2)$$
$$S_3(3)=E_0(1)+E_1(1)+E_3(1)+E_3(3)$$
$$S_4(2)=E_3(1)+E_4(1)+E_4(2)$$
$$S_4(3)=E_0(1)+E_1(1)+E_2(1)+E_4(1)+E_4(3)$$

根据表 6.4.2 给定的正交化规则,正交于 $E_0(1)$的一致监督和式为

$$A_1=S_0(2)=E_0(1)+E_0(2)$$
$$A_2=S_0(3)=E_0(1)+E_0(3)$$
$$A_3=S_1(2)=E_0(1)+E_1(1)+E_1(2)$$
$$A_4=S_2(3)=E_0(1)+E_2(1)+E_2(3)$$
$$A_5=S_1(3)+S_3(3)=E_0(1)+E_1(3)+E_3(1)+E_3(3)$$
$$A_6=S_2(2)+S_4(3)=E_0(1)+E_2(2)+E_4(1)+E_4(3)$$

由于 $J=J_1=6$,所以该码可以纠正首15个相邻码元内3个或少于3个的随机错误。(3,1,4)可正交码的译码电路示于图6.4.7中。

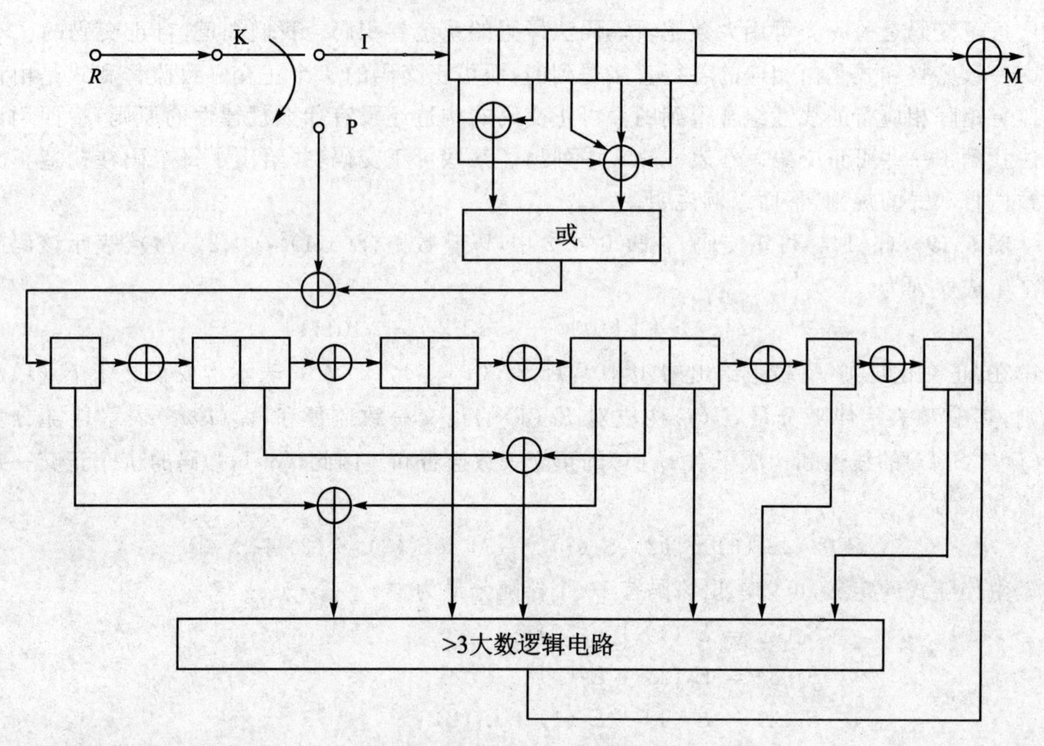

图6.4.7 (3,1,4)可正交码译码电路

定义6.4.2 一个(n_0,k_0,m)码,若能由前$N(n_0-k_0)$个伴随分量的线性组合构成对$E_0(i)$的$\geqslant J$个正交一致的监督和式,则称为可正交码。若最小距离为$J+1$,则称为完备可正交码。用反馈大数逻辑译码时,可纠正Nn_0个相邻码元内的$t\leqslant\left[\frac{J}{2}\right]$个错误。

表6.4.2(a) (2,1)可正交码

l	m	确定码的整数值	正交化规则
1	1	(0,1)	(0)(1)
2	5	(0,3,4,5)	(0)(3)(4)(1,5)
3	11	(0,6,7,9,10,11)	(0)(6)(7)(9) (1,3,10)(4,8,11)
4	21	(0,11,13,16,17,19,20,21)	(0)(11)(13)(16)(17)(2,3,6,19) (4,14,20)(1,5,8,15,21)
5	35	(0,18,19,27,28,29,30,32,33,35)	(0)(18)(19)(27)(1,9,28)(10,20,29)

续表 6.4.2(a)

l	m	确定码的整数值	正交化规则
6	51	(0,26,27,39,40,42,44,45,47,48,51)	(11,30,31)(13,21,23,32)(14,33,34) (2,3,16,24,26,35) (1,3,40)(14,48,41)(1,5,42,43) (11,29,31,44)(18,45,46)(2,3,20,32,34,47) (21,35,48,49,50)(24,30,33,36,38,51)

表 6.4.2(b)　(3,1)可正交码

l	m	确定码的整数值	正交化规则
3	4	$(0,1)^2$	$(0^2)(0^3)(1^2)(2^3)$
		$(0,2,3,4)^3$	$(1^3 3^3)(2^3 4^3)$
4	7	$(0,1,7)^2$	$(2^2 4^3)(7^2)(3^2 5^2 6^2 6^3)(0^2)(0^3)(1^2)$
		$(0,2,3,4,6)^3$	$(2^3)(1^3 3^3)$
5	10	$(0,1,9)^2$	$(0^2)(0^3)(1^2)(2^2 2^3)$
		$(0,1,2,3,5,8,9)^3$	$(9^2)(3^3 4^3)(3^2 5^2 5^3)$
			$(8^2 8^3)(1^3 4^3 6^2 6^3)$
6	7		$(7^3 9^3 10^3)$
		$(0,4,5,6,7,9,12,13,16)^2$	$(0^2)(0^3)(1^2 1^3)(4^2)$
		$(0,1,14,15,16)^3$	$(5^2)(2^3 6^2)(14^3)$
			$(7^2 10^2 11^2 11^3)(3^3 16^3 17^3)$
7	22		$(4^3 10^3 12^3 16^2)$
		$(0,4,5,6,7,12,13,16,19,20,21)^2$	$(0^2)(0^3)(1^2 1^3)(4^2)(5^2)$
		$(0,1,20,22)^3$	$(2^3 6^2)(7^2 10^2 11^2 11^3)$
8	35		$(3^3 5^3 9^2)(19^3 20^3)$
		$(0,4,6,5,7,9,12,16,17,30,31)^2$	$(22^3)(6^3 8^3)$
		$(0,1,22,25,35)^3$	$(0^2)(0^3)(1^2 1^3)(4^2 5^2)$
			$(2^3 6^2)(22^2)$
			$(7^2 10^2 11^2 11^3)(3^2 25^3)(3^3 5^3 9^2)$
			$(6^3 8^3 12^2)(7^3 14^2 17^2 18^2 18^3)$
			$(9^3 16^2 19^2 20^2 20^3)$
			$(14^3 15^3 35^3)$
			$(12^3 21^2 28^2 31^2 32^2)$
			$(10^3 13^3 19^3 26^3 29^3 30^2)$

表 6.4.2(c) (5,1)可正交码

l	m	确定码的整数值	正交化规则
3	1	$(0,1)^2(0,1)^3(0)^4(0)^5$	$(0^2)(0^3)(0^4)(0^5)(1^2 1^4)(1^3 1^5)$
4	2	$(0,1,2)^2(0,1)^3(0,2)^4(0)^5$	$(0^2)(0^3)(0^4)(0^5)(1^3 1^5)(1^2 1^4)(2^2 2^3)(2^4 2^5)$
5	3	$(0,1,2,3)^2(0,1)^3(0,2)^4(0,3)^5$	$(0^2)(0^3)(0^4)(0^5)(1^2 1^4)(1^3 1^5)(2^2 2^3)(2^4 2^5)(3^5)(3^2 3^3)$
6	5	$(0,1,2,3,4)^2(0,1)^3(0,2,5)^4(0,3,5)^5$	$(0^2)(0^3)(0^4)(0^5)(1^2 1^4)(1^3 1^5)(2^2 2^3)(2^4 2^5)(3^5)$
			$(3^2 3^3)(3^4 4^2 4^4)(5^5)(4^3 5^3 5^4)$
7	6	$(0,1,2,3,4)^2(0,1)^3(0,2,5,6)^4(0,3,5)^5$	$(0^2)(0^3)(0^4)(0^5)(1^2 1^4)(1^3 1^5)(2^2 2^3)(2^4 2^5)(3^5)$
			$(3^2 3^3)(3^4 4^2 4^4)(5^5)(4^3 5^3 5^4)(4^5 6^4)$
8	8	$(0,1,2,3,4)^2(0,1,3)^3(0,2,5,6,7)^4(0,3,5)^5$	$(0^2)(0^3)(0^4)(0^5)(1^2 1^4)(1^3 1^5)(2^2 2^3)(2^4 2^5)(3^5)$
			$(3^2 3^3)(3^4 4^2 4^4)(5^5)(4^3 5^3 5^4)(4^5 6^4)(8^3)$
9	10	$(0,1,2,3,5,6,8,10)^2(0,3,5,6,8)^3(0,1)^4(0,2,10)^5$	$(5^2 6^3 7^2 7^4)(0^2)(0^3)(0^4)(0^5)(1^2)(2^2 2^4)(3^3)(1^4 1^5)(2^3 2^5)$
			$(3^2 3^2)(3^4 5^2 5^4)(9^4 10^2 10^3)(5^3)(3^5 6^3)(10^5)(1^3 4^4 6^2 6^4)$
10	12	$(0,1,2,3,5,6,8,10)^2(0,3,5,6,8)^3(0,1,10)^4(0,2,10,12)^5$	$(7^2 7^4 8^2 9^2)(4^3 5^5 7^3 8^3 8^4)$
11	14		上述规则增加
		$(0,1,2,3,5,6,8,10,11,13,14)^2$	$(6^5 9^5 12^3)(10^4 11^5 12^4 12^5)$
		$(0,3,5,6,8)^3(0,1,10)^4(0,2,10,12,15)^5$	上述规则增加
			$(4^5,13^4,14^2,14^3)(13^5,14^4,15^4,15^5)$

6.4.4 卷积码的距离特性

卷积码的性能取决于所采用的译码方法及码的距离特性。在代数译码时，译码约束度等于码的约束度 N，这时，卷积码的距离度量是最小距离 $d_{\min}$。而在概率译码时，译码约束度大于码的约束度，这时，码的距离度量是最小自由距离 d_f。为了说明这两个度量，先引入卷积码的列距离这一概念。

设待编码序列 M 是个半无限序列，如果截取 M 的前$(i+1)$个信息码组，并称之为第 i 级截短，且用 M_i 表示，即

$$M_i = [m_0(1)m_0(2)\cdots m_0(k_0),m_1(1)m_1(2)\cdots m_1(k_0),\cdots,m_i(1)m_i(2)\cdots m_i(k_0)]$$

经编码器编码后，得到一个由$(i+1)$个子码构成的码序列 C_i，即

$$C_i = [C_0(1)C_0(2)\cdots C_0(n_0),C_1(1)C_1(2)\cdots C_1(n_0),\cdots,C_i(1)C_i(2)\cdots C_i(n_0)]$$

称 C_i 为码序列 C 的第 i 级截短。利用码的生成矩阵，C_i 可以写成

$$C_i = M_i[\boldsymbol{G}]_i$$

其中，$\boldsymbol{G}_i$ 是码的半无限生成矩阵 $\boldsymbol{G}$ 中的 $k_0(i+1)$ 行和 $n_0(i+1)$ 列子阵。

$$[\boldsymbol{G}]_i = \begin{bmatrix} G_0 & G_1 & \cdots & G_i \\ & G_0 & \cdots & G_{i-1} \\ & & & \vdots \\ & & & G_0 \end{bmatrix} \quad i \leqslant m \tag{6.4.18}$$

或

$$[\boldsymbol{G}]_i = \begin{bmatrix} G_0 & G_1 & \cdots & G_{m-1} & G_m & & & \\ & G_0 & \cdots & G_{m-2} & G_{m-1} & G_m & & \\ & & & \vdots & \vdots & G_{m-1} & & \\ & & & \vdots & \vdots & \vdots & \ddots & \\ & & & G_0 & G_1 & \cdots & G_m \\ & & & & G_0 & G_1 & \vdots \\ & & & & & G_0 & G_1 \\ & & & & & & G_0 \end{bmatrix} (i > m) \tag{6.4.19}$$

第 i 阶列距离定义为

$$d_i = \min\{d(C'_i, C''_i)\} = \min\{W(C_i)\} \tag{6.4.20}$$

式中

$$C'_i = M'_i[G]_i; \quad C'' = M''_i[G]_i$$

并且 $M'_0 \neq M_0''$。由于卷积码是线性码，所以任意两个码字之和必是另一个码字，即

$$C'_i + C''_i = C_i$$

C'_i与C''_i之间的距离必是另一个码字 C_i 的重量。因此，第 i 阶列距离就是第 0 个子码为非零的，长为$(i+1)$个子码的码字 C_i 的最小重量。由列距离 d_i 的定义可以看出，它是 i 的单调非降函数，即列距离 d_i 不可能随 i 的增加而降低。

$i=m$ 和 $i\to\infty$ 是两个重要的情况。当 $i=m$ 时，C_i 就是初始截短码组，称 d_m 为卷积码的最小距离，也用 $d_{\min}$ 表示。所以，卷积码的最小距离就是第 0 个子码不全为零时，初始截短码组中码字的最小重量。由于在代数译码情况下，采用反馈译码时，译码的约束度等于码的约束度，因此，反馈译码时码的距离度量就是最小距离 $d_{\min}$。

当 $i\to\infty$ 时，d_i 是第 0 个信息码组不全为零时，编码器输出的长为任意无穷长度的码序列的最小重量，定义

$$\lim_{i\to\infty} d_i = d_f \tag{6.4.21}$$

式(6.4.21)表明，当 $i\to\infty$ 时，d_i 最终将达到最小自由距离或简称自由距离 d_f。为了确定

某个码的自由距离 d_f，不必要也不可能对无穷长的码序列进行比较。一般来说，当 i 达到 $3m$ 或 $4m$ 时，d_i 就不再增加，这时 d_i 就达到了 d_f 的值。在后叙概率译码章节中，还将介绍码的状态图，借助状态图，从全零状态又回到全零状态的非零路径有许多条，其中有一条重量最轻的，该最小重量就是码的自由距离 d_f。由于列距离的非降特性，对同一个码而言，自由距离 d_f 至少等于最小距离 $d_{\min}$。例如，对(2,1,2)非系统码而言，最小距离 $d_{\min}=3$，而自由距离 $d_f=5$。将非系统码与系统码相比较，非系统码的自由距离又大于或等于系统码的自由距离。所以，概率译码要比代数译码的纠错能力强。

了解了码的距离特性后，下面讨论大数逻辑译码的性能。对于完备的自正交码或可正交码而言，如果经过 BSC 信道传输后，在长为 n_A 的初始截短码组中，产生了多于 $t=\left[\frac{J}{2}\right]$ 个随机错误时，第 0 个接收码组的译码将出现错误，因此，信息元发生错误的概率(亦称误比特率) P_{b_1} 的上限为

$$P_{b_1} \leqslant \frac{1}{k_0}\sum_{i=t+1}^{n_A}\binom{n_A}{i}p^i(1-p)^{n_A-i} \tag{6.4.22}$$

式中，$n_A=n_0N$ 是码的约束长度，p 是信道转移概率，$J=d_{\min}-1$。当 $p\ll 1$ 时，式(6.4.22)主要由第一项决定，因此有

$$P_{b_1} \approx \frac{1}{k_0}\binom{n_A}{t+1}p^{t+1} \tag{6.4.23}$$

式(6.4.23)表明了在对第 0 个接收码组译码时的误比特率。由前述，在反馈译码时，如果对伴随式进行修正，译码器对其他各接收码组的译码是相同的，只不过 J 个正交和式中所监督的错误信息元不同。因此，任一接收码组的误比特率 P_b 都等于 P_{b_1}，其中假定以前的译码估值都是正确的，这时，反馈大数逻辑译码的 P_b 由下式确定，即

$$P_b \approx \frac{1}{k_0}\binom{n_A}{t+1}p^{t+1} \tag{6.4.24}$$

式(6.4.24)只是一个松限，借助它可以估算码的性能。一般而言，式中的 n_A 应该用 J 个正交和式中参加运算的码元数目 n_E 代替，但影响不大。

6.5 卷积码的概率译码

前一节介绍的代数译码是基于码的代数结构上的译码方法。本节要介绍的概率译码方法即维特比译码，不仅考虑了码的结构，还考虑了信道的统计特性，使译码的性能更好。下面首先讨论在研究概率译码时卷积码的描述方法。

6.5.1 卷积码的树状图、状态图和篱状图描述

在代数译码中，用矩阵描述卷积码的译码比较方便，但其并没能揭示卷积码的内在特性。

在这点上，树状图、状态图和篱状图提供了很好的描述工具。首先以(2,1,2)码为例介绍树状图。

已知(2,1,2)非系统码的两个生成序列 $g(i,j)$ 分别为 $g(1,1)=[111]$ 和 $g(1,2)=[101]$。它的生成矩阵为

$$\boldsymbol{G}_\infty = \begin{bmatrix} 11 & 10 & 11 & & & \\ & 11 & 10 & 11 & & \\ & & 11 & 10 & 11 & \\ & & & 11 & 10 & 11 \\ & & & & \vdots & \vdots \end{bmatrix}$$

该码的编码电路示于图 6.5.1 中。

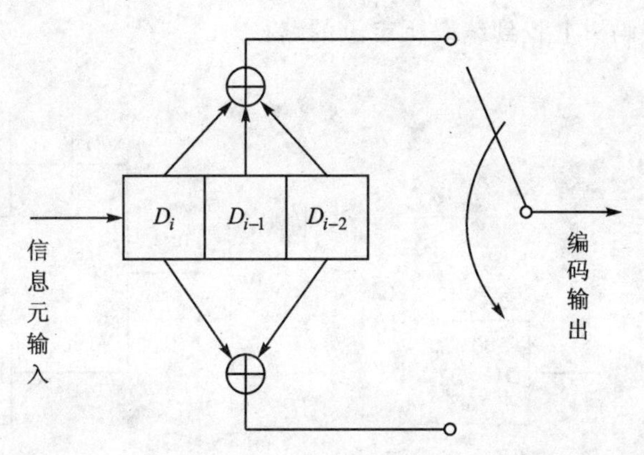

图 6.5.1　(2,1,2)码编码电路

编码的信息序列为每单元时刻输入一个信息元，输出端得到此时刻的两个码元。由于编码存储 $m=2$，每单位时刻输出的两个码元不仅与此时刻的信息元有关，还与前两个时刻的信息元有关，它们存储在两级移存器 D_{i-1} 和 D_{i-2} 内。随着每个时刻输入信息的取值不同，输出端可以得到两个不同的子码，并将两级移存器转换为新的状态。一般来说，对(n_0,k_0,m)码而言，每输入 k_0 个信息元，输出的不同子码数可能有 2^{k_0} 个，m 级移存器的可能状态有 2^{mk_0} 种。

设待编码的信息序列为 M_∞ 是半限序列，即

$$M_\infty = [m_0 m_1 m_2 m_3 \cdots]$$

编码器输出的码序列 C，也是个半限序列，即

$$C_\infty = MG_\infty = [C_0 \quad C_1 \quad C_2 \quad C_3 \cdots]$$

其中，每个子码 C_j 的长度为 n_0，对于(2,1,2)码，$n_0=2$。这一编码过程可以用树状图来描述。若编码器初始状态为零，在第 0 时刻，信息组 m_0 进入编码器，随 m_0 取值为 1 还是 0，编码器输出的第 0 个子码也不同，当 $m_0=1$ 时，$C_0=11$，若 $m_0=0$，则 $C_0=00$。也就是说，随着 m_0 取值的不同，可以产生两个不同的分支。

若用树状图表示，可以看做是从树的原点 O 出发，当 $m_0=0$ 时，产生一个上分支，当 $m_0=1$ 时，产生一个下分支，如图 6.5.2 所示。在第一个时刻，信息组 m_1 进入编码器，随着 m_1 取值为 1 还是 0，与 m_0 一起可以产生 4 个分支，即

$$[m_0\ m_1]=[0\quad 0] \text{时产生} [0000]=[C_0\ C_1]$$
$$[m_0\ m_1]=[0\quad 1] \text{时产生} [0011]=[C_0\ C_1]$$
$$[m_0\ m_1]=[1\quad 0] \text{时产生} [1110]=[C_0\ C_1]$$
$$[m_0\ m_1]=[1\quad 1] \text{时产生} [1101]=[C_0\ C_1]$$

上述过程示于图 6.5.2 和图 6.5.3 中。依次类推，可以得到一个从原点 O 开始，有无限多个分支的码树。码树由分支和节点组成，各连续的分支称为路径，且对应了不同的码序列。编码的过程就是沿着码树上某一条路径进行的过程。而译码时，译码器根据接收序列 R 和信道的统计特性，力图在码树上找到编码所走过的路径。

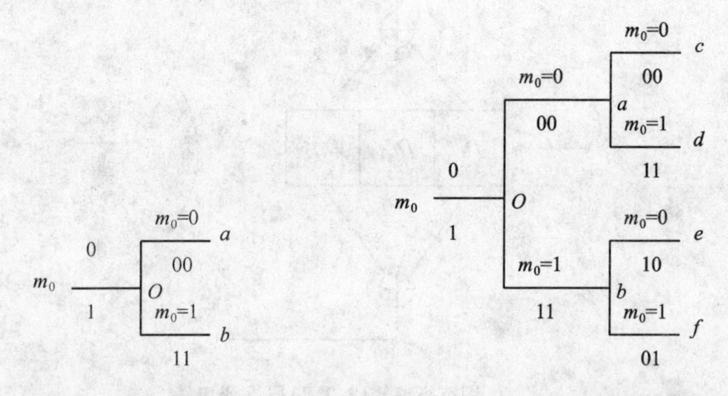

图 6.5.2 (2,1,2)码的码树(一)　　图 6.5.3 (2,1,2)码的码树(二)

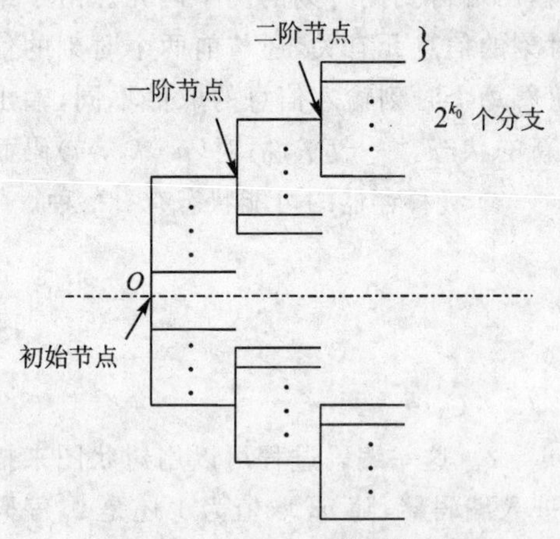

图 6.5.4 (n_0,k_0,m)码的码树

上述关于(2,1,2)码的无限码树概念不难推广到(n_0,k_0,m)卷积码。因为在每一个时间单元有 k_0 个信息元进入编码器，可能构成 2^{k_0} 个不同的信息组，相当于有 2^{k_0} 个码组。这一点在码树上就表示为给各节点有 2^{k_0} 个可能的分支，每个分支由 n_0 个码元表示某个可能的码组，如图 6.5.4 所示。若信息序列是个半无限序列，则卷积码的码树也是一个无限个分支的码树。

若每个可能的子码称为分支，则编码器的编码过程完全可以由分支与编码器中 m 个移存器的状态构成的状态图来描述。

对(2,1,2)码而言，$n_0=2$，$k_0=1$，编码存储 $m=2$，

其串行编码电路含有3级移存器 D_i，D_{i-1} 和 D_{i-2}，移存器 D_i 用于存储当前第 l 时刻输入到编码器的信息元 $m_l(1)$，$l=0,1,2,\cdots$，后两级移存器 D_{i-1} 和 D_{i-2} 存储记忆了与当前时刻相邻的前2个时刻进入编码器的信息元 $m_{l-1}(1)$ 和 $m_{l-2}(1)$，它们可能有4种组合，这4种组合决定了编码器在当前时刻的4个可能状态，我们分别用 S_0，S_1，S_2，S_3 表示，4个状态 S_0，S_1，S_3，S_3 与移存器 D_{i-1} 和 D_{i-2} 记忆的信息元 $m_{l-1}(1)$ 和 $m_{l-2}(1)$ 的关系如表6.5.1所列。

表 6.5.1 寄存器状态表

状 态	$m_{l-1}(1)$	$m_{l-2}(1)$
S_0	0	0
S_1	1	0
S_2	0	1
S_3	1	1

按照数字电路的习惯(高位在前，低位在后)，这4个状态用文字表示为 $S_0=00$，$S_1=01$，$S_2=10$，$S_3=11$。当前第 l 时刻进入编码器的信息元 $m_l(1)$ 与编码器当前时刻的状态共同确定了编码器的输出子码，又称为分支，由于 $m_l(1)$ 有2个可能的取值(0或1)，所以在某个状态下(每个单元时刻下)编码器输出可能有两个分支。在下一个单元时刻(第 $l+1$ 时刻)，$m_{l+1}(1)$ 进入移存器 D_i，$m_l(1)$ 进入移存器 D_{i-1}，$m_{l-1}(1)$ 进入移存器 D_{i-2}，编码器由当前时刻(第 l 时刻)的某个状态转移到下一个时刻(第 $l+1$ 时刻)的某个状态。下一时刻的状态由 $m_{l-1}(1)$ 和 $m_l(1)$ 决定。编码器在第 $l+1$ 时刻的输出由 $m_{l+1}(1)$、$m_l(1)$ 和 $m_{l-1}(1)$ 确定。若以状态为节点，状态转移(由某个状态转移到下一个状态)的连接线为分支，而且分支与输出子码相对应，随着待编码信息序列 $M=[m_0(1)m_1(1)m_2(1)\cdots m_l(1)\cdots]$ 进入编码器，就不难得到卷积码的状态流图，简称状态图。这样，就可以得到(2,1,2)码的状态图如图6.5.5所示。

图6.5.5中，初始状态为 S_0。若输入的信息元为1，则编码器将从 S_0 状态转移到 S_1 状态，从 S_0 状态到 S_1 状态的分支表示编码器此时刻的输出，并用虚线表示该分支；若输入信息元为0，则编码器从 S_0 状态出发又返回 S_0 状态，输出分支用实线表示。随着信息元的输入，编码器将从一个状态转移到另一个状态，而各连续的分支将组成路径，它代表着每一可能的码序列。

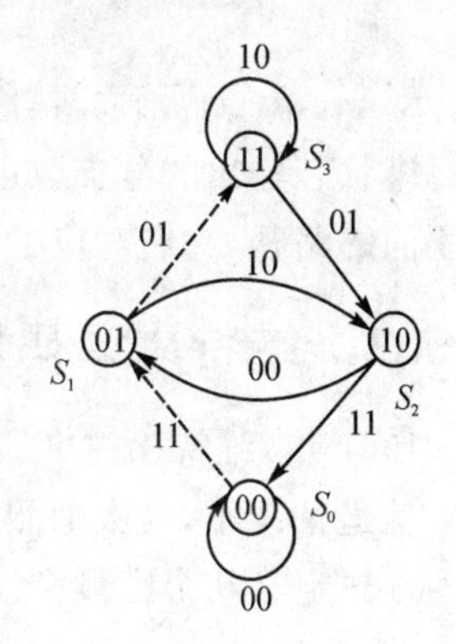

图 6.5.5 (2,1,2)码状态图

但是状态图不能反映出状态转移与时间的关系，为此，可以采用篱状图来描述编码的过程。图6.5.6所示的是(2,1,2)码的篱状图，它由节点和分支构成。

在本例中设信息序列的长度 $L=5$ 个信息组。为了使编码器在对信息组编码后回到全零状态，在信息组后面补充了 $m=2$ 个全零信息组，即编码器的输入信息序列为

$$M=[m_0(1),m_1(1),m_2(1),m_3(1),m_4(1),0,0]$$

在图6.5.6中的上方以0,1,2,…,7予以标号，0节点表示第0个时刻，而编码器的4个可能状态在图中自上而下以 S_0，S_1，S_2 和 S_3 标出。编码器从 S_0 状态开始行进，在起始的第0个到第2个时刻内，编码器从 S_0 状态向4个可能的状态之一行进，视各时刻输入的信息元而

定。由于本例中假定信息序列长 $L=5$ 个信息组，而最后 m 个信息组全是零，所以在篱状图上的最后两个时刻向 S_0 状态返回。篱状图上各连续分支组成了可能的路径，它们代表了各自可能的码序列，由于可能的输入信息序列有 $2^{k_0 L}=2^5=32$ 个，所以可能的路径也有 32 条。每个分支上的数字表示输出的子码。

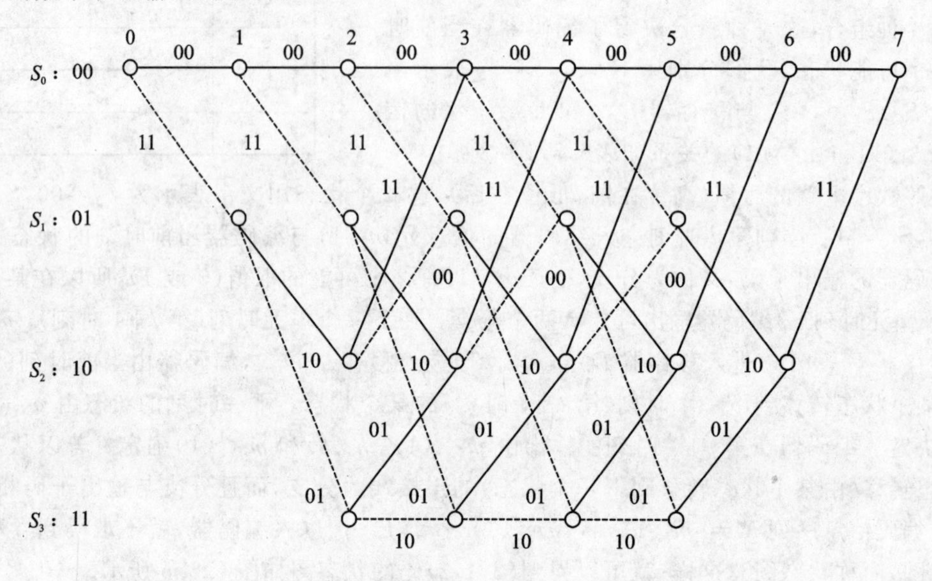

图 6.5.6 (2,1,2)码篱状图

对(n_0,k_0,m)码而言，编码器的可能状态数目为 2^{mk_0} 个，进入每个状态的分支数为 2^{k_0} 个，从每个状态输出的分支数也是 2^{k_0} 个。若输入信息序列长为 $k_0(L+m)$，则篱状图上共有 $2^{k_0 L}$ 条不同的路径，它们对应了不同的输出码序列。

6.5.2 维特比译码原理

1967 年，维特比提出了一种概率译码的方法，它是一种最大似然译码。由第 1 章可知，在 BSC 信道情况下，最大似然译码就是最小距离译码。

首先定义几个度量。设待编码的信息序列为 M，即

$$M=[M_0, M_1, \cdots M_{L-1}] \tag{6.5.1}$$

在进入编码器时，在信息序列 M 的后面附加了 $k_0 m$ 个全零段。所以，编码器输入序列的总长度是 $k_0(L+m-1)$。这样做的目的是为了使编码器最后返回到初始的全零状态。编码器输出的码序列 C 为

$$C=[C_0 C_1 \cdots C_{L+m-1}] \tag{6.5.2}$$

其中每个子码 C_i 含有 n_0 个码元，若用码元的顺序表示，则 C 为

$$C=[C_0 C_1 \cdots C_{n-1}]$$

经 DMC 信道传输后，译码器接收到的序列为

$$R = [R_0 R_1 \cdots R_{L+m-1}] = [r_0 r_1 \cdots r_{n-1}] \tag{6.5.3}$$

对 DMC 信道而言，输入为码序列 C，输出为 R 的概率为

$$P(R/C) = \prod_{i=0}^{L+m-1} P(R_i/C_i) = \prod_{i=0}^{n-1} P(r_i/c_i) \tag{6.5.4}$$

下面定义：

$\log P(R/C)$为码序列 C 的度量或路径度量，用符号 $M(R/C)$表示；

$\log P(R_i/C_i)$为子码或分支度量，用符号 $M(R_i/C_i)$表示；

$\log P(r_i/c_i)$为码元度量，用符号 $M(r_i/c_i)$表示。因此，由式(6.5.4)可得

$$M(R/C) = \prod_{i=0}^{L+m-1} M(R_i/C_i) = \prod_{i=0}^{n-1} M(r_i/c_i) \tag{6.5.5}$$

在 BSC 信道下，最大似然译码就是最小距离译码，因此可以用最小距离代替似然函数，即

$$d(R,C) = \prod_{i=0}^{L+m-1} d(R_i/C_i) = \prod_{i=0}^{n-1} d(r_i/c_i) \tag{6.5.6}$$

其中，$d(R_i/C_i)$为分支度量，$d(r/c_i)$为码元度量。

下面介绍维特比译码原理。译码器接收到 R 序列后，按最大似然法则力图寻找编码器在篱状图上原来走过的路经，也就是寻找具有最大度量的路径。为此，译码器必须计算

$$\max[M(R,C_j)], \qquad j = 1,2,\cdots,2^{k_0 L}$$

对 BSC 信道，就是寻找与 R 有最小汉明距离的路径，即计算和寻找 $\min[d(R,C_j)]$。

最大似然译码方法只是提供了一个译码准则，实现起来尚有一定困难，因为它只考虑了长度为$(L+m)n_0$ 的接收序列来译码，这样的序列可能有 $2^{k_0 L}$条。若在实际接收序列中，$L=50$，$k_0=2$，则可能的路径有 2^{100} 条。显然，译码器每接收一个序列 R，就要计算约 10^{30} 个似然函数才能做出译码判决；若 $k_0 L$ 再大一些，译码器按最大似然译码准则译码将是困难的。维特比针对这一实际应用的困难，提出了另一种算法，后被称为维特比算法。按照这个算法，译码器不是在篱状图上一次就计算和比较 $2^{k_0 L}$条路径，而是接收一段，就计算、比较一段，从而在每个状态时，选择进入该状态的最可能的分支。也就是说，维特比算法的基本思想是将接收序列 R 与篱状图上的路径逐一分支地进行比较，比较的长度一般取$(5\sim6)mn_0$，然后留下与 R 距离最小的路径，称为幸存路径；而去掉其余可能的路径，并且将这些幸存路径逐一分支地延长并存储起来，幸存路径的数目等于状态数，所以幸存路径的数目为 2^{mk_0}。

现仍以(2,1,2)非系统码为例说明维特比译码的基本思想。设发送序列为全零序列，而接收序列为 $R=[01,00,00,10,00,00,\cdots,]$，假设译码器的初始状态全为零，在第 0 个时刻时，接收序列的第 0 个分支 $R_0=01$ 进入译码器，由图 6.5.6 的篱状图可见，S_0 状态有两个分支，分别是 00 和 11，R_0 与这两个分支比较，比较的结果和到达的状态如表 6.5.2 所列。

表 6.5.2 R_0 与 00,01 两分支的比较

幸存路径	第 0 分支的距离	到达状态
00	1	S_0
11	1	S_1

每个状态或节点都有两个存储器:一个存储该状态的部分路径,称为路径存储器;另一个用来存储到达该状态的部分路径值,称为路径值存储器。S_0 状态和 S_1 状态的两个存储器分别存储从第 0 时刻到达这一个时刻的两个分支的距离和分支。根据篱状图,在第一个时刻进入译码器的接收码组 $R_1=00$ 将和此时刻出发的 4 条分支比较,比较结果和到达的状态如表 6.5.3 所列。

表 6.5.3 $R_1=00$ 及其 4 条分支比较

上次路径值	幸存路径	延长分支	本分支距离	累加距离	到达状态
1	00	00	0	1	S_0
		11	2	3	S_1
1	11	10	1	2	S_2
		01	1	2	S_3

从第一个时刻到第二个时刻共有 4 条路径,到达状态 S_0,S_1,S_2 和 S_3。在第二个时刻以前译码器不做任何选择和判决,路经存储器存储此时刻的幸存路径:0000,0011,1110,1101,而每个状态的路径值存储器存储了此时刻到达该状态的幸存路径累加值。

从第二个时刻起,第二个接收码组 $R_2=00$ 进入译码器,从篱状图上可见,从第二个时刻到第三个时刻,进入每个状态的分支有两个,或者说在第三个时刻,进入每个状态的路径有两条,译码器将接收码组 R_2 与进入每个状态的两个分支进行比较和判决,选择一个累加距离(部分路径值)最小的路径作为进入该状态的幸存路径,这样的幸存路径共 4 条,比较和判决的过程如和 6.5.4 所列。

表 6.5.4 4 条路径的比较和判决

上次路径值	幸存路径	延长分支	分支距离	累加距离	到达状态
1	0000	00	0	1	S_0
		11	2	3	S_1
3	0011	10	1	4	S_2
		01	1	4	S_3
2	1110	11	2	4	S_0

续表 6.5.4

上次路径值	幸存路径	延长分支	分支距离	累加距离	到达状态
2	1101	00	0	2	S_1
		01	1	3	S_2
		10	1	3	S_3

经过比较后，译码器选择部分路径 000000 为到达 S_0 状态的幸存路径，选择 111000 为到达状态 S_1 的幸存路径，而部分路径 110101 为进入 S_2 状态的幸存路径，到达状态 S_3 的幸存路径被选择为 110110。

按照上述方法，接收序列的各个码组依次进入译码器，每个时刻进入一个码组，沿着篱状图对每个状态按部分路径值(累加距离)的大小，选择一条幸存路径。在每个状态上进行判决时，可能出现进入这一状态的两条路径的距离值相同，这时可以任选其一，因为对以后的接收判决而言，无论选择哪一条路径，累加距离是相同的。

对本例的接收序列而言，按上述算法进行到第 9 个分支后，4 条路径的前面分支都合并在一起，如图 6.5.7 所示。所以，只要译码深度足够，就可达到较低的错误概率，一般约为$(5\sim6)mn_0$，所以，维特比译码的延时可达$(5\sim6)mn_0$。也就是说，从第 0 个时刻算起，经过$(5\sim6)m$ 个单元时刻(每个单位时刻为 n_0 个码元长度)就可以对第 0 个接收码组的信息元进行判决，若用 τ 表示这个延时，则在第$(\tau+1)$个时刻后，就可以对第一个接收码组的信息元进行判决。依次类推，对接收序列中的各码组进行译码。

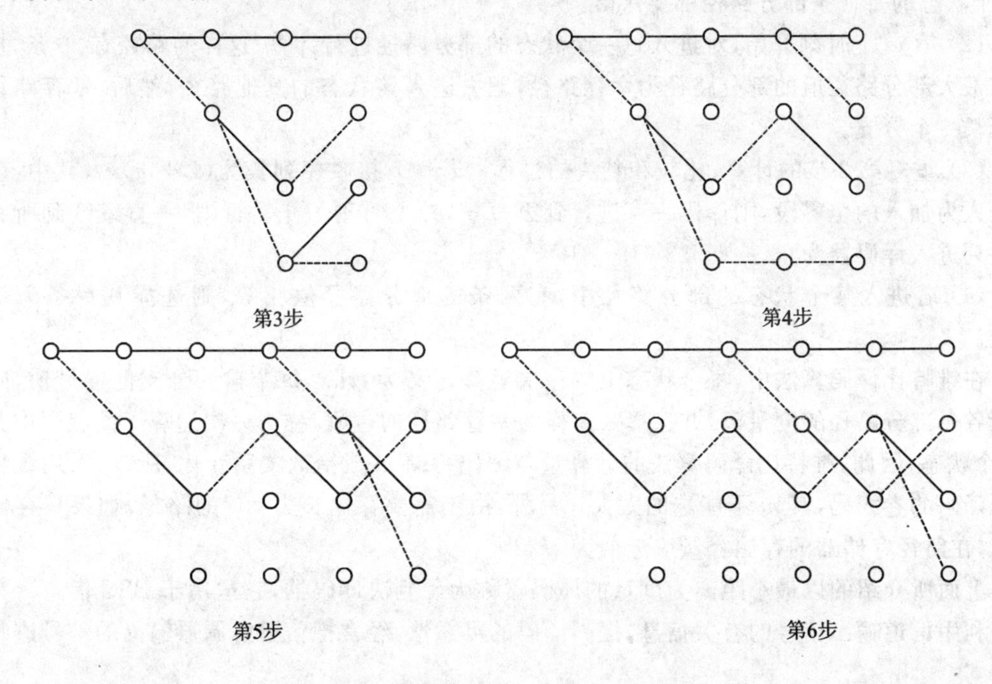

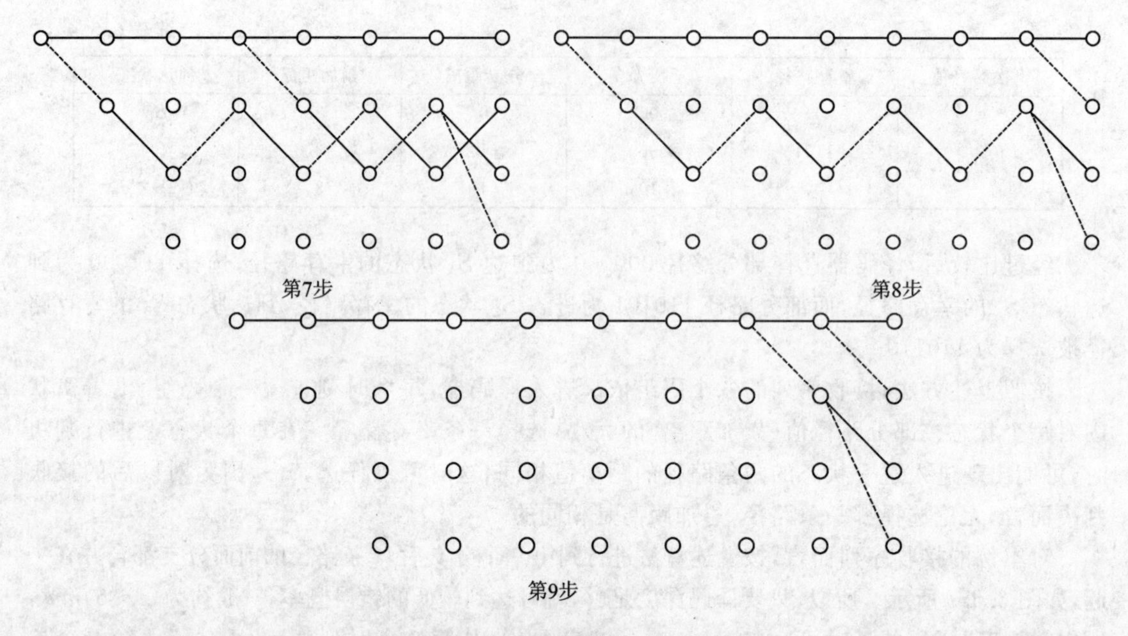

图 6.5.7 (2,1,2)码维特比译码过程

由上所述,可以把维特比译码算法的步骤归纳如下:

(1) 在第 $j(j=m)$ 个时刻以前,译码器计算所有的长为 m 个分支的部分路径值,对进入 2^{mk_0} 个状态的每一条部分路径都要保留。

(2) 第 m 个时刻开始,对进入每一个状态的部分路径进行计算,这样的路径有 2^{k_0} 条,挑选具有最大部分路径值的部分路径为幸存路径,删去进入该状态的其他路径,然后,幸存路径向前延长一个分支。

(3) 重复第 2 步的计算、比较和判决的过程。若输入接收序列长为$(L+m)k_0$,其中,后 m 段是人为加入的全零段,则译码一直进行到第$(L+m)$个时刻为止。否则,一直继续到所有接收序列进入译码器为止。

(4) 若进入某个状态的部分路径中,有两条的部分路径值相等,则选择其一条为幸存路径。

在维特比译码算法中,每个状态上的一次运算定义为:计算每个输入分支的度量值,同时比较各条部分路径的度量值,并选择一条作为幸存路径的过程,称为一次运算。篱状图中共有 2^{k_0m} 个状态,因此,维特比译码算法的计算量与编码存储 m 成指数关系变化,所以,采用维特比算法译码的卷积码,其 m 不能选的太大。另外,由于需要存储长为 τn_0 的路径,如果只存储信息元,在路径存储器的存储容量应近似为 $\tau k_0 2^{k_0m}$。

上面所介绍的以最小距离为度量的译码器称为硬判决译码器,它适用于 BSC 信道。为了充分利用信道输出信号的有关信息,提高译码的可靠性,经常把信道解调器输出的信号进行 Q

电平量化，其中 $Q>2$，然后再输入到维特比译码器进行译码。这种译码器称为软判决译码器，软判决译码适用于 DMC 信道。

DMC 信道的最大似然译码，就是根据已知的接收序列，在篱状图上寻找具有最大似然函数值或度量值的路径，以它作为译码器的估值。由式(6.5.5)可知，软判决的译码过程就是求

$$\max[M(R/C)]=\max\left[\sum_{i=0}^{L+m-1}M(R_i/C_i)\right]=\max\left[\sum_{i=0}^{n-1}M(r_i/c_i)\right]$$

的过程。为了使用方便，可以把上式中的比特度量，用整数来表示，即

$$M(r_i/c_i)=\alpha[\log p(r_i/c_i)+\beta] \tag{6.5.7}$$

式(6.5.7)中，α 是任意正实数，β 为任意实数。β 的选择使最小的度量为零，而 α 的选择是能近似地用整数表示比特度量，这种对比特度量的整数化，对维特比译码的性能影响很小，根据不同的 α 和 β，可以得到不同的整数化的比特度量集。下面以例说明软判决的维特比译码过程。

设一个二进制输入，$Q=4$ 进制输出的 DMC 信道如图 6.5.8 所示。该信道的比特度量和整数化后的比特度量列于表 6.5.5 中，整数化时 $\beta=1$，$\alpha=17.3$。

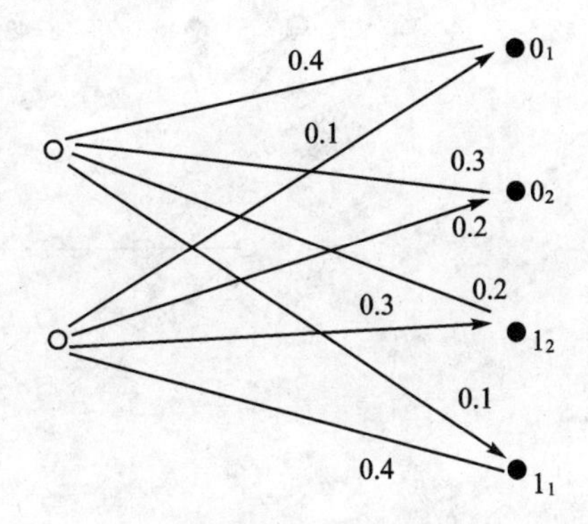

图 6.5.8　二进制输入、四进制输出信道模型

表 6.5.5　比特度量值

c_i	r_i			
	0_1	0_2	1_2	1_1
0	−0.4	−0.52	−0.7	−1
1	−1	−0.7	−0.52	−0.4
0	10	8	5	0
1	0	5	8	10

以图 6.5.1 的(2,1,2)码为例，设编码器输出的码序列为 $C=[11\ 10\ 00\ 01\ 10\ 01\ 11]$，经 DMC 信道后，译码器输入端的接收序列为 $R=[1_2\ 0_1\ 1_1\ 0_1\ 0_1\ 0_2\ 0_1\ 1_1\ 1_1\ 1_2\ 0_2\ 1_1\ 1_2\ 1_2]$。

在篱状图上用维特比译码算法，逐分支译码判决的过程如图 6.5.9 所示。

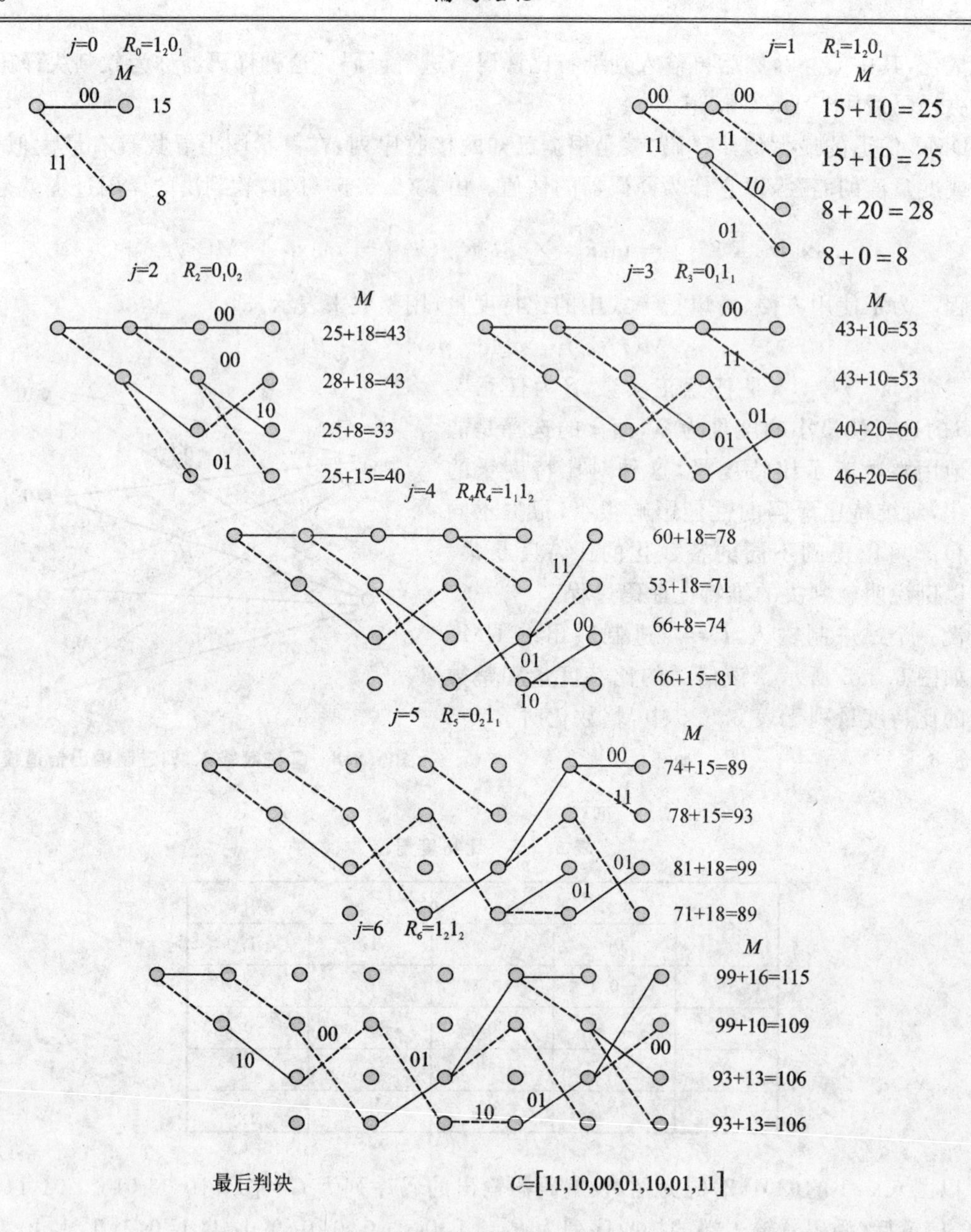

图 6.5.9 软判决译码过程

在第 $j=7$ 个时刻后，译码器对 4 条幸存路径进行判决，按最大度量值所选取的译码估计值为 $\hat{C}=[11,10,00,01,10,01,11]$相应的信息序列估值为 $\hat{M}=[1011100]$，这条路径度量值为 115。

软判决译码比硬判决译码可以改进码的性能。后叙将证明，在一定信道条件下，用软判决可以获得更小的误比特率(误码率)，或者在同等误比特率条件下，获得较高的编码增益(即相同信道条件下，对给定的误码率，有编码的信噪比 E_b/N_0 较未编码时减小的数值）。

6.5.3　维特比译码的性能

为了能定量地估计卷积码的性能，需要计算卷积码的错误概率，这个计算要比线性分组码困难，一般只能给出译码错误概率的上限。本节中首先计算首次错误概率，然后给出误比特率的估值。

1. 首次错误事件概率

设译码的正确路径为全零路径，维特比译码器在任意时刻单元 j 以前，都走在篱状图的全零路径上，而在第 j 个时刻上，全零路径第一次被译码器抛弃，选择了一条错误路径（非零路径），这一事件称为首次错误事件。这个事件发生的概率就称为首次错误事件概率。

若信道为 BSC 信道，其转移概率为 p。由全零序列错成某个重量为 k 的序列这一事件的概率 P_k 为

$$P_k = \begin{cases} \sum\limits_{e=(k+1)/2}^{k} \binom{k}{e} p^e (1-p)^{k-e} & k\text{ 为奇数} \\ \frac{1}{2}\binom{k}{k/2} p^{k/2}(1-p)^{k/2} + \sum\limits_{e=(k+1)/2}^{k} \binom{k}{e} p^e (1-p)^{k-e} & k\text{ 为偶数} \end{cases} \tag{6.5.8}$$

由于重量为 k 的路径不止一条，由篱状图可见，自 S_0 状态出发，在某个时刻 j，又进入 S_0 状态的路径有许多条。其中，$k=d_f=5$ 的有一条，$k=6$ 的有两条…（见篱状图 6.5.6）。所以，首次错误概率 P_{fe} 不能用简单的方法给出，由于各条错误路径出现的概率彼此无关，所以，对(2,1,2)卷积码而言，首次错误事件的概率一定以各个错误路径出现的概率之和为上限，即

$$P_{fe} < P_5 + 2P_6 + 4P_7 + \cdots \tag{6.5.9}$$

下面引入一个概率 $T(D)$，称它为卷积码的距离生成函数。$T(D)$ 可定义为

$$T(D) = \sum_{k=d_f}^{\infty} A_k D^k \tag{6.5.10}$$

式(6.5.10)中，D 的幂次 k 表示重量为 k 的路径，而系数 A_k 表示重量为 k 的路径数目。则首次错误事件概率 P_{fe} 可以表示为

$$P_{fe} < \sum_{k=d_f}^{\infty} A_k D^k = T(D)\mid_{D^k=P_k} \tag{6.5.11}$$

由于各错误路径出现的概率之和与时间无关，所以，任一时刻的首次错误事件都以式(6.5.11)为上限。或者说，任一时刻错误事件出现的概率 P_E 也可以(6.5.11)式为上限，即

$$P_E < \sum_{k=d_f}^{\infty} A_k D^k = T(D)\mid_{D^k=P_k} \tag{6.5.12}$$

当计算码的距离生成函数 $T(D)$ 并不太困难时，可以借助 $T(D)$ 估算码的首次错误事件概率。

2. BSC 信道下误比特率的估计

误比特率指的是发生错误的平均比特数，即每个信息元译码错误的数学期望值。若假定发送的是全零路径，那么误比特数等于全零路径错成任一非零路径中信息符号不为零的数目。若重量为 k 的非零路径数为 A_k，每一重量为 k 的非零路径重有 B_k 个非零信息元，则平均比特错误概率 P_b 的上限为

$$P_b < \frac{1}{k_0}\sum_{k=d_f}^{\infty} B_k A_k P_k \tag{6.5.13}$$

对于 BSC 信道，P_k 可以简化为

$$P_k < 2^k(\sqrt{p(1-p)})^k \tag{6.5.14}$$

式(6.5.14)中，p 为信道的转移概率。这时，P_b 为

$$P_b < \frac{1}{k_0}\sum_{k=d_f}^{\infty} C_k 2^k(\sqrt{p(1-p)})^k \tag{6.5.15}$$

C_k 表示所有重量为 k 的路径上非零信息元的数目。当信道转移概率 p 较小时，则式(6.5.15)主要由和式的第一项所限定，所以

$$P_b \approx \frac{1}{k_0} C_{d_f} 2^{d_f} p^{d_f/2} \tag{6.5.16}$$

例如，对(2,1,2)码而言，$d_f=5, A_5=1, B_5=1$，若设 $p=10^{-12}$，则误比特率近似为

$$P_b \approx 3.2\times 10^{-4}$$

而首次错误事件的概率 P_{fe} 或任意时刻错误事件的 P_E 为

$$P_{fe} < 2^5 \cdot p^{5/2} \approx 3.2\times 10^{-4}, P_E < 3.2\times 10^{-4}$$

可见，当 p 很小时，最可能的错误事件是重量为 5 的路径被错误译码，这引起一个信息元的错误。

3. 白色高斯噪声信道中维特比译码的误码率

假设信道采用二元移相键控调制，信道解调采用最佳相干解调。这里分别讨论信道解调其输出量化成二进制($Q=2$)，多进制($Q>2$)和无限电平量化($Q\to\infty$)或输出近似为模拟信号这三种情况下的误比特率。

(1) $Q=2$ 情况下的误比特率

由数字通信理论可知，BPSK 下的最佳误码率 p 为

$$p \approx \frac{1}{2} e^{-E/N_0}$$

式中，E 是每个信道符号的平均能量，N_0 为单边带噪声功率谱密度。由式(6.5.16)可知，这时维特比译码器输出的误比特率为

$$P_b = \frac{1}{k_0} C_{d_f} 2^{d_f} p^{d_f/2} = \frac{1}{k_0} C_{d_f} 2^{d_f} e^{-(d_f/2)(E/N_0)} \tag{6.5.17}$$

采用信道编码后，每个信道符号的平均能量与每个信息比特的能量 E_b 的关系为

$$E_b = E/R$$

其中，R 为信息传输速率，这时，误比特率可以表示为

$$P_b \approx \frac{1}{k_0} C_{c_f} 2^{d_f} \mathrm{e}^{(-Rd_f/2)(E_b/N_0)} \tag{6.5.18}$$

(2) 二进制输入，Q 电平输出信道下的误比特率，$Q>2$。

维特比曾推导出，在 DMC 信道下，P_k 有如下形式

$$P_k < \left[\sum_{y_r} p(y_r/x_r)^{1/2} p(y_r/x'_r)^{1/2} \right]^k \overset{\mathrm{def}}{=\!=} D_0^k \tag{6.5.19}$$

式中，y_r 为接收符号，x_r 为正确路径上的符号，x'_r 为错误路径上的符号。当 $Q=2$ 时，式(6.5.19)变为式(6.5.14)的关系式。当 $Q>2$ 时，(6.5.19)式有如下的形式

$$P_k < \left[\sum_j \sqrt{p(j/1)p(j/0)} \right]^k$$

而误比特率 P_b 为

$$P_b \approx \frac{1}{k_0} C_{d_f} \left[\sum_j \sqrt{p(j/1)p(j/0)} \right]^k \tag{6.5.20}$$

(3) 无限电平量化($Q\to\infty$)时的误比特率。

由于解调器输出的是连续信号，在式(6.5.19)中，对 y_r 的求和用积分代替，而条件概率也应改用概率密度，所以

$$D_0 = \int_{-\infty}^{+\infty} p(y_r/x_r)^{1/2} p(y_r/x'_r)^{1/2} \mathrm{d}y_r$$

因为 y_r 是均值为$\sqrt{E}x_r$、方差为 $N_0/2$ 的高斯随机变量，考虑到双极性调制信号 $x_r=1$，$x_r=-1$，$x_r^2=1$ 和$(x'_r)^2=1$，则上式积分结果为

$$D_0 = \mathrm{e}^{-E/N_0}$$

所以，P_k 为

$$P_k < D_0^k = \mathrm{e}^{-kE/N_0} \tag{6.5.21}$$

在 $Q\to\infty$时，维特比译码的误比特率 P_b 为

$$P_b \approx \frac{1}{k_0} C_{d_f} \mathrm{e}^{(-d_f R)(E_b/N_0)} \tag{6.5.22}$$

综上所述，无论是在硬判决($Q=2$)还是软判决($Q>2$)的情况下，在大信噪比的条件下，维特比译码的误码率主要由自由距离 d_f 来决定。当 d_f 较大时，可以获得较低的误比特率，但这要求采用编码存储 m 较大的码。由前所述，随着 m 的增大，译码计算量要增加，所以，维特比译码一般应用在对误比特率要求不太苛刻的条件下，大约在 10^{-5} 左右。

下面讨论编码增益的问题。

当未采用编码时，$R=1$，信道的转移概率 p 就是信道输出的误码率，因此

$$P_b = p \approx \frac{1}{2} \mathrm{e}^{-E/N_0} \tag{6.5.23}$$

比较式(6.5.23)和式(6.5.18)可以看到,对固定的 E_b/N_0,有编码的 P_b 表达式中 e 指数项比无编码时的 e 指数项要大 $Rd_f/2$ 因子,当 E_b/N_0 较大时,P_b 主要由 e 指数项决定,定义两指数之比(用 dB 表示)为渐近编码增益 γ,即

$$\gamma = 10\log\left(\frac{Rd_f}{2}\right)(\text{dB})$$

它的物理含义是:在大信噪比 E_b/N_0 下,采用硬判决的维特比译码与不编码相比,在同样的传输速率和误比特率条件下,所需信噪比 E_b/N_0 可以降低 γ(dB)。实际的编码增益总是小于 γ,但当 E_b/E_0 越增大,信道容量越大,实际编码增益越接近 γ 值。

同样,若比较式(6.5.18)和式(6.5.22),可以看到,在无限量化($Q\to\infty$)软判决译码时,式(6.5.22)的指数项比式(6.5.18)硬判决译码时的指数多了一个因子 2,所以,软判决较硬判决可以获得 3 dB 的量化增益,即

$$\gamma = 10\log_{10}2 = 3 \text{ dB}$$

一般,采用 $Q=8$ 或 $Q=16$ 电平量化就可以比硬判决获得 2～3 dB 的量化增益,译码器也不十分复杂。所以,正由于软判决的优点,软判决的维特比译码技术几乎已成为标准技术,广泛应用于卫星通信中。一般而言,维特比译码适用于误码率要求不高及功率受限的信道。

软硬判决时的性能比较如表 6.5.6 所列。

表 6.5.6 软硬判决时的性能比较表

	硬判决	软判决
BSC 信道误比特率 P_b	$\frac{1}{k_0}C_{d_f}2^{d_f}p^{d_f/2}$	$\frac{1}{k_0}C_{d_f}\left[\sum_{j=1}^{Q}\sqrt{p(j/1)p(j/0)}\right]^{d_f}$
AWGN 信道误比特率 P_b	$\frac{1}{k_0}C_{d_f}2^{d_f/2}\exp\left(-\frac{Rd_f}{2}\frac{E_b}{N_0}\right)$	$\frac{1}{k_0}C_{d_f}\exp\left[-Rd_f\frac{E_b}{N_0}\right],Q\to\infty$
纯编码增益 γ	$10\lg\left(\frac{Rd_f}{2}\right)$	$10\lg(Rd_f)$

综上所述,维特比译码的性能有如下特点:

(1) 在 R 和 E/N_0 一定的条件下,误比特率 P_b 随着 d_f(或 m)的增加而指数下降。

(2) 在 R 和 E/N_0 一定的条件下,误比特率 P_b 随着量化电平 Q 值的增加而下降。

(3) 在一定的误比特率下,对某一个码而言,软判决较硬判决可以获得 2～3 dB 的量化增益。一般而言,取 Q 为 8 电平或 16 电平。但 Q 再增加时,量化增益改善并不大。

赫勒和雅可比斯对维特比译码算法进行了广泛的计算机模拟研究,在模拟中均假定信道为高斯信道,因为这较符合实际信道,如卫星信道的情况,模拟的码是(2,1,m)码,模拟结果示于图 6.5.10(a)、6.5.10(b)、6.5.10(c)之中。

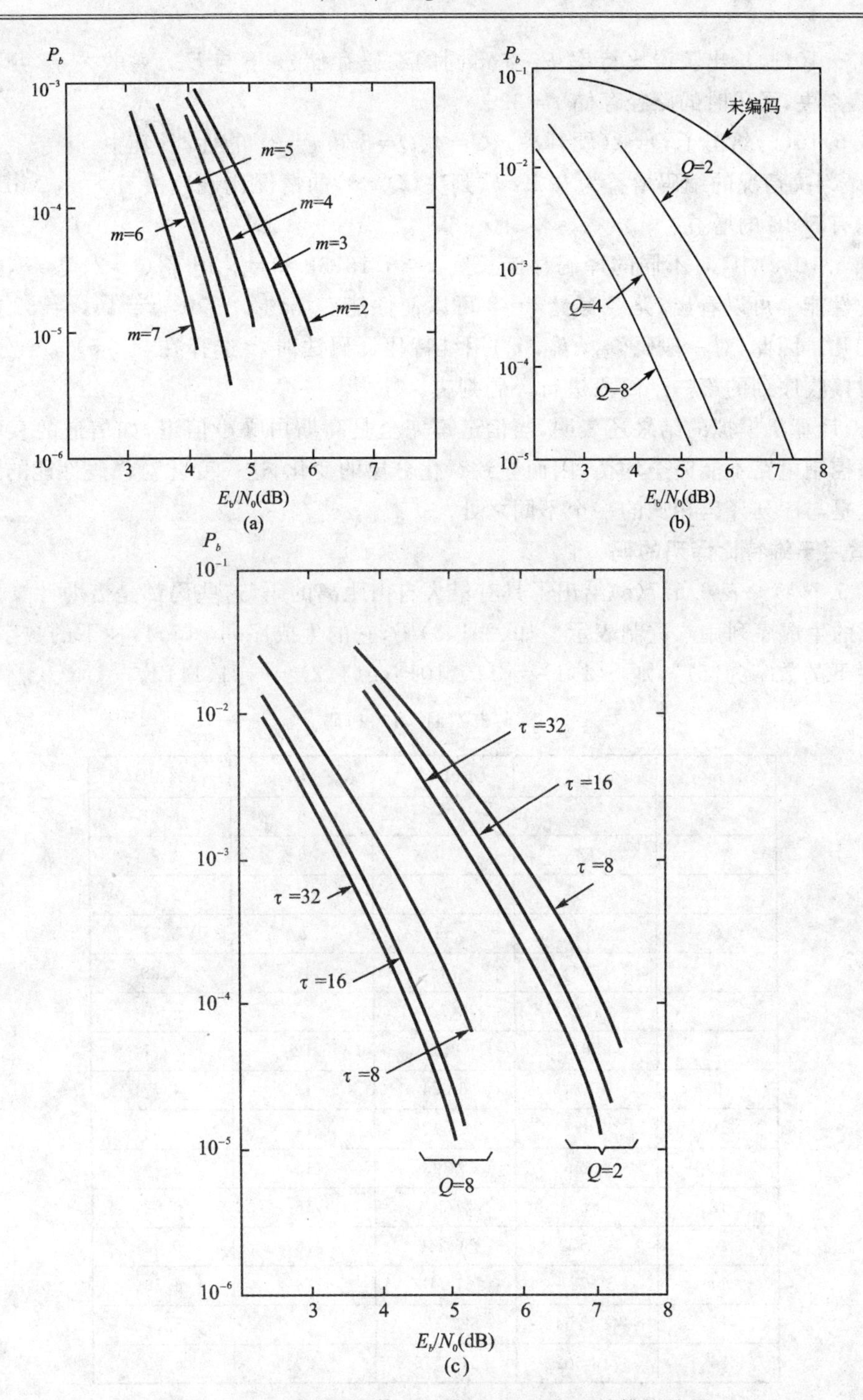

图 6.5.10　用维特比算法对模拟码(2,1,m)的模拟结果

图 6.5.10(a)给出了误比特率 P_b 在不同的编码存储 m 下与 E_b/N_0的关系，判决方程为 $Q=8$的软判决，译码时的路径存储 $\tau=32$。

图 6.5.10(b)给出了 $Q=2$(硬判决)、$Q=4$、$Q=8$ 和 $\tau=32$ 的性能，其中，$m=3$。这组结果表明，在硬判决情况的编码增益为 3 dB，软判决($Q=8$)的情况比硬判决有大约 2 dB 的改进，比未编码有 5 dB 的增益。

图 6.5.10(c)中，对不同的译码存储长度 $\tau=8$、16、32 和量化电平 $Q=2$、$Q=8$，给出了同一个码的性能。可以看出，路径存储 $\tau=8$ 可以使性能变坏约 0.7 dB；$\tau=16$，$\tau=32$ 的性能几乎相差无几。因此，对一般码(n_0, k_0, m)用维特比译码法时，τ 选择在(4～5)m 个分支左右，就可以对接收序列的第一个码段进行译码判决。

此外，计算机模拟的结果还表明，当信道不完全是高斯白噪声信道，如信道的衰落可能使自动增益控制电路不能完全均衡，因而导致量化分层的变化，这一变化对译码性能的影响并不显著。这是与序列译码相比的一个不同之处。

4. 适用于维特比译码的码

表 6.5.7(a)～表 6.5.7(e)给出了具有最大自由距离的码，这些码都是借助计算机搜索得到的。码的生成序列用八进制表示。如(2,1,5)码，它的生成序列 $g(1,1)$栏下的数字为“65”，$g(1,2)$栏下的数字为“57”，则 $g(1,1)=[110,101]$，$g(1,2)=[101,111]$。

表 6.5.7(a) (2,1)码

m	$g(1,1)$	$g(1,2)$	d_f	γ(dB)
2	5	7	5	0.97
3	64	74	6	1.76
4	46	72	7	2.43
5	65	57	8	3.01
6	554	744	10	3.98
7	712	476	10	
8	561	753	12	4.77
9	4 734	6 624	12	4.77
10	4 672	7 542	14	5.44
11	4 355	5 723	15	5.74
12	42 554	77 304	16	6.02
13	43 572	56 246	16	6.02
14	56 721	61 713	18	6.53
15	447 254	627 324	19	6.77
16	716 502	514 576	20	6.99

表 6.5.7(b)　(3,1)码

m	$g(1,1)$	$g(1,2)$	$g(1,3)$	d_f	γ(dB)
2	5	7	7	8	1.25
3	54	64	74	10	2.21
4	52	66	76	12	3.01
5	47	53	75	13	3.35
6	554	624	764	15	3.98
7	452	662	750	16	4.26
8	557	663	711	18	4.77
9	4 474	5 724	7 154	20	5.22
10	4 725	5 562	6 372	22	5.64
11	4 767	5 723	6 265	24	6.02
12	42 554	43 364	77 304	24	6.02
13	43 512	73 542	76 266	26	6.36

表 6.5.7(c)　(4,1)码

m	$g(1,1)$	$g(1,2)$	$g(1,3)$	$g(1,4)$	d_f	γ(dB)
2	5	7	7	7	10	0.97
3	54	64	64	74	13	2.11
4	52	56	66	76	16	3.01
5	53	67	71	75	18	3.52
6	564	654	634	714	20	3.98
7	472	572	626	736	22	4.39
8	463	535	733	745	24	4.77
9	4 474	5 724	7 154	7 254	27	5.28
10	4 656	4 726	5 562	6 372	29	5.59
11	4 767	5 723	6 265	7 455	32	6.02
12	44 624	52 374	66 754	73 534	33	6.15
13	42 226	46 372	73 256	73 276	36	6.53

表 6.5.7(d) (3,2)码

m	$g(1,1)$ $g(2,1)$	$g(1,2)$ $g(2,2)$	$g(1,2)$ $g(2,2)$	d_f	γ(dB)
2	4	2	6	4	1.25
	1	4	7		
2	7	1	4	5	2.21
	2	5	7		
3	60	30	70	6	3.01
	14	40	74		
3	64	30	64	7	3.68
	30	64	74		
4	60	34	54	8	4.26
	16	46	74		
4	64	12	52	8	4.26
	26	66	44		
5	52	06	74	9	4.77
	05	70	53		
5	63	15	46	10	5.22
	32	65	61		

表 6.5.7(e) (4,3)码

m	$g(1,1)$ $g(2,1)$ $g(3,1)$	$g(1,2)$ $g(2,2)$ $g(3,2)$	$g(1,3)$ $g(2,3)$ $g(3,3)$	$g(1,4)$ $g(2,4)$ $g(3,4)$	d_f	γ(dB)
2	6 1 0	2 6 2	2 0 5	6 7 5	5	2.73
2	6 3 2	1 4 3	0 1 7	7 6 4	6	3.52
3	70 14 04	30 50 10	20 00 74	40 54 40	7	4.19
3	40 04 34	14 64 00	34 20 60	60 70 64	8	4.77

5. 维特比译码算法的应用实例与实现

维特比译码技术目前已作为一个标准技术在宇航和卫星通信系统、GSM 移动通信系统以及陆上数字视频广播(DVB－T)等方面获得了广泛的应用。

一个维特比译码器至少由下列几个基本组合组成：

(1) 分支度量计算组合　它接收来自信道解调器的量化数据，对分支度量进行计算。

(2) 处理器组合　它接收来自分支度量计算组合的输出数据。根据该码的篱状图，完成部分路径值的求和、比较并选择幸存路径和幸存路径值。

(3) 输出存储器组合　它存储来自处理器组合的幸存路径，并根据进入本状态的分支，转换为相应的信息元，并补充在原幸存的路径上。

(4) 判决组合　它按路径的大小做出判决，判决时刻(判决的译码深度)约为(4～5)N。

(5) 译码可信度指示与同步组合　它根据存储组合所存储的幸存路径值对译码器的同步状态进行监测，一旦发现失步，就发出一个失步信号对分支度量计算组合进行同步修正。若译码器的初始状态是全零状态，译码器的失步主要是位同步不同步，失步的标志是存储器在一定译码深度后，各条路径的起始段不能重合。根据这一标志，本组合产生一个失步信号去调整分支度量计算组合进行计算的分支起点，重新开始对分支度量进行计算，直到同步为止。

维特比译码器的框图如图 6.5.11 所示。

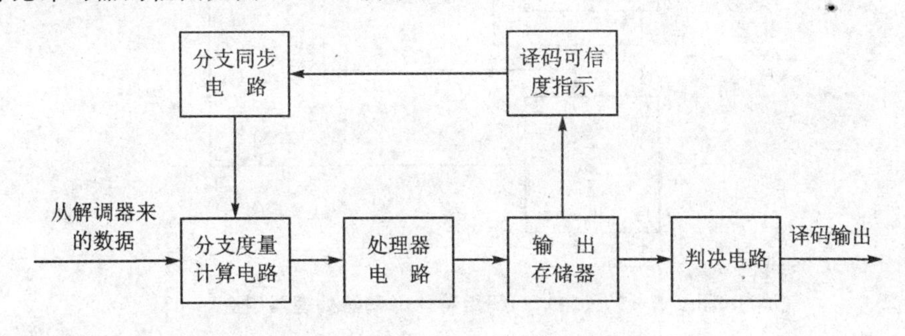

图 6.5.11　维特比译码器框图

图 6.5.11 中的分支度量计算组合的构成要看所选择的译码方式是硬判决还是软判决来设计。在硬判决方式中，度量值是最小距离，分支度量组合可由模 2 加法器组成。对译码的每一时刻接收分支(码组)与进入该状态的 2^{k_0} 个分支，逐位进行模 2 加法运算。若判决方式为软判决，则度量值是最大似然函数。模 2 加法器改为度量值计算器。

图 6.5.12 表示的是(2,1,2)码的处理器组合，设该码的生成序列 $g(1,2)=[101]$，$g(1,1)=[111]$。根据生成序列不难绘出该码的篱状图。根据所要求的译码速率，维特比译码器可分为并行译码器和串行译码器。图 6.5.12 所示的是并行译码器中的处理器组合结构图。

求和、比较和选择是处理器完成的基本运算。在图 6.5.12 中，C_1 和 C_2 表示两个累加器，它完成进入本状态分支的度量与本状态部分路径值的求和，然后送入比较器 C_3 中进行比较，

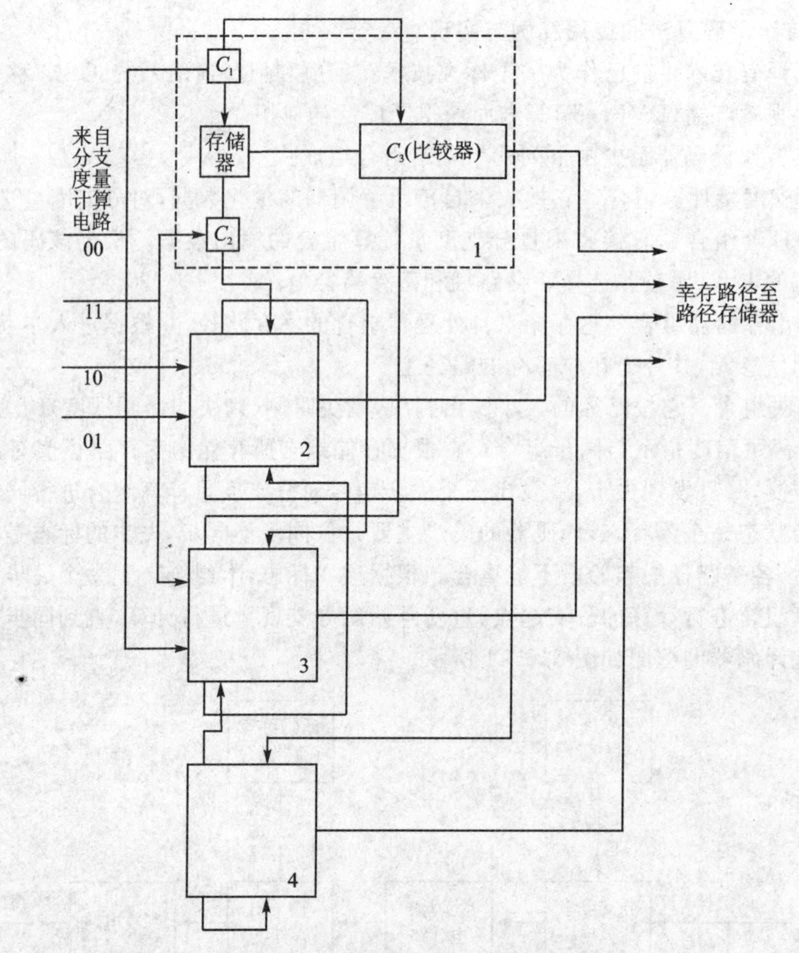

图 6.5.12 (2,1,2)码维特比译码器处理器组合

选择出部分路径值最大的一条作为进入本状态的路径，该比较结果重新存入路径值寄存器，并将所选择的幸存路径输出给路径存储器。

由于输出路径存储器最后给出的是 2^{k_0m} 条幸存路径，如何判决并输出所有路径寄存器中的第一段信息元，这是判决器组合的任务。判决器必须有一个判决准则，一般有以下几种：

(1) 任选一个路径寄存器中的路径，把它的第一段信息元作为译码器的输出。

(2) 把所有 2^{k_0m} 个路径寄存器的第一个信息元取出，按大数准则输出第一段信息元。

(3) 在 2^{k_0m} 个路径寄存器中，挑选具有最大路径度量的路径，以它的第一段信息元作为译码器的输出。

(4) 对路径的度量值设置一个门限，当某一条路径的路径值超过此门限值(若为硬判决译码，则是最小距离小于一定值)，则以它作为最后被选择的路径。

这 4 种准则或方法,可任选一种。当译码器输出第一个信息段以后,译码器就把第$(\tau+1)$段的信息元存入路径寄存器。

在维特比译码器的组成中可信度指示和同步组合保证了译码结果的可信度。我们已知,接收序列 R 是按码组每 n_0 个码元为一个单元进行传送的。如果译码器不能与分支同步,则将产生译码输出的错误。为了保证接收序列中的码组与篱状图的分支同步,路径寄存器的输出还送至可信度指示组合。一个典型的电路结构如图 6.5.13 所示。

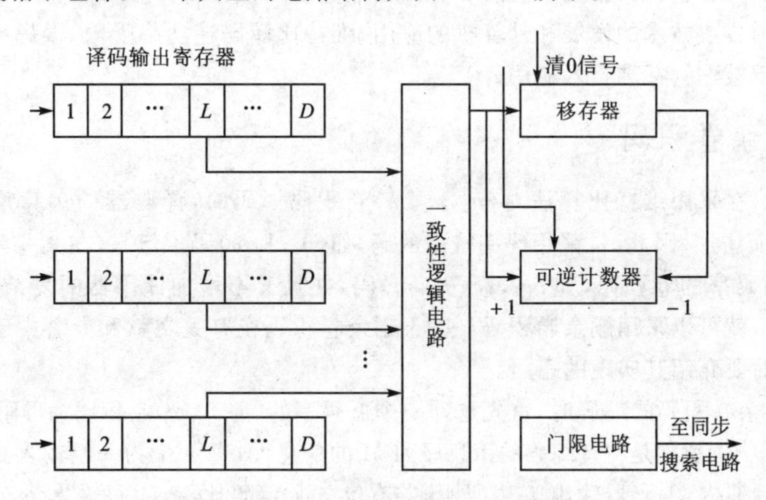

图 6.5.13　维特比译码器同步指示电路

图 6.5.13 的电路由译码"一致性"逻辑电路、移位寄存器、可逆计数器和门限电路组成。其输入端是来自路径寄存器的 $2^{k_0 m}$ 条幸存路径。图中用 $2^{k_0 m}$ 个长为 D 的寄存器组表示,从第 L 级送到"一致性"逻辑电路。移位寄存器和可逆计数器记录和存储"不一致性"脉冲数目。前面已经讨论过,维特比译码器在正常条件下译码时,经过一定的译码延时(深度)后,各幸存路径的前若干部分将合并在一起。这是在分支同步和干扰不太严重的情况下,译码器的译码趋势。也即在分支同步的条件下,经过 L 步译码后,从各路径寄存器可以得到"一致性"的输出。"一致性"逻辑电路输出的脉冲数目表征路径一致性的程度。在分支同步得以保证的情况下,这个数目积累的结果不会大于门限电路的门限电平,门限电路没有输出。当分支不同步时,幸存路径的前若干步不会合并,各条路径的部分路径值大致相近,这种不一致性脉冲经过 B 步$(B\geqslant L)$,在计数器累计的结果超过了门限电平 Δ,则门限电路给出译码不一致性或不可信的指示信号,并送到同步电路,使同步电路重新搜索分支同步,重新对接收序列各码组进行分组。在严重的情况下,要重新计算分支度量并比较、判决约 n_0 次。

在采用相干相位解调时,基准信号相位的抖动与分支不同步对维特比译码器的影响是相同的。因此,用类似的电路也可以消除调相制式下的相位抖动的影响。

关于同步系统的参数 B、L 和 Δ 的选择要根据失步概率和重新同步的概率来设计。

从本节的分析和讨论，可以对维特比译码算法归结如下：维特比译码算法是一种最大似然译码算法，由于译码的计算量与 m 成指数增长，所以适用于维特比算法的码，编码存储 m 都不太大，从而码的自由距离不能太大，维特比译码器的输出误码率不能做的很低，一般达到 $10^{-5}\sim10^{-6}$ 的量级。由于软判决译码器比硬判决在复杂性上差不多，也易于实现，而 $Q=8$ 或 $Q=16$ 电平量化的软判决译码在 $R=1/2$ 时，大约可以得到 5 dB 的纯编码增益，这对于宇航、卫星通信是极有吸引力的指标。当然，所有的性能分析和模拟都是在随机信道下获得的。因此，随着大规模集成技术的发展和计算机的应用，维特比译码在功率受限、误码率要求为中等的情况下，广泛被作为标准技术应用。

6.5.4 删余卷积码

如前所述，在采用维特比算法对 (n_0,k_0,m) 卷积码译码时，译码器的运算量和复杂度随 2^{k_0m} 指数增加而增加，因此，常采用码率较低的码，如 $(n_0,1,m)$ 码。但是，在某些实际应用中又需要使用较高码率的卷积码，如 (n_0,n_0-1,m) 码，并且又不增加译码器的复杂度和运算量。在这种情况下，就可以采用删余卷积码。关于删余卷积码在有关文献和专著中已有较详细的论述，这里只简要介绍其实现的思路。

在实现删余卷积码的编码时，首先选择一个低码率的 $(n_0,1,m)$ 卷积码为母码，并定义一个删除周期 p，其物理意义是将待编码的信息序列 M 的信息元，每 p 个为一组输入到 $(n_0,1,m)$ 编码器，在这个周期内，编码器输出 p 个码组，共有 n_0p 个编码比特，对每输入 p 个信息元编码器输出的 n_0p 个编码比特中，按照一定的规律删除某些码元位置上的编码比特，若删除的比特数为 N，则删除后的码率 R_c 为

$$R_c=\frac{p}{n_0p-N}\tag{6.5.24}$$

其中，N 的取值为 $0\sim(n_0-1)p-1$ 范围内的任意整数，N 的取值不同，码率 R_c 也不同。例如，若母码为 $(2,1,m)$ 码，$n_0=2$，当 p 取值为 2 时，$(2,1,m)$ 码编码器输出 2 个码组共 4 个编码比特。当 N 取值为 $(n_0-1)p-1=1$ 时，删除后的码率 $R_c=2/3$。码率由母码的 1/2 提高到了 2/3，经删除后的删余卷积码再送到信道进行传输。下面讨论删除规律。

如上所述，每输入 p 个信息元，编码器输出 n_0p 个编码比特，在 n_0p 个编码比特中要有规律的在某些码元位置上删除 N 个比特，为此，将编码器输出的 n_0p 个编码比特与一个 $n_0\times p$ 阶删余矩阵 $\boldsymbol{P}$ 相联系，也即按照 $\boldsymbol{P}$ 矩阵对 n_0p 个编码比特进行处理，$\boldsymbol{P}$ 阵的形式为

$$\boldsymbol{P}=\begin{bmatrix}p_{1,1} & p_{1,2} & \cdots & p_{1,p}\\ p_{2,1} & p_{2,2} & \cdots & p_{2,p}\\ \vdots & \vdots & \vdots & \vdots\\ p_{n_0,1} & p_{n_0,2} & \cdots & p_{n_0,p}\end{bmatrix}$$

其中，$\boldsymbol{P}$ 阵的每一列对应的是 1 比特信息元输入到 $(n_0,1,m)$ 码编码器时，编码器输出的

n_0 个比特的码组。$\boldsymbol{P}$ 阵的每个元素取值 p_{ij} 为 0 或 1。当 $p_{ij}=1$ 时，对应位置上的编码比特不删除；当 $p_{ij}=0$ 时，对应位置上的编码比特被删除。例如，以(2,1,2)码为母码，构造一个 2/3 码率的码。由 R_c 的表达式可以看出，满足 $R_c=2/3$ 的 p 和 N 可以有多种选择，取 $p=2$(p 的最小值)，编码器在每输入 2 个信息元后，输出 $n_0p=4$ 个编码比特，在 4 个输出比特中，删除 $N=1$个比特 $N=(n_0-1)p-1=1$，得到码率为 2/3 的删余卷积码。删除矩阵 $\boldsymbol{P}$ 为 2×2 阶阵，即

$$\boldsymbol{P}=\begin{bmatrix}1 & 0\\1 & 1\end{bmatrix}$$

码率为 1/2 的母码(2,1,2)码产生码率为 2/3 的删余卷积码的原理框图如图 6.5.14 所示。

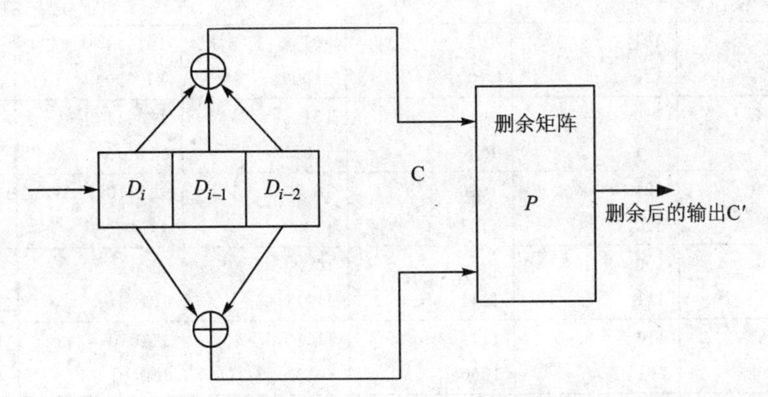

图 6.5.14　码率为 1/2 的母码(2,1,2)码产生码率为 2/3 的删余卷积码的原理框图

设编码器输入的信息序列为 M，即

$$M=[m_0(1)m_1(1)m_2(1)m_3(1)\cdots]$$

(2,1,2)码的编码器输出码序列为 C，即

$$C=[C_0(1)C_0(2)C_1(1)C_1(2)C_2(1)C_2(2)C_3(1)C_3(2)\cdots]$$

每输入 $p=2$ 个信息元如 $m_0(1)m_1(1)$后，编码器输出 $n_0p=4$ 个编码比特 $C_0(1)C_0(2)C_1(1)C_1(2)$，或写作

$$\begin{bmatrix}C_0(1) & C_1(1)\\C_0(2) & C_1(2)\end{bmatrix}$$

依此类推，删除后的输出序列 C' 为

$$C'=[C_0(1)C_0(2)C_1(2)C_2(1)C_2(2)C_3(2)\cdots]$$

得到码率为 2/3 的删余卷积码。如果要构造码率为 3/4 的删余卷积码，则选择删除周期 $p=3$，在每输入 3 个信息元编码器输出的 $n_0p=6$ 个编码比特中删除 $N=(n_0-1)p-1=2$ 个比特，就可以得到码率为 3/4 的删余卷积码。同理，通过定义不同的删除周期 p 和删除数目 N 可以得到不同码率的删余卷积码。但是删余卷积码的自由距离 d_f 要比母码的自由距离小，这是利

用删除方法提高码率付出的代价。例如，母码(2,1,2)码的自由距离 $d_f=5$，而码率为 2/3 的删余卷积码的自由距离 $d_f=3$。

删余卷积码的自由距离 d_f 与删余矩阵 $\boldsymbol{P}$ 有关，也即 $\boldsymbol{P}$ 阵不是唯一的。为了使删余卷积码有最大的自由距离，可以利用计算机搜索的方法找出好的删余矩阵。一般情况下，具有较好距离特性的高码率码是由码率为 1/2 的最大自由距离删余后得到的。表 6.5.8 给出了母码为 $(2,1,m)$，$3\leqslant m+1\leqslant 9$，码率为 $2/3\leqslant R_c\leqslant 7/8$ 的删余卷积码的删余矩阵和自由距离 d_f。

表 6.5.8 从(2,1,m)卷积码得出的用于产生码率 $2/3\leqslant R_c\leqslant 1/8$ 的删余矩阵

m	码率 2/3		码率 3/4		码率 4/5		码率 5/6		码率 6/7		码率 7/8	
	p	d_f	p	d_f	p	d_f	p	d_f	p	d_f	p	d_f
2	10 11	3	101 110	3	1011 1100	2	10111 11000	2	101111 110000	2	1011111 1100000	2
3	11 10	4	110 101	4	1011 1100	3	10110 11011	3	100011 111100	2	1000010 1111101	2
4	11 10	4	101 110	3	1010 1101	3	10111 11000	3	101010 110101	3	1010011 1101100	3
5	10 11	6	100 111	4	1000 1111	4	10000 11111	4	110110 101001	3	1011101 1100010	3
6	11 10	6	110 101	5	1111 1000	4	11010 10101	4	111010 100101	3	1111010 1000101	3
7	10 11	7	110 101	6	1010 1101	5	11100 10011	4	101001 110110	4	1010100 1101011	4
8	11 10	7	111 100	6	1101 1010	5	10110 11001	5	110110 101001	4	1101011 1010100	4

此表参考 Proakis 所著《数字通信》(第 4 版)。

对于软判决译码，$(Q\rightarrow\infty)$，删余卷积码的误比特率可以由下式来估计

$$P_b\approx\frac{1}{k_0}C_{d_f}\exp\left[-R_c d_f\frac{E_b}{N_0}\right]\tag{6.5.25}$$

式中，R_c 为删余码的码率，C_{d_f} 是所有重量为 d_f 的码序列的非零信息元总数。

最后，需要注意的是，在接收端译码时，要保证对删余码每个子码的同步，译码延时要大于约束度的 5 倍。

6.5.5 序列译码的原理——费诺算法

由前面的分析可以看到，卷积码的维特比译码是一种最大似然译码算法，因此对于任意特定的卷积码都不可能进一步提高算法性能。同时由于维特比译码器的复杂程度和计算量随 mk_0 而指数增长，所以，维特比译码算法只适用于 m 不太大的码。另外，维特比译码在每个状

态的计算量是不变的,即使信道较平静,接收序列完全正确,维特比译码器的平均计算量也是一个相当大的量。因此我们希望找到一种译码算法,它适用于 m 值取值很大的卷积码,这就是序列译码算法。该算法首先由沃曾克拉夫提出,后又经费诺进行了改进,称为费诺算法。1969 年,苏联学者扎岗吉洛夫又提出了另一种序列译码的算法,称为叠式存储译码算法,它比费诺算法有更高的译码速率。这里主要讨论费诺算法。

理解序列译码的关键是树状图。以(3,1,2)码为例说明序列码译码的思想。该码的树状图如图 6.5.15 所示。

设译码器接收到的接收序列为 $\boldsymbol{R}=[001,010,010,100,\cdots]$,若逐分支对 $\boldsymbol{R}$ 的各个接收码组进行译码,按最小距离进行比较,则译码器将找到一条全零路径作为译码器的输出,这恰好是原编码器发送的码序列。但是,如果在信道传输过程中,信道的干扰在某瞬间较大,以后又趋于平静,假定这时的接收序列 $\boldsymbol{R}=[000,011,000,\cdots]$,按逐分支译码时,译码器沿码树走到第一阶节点后,就一直走在不正确的路径上,我们称译码器开始走在不正确路径的节点为分离节点,如图 6.5.15 的 b 点。

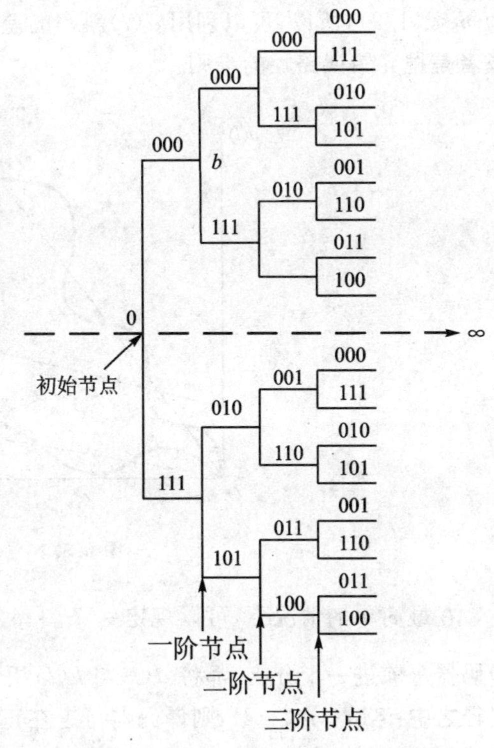

图 6.5.15 (3,1,2)码的码树

由本例可见,尽管第二个接收序列中的错误较少,这种逐分支译码不能正确译码。因此,希望找到一个好的译码规则或称为算法,它能满足如下要求:

(1) 一旦译码器中开始走到不正确路径时,能以很大的概率发现。

(2) 当发现到译码器走在不正确的路径时,必须提供一种方法,能以很大的概率使译码器回到正确的路径上来。

(3) 译码器的平均计算量不能太大,且译码器设备简单。

下面讨论满足这些要求的算法。

首先讨论的是,译码器根据什么准则判别它是否行进在正确路径之中。

设 Δd_f 表示接收序列中第 j 个码组和某个码序列中第 j 个子码之间的汉明距离,$d(l)$ 表示长为 l 段子码序列与相同长度的接收序列之间的总距离,即

$$d(l)=d(C_i,R_i)=\sum_{j=0}^{L-1}\Delta d_j \tag{6.5.26}$$

下面观察当译码器沿着码树的逐分支行进时 $d(l)$ 的变化规律。

如果译码器行进在正确路径上时，$d(l)$ 表示的是接收序列和发送序列在长为 l 段分支的路径上的总距离。在 BSC 信道下，当 l 足够大时，$\boldsymbol{R}$ 序列中总的错误数目即 $d(l)$，根据大数定律，近似为 $ln_0 p_e$，其中 p_e 为信道转移概率。所以，$d(l)$ 随着 l 的增长的斜率为 $n_0 p_e$，译码器输出的路径 $\hat{C}$(C_l 的估计值)的轨迹将围绕着斜率为 $n_0 p_e$ 的直线摆动，如图 6.5.16 所示。当译码器走在错误路径上时，$d(l)$ 是接收序列 $\boldsymbol{R}$ 与某一非发送序列在 l 段上走过的总距离，这是两个完全无关的序列间的距离，它等于 $(ln_0)/2$，因此，$d(l)$ 将在斜率为 $n_0/2$ 的直线附近摆动，因为 $p_e \ll (1/2)$，所以，可以利用 $d(l)$ 斜率的差别，作为译码器是否走在正确路径上的判别准则，或者是抛弃错误路径的准则。

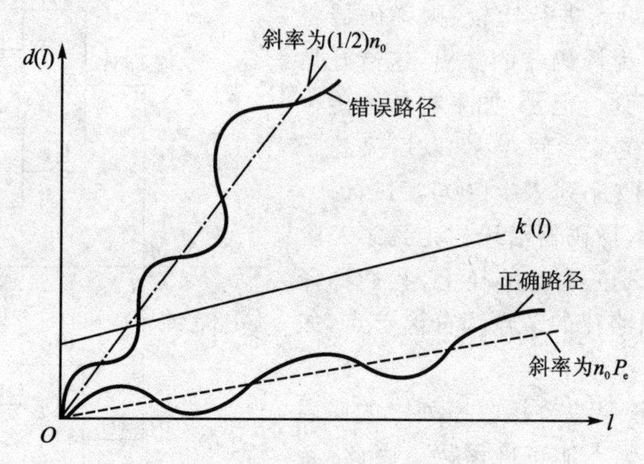

图 6.5.16 $d(l)$ 变化的示意图

在最简单的情况下，可以规定一条斜率为 $n_0 p$ 的直线 $k(l)$，这里 p 选择为：$p_e < p < \frac{1}{2}$。译码器每前进一个分支，都将 $d(l)$ 与 $k(l)$ 相比较。若 $d(l) > k(l)$，则表明译码器行进在错误路径之中；若 $d(l) < k(l)$，则译码器行走在正确路径上。当译码器发现走在错误路径上时，译码器就返回到最近的节点，试图走另外一条没有走过的分支。

我们也可以用

$$\lambda(l) = pn_0 l - d(l) \tag{6.5.27}$$

作为判决准则，且定义 $\lambda(l)$ 为 R_l 与 C_l 之间的斜距，当译码器走在正确路径上时，则

$$\lambda(l) = (p - p_e) n_0 l \tag{6.5.28}$$

它随着 l 的增加而增大，且为正值。若译码器行走在错误路径上时，$\lambda(l)$ 是个负值，随 l 的增加而减小。所以，译码器沿码树行进时，从一个节点走向下一个节点，都要计算 $\lambda(l)$，当发现 $\lambda(l)$ 随着 l 的增加减小时，译码器就抛弃所走过的路径，返回分离节点，以寻找走上正确路径。

这种译码方法的优点在于，一旦译码器抛弃了一条错误路径，就抛弃了从路径端点出发的

所有后续路径。例如，观察卷积码的长为 N 个分支的截短码树，若从第 l 个节点抛弃一条错误路径，则就抛弃了由此节点出发的 2^{N-l} 条后续路径。这是由码的树状结构特点所决定的。因此，这种译码的平均计算量较小，尤其是在干扰不太严重的情况下，译码器用少量的计算就可以正确译码。或者说，序列译码能较早的排除错误路径，从而使平均计算量减少。这就是我们讨论的第一个问题，即选择一个正确的判决准则或抛弃标准。

另一个问题是，随着译码器在码树上前进，$\lambda(l)$逐渐增加，如果从分离节点开始，译码器走上了不正确路径，$\lambda(l)$值开始减少，但仍为正值。这时若以 $\lambda(l)$是否为正值来判别，则译码器不能及早的发现走在错误路径之中，因此，我们必须对码树的每一个节点设定一个规定的$\lambda(l)$值，并称此设定的值为门限，用 $T(l)$表示。仅当 $\lambda(l)\geqslant T(l)$时，译码器才认为是走在正确路径之中，然后才由此节点走向下一个节点；否则，译码器就返回并搜索分离节点。通常，规定相邻两个节点之间的门限值为 $k\Delta$，即 $T(l+1)=T(l)+k\Delta$，其中，k 是整数，Δ 是设计参数。而初始节点门限常规定为零。这样，在译码过程中，门限在不断地变化，所以，又称门限 $T(l)$为活动门限。

综上所述，序列译码的基本思想是，尽早地排除错误路径和采用活动门限。基于这个思想，Fanno 提出了更实际更好的算法，称为费诺算法。下面介绍费诺算法。

首先介绍费诺算法的度量——路径值 $\Gamma(l)$的概念。为简洁起见，假设发送序列 C 和接收序列 R 长度为 $l+1$ 个子码。在离散无记忆信道条件下，不难求出在接收到某个 R 后，发送序列为 C 的条件概率

$$P(C/R)=\frac{P(C)P(R/C)}{P(R)} \tag{6.5.29}$$

若发送的序列 C 是等概率出现的，码树上所有路径出现的概率相同，即

$$P(C)=2^{-k_0(l+1)}=2^{-(l+1)n_0\overline{R}} \tag{6.5.30}$$

式中，$\overline{R}=k_0/n_0$（这里用 $\overline{R}$ 来表示，以免与接收序列 R 相混淆）。而信道的转移概率为

$$P(R/C)=\prod_{k=0}^{l}P(R_k/C_k)=\prod_{k=0}^{l}\prod_{i=1}^{n_0}p(R_k(i)/C_k(i)) \tag{6.5.31}$$

而信道输出序列中的各子码和各个信道符号也是独立和等概率的事件，即

$$P(R)=\prod_{k=0}^{l}P(R_k)=\prod_{k=0}^{l}\prod_{i=1}^{n_0}p(R_k(i)) \tag{6.5.32}$$

由此，考虑到式(6.5.30)～式(6.5.32)，式(6.5.29)可以表示为

$$P(C/R)=2^{-(l+1)n_0\overline{R}}\prod_{k=0}^{l}P(R_k/C/k)/P(R_k) \tag{6.5.33}$$

定义 $\Gamma(l)\overset{\text{def}}{=\!=\!=}\log P(C/R)$，则

$$\Gamma(l)=\sum_{k=0}^{l}\left[\log\frac{P(R_k/C_k)}{P(R_k)}-n_0\overline{R}\right] \tag{6.5.34}$$

我们称 $\Gamma(l)$ 为路径值。在 Fanno 算法中，$\Gamma(l)$ 作为路径值的度量，而

$$\lambda(k) = \log \frac{P(R_k/C_k)}{P(R_k)} - n_0 \overline{R} \tag{6.5.35}$$

称为分支度量，这是 Fanno 首先引用的，故又称为费诺度量。由信息论中关于互信息的定义可知式(6.5.35)中的第一项 R_k 是已知后所获得的关于 C_k 的信息，也就是所谓 R_k 关于 C_k 的互信息。式中的第二项 $n_0 \overline{R}$ 是发送序列第 k 个子码所载荷的信息量。$\lambda(k)$ 是这两个量的差值。而 $\Gamma(l)$ 则是 $(l+1)$ 段长的输入、输出序列间的互信息（R_l 所能提供的关于 C_l 的信息量）与为了确定长 $(l+1)$ 段信息符号所必须的信息量 $(l+1)n_0\overline{R}$ 之差。从信息论的观点来看，只要 $\Gamma(l)\geqslant 0$，就可能由接收到的 R_l 正确判断发送的 C_l。当译码器在正确路径上行进时，R_l 与 C_l 是统计相关的，所以，R_l 关于 C_l 的互信息将增加，且大于为确定信息序列所必须的信息量。若译码器走在错误路径中时，这是一条与 R_l 统计无关的路径，因此，互信息为零，故 $\Gamma(l)<0$，因此利用 $\Gamma(l)$ 可以识别译码器是否走在正确路径上。

费诺算法的译码原理如下：

(1) 译码器从码树的原点出发，每次移动一个分支。设初始节点的门限 $T(0)=0$，$\Gamma(0)=0$。

(2) 设译码器沿着码树的某条路径已经行进到第 l 阶节点 a，该节点的即时门限为 $T(l)$。参见图 6.5.17。

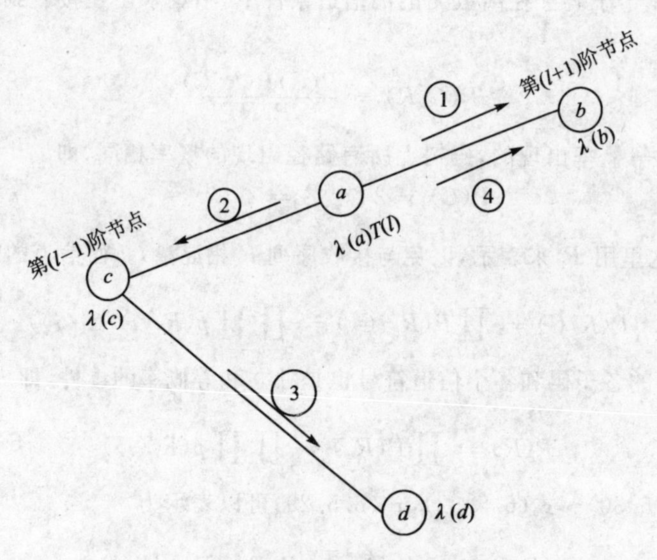

图 6.5.17 费诺算法过程进行示意图

由图可知，这时译码器首先试图向前进，计算由节点 a 出发的 2^{k_0} 个分支的分支度量，并选择一条具有最大分支值的分支，亦称最佳分支。该分支的度量为 $\lambda(b)$，而节点 b 的路径值为 $\Gamma(b)$，将 $\Gamma(b)$ 与即时门限 $T(l)$ 相比，若 $\Gamma(b)\geqslant T(l)$，则译码器将沿着该分支前进到达第 $(l+1)$

阶节点 b,并称 b 为最佳节点;若 b 点是第一次到达,当 $\Gamma(b) \geqslant T(l)+k\Delta$ 时,则调整即时门限为 $T(l+1) \geqslant T(l)+k\Delta$,其中,$k\Delta$ 是门限增量,它是个设计参数。如果 $T(l)<\Gamma(b)<T(l)+k\Delta$,则即时门限保持不变,仍为 $T(l)$;若 b 点不是第一次到达,即时门限也保持为 $T(l)$。调整门限的作用在于使即时门限值能尾随路径值的增加而增大,以便译码器能及时判断是否走在正确路径中。译码行进到 b 点后,试图再次向前推进。

(3) 若 $\Gamma(b)<T(l)$,则译码器向后看。设 $\Gamma(c)$ 是返回到 c 点路径值,若 $\Gamma(c)>T(l)$,则译码器返回到节点 c,如果 c 点是经过 c 点出发的 2^{k_0} 个分支的最坏分支(具有最小分支度量的分支)返回到 c 点的,则译码器返回到 c 点后,继续向后看,退回到 $l-2$ 阶节点。如果不是,则译码器试图从 c 点选择次最佳分支向第 l 阶节点 d 观看,并计算 d 点的路径值 $\Gamma(d)$,若 $\Gamma(d)>T(l)$,则译码器向前推进到节点 d,然后试图从 d 点向前推进。

(4) 如果 $\Gamma(b)$ 和 $\Gamma(c)$ 均小于即时门限 $T(l)$ 值,译码器不能前进,也不能后退。这时,译码器必需要降低即时门限 $T(L)$ 值,才能继续向前,否则译码器将被迫退到原始节点。门限降低后,$T'(l)=T(l)-k\Delta$,用这个降低后的门限 $T'(l)$,译码器再次向前看,探索最可能的分支(包括以前走过的)。唯一不同的是,此门限不能提高,直到译码器到达新的未探索过的节点之前,当译码器前进到最早被迫后退的那一阶节点 a 之后,仍然可能有两种情况:

① 越过被迫后退的节点,向前继续推进,门限解冻。

② 译码器在正确路径某个节点的路径值仍然低于降低后的门限值,则译码器被迫继续后退到某个阶的节点,再次降低门限值,再次搜索,直到译码器返回到最早被迫后退的那一阶节点后,路径值大于调整后的门限,从而能继续前进。

(5) 当译码器被迫退回到码树的原点 0 后,而且从原点出发的分支已经被搜索完毕,再向后观看时,可以认为原点 0 后的路径值为 $-\infty$,这时也需要降低即时门限。

根据上述的译码思想,可以将这一译码过程表示为如图 6.5.18 所示的流程图。

表 6.5.9(a)~(f)给出了 R 为 1/2,1/3,2/3 的系统码和非系统码,它们是适合于序列译码的码。

表 6.5.9(a) (2,1)系统码

m	$g(1,2)$	d_f	m	$g(1,2)$	d_f
1	6	3	19	7 144 616	12
2	7	4	20	7 144 761	12
3	64	4	21	67 114 544	12
4	72	5	22	71 446 166	14
5	73	6	23	67 114 543	14
6	734	6	24	714 461 654	15
7	714	6	25	671 145 536	15
8	715	7	26	671 151 433	16
9	7 154	8	27	7 144 760 524	16

续表 6.5.9(a)

m	$g(1,2)$	d_f	m	$g(1,2)$	d_f
10	7 152	8	28	6 711 454 306	16
11	7 153	9	29	7 144 760 535	18
12	67 114	9	30	71 446 162 654	⩾16
13	67 114	9	31	67 114 543 066	18
14	67 115	10	32	71 447 605 247	⩾18
15	714 474	10	33	714 461 626 544	⩾18
16	671 166	12	34	714 461 625 306	⩾18
17	671 166	12	35	714 461 626 555	⩾19
18	6 711 454	12			

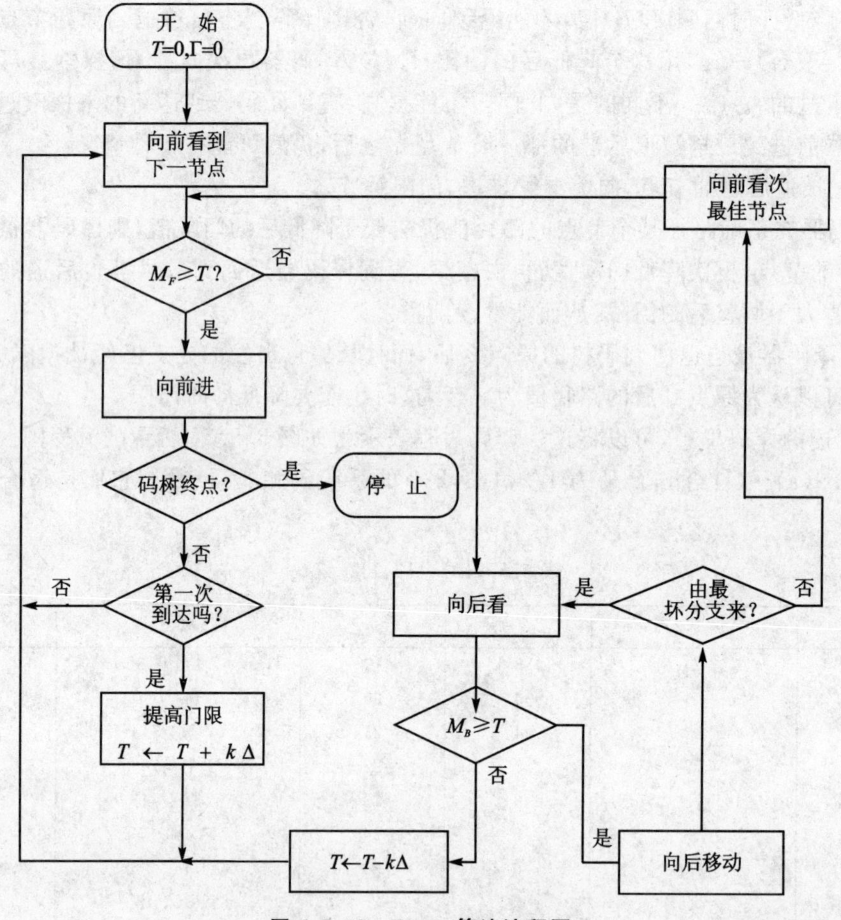

图 6.5.18 Fanno 算法流程图

表 6.5.9(b) (2,1)非系统码

m	$g(1,1)$	$g(1,2)$	d_f
1	6	4	3
2	7	5	5
3	74	54	6
4	62	56	7
5	75	55	8
6	634	564	10
7	626	572	10
8	751	557	12
9	7 644	5 714	12
10	7 516	5 561	14
11	6 643	5 175	14
12	63 374	47 244	15
13	45 332	77 136	16
14	65 231	43 677	17
15	517 604	664 134	18
16	717 066	522 702	19
17	506 477	673 711	20
18	5 653 664	7 746 714	21
19	4 305 226	6 574 374	22
20	6 567 413	5 322 305	22
21	67 520 654	50 371 444	24
22	67 132 702	50 516 146	24
23	67 55 346 125	75 744 143	25

表 6.5.9(c) (3,1)系统码

m	$g(1,1)$	$g(1,3)$	d_f
1	6	6	5
2	5	7	6
3	64	74	8
4	56	72	9
5	57	73	10
6	564	754	12
7	626	736	12
8	531	676	13
9	5 314	6 764	15
10	5 312	6 766	16
11	5 312	6 766	16
12	65 304	71 174	17
13	65 306	71 276	18
14	65 305	71 173	19
15	653 764	712 614	20
16	514 112	732 374	20
17	653 761	712 611	22
18	6 530 574	7 127 304	24
19	5 141 132	7 323 756	24
20	6 536 547	7 127 375	26
21	65 376 164	71 261 060	26
22	51 445 036	73 251 266	26
23	65 305 477	71 273 753	28

表 6.5.9(d) (3,1)非系统码

m	$g(1,1)$	$g(1,2)$	$g(1,3)$	d_f
1	4	6	6	5
2	5	7	7	8
3	54	64	74	10
4	52	66	76	12
5	47	58	75	13
7	516	552	656	16

表 6.5.9(e)　(3,2)系统码

m	$g(1,1)$	$g(2,3)$	d_f
1	4	6	2
2	5	7	3
3	54	64	4
4	56	62	4
5	57	63	5
6	554	704	5
7	664	742	6
8	665	743	6
9	5 734	6 370	6
10	5 736	6 322	7
11	5 736	6 323	8
12	66 414	74 334	8
13	57 372	63 226	8
14	57 371	63 225	8
15	664 150	743 314	8
16	664 072	743 346	10
17	573 713	632 255	10
18	6 640 344	7 431 024	10
19	5 514 632	7 023 726	10
20	5 514 633	7 023 725	11
21	57 361 424	63 235 074	12
22	66 415 416	74 311 464	11
23	66 415 417	74 311 465	12

表 6.5.9(f) (3,2)非系统码

m	$g(1,1)$ $g(2,1)$	$g(1,3)$ $g(2,2)$	$g(1,3)$ $g(2,3)$	d_f
2	6 1	2 4	4 7	4
2	6 1	3 5	7 5	5
3	60 34	30 74	70 40	6
3	50 24	24 70	54 54	6
4	54 00	30 46	64 65	7
4	64 26	12 66	52 42	8
5	54 25	16 71	66 60	8
5	53 36	23 53	51 87	9
6	710 320	260 404	670 714	10
7	676 256	046 470	704 442	12
8	740 367	260 414	520 515	10
8	710 140	260 545	670 533	11
8	722 302	054 457	642 435	12
9	7 640 0 724	5 164	7 560 4 260	12
9	5 330 0 600	3 250 7 650	5 340 5 434	13
9	6 734 1 574	1 734 5 140	4 330 7 014	14

续表 6.5.9(f)

m	$g(1,1)$ $g(2,1)$	$g(1,3)$ $g(2,2)$	$g(1,3)$ $g(2,3)$	d_f
10	5 044 1 024	3 570 5 712	4 734 5 622	14
10	7 030 0 012	3 452 6 756	7 566 5 100	14
11	6 562 0 431	2 316 4 454	4 160 7 225	15
12	57 720 15 244	12 140 70 044	63 260 47 730	16
12	51 630 05 460	25 240 61 234	42 050 44 334	16

注意:表中生成序列均为八进制表示 8。

至此,我们介绍了卷积码的两种译码方法:代数译码中的反馈大数逻辑译码和概率译码。概率译码法中介绍了两种主要的算法——维特比译码算法和序列译码算法,现在将它们做一简要概述和比较。

① 性能　维特比译码是卷积码的最佳译码方法,在 BSC 信道上,当 E_b/N_0 较大时,其误比特率为

$$P_b \approx C_k \mathrm{e}^{-(Rd_f/2)(E_b/N_0)}$$

序列译码也可以达到同样的性能。对于最佳反馈译码,当 BSC 的信道转移概率 $P \ll 0.5$ 时,在大信噪比 E_b/N_0 条件下

$$P_b \approx \frac{1}{k_n}\binom{n_A}{t+1}\left(\frac{1}{2}\right)^{t+1} \mathrm{e}^{-E_bR(t+1)/N_0} \approx C_l \mathrm{e}^{-(Rd_{\min}/2)(E_b/N_0)}$$

② 译码速度　维特比每译一个信息比特要求 2^{nk_0} 次计算,而序列译码的平均计算量与 m 无关,它取决于信道的干扰程度。而大数逻辑译码器每信息比特只要求一次计算。因此,它比维特比译码和序列译码有更高的速度。维特比译码器在采用并行运算时可以使其速度增大 2^m 倍。

③ 译码延时　大数逻辑译码的延时恰好是一个约束度,而概率译码的延时要大得多。

④ 实现的复杂程度　大数逻辑译码最简单,但是在要求有较高的性能时,则需要采用 m 大的码,其复杂度也要增加。使用时究竟是采用概率译码还是大数逻辑译码要折衷考虑,十分必要。

现在,高速的数据传输已提到日程上,为了充分利用信道,保证在满足一定的性能下,提高传输速率是实际中提出的问题。这时,采用何种译码方法,应该如何综合平衡其性能是一项系

统工程问题。这里只将译码各方法的比较特性列于表 6.5.10 中，供大家选择参考。

表 6.5.10 译码方法比较

	比较特性	代数译码	维特比译码	序列译码
1	允许传输速率	最 高	中 等	最 低
2	允许码速率	最 高	最 低	中 等
3	纠随机错误能力	最 低	中 等	最高(受缓存器溢出的限制)
4	纠突发错误能力	最 高	最 低	中 等
5	译码器的错误传播影响	最低(尤其是采用定译码时)	中 等	最 高
6	编码增益	最 低	中 等	最 高
7	价 格	最 低	最高(约为反馈大数逻辑译码的 100 倍)	中等(约为大数逻辑译码的 50～100 倍)
8	复杂性	最 低	最 高	中 等
9	对缓存容量的要求	最 低	中 等	最 高
10	译每信息元的平均计算量	最少，且是固定的(尤其在逐位译码法时)	固定的	随机
11	对相位同步精度要求	最 低	中 等	最 高
12	对信道质量的要求	最 低	中 等	最 高
13	对信道特性变化的适应性	最 高	中 等	最 低
14	可能适用的码类	有 限	广 泛	广 泛

6.6 卷积码的应用

1972—1973 年，首次在深空无线电链路中使用了抗干扰编码。美国在“开拓者-10、11”两个航天计划中使用了约束长度为 32 的卷积码。该码的译码方法采用了“费诺算法”的序列译码器。由于采用了编码，在差错概率为 10^{-5} 时，能量增益为 4～5 dB；无编码时，在差错概率为 10^{-5} 时，能量增益为 9.6 dB。

维特比译码算法的卷积码在后来得到了广泛的应用。

从 1975 年开始，俄罗斯航天仪表研究所研制了约束长度为 6、码率 R 为 1/2 的卷积码译码器，并在实际中得到了应用。结果表明，当误比特率为 10^{-5} 时，获得了 4.5 dB 的能量增益。

美国的“Voyajer－1、－2”(1977 年发射，结束时间 2019 年)采用了卷积码，约束长度 $N=7$，$R=1/2$，按照维特比算法译码。

为了提高飞控中心与国际空间站之间的程序指令信息的传输可靠性，俄罗斯于 1991 年研制了(384,288)卷积码的星载和地面编码器和译码器。编码器的输入端进入 48 个字节(每个字节以 6 bit)，相应地，编码器的输出端也为 48 个字节(每个字节为 8 bit)，这样，可以形成码块(384,288)。为简化设备，译码选用了维特比译器的硬判决方案。试验表明，该码可以使误码率从 10^{-3} bit 降低至 10^{-5} bit。该译码器除了可以纠错外，还可以协助纠错时形成的“信道译码器”信号来评估信道质量。该信号表示码块中已纠错的数量，如果码块中误码数量超过码的纠错能力时，可以形成故障信号。

习　题

6.1　设(3,1,2)码的生成序列为

$$g(1,1)=[110],\quad g(1,2)=[101],\quad g(1,3)=[111]$$

(1) 画出它的编码器(Ⅰ型、Ⅱ型、串行)；

(2) 求出它的生成矩阵；

(3) 求出相应于输入信息序列为 $m=[11101]$ 的码序列。

6.2　已知(3,1,2)码的生成序列为

$$g(1,1)=[101],\quad g(1,2)=[111],\quad g(1,3)=[111]$$

(1) 画出该码的串行输入编码电路图；

(2) 画出该码的状态图和篱状图；

(3) 求该码的自由距离 d_f；在篱状图上标出重量为 d_f 的路径。

6.3　设(3,1,4)码的生成序列为

$$g(1,2)=[11000],\quad g(1,3)=[10111]$$

写出该码的初始监督矩阵 $\boldsymbol{H}$。

6.4　构造一个纠正两个错误的(2,1)自正交码，它与表 6.4.2(a)所给出的码有不同的生成序列。

6.5　设有一个(2,1,4)码，其生成序列为

$$g(1,2)=[110101]$$

试问它的最小距离是多少？它是自正交码还是可正交码？是完备可正交码吗？

6.6　画出图 6.5 的反馈大数逻辑译码电路。

6.7　已知(4,3,3)码的生成序列为

$$g(1,4)=[1100],\quad g(2,4)=[1010],\quad g(3,4)=[1001]$$

试绘出它的并行编码电路。

6.8 作出题 6.7 的对偶码，并绘出编码电路、伴随式计算电路，写出各伴随分量表示式。

6.9 应用表 6.5.7，绘出(3,1,2)码的篱状图。设信息序列长度 $L=5$，若信息序列 $m=[11000]$，找出篱状图上的路径。

6.10 设上题中的(3,1,2)码，当接收序列为 $R=[110\ 110\ 110\ 010\ 101\ 101]$，用维特比译码法对 R 进行译码。设 BSC 信道误码率 $p=0.01$。

6.11 题 6.2(3,1,2)码的码序列经 BSC 信道传输，已知接收序列为

$$R=[111\quad 111\quad 111\quad 111\quad 111\quad 111]$$

(1) 用维特比译码求出发送码序列的估值；

(2) 若 BSC 信道的差错概率 $p=10^{-5}$，求硬判决译码时的误比特率上限。

6.12 若信道为二进制输入、四进制输出的 DMC 信道。其度量同表 6.5.6。试对四元接收序列 $R=[1_1 1_2 0_1\quad 1_1 1_1 0_2\quad 1_1 1_1 0_1\quad 1_1 1_1 1_1\quad 0_1 1_2 0_1\quad 1_2 0_2 1_1\quad 1_2 0_1 1_1]$用维特比译码法译码。

6.13 设信道为 BPSK 的白色高斯信道，试求(3,1,2)码的误比特率的上限。

6.14 若信道为题 6.12 的信道，试求误比特率的上限。

6.15 求出(3,1,2)码在输出不量化的二元输入白色高斯信道，调制方式为 BPSK，接收方式为最佳接收时的误比特率上限。并将未编码、量化电平 $Q=2$、$Q=4$ 和无限量化的误比特率做出信噪比 E_0/N_0 的函数，观察所得的结论。

6.16 做出题 6.9 码的码树。

6.17 设信道为 BSC 信道。求出对题 6.16 码进行序列译码时的费诺度量，并将接收序列 $R=[010\ 010\ 001\ 110\ 100\ 101\ 011]$进行译码。

(1) 设门限增量 $k\Delta=1$；

(2) 设门限增量 $k\Delta=3$。

第7章　Turbo码

香农(C. E. Shannon)在其《通信的数学理论》中提出并证明了著名的有噪声信道编码定理,他在证明信息速率达到信道容量可实现无差错传输时引用了3个基本条件:

(1) 采用随机性编译码;

(2) 编码长度L趋于无穷,即分组的码组长度无限;

(3) 译码过程采用最佳的最大似然(Maximam Likelihood,ML)译码方案。

在信道编码的研究与发展过程中,基本上是以后两个条件为主要方向的。而对于条件(1),虽然随机选择编码码字可以使获得好码的概率增大,但是最大似然译码器的复杂度随码字数目的增大而增大,当编码长度很大时,译码几乎不可能实现。因此,多年来随机编码理论一直是作为分析和证明编码定理的主要方法,而如何在构造码上发挥作用却并未引起人们的足够重视。1993年,Turbo码的发现被看作是信道编码理论研究的重要里程碑,它将卷积码和随机交织器相结合,同时采用软输出迭代译码来逼近最大似然译码,取得了超乎寻常的优异性能,并一举超越了截止速率,直接逼近香农极限。它通过随机交织器对信息序列的伪随机置换实现了随机编码的思想,从而为香农随机编码理论的应用研究奠定了基础。Turbo码是信道编码界梦寐以求的可实用好码,它的出现标志着信道编码理论研究进入了一个崭新的阶段。

Turbo码就目前而言,已经有了很大的发展,在各方面也都走向了实际应用阶段。同时,迭代译码的思想已经广泛应用于编码、调制、信号检测等领域。

7.1　Turbo码的编码

Turbo码编码器是由两个递归系统卷积码(Recursive Systematic Convolutional Codes,RSC Codes)编码器通过一个交织器并行级联而成的。编码器的结构称为并行级联是因为两个编码器使用同一组输入信息,而不是一个编码器对另一个编码器的输出进行编码。因此Turbo码也被称为并行级联卷积码(Parallel Concatenated Convolutional Codes,PCCC)。图7.1.1给出了Turbo码编码器结构图。

在编码器中引入随机交织器,使码字具有近似随机的特性;分量码的并行级联实现短码(分量码)构造长码(Turbo码);在接收端虽然采用了次最优的迭代算法,但分量码采用的是最优的最大后验(Maximum A Posterior, MAP)概率译码算法,同时通过迭代过程可使译码接近最大似然译码。Turbo码的最大特点就在于它通过在编译码器中交织器和解交织器的使用,有效地实现了随机性编译码的思想,通过短码的有效结合实现长码,达到了接近香农理论

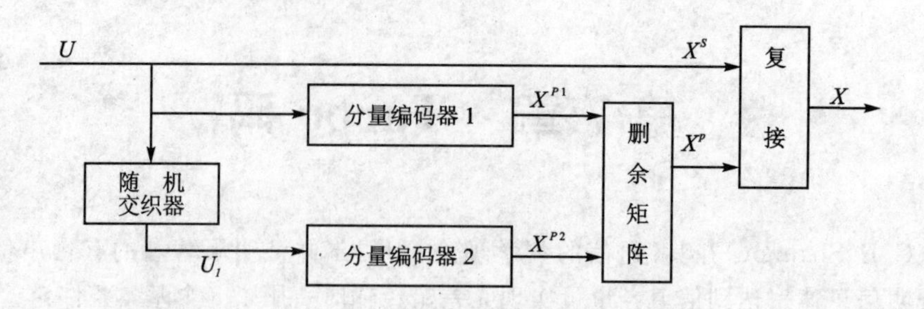

图 7.1.1 Turbo 码编码器结构框图

极限的性能。

在 Turbo 码的编码过程中,信息序列 $U=\{u_1,u_2,\cdots,u_N\}$ 经过一个 N 比特交织器,形成一个新的序列 $U_1=\{u'_1,u'_2,\cdots,u'_N\}$(只是比特位置重新排列了,内容与长度没变)。$U$ 与 U_1 分别送到两个分量编码器,同时 U 作为系统信息直接输出 X^S 送至复接器。一般来讲,两个分量编码器结构相同,生成校验序列 X^{P1} 与 X^{P2}。为了提高码率,序列 X^{P1} 与 X^{P2} 需要经过删余矩阵,采用删余技术从这两个校验序列中周期地删除一些校验位,形成校验位序列 X^P。X^P 与未编码序列 X^S 经过复接后,生成 Turbo 码序列 X。

接下来通过一个具体实例来说明 Turbo 码的编码过程。图 7.1.2 所示是一个码率为 1/3 的 Turbo 码编码器的组成框图。

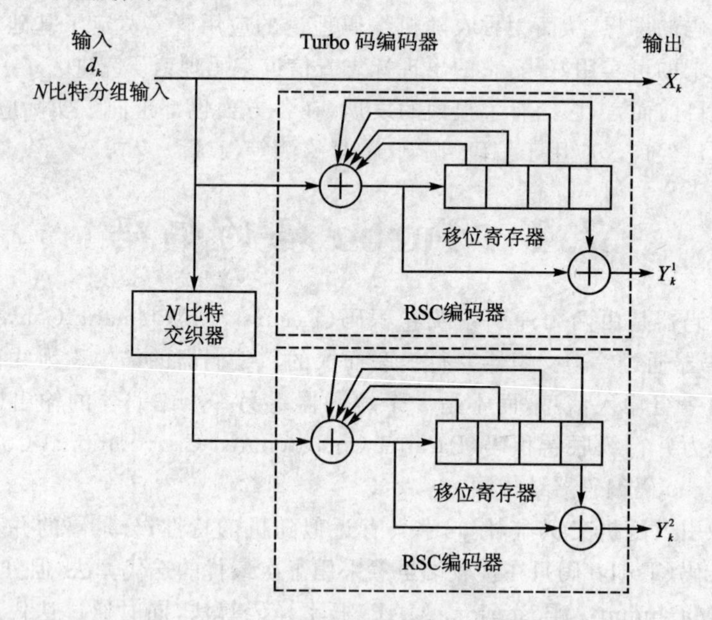

图 7.1.2 一个码率为 1/3 的 Turbo 码编码器

图 7.1.2 中的编码器是基于(2,1,4)RSC 码的 Turbo 码编码器,分量码是码率为 1/2 的

寄存器级数为 4 的(2,1,4)RSC 码,生成矩阵可以表示为

$$G = [1, g_1(D)/g_0(D)] = \left[1, \frac{1+D+D^2+D^3+D^4}{1+D^4}\right] \tag{7.1.1}$$

其中 $g_1(D)=1+D+D^2+D^3+D^4$,$g_0(D)=1+D^4$。

当输入序列为 $d_k=(1011001)$,则直接输出序列 $X_k=(1011001)$,第一个分量编码器输出校验序列 $Y_k^1=(1101000)$;假设经过交织器后输出的信息序列为 $d'_k=(1101010)$,则第二个分量编码器输出校验序列 $Y_k^2=(1001000)$,最终输出的 Turbo 码序列为

$$v=(111,010,100,111,000,000,100)$$

若要将码率提高到 1/2,可采用一个删余矩阵。删余矩阵的作用是提高编码效率,其元素取自集合{0,1}。矩阵中每一行分别与两个分量编码器相对应,其中"0"表示相应位置上的校验比特被删除,而"1"则表示保留相应位置的校验比特。如 $\boldsymbol{P}=\begin{pmatrix}1 & 0\\0 & 1\end{pmatrix}$,表示分别删除 Y_k^1 中位于偶数位的校验比特和 Y_k^2 中位于奇数位的校验比特。与系统输出 X_k 复接后得到 Turbo 码序列为 $v=(11,00,10,11,00,00,10)$。

同样,也可以通过在码字中增加校验比特的比率来提高 Turbo 码的性能。

严格来讲,两个分量码和它们的码率并不需要一样。假设 Turbo 码的两个分量码的编码效率分别是 R_1 和 R_2,则 Turbo 码的编码效率 R 满足如下关系

$$\frac{1}{R}=\frac{1}{R_1}+\frac{1}{R_2}-1 \tag{7.1.2}$$

图 7.1.3 所示是 M 维 Turbo 码编码器的一般结构。如无特殊说明,所讨论的 Turbo 码均是指由两个分量码构成的 PCCC。

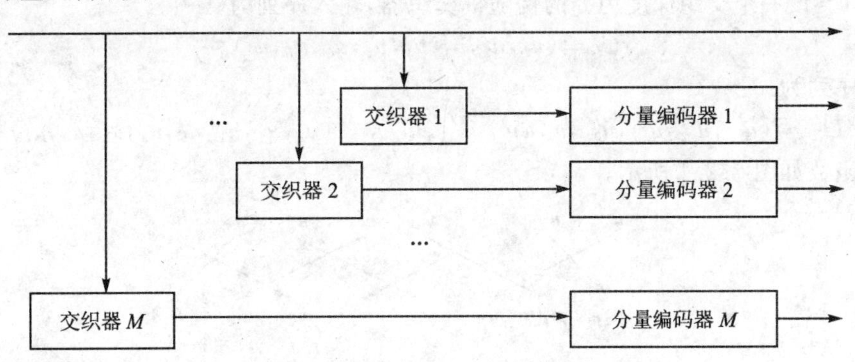

图 7.1.3　Turbo 码编码器的一般结构

7.2 交织器

编码器中交织器的使用是实现 Turbo 码近似随机编码的关键。交织器实际上是一个一一映射函数,作用是将输入信息序列中的比特位置进行调换,以减小分量编码器输出校验序列的相关性和提高码重,它的逆过程就是解交织,是将重排过的序列恢复到原序列顺序的过程。在 Turbo 码中,交织器扮演着重要的角色,在很大程度上影响着 Turbo 码的性能。首先通过随机交织,级联码字的记忆长度远远超过分量码的记忆长度,从而由简单的短码得到了近似长码。当交织器充分大时,Turbo 码就具有近似于随机长码的特性。其次,交织器把一个分量码的突发错误转变成另一个码的随机错误,这样突发错误将在两个分量译码器的迭代信息交换中被纠正。从码的重量分布来看,交织器的最终作用是打乱小重量输入序列从而增加码字的自由汉明距离或减少码字距离谱中小距离码字的数量。所以交织器的设计是 Turbo 码设计中的一个重要方面。不同交织器对 Turbo 码性能有着不同的影响。

交织器是一个单输入单输出设备,它的输入与输出符号序列有相同的符号集,只是输入符号与输出符号的排列顺序不同。

定义 7.2.1 交织器是集合 A 到 A 的一个映射函数

$$\pi(A \to A): j = \pi(i) \qquad i,j \in A \tag{7.2.1}$$

式中 i 和 j 分别是原序列和交织后序列中对应符号的序号。

映射函数也可以用一个交织向量来表示

$$\pi_N = (\pi(1), \pi(2), \cdots, \pi(N)) \tag{7.2.2}$$

例 7.1 设一个交织深度为 8 的伪随机交织器,输入序列为

$$U = (u_1, u_2, u_3, u_4, u_5, u_6, u_7, u_8)$$

交织后的序列为

$$U' = (u'_1, u'_2, u'_3, u'_4, u'_5, u'_6, u'_7, u'_8) = (u_2, u_4, u_1, u_6, u_3, u_8, u_5, u_7)$$

那么映射函数如图 7.2.1 所示。

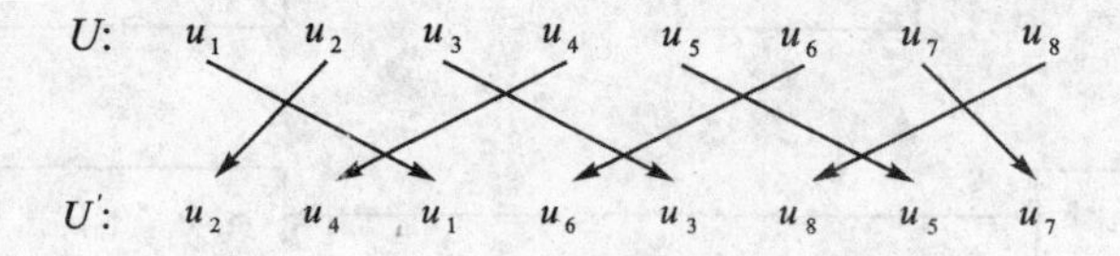

图 7.2.1 交织映射图

交织向量为

$$\pi_8 = (\pi(1), \pi(2), \pi(3), \pi(4), \pi(5), \pi(6), \pi(7), \pi(8)) = (3,1,5,2,7,4,8,6)$$

目前,Turbo 码交织器有多种设计方法和具体实现形式,常用的可分为分组交织器、卷积交织器、随机交织器、码匹配交织器四类,下面对各类有代表性的交织器进行介绍。

7.2.1 分组交织器

分组交织器就是把接收来的码元进行重新排列，然后换一个顺序输出。具体来讲，分组交织器把接收的码元按列填入到一个 M 行、N 列的矩阵中，然后按行输出。在解码端，解交织器与交织器操作相反，它是把送来的码元按行输入，按列输出，送到译码器。交织函数可以表示为

$$\pi(i)=\{(i-1)\bmod N\}\times M+[(i-1)/N]+1 \quad i\in A \tag{7.2.3}$$

其中 $(i-1)\bmod N$ 表示 $(i-1)$ 对 N 取模，$[(i-1)/N]$ 表示 $(i-1)$ 对 N 取整。

表 7.2.1 所列是一个 $M=4$ 行和 $N=6$ 列的分组交织器，表中的序号表示码元的顺序。可以很直观地看到码元是按列填入，按行输出的，输出序列为：1，5，9，13，17，21，2，6…。

表 7.2.1 6×4 的分组交织器

	$N=6$ 列					
$M=4$ 行	1	5	9	13	17	21
	2	6	10	14	18	22
	3	7	11	15	19	23
	4	8	12	16	20	24

分组交织器有以下一些性质：

(1) 任何小于 N 的连续信道码元错误在解交织器输出端转化为独立的错误，相互之间由至少 M 个码元隔开，M 称为交织深度。

(2) 任何 bN 个连续错误（b 是大于 1 的正数）将使解交织器的输出发生不超过 $[b]+1$ 个突发码元错误。突发错误之间至少由 $M-[b]-1$ 个码元隔开。符号 $[b]$ 表示不大于 b 的最大整数。

(3) 具有 N 个码元间隔的单个错误周期序列将使解交织器输出产生单个长度为 M 的突发错误。

(4) 交织器与解交织器的端到端延迟为 $2MN-M-N+2$ 个码元时间，不包括任何信道传输延迟。这是因为只要最后一列的第一个码元填入交织器，那么交织器第一行就可以输出码元了，所以交织器的延时是 $M(N-1)+1$；解交织器与交织器类似，只要最后一行的第一个码元填入解交织器，那么解交织器第一列也可以输出解交织后的码元了，因此，解交织器的延时是 $N(M-1)+1$。交织器与解交织器总的延时为 $2MN-M-N+2$。

(5) 每个单元（交织器与解交织器）都需要 MN 码元的存储空间。由于 $M\times N$ 矩阵必须（几乎）填满才能被读出，因而每个单元使用一个 $2MN$ 码元的存储空间，以便在清空其中一个 $M\times N$ 矩阵时可以填充另一个。

例 7.2 用表 7.2.1 中 $M=4,N=6$ 的交织器结构，验证以上所描述的分组交织器的性质。

解 (1)假设存在一个 5 码元时间的突发噪声，表 7.2.2 中用圆圈表示的那些码元在传输过程中发生了长度为 5 的连续错误。在接收端解交织后所得的序列为

1 2 ③ 4 5 6 ⑦ 8 9 10 11 12 13 ⑭ 15 16 17 ⑱ 19 20 21 ㉒ 23 24

圆圈表示的那些码元是错误的。可以看出，错码之间最小间隔为 $M=4$。

表 7.2.2 发生 5 码元突发错误

	$N=6$ 列					
$M=4$ 行	1	5	9	13	17	21
	2	6	10	⑭	⑱	㉒
	③	⑦	11	15	19	23
	4	8	12	16	20	24

(2) 设 $b=1.5$，则 $bN=9$。表 7.2.3 是一个有 9 码元错误的突发噪声。在接收端解交织后所得的序列为

1 2 ③ 4 5 6 ⑦ 8 9 10 ⑪ 12 13 ⑭ ⑮16 17 ⑱ ⑲ 20 21 ㉒ ㉓ 24

同样，圆圈表示的那些码元出了错。可以看到突发噪声由不超过$[1.5]+1=2$ 个的连续码元组成，而且至少被 $M-[1.5]-1=4-1-1=2$ 个码元隔开。

表 7.2.3 发生 9 码元突发错误

	$N=6$ 列					
$M=4$ 行	1	5	9	13	17	21
	2	6	10	⑭	⑱	㉒
	③	⑦	⑪	⑮	⑲	㉓
	4	8	12	16	20	24

(3) 表 7.2.4 表示一个间隔 N 为 6 码元的单个错误周期序列。在接收端解交织以后所得的序列为

1 2 3 4 5 6 7 8 ⑨ ⑩ ⑪ ⑫ 13 14 15 16 17 18 19 20 21 22 23 24

可以看出，解交织序列具有长为 $M=4$ 码元的突发错误。

表 7.2.4 间隔 N 为 6 码元的单个错误的周期序列

	$N=6$ 列					
$M=4$ 行	1	5	⑨	13	17	21
	2	6	⑩	14	18	22
	3	7	⑪	15	19	23
	4	8	⑫	16	20	24

(4) 交织器与解交织器的最小的端到端延迟为 $2MN-M-N+2=40$ 码元时间。

(5) 交织器与解交织器矩阵大小都为 $M\times N$，所以，信道每一端都要求存储 $MN=24$ 个码元，一共使用 $2MN=48$ 码元存储空间。

通常，对于使用纠正单个错误编码的情况，交织器参数的选择应当使得列数 N 大于预期的突发噪声长度。行数 M 的选择依赖于所选的编码。对于分组码，M 需大于分组长度；而对于卷积码，M 要大于约束长度。这样，长度为 N 的突发噪声在每个码字中最多产生单个错误；同样地，对于卷积码，在任意译码约束长度中最多产生一个错误。对于纠正 t 个错误的编码，N 只需要大于预期突发长度的 t 分之一。

虽然分组交织器结构简单、易于实现，可以打散突发错误，但是它无法打乱一些低重量的输入。例如对于图 7.2.2 中所示的重量为 4 的矩形输入，它的交织效果并不理想。

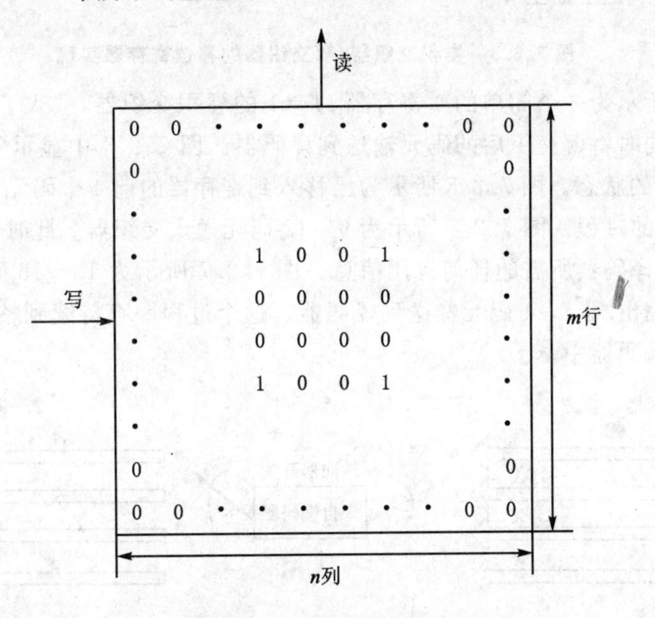

图 7.2.2 行列分组交织器

7.2.2 卷积交织器

卷积交织器由 Ramsey 和 Forney 提出，图 7.2.3 所示为卷积交织器的结构。码元顺序移入到 N 个寄存器组中，后一个寄存器比前一个寄存器多 J 个码元的存储空间，第 0 个寄存器无存储空间(码元直接被传送)。每个新的码元到来时，转换器开关就转到下一个新的寄存器，转到最后一个后再转到第一个，新的码元移入该寄存器，而该寄存器中的原码元向前推进一位，若码元被推出寄存器，则将其输出。解交织器进行相反的操作，交织和解交织操作的输入和输出转换器必须是同步的。这种交织器的交织函数可写为

$$\pi(i) = i + [(i-1) \bmod N] \times NJ \quad i \in A \tag{7.2.4}$$

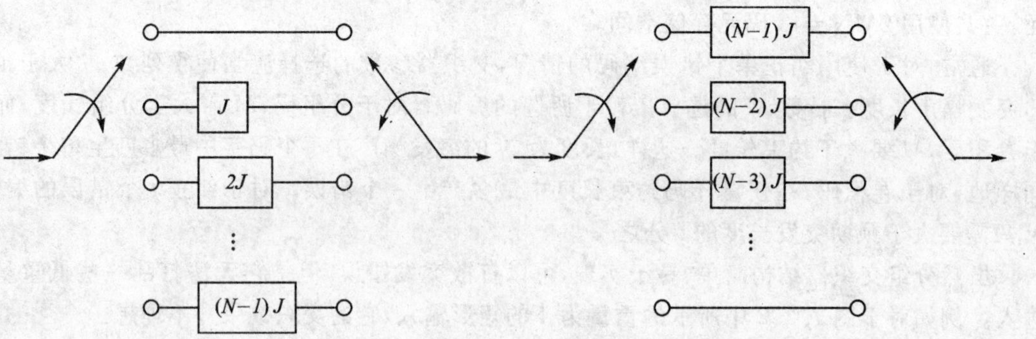

图 7.2.3 卷积交织器/解交织器的移位寄存器实现

图 7.2.4 中所示为一个简单的 4 寄存器、$J=1$ 的卷积交织器，载入了一个码元序列。已同步的解交织器同时将解交织后的码元输送到译码器。图 7.2.4 中显示了码元 1～4 的载入过程，X 表示未知的状态。图 7.2.5 所示为已移入到寄存器的前 4 个码元，以及送到交织器输入端的 5～8 码元的过程。图 7.2.6 所示为 9～12 码元送入交织器。此时，解交织器装满信息码元，但是还没有译码器所需的任何有用信息。图 7.2.7 所示为 13～16 码元送入交织器，并且在解交织器的输出端，1～4 码元输送到译码器。这个过程一直持续到整个码字序列以交织前的形式输入到译码器中。

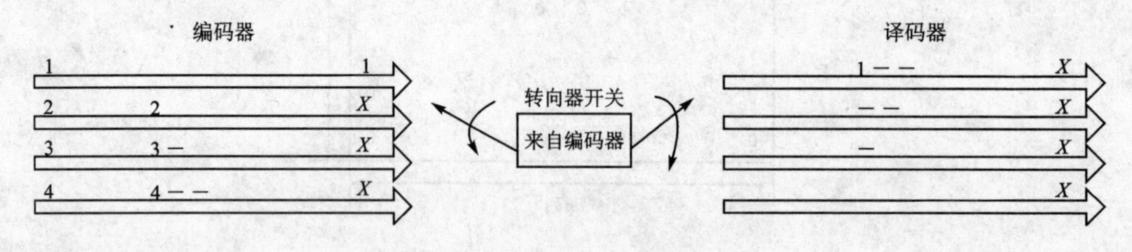

图 7.2.4 码元 1～4 的载入过程

卷积交织器的性能与分组交织器很相似，但是相对于分组交织器，延迟和存储空间均减小了一半。它的端到端延迟为 $M(N-1)$ 码元，其中 $M=NJ$，信道两端所需的存储空间为 $M(N-1)/2$。

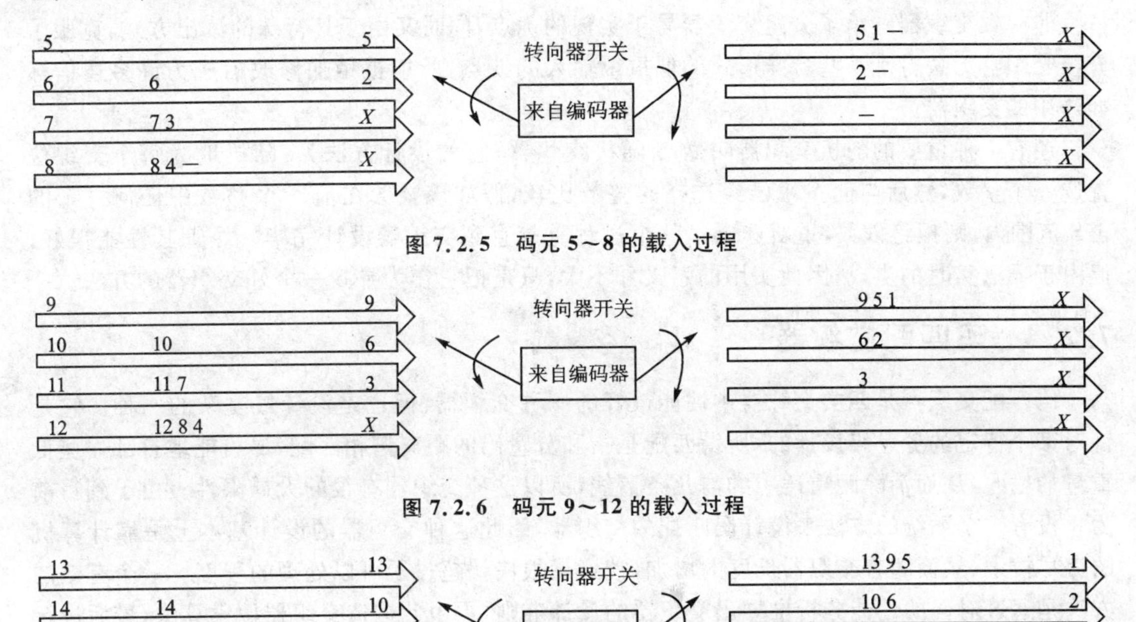

图 7.2.5　码元 5～8 的载入过程

图 7.2.6　码元 9～12 的载入过程

图 7.2.7　码元 13～16 的载入过程

7.2.3　随机交织器

随机交织器并不是真正的随机，完全随机的交织器只有在探讨或评价 Turbo 码的平均性能时才有用，因此这里所说的随机只是伪随机的简称。简单的伪随机交织器是利用 m 序列的延时性和遍历性来伪随机地产生交织向量。C. Berrou 在提出 Turbo 码时使用的交织器是另一种叫做非一致交织器的随机交织器。它是以普通的行列块交织为基础，但是数据是以对角的方式读出，在每次读数据时进行一定的行列跳跃。设 i 和 j 是写入的行列地址，i_r 和 j_r 是读出的行列地址，对于 $N=M\times M$（M 为 2 的整数次幂）的非一致交织器可描述为

$$\left.\begin{aligned} i_r &= \left(\frac{M}{2}+1\right)(i+j)\bmod M \\ k &= (i+j)\bmod L \\ j_r &= \{[P(k)\times(j+1)]-1\}\bmod M \end{aligned}\right\} \qquad (7.2.5)$$

式中 L 可按照 M 的经验函数来选择，$P(k)$ 是一系列与 M 互质的数。例如，$N=256\times256$，$L=8$，$P(k)$ 的值取为

$$P(0)=17,P(1)=37,P(2)=19,P(3)=29,P(4)=41,P(5)=23,P(6)=13,P(7)=7$$

非一致交织器继承了分组交织器易于实现的优点，同时又由于其特殊的读出方式，克服了分组交织器无法打乱某些特殊形式的低重量输入的缺点，所以被稍加修改后成为许多通信标准选用的交织器。

还有一种重要的随机交织器叫做 S 随机交织器，它的设计方法为：随机地为每个交织位置选一个整数，然后与前 S 个已经选择的整数比较，假如该整数在前 S 个整数中任何一个的 $\pm S$ 范围内，则拒绝该数，重新选择。整个过程重复直到交织器设计完毕。尽管其性能很好，但由于无法实时的生成，因此实用的意义并不大，只是把它作为寻找一个好交织器的方法。

7.2.4 码匹配交织器

码匹配交织器是四类交织器中性能最好的一种交织器，但也是设计最复杂的一种。它是针对某个特定的分量码设计的，所谓匹配是指和分量码的距离谱相匹配，尽可能地打乱一些低重量的输入，从而消除距离谱中的前几条谱线，所以这种交织器有很的大局限性。由于到目前为止没有一个系统的方法来设计码匹配的交织器，因此这种交织器的设计基本上是靠计算机的穷尽搜索；然而随着交织器长度的增加，搜索量很快就超过了可以处理的程度。一个有效的方法是通过对码的性能分析推导出交织器的设计准则，再由此构造交织器搜索算法，最后进行实际的交织器搜索。所以设计准则是否恰当是搜索成功与否的关键。

关于交织器的长度和结构对 Turbo 码的影响有一些有用的结论：在低信噪比的条件下，交织器的长度是影响 Turbo 码误码率的唯一重要参数，它和误码率成反比，此时交织器结构对性能的影响很小。然而在高信噪比条件下，交织器长度和结构对 Turbo 码的误码率都起着重要作用。

7.3 Turbo 码的译码

7.3.1 Turbo 码的译码器组成

Turbo 码译码器的基本结构如图 7.3.1 所示。

Turbo 码获得优异性能的根本原因之一是采用了迭代译码，通过分量译码器之间软信息的交换来提高译码性能。Turbo 码的译码器由两个分量译码器 DEC1 和 DEC2、一个交织器和一个对应的解交织器组成。它的译码步骤如下：

(1) 分量译码器 DEC1 对分量码 RSC1 进行译码，生成似然比信息并将其中的“外信息”送给交织器。

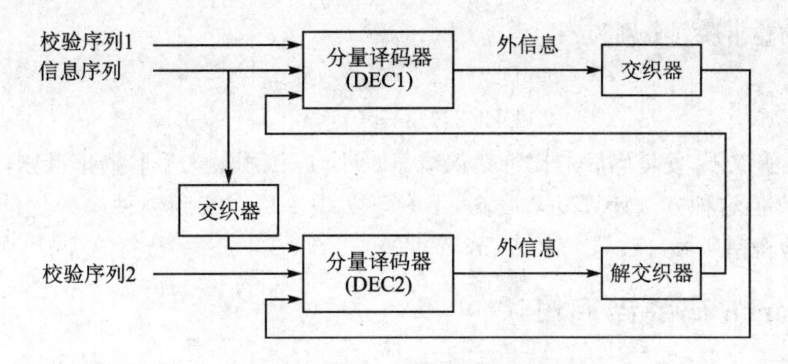

图 7.3.1 Turbo 码译码器框图

(2) 由分量译码器 DEC1 来的“外信息”经交织器后的输出作为输入送给分量译码器 DEC2。

(3) 分量译码器 DEC2 将得到的信息作为先验信息,然后对分量码 RSC2 进行译码,生成交织后的似然比信息并将其中的“外信息”送给解交织器。

(4) 由分量译码器 DEC2 来的“外信息”经解交织器的输出作为输入送给分量译码器 DEC1。

(5) 重复步骤(1)~(4),“外信息”将趋于稳定,对其做硬判决后即可得到译码信息。

在描述具体的迭代译码过程之前,先说明几个符号的意义:

$P_k(\cdot)$——码字符号或信息符号的概率信息;

$L_k(\cdot)$——码字符号或信息符号的对数似然比(Logarithmic Likelihood Ratio, LLR)信息;

$L^e(\cdot)$——外部对数似然比信息;

$L^a(\cdot)$——先验对数似然比信息;

u——信息符号;

c——码字符号;

以码率为 1/2 的 Turbo 码为例,对于 BPSK 调制,编码输出信号为 $X_k=(x_k^s, x_k^p)$,输出信号与编码码字 $C_k=(c_k^s, c_k^p)$之间满足关系 $X_k=\sqrt{E_s}(2C_k-1)$。

假定接收信号为 $Y_k=(y_k^s, y_k^p)$,其中 $y_k^s=x_k^s+i_k$,$y_k^p=x_k^p+q_k$,i_k 和 q_k 是服从均值为 0、方差为 $N_0/2$ 的独立同分布高斯随机变量。

在接收端,接收采样经过匹配滤波之后得到的接收序列为 $R=(R_1, R_2, \cdots, R_N)$,经过串并转换后得到三个序列:系统接收信息序列 $Y^s=(y_1^s, y_2^s, \cdots, y_N^s)$,用于分量译码器 DEC1 的接收校验序列 $Y^{1p}=(y_1^{1p}, y_2^{1p}, \cdots, y_N^{1p})$和用于分量译码器 DEC2 的接收校验序列 $Y^{2p}=(y_1^{2p}, y_2^{2p}, \cdots, y_N^{2p})$。

若其中某些校验比特在编码过程中通过删余矩阵被删除,则在接收序列相应位置填“0”。

两个译码器的输出序列分别为

$$\text{DEC1}:Y_1 = (Y^s, Y^{1p})$$

$$\text{DEC2}:Y_2 = (Y^s, Y^{2p})$$

为了接近香农限，使译码后的比特错误概率最小，应该用最大后验概率准则，计算 $P(u_k)=P(u_k|Y_1,Y_2)$，但这种方法计算复杂度高，不利于实现。可以找到一种次最优的译码方法，即分别计算后验概率 $P(u_k|Y_1,L_1^a)$ 和 $P(u_k|Y_2,L_2^a)$。

7.3.2 Turbo 码的译码算法

目前已有多种方法求解 $P(u_k|Y_1,L_1^a)$ 和 $P(u_k|Y_2,L_2^a)$，它们构成了 Turbo 码的不同译码算法。

1. 分量码的最大后验概率译码

软输入软输出(Soft Input Soft Output，SISO)译码器如图 7.3.2 所示，输入序列为 $Y=y_1^N=(y_1,y_2,\cdots,y_k,\cdots,y_N)$，其中，$y_k=(y_k^s,y_k^p)$。$L^a(u_k)$ 是关于 u_k 的先验信息，y_1^N 表示其所含分量从 y_1 到 y_N，$L(u_k)$ 是关于 u_k 的对数似然比，即

$$L^a(u_k) = \ln\frac{p(u_k=1)}{p(u_k=0)} \tag{7.3.1}$$

$$L(u_k) = \ln\frac{p(u_k=1\mid y_1^N)}{p(u_k=0\mid y_1^N)} \tag{7.3.2}$$

图 7.3.2 SISO 译码器

SISO 译码器的任务就是求解式(7.3.2)，然后按照式(7.3.3)进行判决，即

$$\hat{u}_k = \begin{cases}1 & L(u_k)\geqslant 0\\ 0 & L(u_k)<0\end{cases} \tag{7.3.3}$$

式(7.3.2)可以写为

$$L(u_k) = \ln\frac{p(u_k=1,y_1^N)/p(y_1^N)}{p(u_k=0,y_1^N)/p(y_1^N)} = \ln\frac{\sum\limits_{\substack{(s',s)\\u_k=1}} p(S_{k-1}=s',S_k=s,y_1^N)/p(y_1^N)}{\sum\limits_{\substack{(s',s)\\u_k=0}} p(S_{k-1}=s',S_k=s,y_1^N)/p(y_1^N)} \tag{7.3.4}$$

式中，求和是对 $u_k=1$(或 $u_k=0$)时所有 $S_{k-1}\to S_k$ 的状态转移进行的。而联合概率密度函数

$p(S_{k-1}=s', S_k=s, y_1^N)$可以按式(7.3.5)计算

$$p(s', s, y_1^N) = p(s', y_1^{k-1}) \cdot p(s, y_k \mid s') \cdot p(y_{k+1}^N \mid s) = \alpha_{k-1}(s') \cdot \gamma_k(s', s) \cdot \beta_k(s) \tag{7.3.5}$$

其中定义：

$\alpha_k(s)=p(S_k=s, y_1^k)$为前向递推；

$\beta_k(s)=p(y_{k+1}^N \mid S_k=s)$为后向递推；

$\gamma_k(s', s)=p(S_k=s, y_k \mid S_{k-1}=s')$为 s'和 s 之间的分支转移概率。

RSC 编码器是一个马尔可夫源，在状态 S_{k-1}已知时，$k-1$ 时刻以后发生的事件与以前输入无关。由此可得

$$\begin{aligned}\alpha_k(s) = & \sum_{s'} p(S_k = s, S_{k-1} = s', y_1^k) = \\ & \sum_{s'} p(S_{k-1} = s', y_1^{k-1}) \cdot p(S_k = s, y_k \mid S_{k-1} = s', y_1^{k-1}) = \\ & \sum_{s'} \alpha_{k-1}(s') \cdot p(S_k = s, y_k \mid S_{k-1} = s') = \\ & \sum_{s'} \alpha_{k-1}(s') \cdot \gamma_k(s', s)\end{aligned} \tag{7.3.6}$$

$$\begin{aligned}\beta_{k-1}(s') = & \sum_{s} p(S_k = s, y_k^N \mid S_{k-1} = s') = \\ & \sum_{s} p(y_{k+1}^N \mid S_k = s) \cdot p(S_k = s, y_k \mid S_{k-1} = s') = \\ & \sum_{s} \beta_k(s) \cdot \gamma_k(s', s)\end{aligned} \tag{7.3.7}$$

分支转移概率 $\gamma_k(s', s)$，可从其定义得到

$$\gamma_k(s', s) = p(S_k = s \mid S_{k-1} = s') \cdot p(y_k \mid S_k = s, S_{k-1} = s') = P(u_k) \cdot p(y_k \mid x_k) \tag{7.3.8}$$

式中，$P(u_k)$是 u_k 的先验概率，$p(y_k \mid x_k)$由信道转移概率决定。

因为 $\alpha_k(s)$随着 k 的增大，$\beta_k(s)$随着 k 的减小，它们的值会变成非常接近于零的小数，所以为防止溢出，有必要对 $\alpha_k(s)$和 $\beta_k(s)$进行归一化。令

$$\left.\begin{aligned}\widetilde{\alpha}_k(s) = \frac{\alpha_k(s)}{p(y_1^k)} \\ \widetilde{\beta}_k(s) = \frac{\beta_k(s)}{p(y_{k+1}^N \mid y_1^k)}\end{aligned}\right\} \tag{7.3.9}$$

又因为 $p(y_1^k)= \sum_s p(S_k=s, y_1^k)$，所以

$$\widetilde{\alpha}_k(s) = \frac{\alpha_k(s)}{\sum_s \alpha_k(s)} \tag{7.3.10}$$

将式(7.3.6)代入式(7.3.10)，并将分子分母同除以 $p(y_1^{k-1})$，得到

$$\widetilde{\alpha}_k(s)=\frac{\sum_{s'}\alpha_{k-1}(s')\gamma_k(s',s)/p(y_1^{k-1})}{\sum_s\sum_{s'}\alpha_{k-1}(s')\gamma_k(s',s)/p(y_1^{k-1})}=\frac{\sum_{s'}\widetilde{\alpha}_{k-1}(s')\gamma_k(s',s)}{\sum_s\sum_{s'}\widetilde{\alpha}_{k-1}(s')\gamma_k(s',s)} \tag{7.3.11}$$

根据恒等式 $p(y_k^N|y_1^{k-1})=p(y_{k+1}^N|y_1^k)p(y_1^k)/p(y_1^{k-1})$，于是有

$$\begin{aligned}\widetilde{\beta}_{k-1}(s')=&\frac{\beta_{k-1}(s')}{p(y_k^N\mid y_1^{k-1})}=\\&\frac{\sum_s\beta_k(s)\gamma_k(s',s)}{p(y_{k+1}^N\mid y_1^k)p(y_1^k)/p(y_1^{k-1})}=\\&\frac{\sum_s\beta_k(s)\gamma_k(s',s)/p(y_{k+1}^N\mid y_1^k)}{\sum_s\alpha_k(s)/p(y_1^{k-1})}=\\&\frac{\sum_s\widetilde{\beta}_k(s)\gamma_k(s',s)}{\sum_s\sum_{s'}\alpha_{k-1}(s')\gamma_k(s',s)/p(y_1^{k-1})}=\\&\frac{\sum_s\widetilde{\beta}_k(s)\gamma_k(s',s)}{\sum_s\sum_{s'}\widetilde{\alpha}_{k-1}(s')\gamma_k(s',s)}\end{aligned} \tag{7.3.12}$$

合并式(7.3.5)和式(7.3.9)得

$$\begin{aligned}p(s',s,y_1^N)=&\widetilde{\alpha}_{k-1}(s')p(y_1^{k-1})\cdot\gamma_k(s',s)\cdot\widetilde{\beta}_k(s)p(y_{k+1}^N\mid y_1^k)=\\&\widetilde{\alpha}_{k-1}(s')\cdot\gamma_k(s',s)\cdot\widetilde{\beta}_k(s)\cdot p(y_1^N)/p(y_k\mid y_1^{k-1})\end{aligned} \tag{7.3.13}$$

将上式代入(7.3.4)，分子分母同乘 $p(y_k|y_1^{k-1})$，得

$$L(u_k)=\ln\frac{\sum_{\substack{(s',s)\\u_k=1}}\widetilde{\alpha}_{k-1}(s')\cdot\gamma_k(s',s)\cdot\widetilde{\beta}_k(s)}{\sum_{\substack{(s',s)\\u_k=0}}\widetilde{\alpha}_{k-1}(s')\cdot\gamma_k(s',s)\cdot\widetilde{\beta}_k(s)} \tag{7.3.14}$$

这样就完成了分量码的 MAP 译码算法的推导。$\widetilde{\alpha}_k(s)$和 $\widetilde{\beta}_k(s)$的递推示意图如图 7.3.3 所示。

若分量译码器的初始状态和结束状态已知为“0”状态，则递归的初值可设为

$$\begin{cases}\widetilde{\alpha}_0(0)=1\\\widetilde{\alpha}_0(s\neq0)=0\end{cases}\quad 和\begin{cases}\widetilde{\beta}_N(0)=1\\\widetilde{\beta}_N(s\neq0)=0\end{cases} \tag{7.3.15}$$

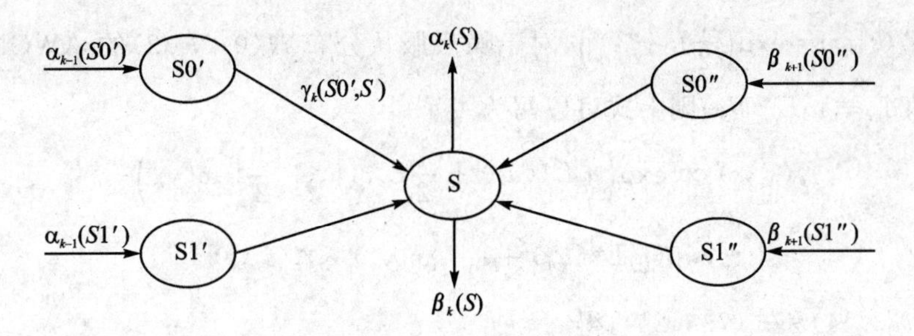

图 7.3.3 $\widetilde{\alpha}_k(s)$和 $\widetilde{\beta}_k(s)$的递推示意图

若结束状态未知,则后向递推的初值为

$$\widetilde{\beta}_N(s) = 1/2^v, s \text{ 为任意状态} \tag{7.3.16}$$

其中 v 为编码器的寄存器单元数。

利用 Bayes 公式,由式(7.3.2)得

$$L(u_k) = \ln\frac{p(y_1^N \mid u_k = 1)}{p(y_1^N \mid u_k = 0)} + \ln\frac{p(u_k = 1)}{p(u_k = 0)} = \ln\frac{p(y_1^N \mid u_k = 1)}{p(y_1^N \mid u_k = 0)} + L^a(u_k) \tag{7.3.17}$$

式中,$L^a(u_k)$是关于 u_k 的先验信息,第一次译码在先验概率相等时此项得零。在以后的迭代译码中,$L^a(u_k)$是由前一级译码器的外信息经交织或解交织得到的。

式(7.3.1)可以写为

$$L^a(u_k) = \ln\frac{p(u_k = 1)}{p(u_k = 0)} = \ln\frac{p(u_k = 1)}{1 - p(u_k = 1)} \tag{7.3.18}$$

由(7.3.18)变形,可得

$$P(u_k) = A_k \exp(u_k L^a(u_k)) \tag{7.3.19}$$

式中,$A_k = \dfrac{1}{1+\exp(L^a(u_k))}$为常量。

对于 $p(y_k|x_k)$,根据 $y_k=(y_k^s, y_k^p)$,$x_k=(x_k^s, x_k^p)$,可得

$$p(y_k \mid x_k) \propto \exp\left[-\frac{(y_k^s - x_k^s)^2}{2\sigma^2} - \frac{(y_k^p - x_k^p)^2}{2\sigma^2}\right] =$$

$$\exp\left[-\frac{y_k^{s^2} + x_k^{s^2} + y_k^{p^2} + x_k^{p^2}}{2\sigma^2}\right]\cdot \exp\left[\frac{x_k^s y_k^s + x_k^p y_k^p}{\sigma^2}\right] =$$

$$B_k \exp\left(\frac{x_k^s y_k^s + x_k^p y_k^p}{\sigma^2}\right)$$

结合式(7.3.8),可得

$$\gamma_k(s', s) \propto A_k B_k \exp(u_k L^a(u_k)) \exp\left(\frac{x_k^s y_k^s + x_k^p y_k^p}{\sigma^2}\right) \tag{7.3.20}$$

若定义 $\gamma_k^e(s',s)=\exp\left(\frac{1}{2}L_c y_k^p x_k^p\right)$，对于噪声服从分布 $N(0,N_0/2)$ 的 AWGN 信道，定义信道可靠性值 $L_c\equiv 4aE_s/N_0$，则上式可以写为

$$\gamma_k(s',s)\propto\exp\left(u_k L^a(u_k)+\frac{1}{2}L_c x_k^s y_k^s+\frac{1}{2}L_c x_k^p y_k^p\right)=$$

$$\exp(u_k L^a(u_k)+\frac{1}{2}L_c x_k^s y_k^s)\cdot\gamma_k^e(s',s) \tag{7.3.21}$$

结合式(7.3.14)和式(7.3.21)，得

$$L(u_k)=L_c y_k^s+L^a(u_k)+\left[\frac{\sum\limits_{s+}\widetilde{\alpha}_{k-1}(s')\cdot\gamma_k^e(s',s)\cdot\widetilde{\beta}_k(s)}{\sum\limits_{s-}\widetilde{\alpha}_{k-1}(s')\cdot\gamma_k^e(s',s)\cdot\widetilde{\beta}_k(s)}\right] \tag{7.3.22}$$

式(7.3.22)第一项是信道值，第二项是前一级译码器提供的先验信息，第三项是可送给后继译码器的外信息。整个迭代中软信息的转移过程为

$$\text{DEC1}\rightarrow\text{DEC2}\rightarrow\text{DEC1}\rightarrow\text{DEC2}\rightarrow\cdots$$

2. Log-MAP 算法

Log-MAP 算法是 MAP 的一种简化形式，实现比较简单。就是把 MAP 算法中的变量都转换为对数形式，从而把乘法运算转换为加法运算，同时译码器的输入输出相应的修正为对数似然比形式，再把得到的算法进行必要的修改就得到了 Log-MAP 算法。

在 Log-MAP 算法中，$M_k(s',s)$，$A_k(s)$ 和 $B_k(s)$ 与 MAP 算法中的 $\gamma_k(s',s)$，$\alpha_k(s)$ 和 $\beta_k(s)$ 相对应，它们之间满足对数关系。

定义 $\max^*$ ()函数为：$\max\limits_e{}^*(f(e))=\ln\left(\sum\limits_e \mathrm{e}^{f(e)}\right)$，则有

$$\left.\begin{aligned}
&M_k(s',s)=\ln\gamma_k(s',s)\\
&A_k(s)=\ln\alpha_k(s)=\ln\sum_{s'}\alpha_{k-1}(s')\cdot\gamma_k(s',s)=\max_{s'}{}^*[A_{k-1}(s')+M_k(s',s)]\\
&B_k(s)=\ln\beta_k(s)=\ln\sum_{s}\beta_{k+1}(s)\cdot\gamma_{k+1}(s',s)=\max_{s}{}^*[B_{k+1}(s)+M_{k+1}(s',s)]
\end{aligned}\right\} \tag{7.3.23}$$

根据式(7.3.22)和式(7.3.23)可得

$$L(u_k)=L_c y_k^s+L^a(u_k)+\max_{s+}{}^*\left[A_{k-1}(s')+\frac{1}{2}L_c y_k^p x_k^p+B_k(s)\right]-$$

$$\max_{s-}{}^*\left[A_{k-1}(s')+\frac{1}{2}L_c y_k^p x_k^p+B_k(s)\right] \tag{7.3.24}$$

将 Log-MAP 算法中的 $\max^*$ ()简化为通常的最大值运算，即为 Max-Log-MAP 算法。

3. SOVA 算法

软输出维特比算法(Soft Output Viterbi Algorithm，SOVA)是维特比算法的改进类型。

它的译码过程是在接收序列的控制下，在码的篱笆图上行走编码器走过的路径。该算法运算量较小，适合工程运用，但性能下降。在此不作详细介绍。

7.4 Turbo 码性能分析

Turbo 码的重量分布可以用来计算最大似然译码下 Turbo 码的纠错性能界。如果分量码编码器在每帧的末尾都被终止，Turbo 码可以用一个等价的分组码来表示。因此可以分析它的等价分组码的重量分布。为了用解析方法来表示 Turbo 码的重量分布，先定义一些函数。

对于一个(n,k)线性分组码 C，其重量枚举函数（Weight Enumerator Function，WEF）可表示为

$$B^C(H) = \sum_{i=0}^{n} B_i H^i \tag{7.4.1}$$

其中 B_i 是汉明重量为 i 的码字数目。将线性分组码分成为信息块和校验块二部分：W 表示信息部分，Z 表示校验部分，则可得到线性分组码的输入冗余重量枚举函数（Input Redundancy Weight Enumerator Function，IRWEF）为

$$A^C(W,Z) = \sum_{w,z} A_{w,z} W^w Z^z \tag{7.4.2}$$

式中，$A_{w,z}$ 表示信息部分汉明重量为 w、校验部分汉明重量为 z 的码字的数目。此时码字的汉明总重量为 $w+z$。

根据重量枚举函数和输入冗余重量枚举函数的定义，比较式(7.4.1)和式(7.4.2)可得

$$B^C(H) = A^C(W = H, Z = H) \tag{7.4.3}$$

也就是

$$A^C(H,H) = \sum_{w,z} A_{w,z} H^{w+z} = \sum_{k} B_k H^k \tag{7.4.4}$$

其中

$$B_k = \sum_{w+z=k} A_{w,z} \tag{7.4.5}$$

输入冗余重量枚举函数和重量枚举函数都是线性码重量分布的表示形式，本质上并没有什么区别。

当输入信息重量为 w 时，码组中校验部分的重量枚举函数为

$$A_w^C(Z) = \sum_{z} A_{w,z} Z^z = \frac{1}{w!} \cdot \left.\frac{\partial^w A^C(W,Z)}{\partial W^w}\right|_{w=0} \tag{7.4.6}$$

其中 $A_w^C(Z)$ 称为条件重量枚举函数。（Conditional Weight Enumerator Function，CWEF）。显然，条件重量枚举函数 $A_w^C(Z)$ 与输入冗余重量枚举函数的关系为

$$A^C(W,Z)=\sum_w A_w^C W^w \tag{7.4.7}$$

一个(n,k)系统分组码，设码的信息位重量为w，校验位重量为z，则平均比特错误概率可以由条件重量枚举函数计算得到，即

$$P_b(e)\leqslant\sum_{d=1}^{n}\delta_d p(d)=\sum_{w=1}^{k}\frac{w}{k}\sum_{z=0}^{n-k}A_{W,Z}P(w+z)\leqslant\sum_{w=1}^{k}\frac{w}{2k}W^w A_w(Z)\Big|_{W=Z=\mathrm{e}^{-R\frac{E_b}{N_0}}} \tag{7.4.8}$$

式中，δ_d 是重量为d 的码字的错误系数，$d=w+z$。另外

$$p(d)=Q\left(\sqrt{2dR\,\frac{E_b}{N_0}}\right),Q(x)=\frac{1}{\sqrt{2\pi}}\int_x^{\infty}\mathrm{e}^{-\frac{t^2}{2}}\mathrm{d}t\leqslant\frac{1}{2}\mathrm{e}^{-\frac{x^2}{2}}\qquad x\geqslant 0 \tag{7.4.9}$$

卷积码的等价分组码的条件重量枚举函数可以通过增扩状态图求传输函数获得。传输函数定义为

$$T(W,Z,L)=\sum_{w,z,l}T_{w,z,l}W^w Z^z L^l \tag{7.4.10}$$

式中，$T_{w,z,l}$是网格图中输入重量为w、校验重量为z、错误路径长度为l的错误路径的数量。单错误路径是网格图中的一条路径，它偏离了全零路径，在有限长的分支内又重新汇聚到全零路径。在等价的分组码中，与错误事件对应的错误路径由多个单错误路径组合而成，称这样的错误路径为复合错误路径。

假设在码长为N的网格中总长为l的错误路径中由n个给定的单错误路径组成，总输入重量为w，校验重量为z。那么这条复合错误路径共有$\binom{N-l+n}{n}$种可能。这里可以使用$T_{w,z,l,n}$来表示卷积码的网格图中由重量为w的信息序列引起的校验序列为z，总错误长度为l，由n个单错误路径级联组成的复合错误路径的数量。定义

$$A(w,Z,n)=\sum_z Z^z\sum_l T_{w,z,l,n} \tag{7.4.11}$$

对于码长为N远远大于卷积码记忆长度的情况，卷积码的条件重量枚举函数可以由下式求得

$$\begin{aligned}A_w^C(Z)&=\sum_z A_{w,z}Z^z=\sum_z Z^z\sum_{l,n}\binom{N-l+n}{n}T_{w,z,l,n}\approx\\&\sum_{n=1}^{n_{\max}}\binom{N}{n}\sum_z Z^z\sum_l T_{w,z,l,n}=\\&\sum_{n=1}^{n_{\max}}\binom{N}{n}A(w,Z,n)\end{aligned} \tag{7.4.12}$$

这里$n_{\max}$是重量为w的输入序列产生的复合错误路径所能包含的最大单错误路径数。

Turbo 码是线性系统码，码的距离特性也可用重量分布来描述。因此为了对 Turbo 码进

行性能分析,需要得到两个分量码级联后的重量枚举函数。Turbo 码码字的汉明重量由三部分组成:输入信息序列的重量、校验序列 1 的重量和校验序列 2 的重量。在 Turbo 码编码器中,交织器的一个重要的作用就是使 Turbo 码的最小重量尽可能地大。性能好的交织器能够做到:当校验序列 1 具有低重量时校验序列 2 具有高的重量,反之亦然,从而保证此时 Turbo 码码字具有较大的总重量。对于一个特定的交织器,确定重量分布很困难。这是因为第二个分量码的校验序列不仅与 Turbo 码的输入信息序列有关,而且还依赖于交织方式。但是还可以在所有交织器上取一个平均性能。令 $A_w^{C_1}(z)$ 和 $A_w^{C_2}(z)$ 分别是分量码编码器 RSC1 和 RSC2 的条件重量枚举函数。如果两个分量码相同,Turbo 码整体的条件重量枚举函数为

$$A_{w^p}^{C}(Z)=\frac{A_w^{C_1}(Z)\cdot A_w^{C_2}(Z)}{\begin{pmatrix}N\\w\end{pmatrix}}\approx\sum_{n_1=1}^{n_{\max}}\sum_{n_2=1}^{n_{\max}}\frac{\begin{pmatrix}N\\n_1\end{pmatrix}\begin{pmatrix}N\\n_2\end{pmatrix}}{\begin{pmatrix}N\\w\end{pmatrix}}A(w,Z,n_1)A(w,Z,n_2)\approx$$

$$\frac{w!}{n_{\max}!}N^{2n_{\max}-w}[A(w,Z,n_{\max})]^2 \tag{7.4.13}$$

将式(7.4,13)代入式(7.4.8),可以得到 Turbo 码平均性能的联合上界为

$$P_b(e)\leqslant\sum_{w=w_{\min}}^{N}\frac{w\cdot w!}{2\cdot n_{\max}!^2}N^{2n_{\max}-w-1}\cdot W^w[A(w,Z,n_{\max})]^2\bigg|_{W=Z=\mathrm{e}^{-R\frac{E_b}{N_0}}} \tag{7.4.14}$$

其中 $w_{\min}$ 是分量码错误路径的最小输入重量。由于使用 RSC,$w_{\min}=2$。这可以进一步化简为

$$P_b(e)\leqslant\sum_{i=1}^{\left\lfloor\frac{N}{2}\right\rfloor}i\begin{pmatrix}2i\\i\end{pmatrix}N^{-1}\frac{(H^{2+2z_{\min}})^i}{(1-H^{z_{\min-2}})^{2i}}\bigg|_{H=\mathrm{e}^{-R\frac{E_b}{N_0}}} \tag{7.4.15}$$

$Z_{\min}$ 表示 RSC 信息重量为 2 的错误路径的最小校验重量。从上式看到 $Z_{\min}$ 是影响 Turbo 码性能的一个重要参数。Turbo 码的有效自由距离定义为 $d_{\text{free}}=2+2z_{\min}$。当使用均匀交织器时,$Z_{\min}$ 是由重量为 2 的信息序列产生的 Turbo 码码字序列的最小重量。其作用与卷积码的自由距离相似。对于使用均匀交织器的 Turbo 码,在高信噪比的条件下,其自由距决定其性能。自由距可能比有效自由距小,有着这种自由距码字重量的码序列是由重量大于等于 3 的信息序列产生的。随机交织器可以将这种码序列的数量减少到可以忽略的程度,因此使用随机交织器的 Turbo 码的性能依然受到有效自由距的控制。

7.5 多进制 Turbo 码

7.5.1 多进制 Turbo 码的编码

多进制 Turbo 码的编码结构和二进制 Turbo 码的编码结构是类似的。区别在于二进制的编码符号是一个比特,而多进制的编码符号是多个比特。

图 7.5.1 给出了卫星数字视频广播反向信道(Digital Video Broadcasting-Return Channel via Satellite,DVB - RCS)标准定义的 Turbo 码编码结构。

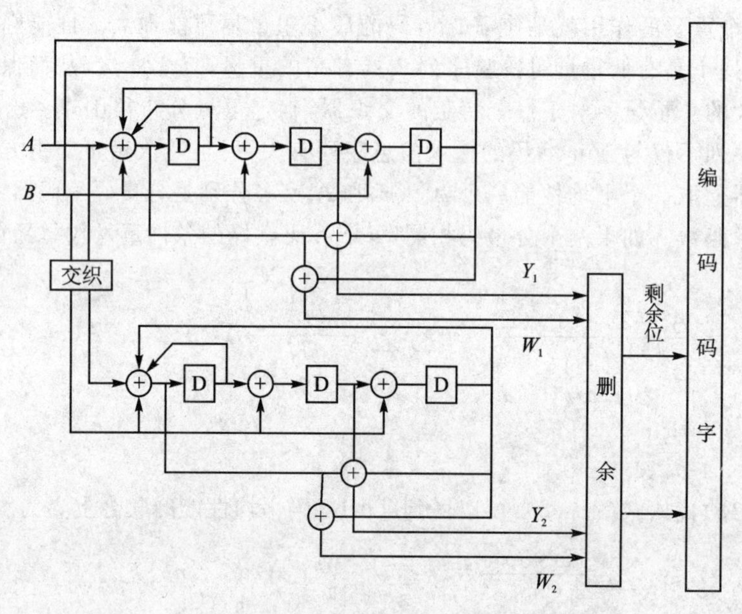

图 7.5.1 DVB - RCS 标准 Turbo 码编码器结构图

DVB-RCS 标准中采用了 8 状态的双二元 Turbo 码编码器,它采用循环递归系统卷积码(Circular Recursive Systematic Convolutional Codes,CRSC Codes)作为分量码。每个时刻对一个比特对(双比特)进行编码。码速率从 1/3 到 6/7 可选,码块信息比特长度从 96 比特到 1 728 比特可选。

7.5.2 多进制 Turbo 码的译码

多进制 Turbo 码的译码需要得到每一个编码符号的对数似然比,然后用最大的那一个去做硬判决得到译码输出。对于多进制 Turbo 码的译码算法,SOVA 算法和 MAP 算法具有相同的译码性能。下面将以 DVB-RCS 标准为例,对译码算法进行推导。

在 DVB-RCS 标准中,编码的符号单元是一个比特对(双比特),故信息符号将有“00”、“01”、“10”、“11”四种,分别用 $u_k=i(i=0,1,2,3)$来表示。最终求得对数似然比需重新定义如下

$$L(u_k=i)=\ln\frac{p(u_k=i\mid y_1^N)}{p(u_k=0\mid y_1^N)}=\ln\frac{\sum\limits_{\substack{(S',S)\\u:u(k)=i}}\alpha_{k-1}(S')\gamma_k(e)\beta_k(S)}{\sum\limits_{\substack{(S',S)\\u:u(k)=0}}\alpha_{k-1}(S')\gamma_k(e)\beta_k(S)}\quad(i=1,2,3)\tag{7.5.1}$$

公式中前后向路径度量的计算方法与二进制 Turbo 码完全相同，仍然是通过初始值经过递推得到每个时刻的度量值。对于分支度量的计算，基本计算公式仍为式(7.3.8)。其中由符号先验信息决定的分支转移概率 $p(S|S')$ 和由信道特性决定的符号传递概率 $p(Y_k|X_k)$ 的计算体现了多进制和二进制的区别。

在 DVB-RCS 标准中，先验信息定义为

$$L^a(u_k = i) = \ln \frac{p(u_k = i)}{p(u_k = 0)} \quad (i = 1,2,3) \tag{7.5.2}$$

由式(7.5.2)可知

$$\sum_{i=1}^{3} \frac{p(u_k = i)}{p(u_k = 0)} = \sum_{i=1}^{3} \exp(L^a(u_k = i)) \tag{7.5.3}$$

所以有

$$p(u_k = 0) = \frac{1}{1 + \sum_{i=1}^{3} \exp(L^a(u_k = i))} \tag{7.5.4}$$

$$p(u_k = i) = \frac{\exp(L^a(u_k = i))}{1 + \sum_{i=1}^{3} \exp(L^a(u_k = i))} \quad (i = 1,2,3) \tag{7.5.5}$$

对于信道符号的转移概率 $p(Y_k|X_k)$，其编码端发送的符号 X_k 和译码端接收的符号 Y_k 已从二进制的 (x_k^s, x_k^p) 和 (y_k^s, y_k^p) 变为 $(x_k^a, x_k^b, x_k^y, x_k^w)$ 和 $(y_k^a, y_k^b, y_k^y, y_k^w)$，因而转移概率公式变为

$$\begin{aligned} p(Y_k \mid X_k) = {} & p((y_k^a, y_k^b, y_k^y, y_k^w) \mid (x_k^a, x_k^b, x_k^y, x_k^w)) = \\ & p(y_k^a \mid x_k^a) p(y_k^b \mid x_k^b) p(y_k^y \mid x_k^y) p(y_k^w \mid x_k^w) = \\ & A_k \exp\left(\frac{x_k^a y_k^a + x_k^b y_k^b + x_k^y y_k^y + x_k^w y_k^w}{\sigma^2}\right) \end{aligned} \tag{7.5.6}$$

其中 A_k 为常数。

将以上推导引入到对数域即可得到对数域中多进制 Turbo 码分支度量的计算公式，现分两种情况讨论。

(1) 当 $u_k=0$ 时：

$$\begin{aligned} M_k(e : u_k = 0) = {} & \ln(\gamma_k(e : u_k = 0)) = \\ & A'_k + \frac{1}{2} L_C (x_k^a y_k^a + x_k^b y_k^b + x_k^y y_k^y + x_k^w y_k^w) - B_k \end{aligned} \tag{7.5.7}$$

(2) 当 $u_k \neq 0$ 时：

$$\begin{aligned} M_k(e : u_k = i) = {} & \ln(\gamma_k(e : u_k = i)) = \\ & A'_k + \frac{1}{2} L_C (x_k^a y_k^a + x_k^b y_k^b + x_k^y y_k^y + x_k^w y_k^w) + L^a(u_k = i) - B_k \quad (i = 1,2,3) \end{aligned} \tag{7.5.8}$$

式(7.5.7)和式(7.5.8)中，$B_k=\ln\left(1+\sum_{i=1}^{3}\exp(L^a(u_k=i))\right)$可作为常数对待。

由于$X_k=(2C_k-1)$，故可将其代入分支度量计算式(7.5.7)和式(7.5.8)后省略掉常数项，最终得到分支度量的计算公式为

$$M_k(e:u_k)=\begin{cases}L_C(c_k^a y_k^a+c_k^b y_k^b+c_k^y y_k^y+c_k^w y_k^w)+L^a(u_k=i) & (i=1,2,3)\\ L_C c_k^y y_k^y+L_C c_k^w y_k^w & (u_k=0)\end{cases} \tag{7.5.9}$$

将式(7.5.9)代入似然比计算公式(7.5.1)得

$$\begin{aligned}L(u_k=i)=&\max_{e:u(e)=i}{}^*(A_{k-1}(S')+M_k(e)+B_k(S))-\max_{e:u(e)=0}{}^*(A_{k-1}(S')+M_k(e)+B_k(S))=\\&L^a(u_k=i)+c_k^a y_k^a+c_k^b y_k^b+\max_{e:u(e)=i}{}^*(A_{k-1}(S')+L_C c_k^y y_k^y+L_C c_k^w y_k^w+B_k(S))-\\&\max_{e:u(e)=0}{}^*(A_{k-1}(S')+L_C c_k^y y_k^y+L_C c_k^w y_k^w+B_k(S))\quad(i=1,2,3)\end{aligned} \tag{7.5.10}$$

由式(7.5.10)可见，最终的似然比函数仍由先验信息$L^a(u_k=i)$、系统信息$c_k^a y_k^a+c_k^b y_k^b$和传递给另一个译码器的外信息$L^e(u_k=i)$三部分组成。外信息定义为

$$\begin{aligned}L^e(u_k=i)=&\max_{e:u(e)=i}{}^*(A_{k-1}(S')+L_C c_k^y y_k^y+L_C c_k^w y_k^w+B_k(S))-\\&\max_{e:u(e)=0}{}^*(A_{k-1}(S')+L_C c_k^y y_k^y+L_C c_k^w y_k^w+B_k(S))\qquad(i=1,2,3)\end{aligned} \tag{7.5.11}$$

计算出似然比后，选择其中的最大者进行硬判决。若$L(u_k=i)<0$，则译码输出符号为“00”；否则译码输出符号为此时的i对应的值。

由此便完成了多进制 Turbo 码译码算法的推导。由推导过程可知，在基于符号判决的方法里，与二进制 Turbo 码译码算法中每个时刻只需计算一个对数似然比不同，对于k进制 Turbo 码，每个时刻需要计算$k-1$个对数似然比来进行硬判决。

7.5.3 多进制 Turbo 码的硬件结构

在上节对多进制 Turbo 码编译码理论详细分析的基础上，本节以 DVB-RCS 标准建议的 1 504 比特帧长、2/3 码率的 Turbo 码编译器为例，给出了基于 FPGA 实现的详细设计方案。本设计支持对连续输入帧的编、译码处理。

1. Turbo 码编码器设计

(1) 编码器硬件结构及工作流程　Turbo 码的编码器的主要功能模块如图 7.5.2 所示。输入端两个双口 RAM 构成乒乓 RAM，交替接收译码输入信息序列以实现对连续帧进行处理的功能。“地址产生模块”为两个双口 RAM 产生读写地址信号。“数据选择器 1”实现信息符号的第一级交织。“数据选择器 2”和“输出缓存 FIFO”共同实现编码码字的删除和复接操作。所有功能模块的工作在“编码主控模块”产生的控制信号控制下进行。

设编码开始时信息序列m首先存入双口 RAM1，当数据帧连续到来时，编码操作的数据流程为：单比特串行信息序列经串并转换为双比特序列后首先存入双口 RAM1；一帧数据存储完毕即从 RAM1 的两个端口同时以双比特读出信息数据的顺序序列和交织序列，分别送入

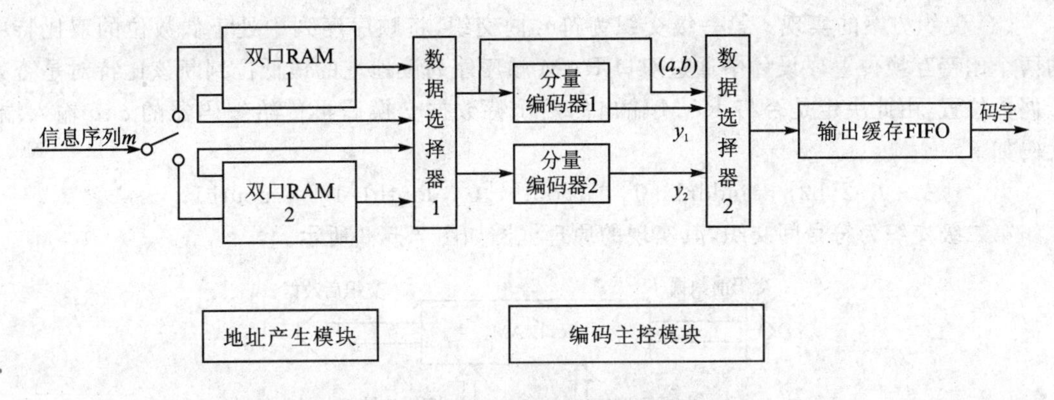

图 7.5.2 Turbo 码编码器硬件结构框图

"分量编码器 1"和"分量编码器 2"进行编码。与此同时,第二帧数据经串并转换后存入双口 RAM2。当进行预编码操作时,将双比特信息序列存入"输出缓存 FIFO";当进行正式操作时,将双比特校验序列存入"输出缓存 FIFO"。在接收第二帧数据的过程中完成对第一帧数据的编码操作。第一帧编码结束后即从"输出缓存 FIFO"读出双比特序列作为编码器的输出码字。此时到来的第三帧数据存入双口 RAM1,同时以相同的方式对双口 RAM2 中的第二帧数据进行编码操作。乒乓 RAM 轮流接收信息数据和向分量编码器传送信息数据。

(2) 分量码编码的实现　基本的分量编码器结构如图 7.5.1 所示。在正式编码开始时需要通过查表得到编码寄存器循环状态。查表在本设计中用寄存器实现,每个分量编码器中均含有一个查表模块。预编码和正式编码间没有时钟间隔。

预编码结束时,由"编码主控模块"向两个分量编码器给出一个时钟的指示信号 flag。在该指示信号的选择下,确定正式编码开始的那个时钟编码寄存器更新及校验位计算的操作数是从查表取得的循环状态还是上个时刻的寄存器状态。核心代码如下:

① 循环状态查找:

```
get_state    g_s1(
        .type(type), .s1_i(s1),.s2_i(s2),.s3_i(s3),
        .s1_o(s1_o_w),.s2_o(s2_o_w),.s3_o(s3_o_w)
        );
```

② 操作数选择:

```
assign {s1_w,s2_w,s3_w} = (! flag)? {s1,s2,s3} : {s1_o_w,s2_o_w,s3_o_w};
```

③ 寄存器更新及校验位计算:

```
y <= a ^ b ^ s1_w ^ s2_w;
s3 <= s2_w ^ b;
s2 <= s1_w ^ b;
s1 <= a ^ b ^ s1_w ^ s3_w;
```

(3) 交织方案的实现　第一级交织为符号内交织，将顺序序列中处于偶数位的双比特中的两个比特互换位置。设计中通过双口 RAM 顺序序列读地址的最低位判断该比特对是否处于偶数位置，由此决定是否将 RAM 输出的两比特数据交换后再传给编码器的 a、b 输入端。代码如下

```
{a2,b2} = addr1a[0] ? {doutb1[0],doutb1[1]} : doutb1;
```

第二级交织为符号间交织，其实现的原理框图如图 7.5.3 所示。

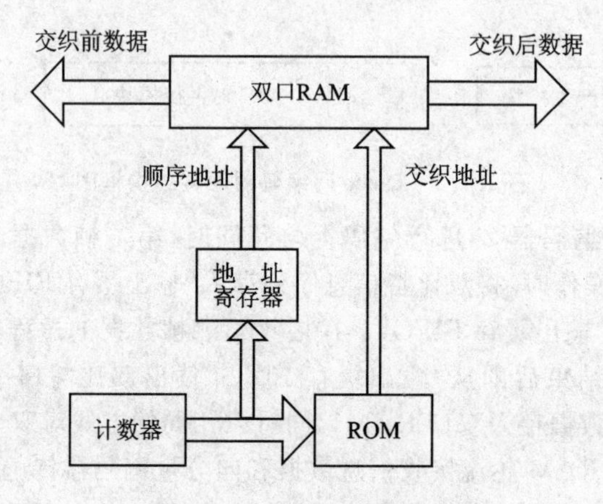

图 7.5.3　交织器原理框图

本设计中采用将原始序列以顺序地址写入 RAM，再以交织地址读出的方式实现交织。交织地址则预先存入 ROM。

由于将顺序序列和交织序列同时从双口 RAM 的两端读出需要将顺序地址和交织地址在同一个时钟送到双口 RAM 的两个读操作的地址端，所以将顺序地址寄存一拍后与交织地址一起送给双口 RAM。

(4) 码率删余的实现　由 DVB-RCS 标准规定的码率删余方案可知，2/3 码率时编码输出的校验位仅保留了处于偶数位的(y_1, y_2)。这个要求通过控制“输出缓存 FIFO”的写使能来实现。

预译码阶段，“输出缓存 FIFO”保持写使能，将信息比特对(a, b)写入 FIFO；正式译码阶段，该写使能信号间隔一个时钟周期处于使能状态，不使能的那个时钟即阻止了处于奇数位置的校验位比特对(y_1, y_2)进入码流，由此达到码率删余的目的。

2. Turbo 码译码器设计

(1) 译码采用的方案　该方案与编码方案以及编码器结构相对固定不同，译码算法的选择以及同样算法中不同参数的选择可以具有较大的灵活性，设计者可以根据不同的需求选择不同的方案来进行译码操作。本设计中采用的方案如下：

译码算法采用不做修正的 MAX-LOG-MAP 算法，以固定迭代次数的方式决定迭代终止，

设计中采用 4 次迭代,预译码步数设为 32。设计中采用的量化方案如表 7.5.1 所列。

表 7.5.1 译码算法的量化方案

译码变量	输入信息	分支度量	路径度量	外信息	似然比信息
量化位数(bits)	4	8	8	6	9

(2) 译码器硬件结构及工作流程 译码器设计采用的硬件顶层结构如图 7.5.4 所示。

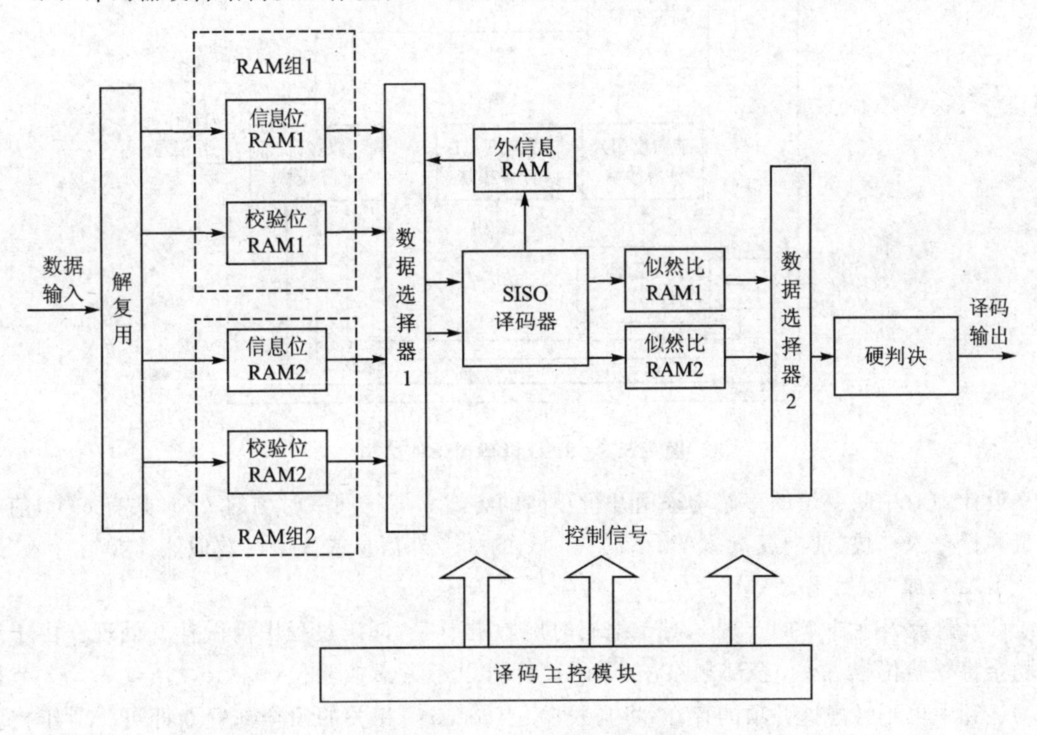

图 7.5.4 译码器硬件结构图

图中 RAM 组 1 和 RAM 组 2 构成乒乓 RAM 用于交替接收到来的数据帧。数据传送的格式为 4 比特信息数据 a 和 4 比特信息数据 b,由此构成 8 比特数据并行输入,a 在高比特位;4 比特校验位数据 y_1 和 4 比特校验位数据 y_2 构成 8 比特数据并行输入,y_1 在高比特位。译码后数据为单比特串行输出。

当数据帧来到时,先由"解复用"模块完成数据分流操作,将信息位的数据和校验位的数据分别存入信息位 RAM 和校验位 RAM 中。一帧数据存储完毕后即开始译码过程。交织前后序列分量码的译码过程完全相同,且在时间上存在先后关系。故两个分量码的译码复用一个"SISO 译码器"。译码迭代过程中外信息的存储也复用一个"外信息 RAM"。对于最终得到的似然比数据,采用两个"似然比 RAM"构成的乒乓 RAM 交替存储连续帧硬判决前的似然比信息。“数据选择器 1”和“数据选择器 2”分别完成译码计算和硬判决中的第一级交织功能。译码器各功能模块的工作均由“译码主控模块”控制，各 RAM 的读写地址也由“译码主控模块”产生。

在整个译码器中，最为核心的模块是“SISO 译码器”模块，由该模块完成信息符号对数似然比的计算，其硬件结构如图 7.5.5 所示。

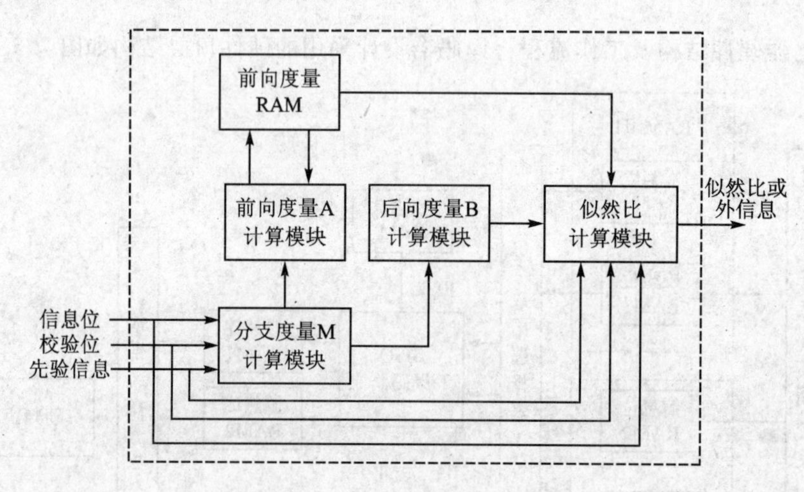

图 7.5.5 SISO 译码器硬件结构

设计中对中间变量的存储均采用并行存储的方式。即将同一时刻的 7 个(共有 8 个)前向度量并行存入一块“前向度量 RAM”，同一时刻的 3 个外信息或 3 个对数似然比并行存入“外信息 RAM”或“似然比 RAM”。

(3) 删余码字补 0 的实现　对于编码时删除的码字，译码过程中需做补 0 处理。由于编码删余将校验位(w_1，w_2)全部删除，故译码运算可以不考虑校验位(w_1，w_2)。在 7.5.2 节推导的运算中可不考虑这些项的存在，将与校验位(w_1，w_2)相关的项全部置 0 即可。对于校验位双比特(y_1，y_2)，由于只将其处于奇数位置(以双比特为单位)的数据删余，故译码中需要区别对待经删余处理和不经删余处理的部分。

为了实现给删除的校验(y_1，y_2)补 0，在译码器接收数据帧时将接收到的(y_1，y_2)数据对依次写在“校验位 RAM”的偶数地址。译码迭代过程中读取“校验位 RAM”奇数地址数据时将 RAM 的输出端清零即可。

(4) 交织解交织的实现　译码器中交织的实现与编码器中相同，即将信息序列以顺序地址写入 RAM 再以交织地址读出。解交织的实现与交织采用相同的结构。所不同的是不另外使用 ROM 存储解交织地址，以将交织后序列用交织地址写入 RAM 再用顺序地址读出的方式实现解交织。若交织的实现用“顺序写，乱序读”来概括，则解交织的过程就是“乱序写，顺序读”。

如此设计带来的益处是:首先节省了存储解交织地址的 ROM;其次,对“外信息 RAM”的读写成为同址操作,即将“外信息 RAM”某地址中前一个分量译码器输出的外信息读出后,经计算产生的新外信息写入同一地址。这样两个分量译码器可以共用一个“外信息 RAM”,于是达到了节省存储资源的目的。

对于第一级交织(解交织),其译码过程在处理外信息或最终似然比时,当遇到需要进行第一级交织(解交织)的情况,需要将符号“01”和符号“10”所对应的外信息或似然比数据互换后再参与随后的运算。

(5) 前(后)向路径度量的计算　由于路径度量值的计算为递推操作,每一个时刻的计算需要用到上一个时刻的计算结果,所以路径度量值计算本身不能进行流水操作。但是对计算路径度量值所需的分支度量的计算却可以进行流水操作。图 7.5.6 示意了是否对分支度量计算采用流水的区别。

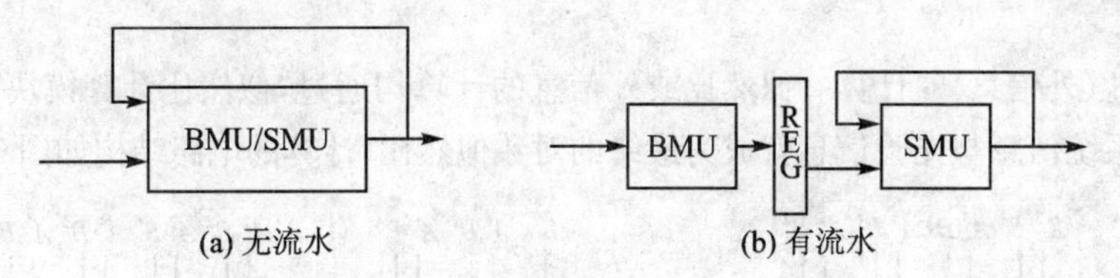

图 7.5.6　路径度量计算外部结构图

图中“BMU”和“SMU”分别表示分支度量计算单元和路径度量计算单元。其中图 7.5.6(a)表示将分支度量和路径度量联合计算,图 7.5.6(b)将两个度量值的计算用寄存器拆分,加入了一级流水,缩短了计算关键路径的长度。本文的设计采用图 7.5.6(b)中的结构。

SMU 内部度量值的计算由于前述原因不能加入流水,所以均采用组合逻辑电路,即将每个时刻组合逻辑的计算结果存入寄存器作为下一时刻计算的输入。DVB-RCS 标准 Turbo 码每个时刻进入某一个状态的分支有 4 个。以更新一个状态的路径度量值计算为例,其电路结构如图 7.5.7 所示。

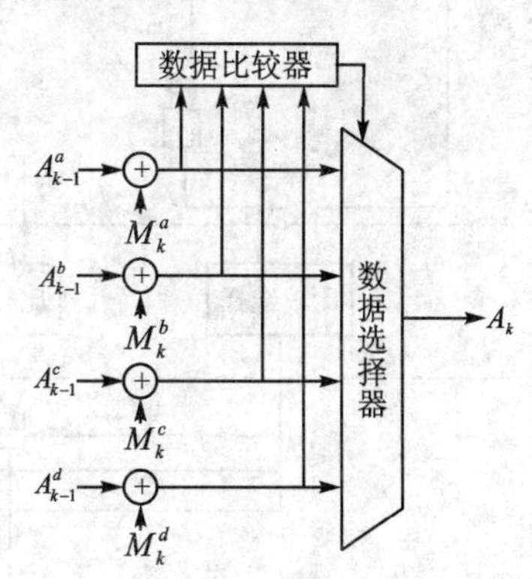

图 7.5.7　路径度量计算电路图

综合分支度量和路径度量的计算,最终在得到路径度量中使用了一级流水,其时序如图 7.5.8 所示。

图 7.5.8 中,a,b,y 表示从 RAM 中读出的信息位数据和校验位数据,M 和 A 分别表示分支度量和路径度量。设节拍②时已知 $k-1$ 时刻的度量值 A。前后向路径度量的计算方法完全相同,只是一个为前向递推,一个为后向递推。在实际中的区别体现在对存储器的数据是顺序读取还是逆序读取。

对度量值的归一化采用每次计算都固定减去 0 状态度量值的方案。如此设计省去了归一

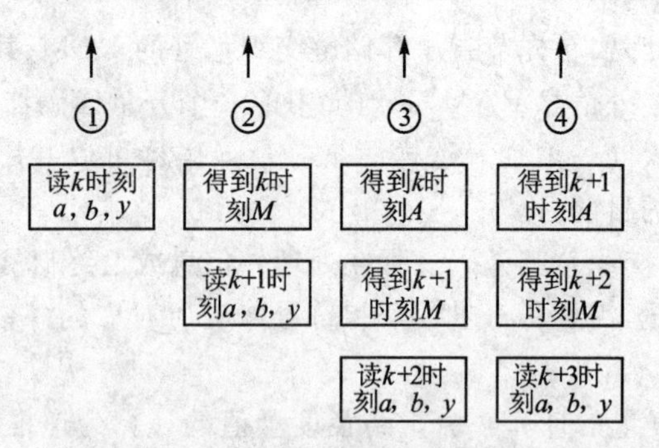

图 7.5.8 路径度量计算流水操作示意图

化判断的操作，缩短了度量值计算的关键路径。由于 0 状态的度量值归一化后保持为 0 不需存储，故只需存储另外 7 个状态的度量值，使存储前向度量所需的存储器资源比常规的办法节省了 12.5 %。

(6) 似然比(外信息)的计算　似然比或外信息的计算均通过“似然比计算模块”实现。外信息在输出前加上系统信息与先验信息就成为最终的对数似然比，计算的电路结构如图 7.5.9 所示。

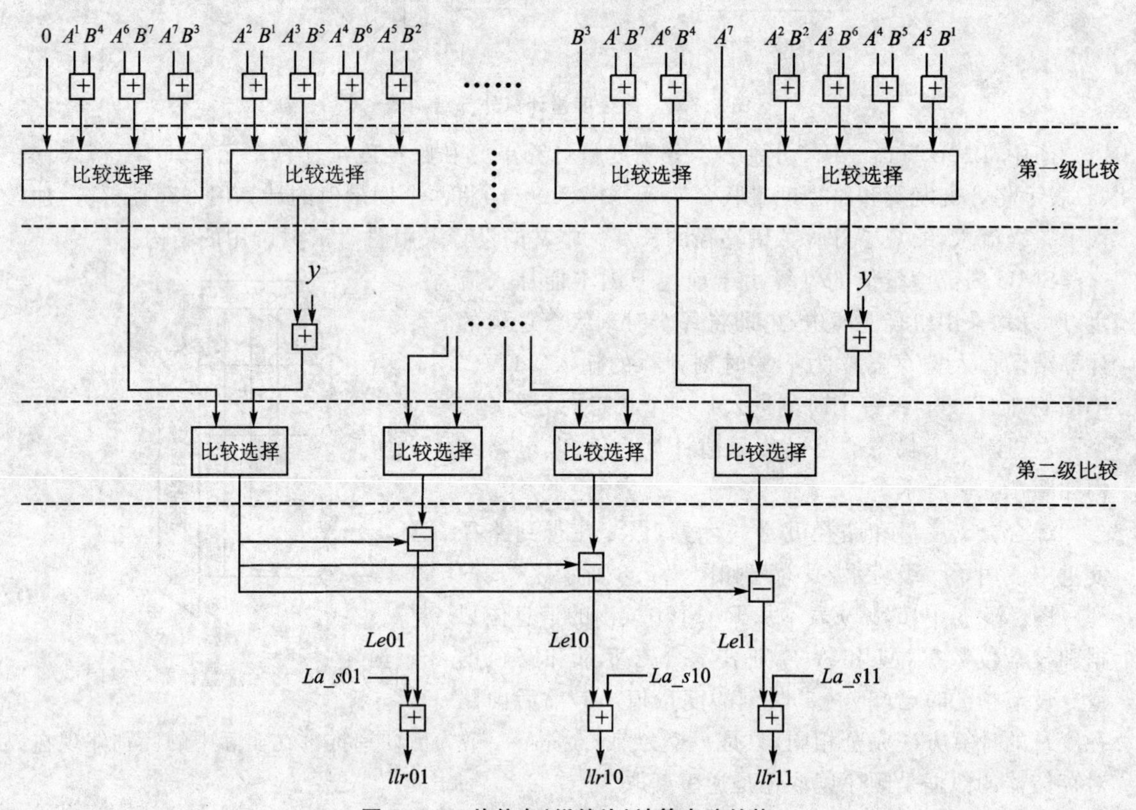

图 7.5.9 外信息(似然比)计算电路结构

图 7.5.9 中，La_s01，La_s10 和 La_s11 分别表示符号“01”、“10”、“11”的系统信息与先验信息之和，其值在最后一步相加前已经得到。似然比信息的取得过程经过了两级比较。校验位 y 的信息在第二级比较前才加入运算，如此设计可使计算中所需的加法器均为两输入的加法器，便于资源的复用。

与路径度量值的计算不同，似然比计算可以使用流水操作拆分组合逻辑。本设计中在第一级比较前和第二级比较前加入寄存器，分别存储第一级比较和第二级比较的操作数，最终用一个时钟将外信息或似然比数据寄存器输出。对于似然比需要进行加法操作，对于外信息需要进行 9 比特中间变量到 6 比特外信息输出转换的限幅操作。整个似然比(外信息)的计算采用了三级流水。

(7) 硬判决的实现　由“硬判决模块”完成对最终对数似然比的硬判决操作得到译码输出。本设计中分两步比较三个似然比，第一步比较结果用寄存器缓存形成一级流水。首先比较 $llr01$ 和 $llr10$，其结果再与 $llr11$ 进行比较。最终比较的结果形成一个双比特的输出，将此双比特输出用寄存器缓存后并串转换为单比特串行输出完成译码，其工作时序如图 7.5.10 所示。

图中 clk_user 为译码数据串行输出时钟，clk_user_div2 为串行输出时钟的二分频，用于控制硬判决过程和并串转换。各节拍进行的操作如下：

节拍①　读入三个似然比。

节拍②　比较 $llr01$ 和 $llr10$ 得到中间结果。

节拍③　将中间结果和 $llr11$ 比较后得到的双比特符号送入寄存器，读入三个新的似然比。

节拍④　从双比特寄存器中读出高位比特作为第一个比特输出，比较新读入的似然比的 $llr01$ 和 $llr10$。

节拍⑤　从双比特寄存器中读出低位比特作为第二个比特输出，得到新读入似然比的双比特输出送给寄存器，同时再读入一组似然比。

(8) 译码过程的控制方案　译码过程各功能模块的工作均在“译码主控模块”产生的控制信号控制下进行。如图 7.5.11 所示，“译码主控模块”分为三个功能模块，各功能模块的功能如下：

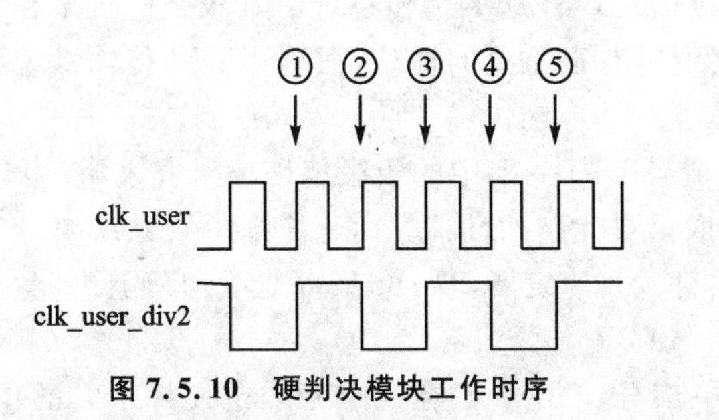

图 7.5.10　硬判决模块工作时序

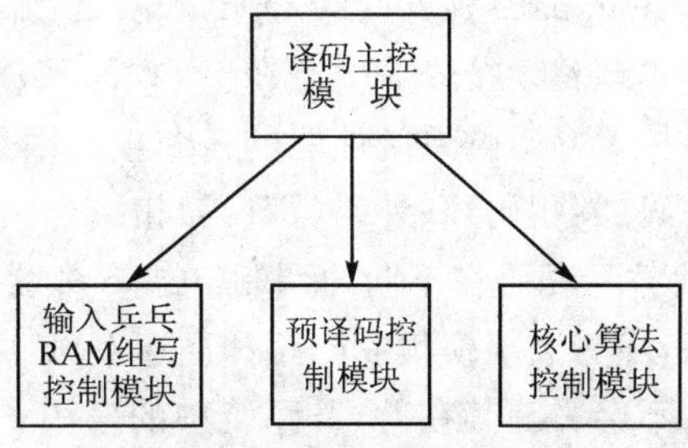

图 7.5.11　译码主控模块结构

① 输入乒乓 RAM 组写控制模块　该模块根据一帧数据到来的同步指示信号 L_start 开始计数器 counter1 和 counter2 的计数，并且为输入端的乒乓 RAM 提供写使能以及写地址信号。

计数器 counter1 和 counter2 分别为前后到来的两帧计数，由此判断译码的进度以产生其他控制信号。

② 预译码控制模块　该模块通过计数器判断译码器是否开始译码操作并相应地为前后两帧给出指示信号 dec_flag1 和 dec_flag2。若处于预译码阶段，给出预译码指示信号 pre_dec_flag 和相应的度量值初始化赋值指示信号 pre_dec_init，以此完成预译码的功能。

③ 核心算法控制模块　Turbo 码译码过程的计算模块前文已经介绍。输入计算模块的计算操作数的取得以及计算结果的保存和传递就成为了控制整个译码实现过程的关键。计算操作数的取得以及计算结果的存储核心是 RAM 的读写，所以该模块主要完成的功能就是产生译码迭代过程中各个 RAM 的读写地址以及读写控制信号。

一个译码迭代周期中，两个分量译码器各工作一次，分别处理未交织的序列和交织后的序列。两个译码器分别工作时作为前半周期和后半周期，在设计中用信号 fist_half 来区别；每个半周期内又经历了前向递推过程和后向递推过程，设计中用 forward 信号来区别。设计中可根据这两个信号来判断 RAM 的读写地址应递增还是递减，应用顺序地址还是用交织地址。

7.6　Turbo 码的应用

Turbo 码凭借其优越的性能有着很广泛的应用。

针对深空通信的特点，空间数据系统咨询委员会（Consultative Committee for Space Data System，CCSDS）在 1999 年版本 4 之前主要推荐采用（255，239，8）的 RS 码和（2，1，7）的卷积码串行而成的级联码。随着 Turbo 码研究的不断深入，CCSDS 遥测信道编码建议书在保留原编码方案的前提下加入了 Turbo 码，并维持了与 CCSDS 分包遥测建议书的兼容性。

Turbo 码的身影也出现在数字电视广播（Digital Video Broadcasting，DVB）中。地面上的数字电视广播（Digital Video Broadcasting - Terrestrial，DVB-T）中的编码正交频分复用（Coded Orthogonal Freguency Division Multiplexing，COFDM）传输系统以其较强的抗多径干扰和易于实现移动接收等优点在 DVB 的家族中占有很重要的地位，而 COFDM 传输系统中信道译码技术是影响系统性能的一个重要因素。

内码（卷积码）和外码（RS 码）相结合构成了 DVB - T 中的级联编码。研究表明，用 Turbo 码代替卷积码在不同的调制方式下都会取得更优越的性能。由于广播电视系统对延时要求不高，随着大规模集成电路和高速 DSP 器件的飞速发展，Turbo 码时延长、译码计算量大的缺点将不会影响其在 DVB 系统中的应用。

移动通信作为与日常生活密不可分的一部分，Turbo 码在这个领域也发挥了它的作用。

现在三个第三代移动通信系统候选标准：欧洲的 WCDMA、美国的 CDMA2000 以及中国的 TD-SCDMA，这些所采用的高速率编码技术就是 Turbo 码编码技术。

另外，欧洲的 DVB-RCS 标准提供了两套独立的信道编码方案：串行级联方案（RS 码、卷积码）和 Turbo 码方案（CRSC Turbo 码）。和串行级联方案相比，Turbo 码具有更优良的性能、更灵活的分组长度和码率。

除此之外，Turbo 码技术也可以用于分布式信源编码（Distributed Source Coding，DSC）、信源信道联合编码（Joint Source Channel Coding，JSCC）和信息隐藏等领域。

习　题

7.1　一个简单的二进制矩阵如题图 7.1(a)所示：其中码长 $n=8$，信息位 $k=4$。标号 1,2,3 和 4 是信息比特，标号 5 和 6 是行校验比特，而标号 7 和 8 是列校验比特。因此，1,2,5 和 3,4,6 构成两个单比特行校验码字，1,3,7 和 2,5,8 构成两个单比特列校验码字，其中每个码字都有参数 $(n, k)=(3,2)$。

这个矩阵可以被认为是一个简单的 Turbo 码。为了形成如题图 7.1(b)所示的 Turbo 码结构，平行的编码器分别计算行和列的校验码，交织器交换进入列编码器的信息比特的顺序，它把{1,2,3,4}交织成{1,3,2,4}。然后，复接器将信息和两个校验比特形成一个复合码字。

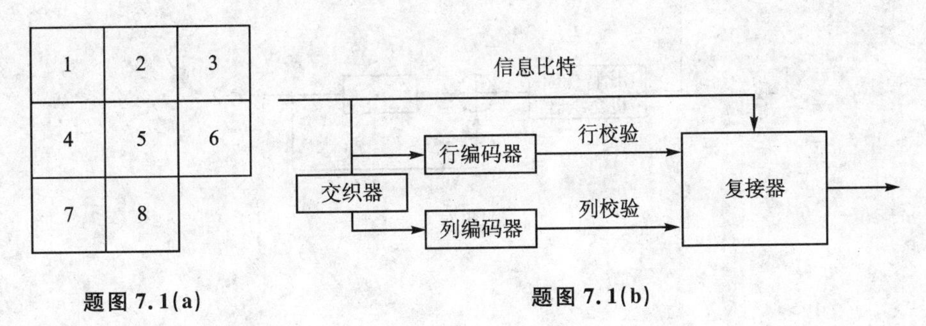

题图 7.1(a)　　题图 7.1(b)

(1) 这个码的码率和汉明距离是多少？

(2) 一个经过此编码的码字，通过一个像题图 7.1(c)一样的离散对称无记忆软判决信道，其中的条件转移概率如题表 7.1 所列，接收码矢量 $v=(10300000)$。利用 Turbo 码（迭代）MAP 译码算法，计算传输的原始信息比特。

题表 7.1

	$P(y \mid x)$			
$x,\ y$	0	1	2	3
0	0.4	0.3	0.2	0.1
1	0.1	0.2	0.3	0.4

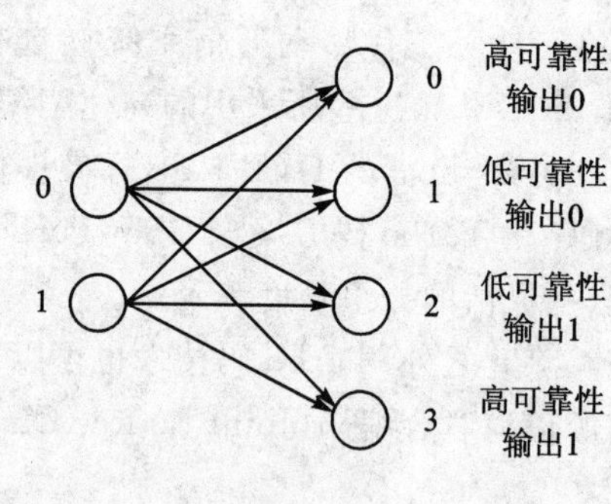

题图 7.1(c)

7.2 一个码率为 1/3 的 Turbo 码如题图 7.2 所示，计算编码后 Turbo 码的分量码的最小自由距离以及该 Turbo 码的最小自由距离。其中 3 比特的伪随机交织器的排列方式为$\begin{pmatrix}1 & 2 & 3\\3 & 1 & 2\end{pmatrix}$。

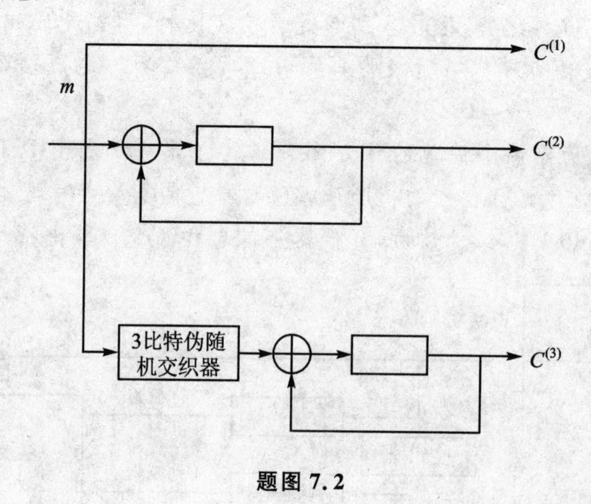

题图 7.2

第 8 章 LDPC 码

1962 年，Gallager 博士首先提出了低密度奇偶校验码（Low Density Parity Check Codes，LDPC Codes）[1]，并给出了 LDPC 码的简单构造和硬判决概率译码。LDPC 码复杂度很高，但是性能非常接近香农限；限于当时计算机硬件水平，人们无法对码长较长的 LDPC 码进行仿真，致使学术界错误地认为 LDPC 码只有理论价值，无法应用到实际中。

1981 年，Tanner 建立了码的图模型，证明了和积算法（Sum Product Algorithm，SPA）在无环图中的译码最佳性，并提出了构造适合和积译码算法的图模型的代数方法。直到 1993 年 Berrou 等人提出了 Turbo 码，人们通过研究发现 LDPC 码与 Turbo 码在迭代译码算法上有相同的特性，进而重新发现了 LDPC 码。

1996 年前后 MacKay 和 Neal、Spiser 和 Spielman、Wiberg 首先证明了采用置信度传播（Belief Propagation，BP）迭代译码算法，LDPC 码具有逼近香农限的性能。由于码长很长，相距很远的信息比特也可能出现在同一个校验方程里，使其具有抗突发错误的能力，而且 LDPC 码没有因引入交织器带来的延时。此外，LDPC 码适于硬件实现，可以完全并行操作，具有高速译码性能。

LDPC 码凭借其优异的性能成为当今信道编码领域最受瞩目的热点。对 LDPC 码的研究主要分为两个大的方面：一方面侧重于在理论上研究 LDPC 码的性能，包括如何构造好的 LDPC 码、研究快速译码算法、分析 LDPC 码的码重分布、计算性能界和码率界等；另一方面侧重于 LDPC 码的实际应用，包括 LDPC 码在通信系统的应用和硬件实现。

8.1 LDPC 码的性质及其 Tanner 图

8.1.1 LDPC 码性质和分类

LDPC 码是一种线性分组码，既有线性分组码的性质，又有其特殊性——低密度。在这里，“密度”被定义为 $\boldsymbol{H}$ 矩阵中“1”的数目与 $\boldsymbol{H}$ 矩阵中所有“1”和“0”总数目和的比值。也就是说，LDPC 码校验矩阵中包含绝大多数的“0”，而只有极少数的“1”。

对于二进制的 LDPC 码，它的奇偶校验矩阵具有如下几个性质：

(1) 每一行有 ρ 个“1”，ρ 称为该行的行重；

(2) 每一列有 γ 个“1”，γ 称为该列的列重；

(3) 任意两行或者两列不会有两处或两处以上在相同的位置有“1”；

(4) ρ 和 γ 远远小于码长。

LDPC 码可以分成规则 LDPC 码和非规则 LDPC 码。若 LDPC 码 $\boldsymbol{H}$ 矩阵每一行的行重 ρ 相等,并且每一列的列重 γ 也相等,那么它就称为规则 LDPC 码;否则称为非规则 LDPC 码。若一个 LDPC 码的信息位是 m 比特,编码后是 n 比特,即增加了 $k(k=n-m)$ 比特,则编码效率 $\eta=m/n$。对于规则的 LDPC 码,可以记为 (n,γ,ρ) 的形式。例如,式(8.1.1)为(12,3,6) LDPC 码的校验矩阵

$$\boldsymbol{H}=\begin{bmatrix}0&1&1&1&0&0&1&1&0&1&0&0\\0&0&0&1&1&1&0&1&1&0&1&0\\1&0&1&1&1&0&0&0&1&0&0&1\\1&1&1&0&1&1&1&0&0&0&0&0\\1&0&0&0&0&0&1&1&1&1&1&1\\0&1&0&0&0&1&1&0&0&1&1&1\end{bmatrix} \tag{8.1.1}$$

在式(8.1.1)$\boldsymbol{H}$ 矩阵中,每列都有 3 个“1”,表示每个码元变量受到 3 个校验方程约束;每行都有 6 个“1”,表示每个校验方程对 6 个码元进行校验。不过满足(12,3,6)结构条件的校验矩阵并不唯一,式(8.1.1)只是其中一种可能,而对于非规则码,则只能记为 (n,m) 的形式。对式(8.1.2)为(7,4)非规则 LDPC 码的校验矩阵

$$\boldsymbol{H}=\begin{bmatrix}1&1&1&0&1&0&0\\0&1&1&1&0&1&0\\1&0&1&1&0&0&1\end{bmatrix} \tag{8.1.2}$$

同样的,(7,4)非规则 LDPC 码对应的的校验矩阵也不唯一。

8.1.2 Tanner 图

Tanner 图就是表达码字比特与校验比特之间约束关系的图。一个 Tanner 图和一个校验矩阵完全对应。在 LDPC 码的 Tanner 图中,每个编码比特(对应于校验矩阵中的列)对应一个顶点,称为变量节点(variable node)或者比特节点(bit node),也可称为父节点。每个校验约束(对应于校验矩阵中的行)用一个顶点表示,称为校验节点(check node),也可称为子节点。若某个比特参与了某个校验约束,即校验矩阵中对应位置的元素不为零,于是在对应的变量节点和校验节点之间连一条边,把所有的边都连好后,所得的图就是与该校验矩阵对应的 Tanner 图。

下面是有关 Tanner 图的几个定义:

定义 8.1.1 度数(degree):与一个顶点相连的边的数量。显然,变量节点的度数等于该变量节点所对应的奇偶校验矩阵的列的列重,而校验节点的度数等于该校验节点所对应的奇偶校验矩阵的行的行重。

定义 8.1.2 环(cycle):由变量节点、校验节点和边首尾相连组成的闭合环路。

定义 8.1.3 围长(girth):码字 Tanner 图中最短环的周长,记为 g。

规则 LDPC 码具有规则的 Tanner 图结构,即每个变量节点与恒定数目的校验节点相连,变量节点的度数不变;每个校验节点与恒定数目的变量节点相连,校验节点的度数也不变。图 8.1.1所示的 Tanner 图对应式(8.1.1)所示校验矩阵 $\boldsymbol{H}$,式中,$x_1,x_2,\cdots,x_{12}$ 表示变量节点,$A_1,A_2,\cdots,A_6$ 表示校验节点。

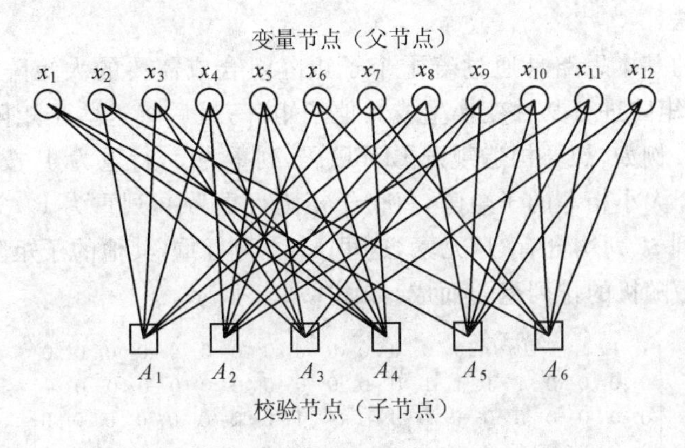

图 8.1.1 LDPC 码的 Tanner 图

有一点需要说明的是,Tanner 图上包含短环,如长度是 4 或者 6,会影响译码性能。

对于非规则 LDPC 码,变量节点和校验节点的度数都不是固定的值,通常用度分布对(degree distribution pair)(λ,ρ)来描述,即

$$\lambda(x)=\sum_{i=2}^{d_v}\lambda_i x^{i-1},\rho(x)=\sum_{j=2}^{d_c}\rho_j x^{j-1} \tag{8.1.3}$$

式中,$\lambda(x)$和 $\rho(x)$分别为变量节点和校验节点的度数分布多项式,$\lambda_i(\rho_j)$表示与度数为 $i(j)$的变量(校验)节点相连的边数在总边数中所占的比例,$d_v(d_c)$表示变量(校验)节点中的最大度数,且分别满足 $\sum_{i=2}^{d_v}\lambda_i=1$ 和 $\sum_{j=2}^{d_c}\rho_j=1$。规则码是非规则码的特例,对于(12,3,6)LDPC 码,变量节点和校验节点的度数分布多项式可表示为 $\lambda(x)=x^2$ 和 $\rho(x)=x^5$。

8.2 LDPC 码构造基本方法

LDPC 码的构造实际上就是根据不同的设计准则构造具有低密度特性的校验矩阵 $\boldsymbol{H}$。一般说来,构造 LDPC 码的奇偶校验矩阵 $\boldsymbol{H}$ 有两种方法:一种是伪随机构造法,即先对校验矩阵 $\boldsymbol{H}$ 设置一些属性限制,如最小环长或节点度分布等,再利用计算机搜索方法进行随机或者类随机生成奇偶校验矩阵 $\boldsymbol{H}$;另一种是系统代数构造法,利用代数学或者组合理论构造 LDPC 码的奇偶校验矩阵 $\boldsymbol{H}$,使之具有规则的结构。目前,根据构造方法的分类,已经有 Gallager

码、Mackay 码和有限几何码等多种不同 LDPC 码。

8.2.1 随机构造法

随机构造 LDPC 码的方法有多种，基本上都是先随机构造小矩阵，再组合成大矩阵的方法。

1. Gallager 方法

Gallager 方法的基本思路是通过若干个子矩阵组合成需要的大矩阵。首先构造一个子矩阵；然后将这个子矩阵进行某种变换生成其他子矩阵；最后将这些子矩阵拼接起来，形成最终的大校验矩阵 $\boldsymbol{H}$。例如，想要构造规则 LDPC 码，列重为 3，行重为 4，按 Gallager 方法将校验矩阵按行分成 3 个大小相等的子矩阵，每个子矩阵行重为 4，列重为 1。第一个子矩阵的第 i 行从第 $(i-1)k+1$ 到 ik 列均含有"1"元素，这里 $k=4$ 为行重，其他的子矩阵，都是通过对第一个子矩阵的所有列做随机的排列组合而成，如图 8.2.1 所示。

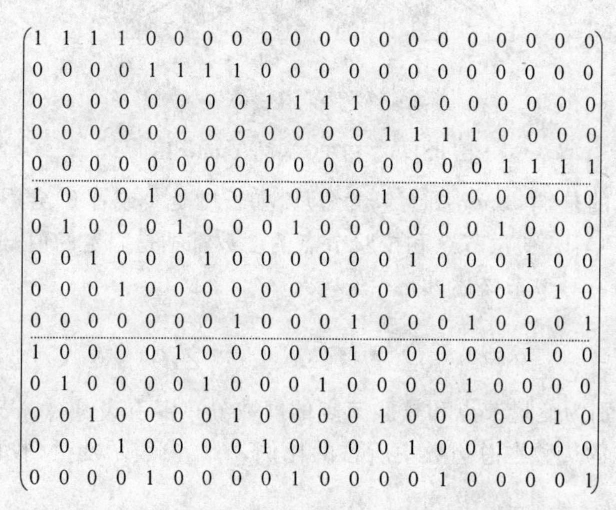

图 8.2.1 (20,3,4)LDPC 码

2. Mackay 的随机方法

(1) 这种方法是最基本的一种构造方法，固定列重 γ，而行重尽可能均匀的保持为 ρ。同时要求任意两列之间的"1"的重叠数量应不超过 1 个，即没有长为 4 的环。图 8.2.2 表示了按照此方法构造的一个 LDPC 码(3,6)码。

(2) 将校验矩阵中 $M/2$ 的列的重量设为 2，通常采用两个 $M/2\times M/2$ 的单位矩阵上下叠放。剩余的列依然保持(1)的构造方法，如图 8.2.3 所示。

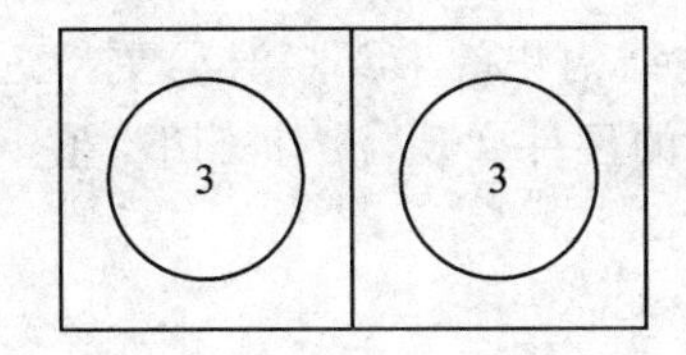

图 8.2.2 Mackay 随机法构造的 LDPC 码(3,6)码

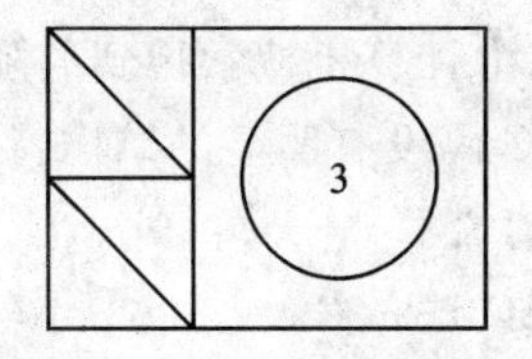

图 8.2.3 加了单位阵的 LDPC 码

(3) 在前面所说的(1)和(2)构造方法构造的矩阵中，删除部分产生短环的列，再插入重新随机产生的列，使得 Tanner 图中不再存在小于某个长度的环。

3. 比特填充与扩展比特填充

比特填充法主要解决以下两个问题：

一是给定比特节点数 n、比特节点度数 a 和围长 g，使校验节点数 m 尽量小；

二是给定校验节点数 m、比特节点数 n、比特节点度数 a 和校验节点度数 b，其中 $mb=na$，使围长 g 尽可能大。

比特填充法的具体步骤如下：

假设已经得到了一个具有 n 列的矩阵 $\boldsymbol{H}$，其列重为 a、行重没有超过 b，且围长为 g；现在增加第 $n+1$ 列到 $\boldsymbol{H}$ 上，把新列作为一个大小为 a、初始为空的集合 U_1，它是以校验节点为元素的一个集合，是$\{1,2,\cdots,m\}$的一个子集；进一步假设已经增加了 i 个校验节点到 $U_1(0<i<a)$里，在保证约束的情况下再增加第 $i+1$ 个到 U_1 里，循环下去直到得到一个完整的矩阵 $\boldsymbol{H}$。

扩展比特填充算法的基本原理与比特填充法基本相同，都是在保持给定的围长约束条件下，将“1”一个个地放入校验矩阵中；但是稍有不同的是，在整个算法的执行过程中，围长不是一直不变的。在算法的最初执行时围长保持其最大值 g_{max}；当不能再增加列时，也就是不能继续填充时，可以减小围长到 $g_{max}-2$，然后在新的围长条件下继续进行算法。遇到不能填充时围长就减 2，一直循环到“1”都成功放入校验矩阵中或围长约束低于给定的最小值 g_{min}时，算法才停止。前者表示扩展比特填充法构造 $\boldsymbol{H}$ 成功，后者表示失败，这时需要适当降低 g_{min} 值再次尝试。

扩展比特填充法能够构造出性能较好的 LDPC 码。MacKay 提供的所有 LDPC 码的校验矩阵的最小围长约束都是 6，也就是避免了环长 4 的产生。在很多情况下，使用扩展比特填充算法能够得到更高的围长约束，如表 8.2.1 所列。

表 8.2.1 Mackay 随机法和比特填充法性能比较

a	m	n	g_{max}	g	
				Mackay	比特填充
3	408	816	10	6	8
3	252	504	22	6	8
4	544	816	18	6	8
3	272	408	22	6	10

通常，由计算机搜索得到的随机 LDPC 长码比结构化的 LDPC 长码更接近香农限；但是随机 LDPC 码没有明显的结构特征，不利于编译码的硬件实现，没有实用价值，仅在数学上与仿真上有意义。

4. PEG 法

这是一种构造 Tanner 图的简单有效方法，它以尽可能保持大的围长为目的并逐个增加变量节点和校验节点的边。具体操作方法是：给定变量节点的数目 n、校验节点的数目 m 和变量节点的分布序列，选择程序开始放置新的边；选择新边时尽可能对 Tanner 图的围长有较小的影响；新边放置好后，继续搜索下一个边，直到结束。

8.2.2 系统代数构造法

随机构造法在经过大量的筛选后，可能构成高围长、性能优越的 LDPC 码。另外，随机构造法构造的 LDPC 码最小距离跟码长基本成线性，当码长增加时，码的性质越来越好；但是随机矩阵不利于编码，没有特定的性质也不利于性能分析。所以，随着目前代数学和几何学的不断发展，利用系统化的方法构造 LDPC 码已经成为一个趋势。有限几何构造法、组合设计法都是其中的代表。

1. 有限几何构造法

Gallager 构造的 LDPC 码实际是一种伪随机码，后来研究证明对该码进行编译时需要的计算量很大，特别是当码字很长时，用随机或伪随机构造的 LDPC 码的编码时间与码字的长度 n 成平方关系。针对这一缺点，人们后来又提出了基于有限几何的 LDPC 码。该方法在很大程度上克服了 LDPC 码的这一缺点，并使它的编码时间与码字 n 成线性关系。

有限几何构造法是基于有限几何中的线和点构造的。欧氏几何或投影几何具有 n 个点和 J 条线，满足以下 4 个条件：

(1) 每条线过 p 个点；

(2) 任何两个点之间有且只有一条直线；

(3) 每个点只能落在 q 条线上；

(4) 两条线或者平行或者有且只有一个交点。

例如：4 个点两两相连，一共有 6 条线，每条线过 2 个点，每个点有 3 条线通过，即 $n=4$，$J=6$，$p=2$，$q=3$。

校验矩阵 $\boldsymbol{H}=(h_{ij})$ 的行和列分别对应 J 条线和 n 个点。若第 i 条线过第 j 个点，则 $h_{ij}=1$，否则 $h_{ij}=0$。校验矩阵中每行“1”的数量即每条直线通过的点的数量 p，每列中“1”的数量即每个点连接的直线数量 q。校验矩阵的密度定义为 $d=p/n=q/J$，若 d 远远小于 1，则校验矩阵即为低密度校验矩阵。用这种方法通过调整参数大小可以构造出围长为 4 的 LDPC 校验矩阵。

2. 组合设计法

BIBD(Balanced Incomplete Block Design)是组合数学上的均衡不完全区组设计，PBIBD

(Partially Balanced Incomplete Block Design)是部分均衡不完全区组设计。

给定一个 v 个元素的集合 $V=\{1,2,\cdots,v\}$，$B=\{B_1,B_2,\cdots,B_b\}$ 为 V 的 k 子集的集合，并且满足 V 中的每个元素均出现在 r 个子集中，V 中的每对相异元素 $(i,j=1,2,\cdots,v,i\neq j)$ 均同时出现在 λ 个子集中。于是 (V,B) 构成区组设计，称为均衡不完全区组设计，简记为 BIBD (v,k,λ)。

当 $\lambda=1$ 时的 BIBD 通常称为 Steiner 系或 Steiner - 2 设计，而且 BIBD$(v,k,1)$ 也常记为 $S(2,k,v)$，因此可以用 (V,B) 来对应 LDPC 码的 Tanner 图设计。因为 $\lambda=1$，故 Tanner 图中不存在长为 4 的环。例如，设集合 $B=\{B_1,B_2,\cdots,B_7\}$ 的各区组 $B_1=\{1,2,4\}$，$B_2=\{2,3,5\}$，$B_3=\{3,4,6\}$，$B_4=\{4,5,7\}$，$B_5=\{1,5,6\}$，$B_6=\{2,6,7\}$ 和 $B_7=\{1,3,7\}$，则其为一个 BIBD(7,3,1)，它的关联矩阵为

$$\mathbf{A}=\begin{bmatrix}1&0&0&0&1&0&1\\1&1&0&0&0&1&0\\0&1&1&0&0&0&1\\1&0&1&1&0&0&0\\0&1&0&1&1&0&0\\0&0&1&0&1&1&0\\0&0&0&1&0&1&1\end{bmatrix} \tag{8.2.1}$$

LDPC 码的校验矩阵可与区组设计中的关联矩阵 A 相对应，图 8.2.4 所示为 BIBD(7,3,1) 的 Tanner 图。

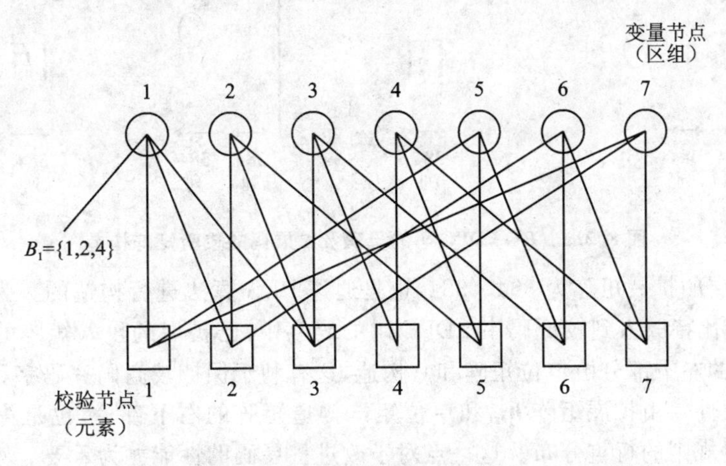

图 8.2.4 BIBD(7,3,1)的 Tanner 图

在 BIBD 中，任意两个元素相遇的次数都是 1；而在 PBIBD 中任意两个元素相遇的次数可以是 1，也可以是 0。前者构造的 LDPC 码能够确保没有长度为 4 的环；后者由于灵活性增加了，就有可能构造出环更大或者环分布更好的码字。BIBD 与 PBIBD 的构造在组合数学与集

合论中已有比较成熟的方法，这里不再赘述。

8.2.3 码率兼容的 LDPC 码的构造

为了适应不同的码率需求，通过借鉴码率兼容删余卷积码的构造思想，许多学者对 RC-LDPC 码的构造方法进行了一些研究。目前较为成熟的构造方法是通过对非规则 LDPC 母码的校验矩阵进行扩展和打孔来实现码率的兼容。

假定码率兼容的 LDPC(Rate Compatible-Low Density Parity Check，RC-LDPC)码的信息码长 k 为 384 字节(3 072 比特)，选择码率为 8/13 的非规则 LDPC 码作为母码，校验矩阵为 1 920×4 992，通过 PEG 算法构造，并且采用系统编码器。通过对母码校验矩阵进行 9 层扩展，可以得到 8/14，…，8/22 等 9 个不同码率的 LDPC 码，如图 8.2.5 所示。

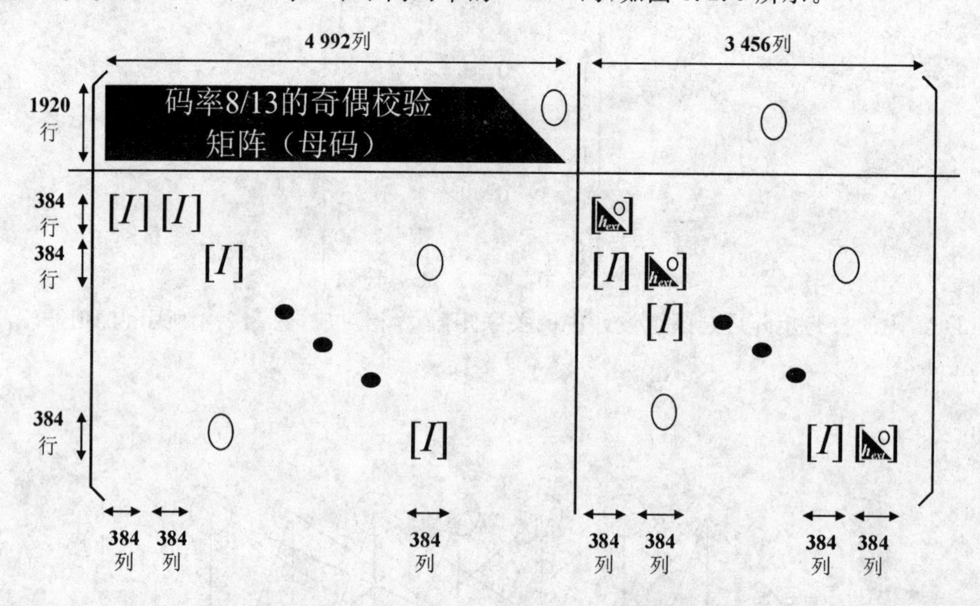

图 8.2.5 RC-LDPC 码的母码及扩展码的校验矩阵构造

其中，每一层的扩展矩阵为 384×384，也是通过 PEG 算法进行构造的。为了使较高码率 LDPC 码的校验比特嵌入到较低码率 LDPC 码的码字中，已扩展的校验矩阵的右上部分全为 0。与之相对应的左下部分由单位矩阵和 0 构造，这有利于保持较高码率码字和较低码率码字之间的从属一致性。由扩展矩阵 $\boldsymbol{h}_{\text{ext}}$ 和单位矩阵构造矩阵的右下部分，也是为了使扩展后的矩阵有一个相对规则的行重分布。这一点对于改进扩展码的性能尤为重要。

母码的校验矩阵和扩展矩阵 $\boldsymbol{h}_{\text{ext}}$ 都是利用 PEG 算法进行构造，这可以改善扩展矩阵的环分布。在校验矩阵进行扩展时，单位矩阵的位置选择要保证不产生任何长度为 4 的环。这里值得注意的一点是，扩展矩阵左下部分的两个并排放置的单位矩阵会产生长度为 4 的环，但这样的环的数目一般来说相当小，在本例中长度为 4 的环仅有 4 个。

为了构造一组好的 RC-LDPC 码，首先要选择一个抗误码性能优异的母码。研究表明在给定信息节点度分布的情况下，PEG 算法可以构造出校验度分布相对规则的好码，在有限码块长度时，这些码比随机构造的 LDPC 码性能要好。有些学者提议用单调搜索算法为 PEG 构造的 LDPC 码寻找最优的信息节点度分布。对于 BSC 信道上一个码率为 1/2 的码来说，可以得到如下最优的度分布函数

$$\lambda(x) = \sum_i \lambda_i x^i = 0.3410084x^2 + 0.5538655x^3 + 0.1051260x^{11} \tag{8.2.2}$$

其中，x 的值表示信息节点的度，λ_i 表示度为 i 的信息节点所占的比例。本节利用这个度分布函数来构造 RC－LDPC 码的母码。当然扩展矩阵 $\boldsymbol{h}_{\text{ext}}$ 也是通过 PEG 算法进行构造。尽管上述度分布对于母码(码率为 8/13)并不是最优的，但研究发现，它可以使所要得到的码率获得较好的性能，其中也包括 8/16=1/2。

在用 PEG 对母码进行构造时，用图 8.2.5 中校验矩阵的左半部分对应系统比特，右下部分强制对应校验比特。右半部分大部分的列重为 1，使得信息节点度分布与式(8.2.2)中所定义的有些许不同。试验证明，这对码性能的影响可以忽略不计。从列重最小的列开始，采用 PEG 构造法对矩阵从右向左进行填充。

其他 3 个码率 8/12，8/11 和 8/10 通过对母码随机打孔得到，打孔间隔为 384。与母码校验矩阵校验比特部分的构造方法类似，扩展矩阵 $\boldsymbol{h}_{\text{ext}}$ 的下三角阵也是采用 PEG 构造，列重分布与式(8.2.2)相同。这使得一组 RC－LDPC 码的校验矩阵与校验比特相对应部分有相似的下三角阵结构。当从左到右计算校验比特的时候，这种结构可以获得高效的线性编译码。

通过对母码进行扩展来构造 RC－LDPC 码比用打孔的方法来构造有很多优点。第一个优点是当要使用 RC－LDPC 码族进行编码时，如果用扩展的方法，每个码字添加的校验比特仅在需要传输的时候才生成；而如果采用打孔的方法，在开始传输每个数据包的时候，编码器已经生成了母码所有的校验比特。另外一个更重要的优点就是在对打孔生成的码字进行译码时，需要在打孔处补零；而译码扩展码字时就不需要这一步，可以直接采用 BP 算法进行译码。由上述可以看出，无论是在性能上，还是在计算复杂度上，扩展构造法要比打孔构造法更优异。

8.3　LDPC 码的编码

由于 LDPC 码构造方法的不同，LDPC 码的编码方法也迥然相异，这里仅介绍几种比较通用的编码方法。

8.3.1　线性分组码通用编码

设 $M \times N$ 的校验矩阵 $\boldsymbol{H}$ 的所有行都是线性无关的，根据分组码的定义，对于输入信源 $\boldsymbol{u} \in \boldsymbol{F}^{N-M}$，编码后所得码字 $\boldsymbol{c} \in \boldsymbol{F}^{N-M}$，满足方程

$$Hc^{T} = 0 \tag{8.3.1}$$

对给定的校验矩阵 $\boldsymbol{H}$ 进行列变换，分解成$[\boldsymbol{A}|\boldsymbol{B}]$的形式，其中 $\boldsymbol{A}$ 为 $M\times(N-M)$维的矩阵，$\boldsymbol{B}$ 为 $M\times M$ 维的满秩矩阵，则码字 $\boldsymbol{c}=[\boldsymbol{u}|\boldsymbol{p}]$，并满足

$$[\boldsymbol{A} \mid \boldsymbol{B}]\begin{bmatrix}\boldsymbol{u}\\ \boldsymbol{p}\end{bmatrix} = 0 \tag{8.3.2}$$

则

$$\boldsymbol{Au} + \boldsymbol{Bp} = 0 \tag{8.3.3}$$

因此，得到校验位

$$\boldsymbol{p} = -\boldsymbol{B}^{-1}\boldsymbol{Au} \tag{8.3.4}$$

式(8.3.4)中"－"号表示向量 $\boldsymbol{B}^{-1}\boldsymbol{Au}$ 的逆元，在二进制编码中逆元即为它本身。

这种通用方法的计算复杂度主要在于计算 $\boldsymbol{B}^{-1}\boldsymbol{A}$，大约为 $O(M^3)$。若实际的通信系统中采用相同校验矩阵，$\boldsymbol{B}^{-1}\boldsymbol{A}$ 通过预计算并存储，则其计算复杂度为 $M(N-M)$。

8.3.2 LU 分解

对校验位 $\boldsymbol{p}=-\boldsymbol{B}^{-1}\boldsymbol{Au}$ 的求解，首先将矩阵 $\boldsymbol{B}$ 进行 $\boldsymbol{LU}$ 分解，即 $\boldsymbol{B}=\boldsymbol{LU}$，其中 $\boldsymbol{L}$ 为下三角矩阵，$\boldsymbol{U}$ 为上三角矩阵。将 $\boldsymbol{B}=\boldsymbol{LU}$ 代入式(8.3.4)，得 $\boldsymbol{LUp}=-\boldsymbol{Au}$，然后计算校验位 $\boldsymbol{p}$：

(1) 令 $\boldsymbol{z}=\boldsymbol{Au}$，计算 $\boldsymbol{z}$　由于 $\boldsymbol{A}$ 是稀疏矩阵，所以计算时间正比于 M；

(2) 令 $\boldsymbol{y}=\boldsymbol{Up}$，计算 $\boldsymbol{y}$　式(8.3.4)变为 $\boldsymbol{Ly}=-\boldsymbol{z}$，通过前向递归运算得到向量 $\boldsymbol{y}$ 的值；

(3) 计算 $\boldsymbol{p}$　通过后向递归运算，解方程 $\boldsymbol{Up}=\boldsymbol{y}$ 得到校验信息 $\boldsymbol{p}$。

8.3.3 高斯消去法

把校验矩阵化简为如图 8.3.1 所示的等价下三角矩阵。

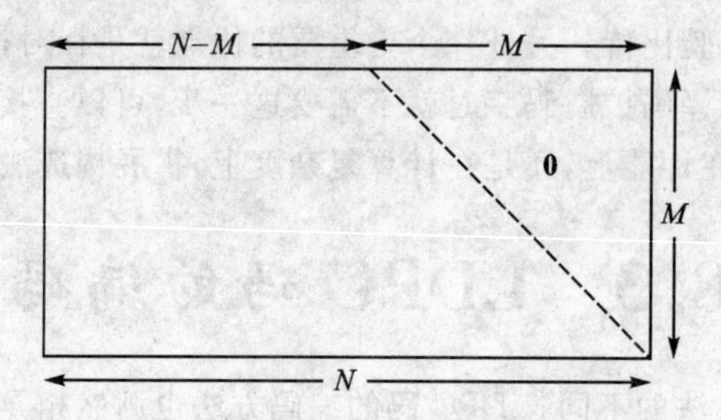

图 8.3.1　高斯消去法中等价下三角矩阵

构造系统码 $c=(u,p)$，采用式(8.3.5)的递推法计算校验位比特，即

$$p_l = \sum_{j=1}^{N-M} H_{l,j}u_j + \sum_{j=1}^{l-1} H_{l,j+N-M}p_j \tag{8.3.5}$$

8.3.4 准循环 LDPC 高效编码方法

LDPC 码的校验矩阵是稀疏的，但是它们的生成矩阵并不一定稀疏，因而 LDPC 码的编码是很复杂的。对于随机生成的码字，因为没有良好的结构特性，编码复杂度更高。准循环 LDPC(Quasi-Cyclic Low Density Parity Check，QC-LDPC)码的出现很好地解决了这个问题。QC－LDPC 码的生成矩阵由若干个子矩阵组成，这些子矩阵之间可以用若干移位寄存器移位得到，这样的性质使得 QC－LDPC 码利于硬件实现。

从校验矩阵得到移位寄存器形式的生成矩阵分两种情况：一种情况是奇偶校验矩阵 $\boldsymbol{H}_{q,p}$ 满秩，即矩阵的秩 r 等于矩阵的行数 mq；另一种情况是奇偶校验矩阵 $\boldsymbol{H}_{q,p}$ 不满秩，即矩阵的秩 r 小于矩阵的行数 mq。这里仅对第一种情况做些介绍，关于不满秩的情况有兴趣的读者可以参阅相关文献。

假设某 QC－LDPC 码 $C_{q,p}$ 的奇偶校验矩阵 $\boldsymbol{H}_{q,p}$ 满秩，即 $r=mq$，将 $\boldsymbol{H}_{q,p}$ 的 $q\times q$ 个列块提取出来构成矩阵 $\boldsymbol{D}$，其式为

$$\boldsymbol{D}=\begin{bmatrix} A_{1,p-q+1} & A_{1,p-q+2} & \cdots & A_{1,p} \\ A_{2,p-q+1} & A_{2,p-q+2} & \cdots & A_{2,p} \\ & \cdots\cdots & & \\ A_{q,p-q+1} & A_{q,p-q+2} & \cdots & A_{q,p} \end{bmatrix} \tag{8.3.6}$$

假设矩阵 $\boldsymbol{D}$ 的秩和 $\boldsymbol{H}_{q,p}$ 相同，也为 mq，且 $\boldsymbol{H}_{q,p}$ 的前 $(p-q)m$ 列对应 $(p-q)m$ 个信息比特，那么生成矩阵 $\boldsymbol{G}_{1,p}$ 为

$$\boldsymbol{G}_{qc}=\begin{bmatrix} \boldsymbol{G}_1 \\ \boldsymbol{G}_2 \\ \vdots \\ \boldsymbol{G}_{p-q} \end{bmatrix}=\left[\begin{array}{cccc|cccc} \boldsymbol{I} & \boldsymbol{O} & \cdots & \boldsymbol{O} & \boldsymbol{G}_{1,1} & \boldsymbol{G}_{1,2} & \cdots & \boldsymbol{G}_{1,c} \\ \boldsymbol{O} & \boldsymbol{I} & \cdots & \boldsymbol{O} & \boldsymbol{G}_{2,1} & \boldsymbol{G}_{2,2} & \cdots & \boldsymbol{G}_{2,c} \\ \vdots & \vdots & \ddots & \vdots & \vdots & \vdots & \ddots & \vdots \\ \boldsymbol{O} & \boldsymbol{O} & \cdots & \boldsymbol{I} & \boldsymbol{G}_{t-c,1} & \boldsymbol{G}_{t-c,2} & \cdots & \boldsymbol{G}_{t-c,c} \end{array}\right]=[\boldsymbol{I}_{(t-c)b}\boldsymbol{P}]$$

其中，I 是一个 $b\times b$ 的单位阵，$\boldsymbol{O}$ 是一个 $b\times b$ 的零矩阵，$\boldsymbol{G}_{i,j}(1\leqslant i\leqslant t-c,1\leqslant j\leqslant c)$ 是一个 $b\times b$ 的循环行列式。由上可见，$\boldsymbol{G}_{qc}$ 由两部分构成：左侧是一个单位阵 $\boldsymbol{I}_{(t-c)b}$，$\boldsymbol{I}$ 是一个 $[(t-c)b]\times[(t-c)b]$ 的单位矩阵；右侧是矩阵 $\boldsymbol{P}$，$\boldsymbol{P}$ 是一个由 $(t-c)\times c$ 个大小为 $b\times b$ 的循环行列式构成的矩阵。由生成矩阵左侧的 $[(t-c)b]\times[(t-c)b]$ 的单位矩阵可知 $\boldsymbol{G}_{qc}$ 对应的是系统码的形式，因此，可以使用若干移位寄存器来实现编码。

根据编码理论中的知识，生成矩阵与检验矩阵必须满足 $\boldsymbol{H}_{qc}\boldsymbol{G}_{qc}^{\mathrm{T}}=[\boldsymbol{O}]$，其中 $[\boldsymbol{O}]$ 是一个 $cb\times(t-c)b$ 的零矩阵。对于 $1\leqslant i\leqslant t-c$ 与 $1\leqslant j\leqslant c$，假设 $g_{i,j}$ 为 $\boldsymbol{G}_{i,j}$ 的生成多项式，如果可以求得所有的 $g_{i,j}$，自然可以得到所有的 $\boldsymbol{G}_{i,j}$，从而得到整个生成矩阵 $\boldsymbol{G}_{qc}$，所以，$\boldsymbol{G}_{qc}$ 完全由 $c(t-c)$ 个生成多项式决定。

设 u 为一个长度为 b 的元组 $(1\quad 0\quad \cdots\quad 0)$，$O$ 为一个长度为 b 的全零元组 $(0\quad 0\quad \cdots\quad 0)$。对于 $1\leqslant i\leqslant t-c$，子矩阵 $\boldsymbol{G}_i$ 的第一行可以表示为

$$g_i = (0\cdots 0u0\cdots 0g_{i,1}g_{i,2}\cdots g_{i,c}) \tag{8.3.7}$$

其中，对于 g_i，u 位于第 i 个元组的位置。设 $z_i=(g_{i,1},g_{i,2},\cdots,g_{i,c})$ 以及 $\boldsymbol{M}_i=[A_{1,j}^{\mathrm{T}}\cdots A_{c,i}^{\mathrm{T}}]^{\mathrm{T}}$（$H_{qc}$ 的第 i 个列块）。由 $\boldsymbol{H}_{qc}\boldsymbol{g}_i^{\mathrm{T}}=0$ 可以得到

$$M_i\boldsymbol{u}^{\mathrm{T}} + \boldsymbol{D}\boldsymbol{z}_i^{\mathrm{T}} = 0 \tag{8.3.8}$$

由于 $\boldsymbol{D}$ 是一个满秩的方阵，所以必有逆矩阵 $\boldsymbol{D}^{-1}$，于是式(8.3.8)可以化成

$$\boldsymbol{z}_i^{\mathrm{T}} = \boldsymbol{D}^{-1}M_i\boldsymbol{u}^{\mathrm{T}} \tag{8.3.9}$$

对于 $1\leqslant i\leqslant t-c$ 求解式(8.3.9)，可以得到 $z_1,z_2,\cdots,z_{t-c}$。通过 $z_1,z_2,\cdots,z_{t-c}$ 又可以求得生成矩阵 $\boldsymbol{G}_{qc}$ 的所有的生成多项式 $g_{i,j}$，从而得到 $\boldsymbol{G}_{qc}$。

8.4 LDPC 码的译码

译码算法的选取直接决定了能否最大程度地激发出码本身具备的潜力。尤其是在译长码的时候，复杂度往往是随着码长的增长成指数增长，好的译码算法应该在保证性能的基础上降低译码复杂度，提高工程可实现性。

LDPC 码得以迅速发展的原因主要体现在以下三点：

(1) LDPC 码有一套较为完整的构造方法和优异的纠错性能。

(2) LDPC 码在码长较长时，相距较远的校验比特可以同时纠正同一个错误，所以可以抗突发错误。

(3) 因为 LDPC 码可以抗突发错误，所以无须引入交织器，也就没有交织器带来的延时，而且可以实现并行操作，高速译码。

LDPC 码有很多种译码方法，本质上都是基于 Tanner 图的消息迭代译码算法。

根据在迭代过程中消息传送的不同形式，可以将 LDPC 码的译码方法分为硬判决译码和软判决译码。如果在译码过程中传送的消息是比特值，则称为硬判决译码；如果在译码过程中传送的消息是与后验概率相关的消息，则称为软判决译码，置信传播迭代译码算法就是其中的代表；为了平衡性能和计算复杂度，可以将两者结合使用，称为混合译码算法。硬判决译码计算比较简单，但性能稍差；软判决译码计算相对比较复杂，但性能较好；而混合译码算法是前两个算法的折中。

根据在迭代过程中消息量化所使用的比特数，可以将 LDPC 码的译码方法分为无穷比特量化译码和有限比特量化译码。硬判决译码可以被认为是 1 比特量化译码；软判决译码可以被认为是无穷比特量化译码；混合译码可以看成变比特量化译码。

从量化译码的角度看，硬判决译码和软判决译码属于同一类译码方法。已有的研究表明，可以用 3 比特量化取得与和积译码算法非常接近的性能。

Gallager 论文中提出的两种方案本质上都是基于 Tanner 图的消息传递(Message Passing)迭代译码算法。第一译码方案演变为后来的位翻转(Bit - Flip，BF)译码算法，变量节点

和校验节点之间传递的是比特值,通过一定的方法不断翻转错误比特,最终达到纠错目的;第二译码方案就是目前倍受重视的置信传播迭代译码算法,沿 Tanner 图的边传递的是概率值,对节点的判据用的是这些概率值的组合。

8.4.1 位翻转译码算法

LDPC 码的校验矩阵中每一行就是一个校验方程。在位翻转译码算法中,译码器首先计算所有的奇偶校验,对校验方程不满足数最大的一位进行翻转(原来的 0 变 1 或原来的 1 变为 0),得到一个新的码字,然后继续对新的码字进行奇偶校验,直到校验方程全部满足。例如,图 8.4.1所示为(20,3,4)的 LDPC 码的校验矩阵。

$$
\begin{pmatrix}
1&1&1&1&0&0&0&0&0&0&0&0&0&0&0&0&0&0&0&0\\
0&0&0&0&1&1&1&1&0&0&0&0&0&0&0&0&0&0&0&0\\
0&0&0&0&0&0&0&0&1&1&1&1&0&0&0&0&0&0&0&0\\
0&0&0&0&0&0&0&0&0&0&0&0&1&1&1&1&0&0&0&0\\
0&0&0&0&0&0&0&0&0&0&0&0&0&0&0&0&1&1&1&1\\
\hline
1&0&0&0&1&0&0&0&1&0&0&0&1&0&0&0&0&0&0&0\\
0&1&0&0&0&1&0&0&0&1&0&0&0&0&0&0&1&0&0&0\\
0&0&1&0&0&0&1&0&0&0&0&0&0&1&0&0&0&1&0&0\\
0&0&0&1&0&0&0&0&0&0&1&0&0&0&1&0&0&0&1&0\\
0&0&0&0&0&0&0&1&0&0&0&1&0&0&0&1&0&0&0&1\\
\hline
1&0&0&0&0&1&0&0&0&0&0&1&0&0&0&0&0&1&0&0\\
0&1&0&0&0&0&1&0&0&0&1&0&0&0&0&1&0&0&0&0\\
0&0&1&0&0&0&0&1&0&0&0&0&1&0&0&0&0&0&1&0\\
0&0&0&1&0&0&0&0&1&0&0&0&0&1&0&0&1&0&0&0\\
0&0&0&0&1&0&0&0&0&1&0&0&0&0&1&0&0&0&0&1
\end{pmatrix}
$$

图 8.4.1 (20,3,4)的 LDPC 码的校验矩阵

在对接收到的码字进行奇偶校验时,若第 1、6、11 行对应的奇偶校验方程不满足,这三个校验方程是

$$x_1 + x_2 + x_3 + x_4 = 1, \quad x_1 + x_5 + x_9 + x_{13} = 1, \quad x_1 + x_6 + x_{12} + x_{18} = 1$$

校验方程不满足数最大的位为第一位,由此断定第一位产生了误码。

如果接收序列出现多位错误,对其中任意一位数字 d 进行纠正的译码方案可引入图 8.4.2 的校验树进行描述。注意这里采用的是逐位译码的方法。数字 d 由树根的节点表示,从树根的节点升上来的每根线表示包含数字 d 的奇偶校验集中的一个奇偶校验。在这些奇偶校验集中的其他数字由树的第一层的节点表示。从树的第一层升到树的第二层的线集表示包含第一层数字的其他奇偶校验集,而第二层的节点表示这些奇偶校验集中的其他数字。现利用图 8.4.2中的校验树对多个传输错误进行译码,译码处理过程按从最外层到树根的顺序进行。如果数字 d 和第一层的几个数字出现传输错误,第一次译码是利用第二层的无错数字和它们

的奇偶校验约束去纠正第一层的错误数字。第二次译码是利用第一层的正确数字去纠正数字 d。

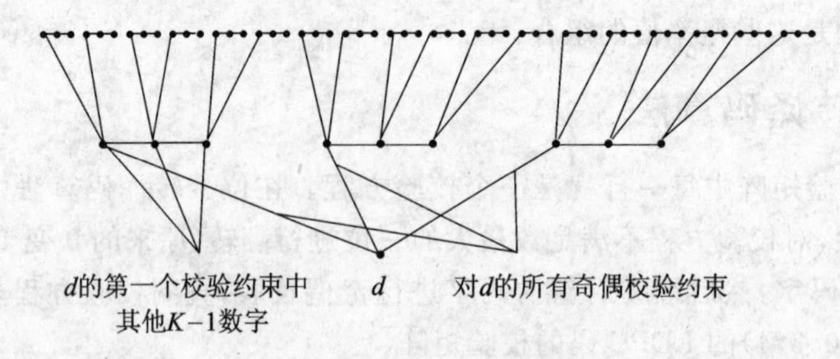

图 8.4.2 LDPC 码译码原理

简单来说,位翻转算法就是用对的比特纠正一部分错误比特,然后这些刚纠正的比特再加入到正确比特的行列中来参与纠正工作,但在纠错的过程中,有可能把正确的比特改成错误的比特,然后再用错误的比特去纠错,结果可想而知,不能完成全部正确的译码。究其原因,位翻转算法直接把解调出的信息做了硬判决,从而把置信度很高的比特(绝对值远远大于零)和置信度较低的比特(接近零)混在一起,没有区分,这导致了信息的丢失,或者说,没有完全利用好信息。而置信度传播算法则考虑到了这个问题。

8.4.2 置信传播算法

BP 算法是一种迭代概率译码算法。每一轮迭代都需要对码字中各个比特关于接收码字和信道参数的后验概率进行估算,因此准确说 BP 译码算法是一种逐比特最大后验概率(MAP)算法,整个迭代过程则可以看成在由校验矩阵决定的 Tanner 图上进行的消息传递过程,如图 8.4.3 所示。

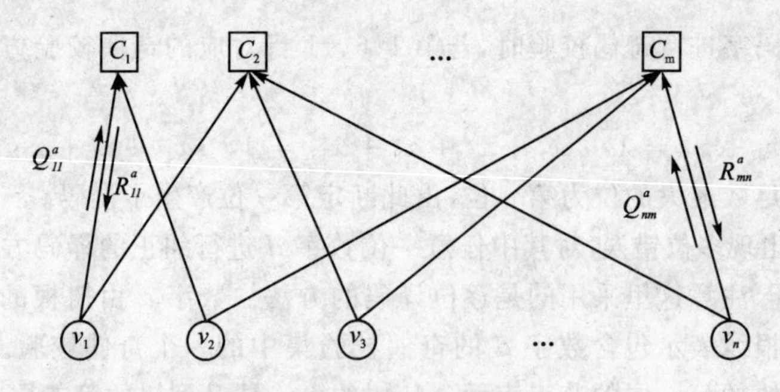

图 8.4.3 Tanner 图上的迭代过程

令集合 $N(v)$表示变量节点受限范围,$N(c)$表示校验节点受限范围。迭代过程中,每个变量节点向与其相连的校验节点发送变量消息 Q_{vc}^a;接着每个校验节点向与其相连的变量节点发送校验消息 R_{cv}^a(对二元码而言,$a\in\{0,1\}$)。其中变量消息 Q_{vc}^a 是在已知与变量节点相连的其他校验节点发送的校验消息$\{R^a_{c'v}, c' \in N(v)/c\}$的前提下($c' \in N(v)\backslash c$ 表示 c'取遍 $N(v)$除去 c 外的所有元素),变量节点为 a 的条件概率;R^a_{cv}是在已知变量节点取值为 a 以及与校验节点相连的其他变量消息$\{Q^a_{v'c}, v' \in N(c)/v\}$的前提下($v' \in N(c)\backslash v$ 表示 v'取遍 $N(c)$除去 v 外的所有元素),校验关系成立的条件概率。每轮迭代之后,进行译码尝试,直到满足所有校验关系,或迭代次数超过最大迭代次数。

虽然从原理上译码有可能收敛于错误码字,但是实际上采用 BP 译码一般不会发生这种情况。若算法在达到最大迭代次数后仍不能成功译码,则译码器将报错,这时的译码错误为"可检测的"。若算法找到一个与 x 不相等的 $\hat{x}$ 满足方程 $H\hat{x}=0$ 时将产生"不可检测"的错误,但是这种错误出现概率基本可忽略不计。如果 LDPC 码对应的 Tanner 图是无环的,则 BP 译码最终将会收敛于真正的最大后验概率,但是在有环图上只是最大后验概率的一个较好估计值,这也是为什么在设计 LDPC 码时要避免短环存在的原因之一。

BP 算法的具体步骤分初始化、迭代过程和译码判决 3 部分。

1. 初始化

设编码器输出的码字为 c_i,在 AWGN 信道下,BPSK 调制器输出 $x_i(x_i=2c_i-1)$;高斯噪声服从正态分布 $N(0,\sigma^2)$;译码器接收变量为 y_i,即 $y_i=x_i+n_i(i\in\{1,2,\cdots,n\})$。

根据接收变量 y_i,计算 $c_i=1$(即 $x_i=1$ 的条件概率 $P(c_i=1|y_i)$。由 Bayes 法则

$$P(A \mid B)=\frac{P(B \mid A)P(A)}{P(B)} \tag{8.4.1}$$

有

$$\begin{aligned}P^1_v &= P(c_i=1|y_i)=P(x_i=1|y_i)= \\ &\frac{1}{P(y_i)}P(y_i|x_i=1)P(x_i=1)= \\ &\frac{P(x_i=1)}{P(y_i)}\frac{1}{\sqrt{2\pi}\sigma}\exp\left\{-\frac{(y_i-1)^2}{2\sigma^2}\right\}\end{aligned} \tag{8.4.2}$$

令 $P(x_i=1)=P(x_i=-1)=\dfrac{1}{2}$,于是

$$\begin{aligned}P^1_v &= \frac{P^1_v}{P^1_v+P^0_v}=\frac{P(x_i=1\mid y_i)}{P(x_i=1\mid y_i)+P(x_i=-1\mid y_i)}= \\ &\frac{\dfrac{1}{2P(y_i)}\dfrac{1}{\sqrt{2\pi}\sigma}\exp\left\{-\dfrac{(y_i-1)^2}{2\sigma^2}\right\}}{\dfrac{1}{2P(y_i)}\dfrac{1}{\sqrt{2\pi}\sigma}\left[\exp\left\{-\dfrac{(y_i-1)^2}{2\sigma^2}\right\}+\exp\left\{-\dfrac{(y_i+1)^2}{2\sigma^2}\right\}\right]}= \\ &\frac{1}{1+\exp\left\{-\dfrac{2y_i}{\sigma^2}\right\}}\end{aligned} \tag{8.4.3}$$

由 P^1_v 的定义可知,它已是接收变量 y_i 得到的关于 $c_i=1$ 的消息。同理可得

$$P_v^0 = \frac{1}{1+\exp\left\{\frac{2y_i}{\sigma^2}\right\}} \tag{8.4.4}$$

根据校验矩阵 $\boldsymbol{H}$,若 $h_{ij}=1$,即变量节点 y_i 和校验节点 c_i 相连,定义变量消息

$$Q_{vc}^1 = P_v^1 = \frac{1}{1+\exp\left\{-\frac{2y_i}{\sigma^2}\right\}},\quad Q_{vc}^0 = P_v^0 = \frac{1}{1+\exp\left\{\frac{2y_i}{\sigma^2}\right\}} \tag{8.4.5}$$

2. 迭代过程

迭代过程是 BP 算法的主体部分,它由两个更新步骤组成。通过迭代执行这两个步骤,意在对每一比特的后验概率(基于接收变量和码结构)做出精确的估算。

(1) 水平过程(Check Node processing Unit,CNU):通过对变量消息的计算得到新的校验消息。

定理 8.4.1 在二进制 M 维序列中,如果任一位 $a_i(i=1,2,\cdots,M)$ 的概率为 $P_r(a_i=1)=p_i$,那么该序列中含有偶数个 1 的概率为 $\frac{1}{2}+\frac{1}{2}\prod_{i=1}^{M}(1-2p_i)$,含有奇数个 1 的概率为 $\frac{1}{2}-\frac{1}{2}\prod_{i=1}^{M}(1-2p_i)$。

令 $Q_{vc}^1=p_i$。当 $c_i=0$ 时,变量节点集 $\{v'\in N(c)\setminus v\}$ 必须有偶数个 1 才能满足校验关系,应用定理 8.4.1,可以得到

$$R_{cv}^0 = \frac{1}{2}+\frac{1}{2}\prod_{v'\in N(c)\setminus v}(1-2Q_{v'c}^1) \tag{8.4.6}$$

显然 $R_{cv}^1=1-R_{cv}^0$。

(2) 垂直过程(Variable Node processing Unit,VNU):通过对校验消息的计算得到新的变量消息。

$$\begin{aligned}
Q_{vc}^0 &= P(c_i=0 \mid \{c'\}_{c'\in N(v)\setminus c} \mid y_i) = \\
&P(x_i=-1 \mid \{c'\}_{c'\in N(v)\setminus c}, y_i) = \\
&\frac{P(x_i=-1 \mid y_i)}{P(\{c'\}_{c'\in N(v)\setminus c} \mid y_i)} P(\{c'\}_{c'\in N(v)\setminus c} \mid x_i=-1, y_i) = \\
&\frac{P(x_i=-1 \mid y_i)}{P(\{c'\}_{c'\in N(v)\setminus c} \mid y_i)} \prod_{c'\in N(v)\setminus c} P(c' \mid x_i=-1, y_i) = \\
&\frac{P(x_i=-1 \mid y_i)}{P(\{c'\}_{c'\in N(v)\setminus c} \mid y_i)} \prod_{c'\in N(v)\setminus c} P(c' \mid x_i=-1) = \\
&\frac{1}{P(\{c'\}_{c'\in N(v)\setminus c} \mid y_i)} P_v^0 \prod_{c'\in N(v)\setminus c} R_{c'v}^0 = K_{vc} P_v^0 \prod_{c'\in N(v)\setminus c} R_{c'v}^0
\end{aligned} \tag{8.4.7}$$

同理

$$Q_{vc}^{1} = K_{vc} P_{v}^{1} \prod_{c' \in N(v) \backslash c} R_{c'v}^{1} \tag{8.4.8}$$

其中 $K_{vc} = \dfrac{1}{P(\{c'\}_{c' \in N(v) \backslash c} \mid y_i)}$ 是归一化因子，保证 $Q_{vc}^{0} + Q_{vc}^{1} = 1$。

在式(8.4.7)中，要说明以下几点：

(1) 第三个等号应用了 Bayes 法则式(8.4.1)。

(2) 第四个等号是在假设各个比特相互独立的情况下得到的，认为各个校验关系互不相关。如果独立性得不到满足，那么计算所得的变量消息并不是真正的变量消息。也就是说，BP 译码就不会收敛于最大后验概率了，这同时说明长为 4 的短环会导致两个比特节点不相互独立，影响最终性能。

(3) 第五个等号应用了马尔可夫性，当已知 x_i 的取值时，校验关系 c' 和接收变量 y_i 相互独立。

3. 译码判决

一轮迭代之后，对每个信息比特 $x_i(i=1,2,\cdots,n)$ 计算它关于接收值和码结构的后验概率

$$Q_{v}^{0} = K_{v} P_{v}^{0} \prod_{c \in N(v)} R_{cv}^{0} \tag{8.4.9}$$

$$Q_{v}^{1} = K_{v} P_{v}^{1} \prod_{c \in N(v)} R_{cv}^{1} \tag{8.4.10}$$

其中 K_v 保证 $Q_v^0 + Q_v^1 = 1$。然后根据 Q_v^0 和 Q_v^1 做出判决：

若 $Q_v^0 > 0.5$，则 $\hat{c}_i = 0$；否则 $\hat{c}_i = 1$。

由此可以得到对发送码字的一个估计 $\hat{c} = [c_1, c_2, \cdots, c_n]$。再计算伴随式 $S = cH^{\mathrm{T}}$，如果 $S=0$，则译码成功，结束迭代过程；否则继续迭代。若迭代次数达到预先设定的最大次数仍未成功，则宣告失败，终止迭代。

8.4.3 对数域的置信传播算法

因为 BP 译码算法中有大量的乘除运算，不利于硬件实现。对硬件开发而言，实现乘法运算所消耗的资源比加法运算要多得多，而且延时较大，所以引入了对数域的 BP 算法(Logarithmic Belief Propagation, Log-BP)。这种算法只是对 BP 算法做了一个纯粹的数学变形，不仅将乘法运算转化为加法运算，增加了数值计算的稳定性，而且省去了系数归一化的步骤，大大降低了硬件实现的难度。

二进制随机变量 $c \in \{0,1\}$ 的统计特性可以由一个参数 $p = P(c=0)$ 来指定，这是因为 $P(c=1) = 1-p$。事实上，它的概率分布可以由对数似然比(Logarithmic Likelihood Ratio, LLR)唯一确定，即

$$\lambda = \log \frac{P(c=0)}{P(c=1)} \tag{8.4.11}$$

"因为 LLR 的底取多少并不影响判决结果，所以为了方便，一般取 e 为底。"

根据 λ 符号可以确定 c 的最有可能取值。若 λ 是负的，则 1 比 0 更有可能；若 λ 是正的，则 0 比 1 更有可能。λ 为 0 的概率很小，可以任意归于正负一方。此外，λ 的绝对值大小反映了这种判断的可靠程度。

对于一个给定的随机比特 $c\in\{0,1\}$，让 y 是指一个概率密度依赖于 c 的观察值，而概率密度函数为 $f(y|c)$。当 c 固定，$f(y|c)$ 可以看成 y 的函数，它被称为条件概率密度函数；另一方面，当 y 固定，$f(y|c)$ 是 c 的函数，被称为似然函数。

在进行观察之前，c 的先验概率是 $P(c=0)$ 和 $P(c=1)$。经过一次观察以后，这些概率变成后验概率 $P(c=0|y)$ 和 $P(c=1|y)$。根据 Bayes 公式(8.4.1)，后验概率和似然函数是成正比的，即 $P(c=0|y)=\dfrac{f(y|c=0)P(c=0)}{f(y)}$。

所以，后验概率的对数似然比可以表达为

$$\lambda=\ln\frac{P(c=0\mid y)}{P(c=1\mid y)}=\ln\frac{f(y\mid c=0)}{f(y\mid c=1)}+\ln\frac{P(c=0)}{P(c=1)} \tag{8.4.12}$$

其中，$\ln\dfrac{f(y|c=0)}{f(y|c=1)}$ 称为对数似然比，$\ln\dfrac{P(c=0)}{P(c=1)}$ 称为先验的对数似然比（Prior LLR），$\ln\dfrac{P(c=0|y)}{P(c=1|y)}$ 称为后验的对数似然比(Posterior LLR)。如果 c 出现的 0 或者 1 是等概的，则先验的对数似然比为 0，并且后验的对数似然比等于对数似然比。

对 n 个接收比特，具有最小差错率的检测器计算后验的对数似然比为

$$\lambda_n=\ln\frac{P(c_n=0\mid y)}{P(c_n=1\mid y)}=\ln\frac{P(c_n=0\mid y_n,\{y_{i\neq n}\})}{P(c_n=1\mid y_n,\{y_{i\neq n}\})} \tag{8.4.13}$$

此时，如果 $\lambda_n>0$，则可以判定 $\hat{c}_n=0$，否则 $\hat{c}_n=1$。应用 Bayes 公式(8.4.1)，表达式(8.4.13)的分子

$$P(c_n=0\mid y_n,\{y_{i\neq n}\})=\frac{f(y_n\mid c_n=0)P(c_n=0\mid\{y_{i\neq n}\})}{f(y_n\mid\{y_{i\neq n}\})} \tag{8.4.14}$$

上面的推导假设了 c_n、y_n 独立于 $\{y_{i\neq n}\}$，这样式(8.4.13)简化推导为以下形式

$$\lambda_n=\ln\frac{f(y_n\mid c_n=0)P(c_n=0\mid\{y_{i\neq n}\})}{f(y_n\mid c_n=1)P(c_n=1\mid\{y_{i\neq n}\})}=-\frac{2y_n}{\sigma^2}+\ln\frac{P(c_n=0\mid\{y_{i\neq n}\})}{P(c_n=1\mid\{y_{i\neq n}\})} \tag{8.4.15}$$

式(8.4.15)中第一项表示第 n 个比特的信道值的贡献，它被称为"先验信息"。第二项表示第 n 个比特来自于其他观察值的信息，它被称为"边信息"。

Log-BP 算法的步骤可分为初始化、迭代过程和译码判决 3 部分。

1. 初始化

信道的不同应该有不同的初始化信息：

(1) AWGN 信道　由 8.4.2 节所述,初始化的对数似然比为

$$\mathrm{LLR}(P_i) = \ln\frac{Q_{vc}^0}{Q_{vc}^1} = \ln\frac{P_v^0}{P_v^1} = \frac{2y_i}{\sigma^2} \tag{8.4.16}$$

(2) 瑞利 (Rayleigh)信道　在非相关瑞利衰落信道下,接收端得到的序列$\{y_i, j=1,\cdots,n\}$的条件概率密度函数为

$$p(y \mid x,a) = \frac{1}{\sqrt{2\pi}\sigma}\exp\left\{-\frac{(y-ax)^2}{2\sigma^2}\right\} \tag{8.4.17}$$

式中 a 为归一化瑞利衰落因子。满足等式 $E(a^2)=1$,其密度函数为

$$p(a) = 2a\mathrm{e}^{-a^2} \tag{8.4.18}$$

对于 Log-BP 算法,瑞利信道下的初始对数似然比 LLR 信息为

$$\mathrm{LLR}(P_i) = \ln\left[\frac{p(c=0 \mid y,a)}{p(c=1 \mid y,a)}\right] = \ln\left[\frac{p(x=+1 \mid y,a)}{p(x=-1 \mid y,a)}\right] =$$

$$\ln\left[\frac{\exp\left\{-\frac{E_b}{2\sigma^2}(y-a)^2\right\}}{\exp\left\{-\frac{E_b}{2\sigma^2}(y+a)^2\right\}}\right] = -\frac{E_b}{2\sigma^2}(y-a)^2 + \frac{E_b}{2\sigma^2}(y+a)^2 = \frac{2E_b y}{\sigma^2}a \tag{8.4.19}$$

式中 E_b 为每比特信号传输的能量。当 $E_b=1$ 时,式(18.4.19)变为

$$\mathrm{LLR}(P_i) = \frac{2y}{\sigma^2}a \tag{8.4.20}$$

式(8.4.20)即为在瑞利衰落信道下 Log-BP 译码算法的初始化信息。

在接收端,当信道状态信息已知时,可直接根据状态瑞利衰落因子 a 的分布,对算法进行初始化。

在未知信道状态信息时,a 的值是不确定的。可以认为 $p(y|x)$在最可能取值的区域服从高斯分布,基于对数似然比的初始消息 $\mathrm{LLR}(P_i)$的近似值为

$$\mathrm{LLR}(P_i) \approx \frac{2y}{\sigma^2}E(a) \tag{8.4.21}$$

$E(a)$为瑞利衰落因子 a 的统计平均值,在瑞利衰落平均能量为 1 时, $E(a) \cong 0.886\,2$。

(3) 莱斯(Rice)信道　在莱斯衰落信道下,接收端采样输出序列$\{y_j, j=1,\cdots,n\}$的概率密度函数为

$$p(y \mid x,a) = \frac{1}{\sqrt{2\pi}\sigma}\exp\left\{-\frac{(y-ax)^2}{2\sigma^2}\right\} \tag{8.4.22}$$

式中 a 为归一化莱斯衰落因子,满足等式 $E(a^2)=1$,其概率密度函数为

$$p(a) = 2a(1+K)\mathrm{e}^{-a^2(1+K)-K}I_0\left[2a\sqrt{K(1+K)}\right] \tag{8.4.23}$$

其中 $K=\frac{A}{2\sigma^2}$为莱斯因子,表示主径信号与多径散射分量信号的能量比。当不存在主径信号时,即 $K=0$ 时,则莱斯信道中 a 的密度函数退化成了瑞利信道 a 的密度函数形式,莱斯信道

退化成瑞利信道。$I_0(\cdot)$为第一类零阶修正贝塞尔函数。

在已知信道信息的情况下，对应 Log－BP 译码算法的信道初始化信息为

$$\mathrm{LLR}(P_i) = \frac{2y}{\sigma^2}a \tag{8.4.24}$$

同瑞利信道相似，当已知信道状态信息 a 时，可根据莱斯衰落因子 a 的分布带入上式直接对算法进行初始化。

当信道状态信息未知时，同样可得基于对数似然比的初始消息 $\mathrm{LLR}(P_i)$的近似值为

$$\mathrm{LLR}(P_i) = \frac{2y}{\sigma^2}E(a) \tag{8.4.25}$$

此时，$E(a)$为莱斯衰落因子 a 的统计平均值，莱斯衰落平均能量为 1 时，$E(a)$的值和莱斯因子 K 的取值有关，当莱斯因子 $K=10$ dB，对应的 $E(a)\cong 0.9776$。在信道状态信息未知情况下，对莱斯信道下 LDPC 码的性能仿真中，可以采用式(8.4.25)所求得的近似值，对译码算法进行初始化。

2. 迭代过程

$$\mathrm{LLR}^{(0)}(q_{ij}) = \mathrm{LLR}(P_i)$$

其中 $\mathrm{LLR}^{(0)}(q_{ij})$上方的 0 表示当前迭代次数。

(1) 水平过程：通过对变量消息的计算得到新的校验消息，即

$$\mathrm{LLR}^{(l)}(r_{ji}) = 2\operatorname{arctanh}\left(\prod_{i'\in R_j\setminus i}\tanh\left(\frac{1}{2}\mathrm{LLR}^{(l-1)}(q_{i'j})\right)\right) \tag{8.4.26}$$

(2) 垂直过程：通过对校验消息的计算得到新的变量消息

$$\mathrm{LLR}^{(l)}(q_{ji}) = \mathrm{LLR}(P_i) + \sum_{j'\in C_i\setminus j}\mathrm{LLR}^{(l)}(r_{j'i}) \tag{8.4.27}$$

3. 译码判决

对所有变量节点计算硬判决消息为

$$\mathrm{LLR}^{(l)}(q_i) = \mathrm{LLR}(P_i) + \sum_{j\in C_i}\mathrm{LLR}^{(l)}(r_{ji}) \tag{8.4.28}$$

若 $\mathrm{LLR}^{(l)}(q_i)>0$，则 $\hat{c}_i=0$，否则 $\hat{c}_i=1$。然后由此判断 $\hat{c}=[c_1,c_2,\cdots,c_n]$是否是正确码字。若是，则译码成功，退出迭代过程；若不是且没有达到最大迭代次数，则继续迭代；若 $\hat{c}=[c_1,c_2,\cdots,c_n]$不是正确码字且达到了最大迭代次数，则终止迭代，译码失败。

8.5 密度进化理论(Density Evolution Theory)

8.5.1 LDPC 码的性能和门限值的关系

人们对于译码性能的评价主要依靠性能仿真，但是进入 21 世纪后，通过对迭代译码过程

的定量分析，人们发现可以通过计算有关信道参数的门限值，以获取系统靠近香农限的重要信息。密度进化方法是一种分析 LDPC 码性能限的有效手段和有力工具，使用密度进化方法可以省去很多仿真工作。

LDPC 码的译码是通过迭代的 BP 的软判决算法。这说明 LDPC 码的性能参数与码字的分组长度以及译码算法的迭代次数有关。也就是说，LDPC 码的纠错性能是渐进的。因此，需要一个新的参数来描述它，即门限值 σ^* 。

对于一个非规则的 LDPC 码的分布对(λ,ρ)，存在一个最大信道参数 σ^*，使得对于任意的信道，只要有 $\sigma<\sigma^*$，随着码长和迭代次数的增加，随机构造的码 $C(\lambda,\rho)$总是可以达到任意小的误码概率。该值 σ^* 即为分布对是(λ,ρ)的 LDPC 码的门限值。相反地，当 $\sigma\geqslant\sigma^*$ 时，无论分组长度多大，迭代多少次，码 $C(\lambda,\rho)$的误码率都无法达到任意小。

信道质量参数 σ、误码率、迭代次数和分组长度四者是相互联系、相互制约的。要达到同样的误码率，信道质量参数 σ 距离门限值越远，需要的迭代次数和分组长度越少。如果信道质量参数 σ 相同，目标误码率的值越小，需要的迭代次数和分组长度越大。若迭代次数和分组长度相同，信道质量参数 σ 距离门限值越远，能达到的误码率就越小。

8.5.2 密度进化的算法

给定一对度序列分布函数 $\lambda(x)$和 $\rho(x)$，就定义了一个满足度分布的 LDPC 码码集，为了从理论上分析该码集的平均性能，Richardson 等人提出了密度进化理论。

连续消息空间的概率测度用概率密度函数表示，简称密度。测度空间的进化由密度进化反映。消息密度的进化直接受到初始消息密度的影响，所以取决于信道模型的初始消息密度。

假定在每一轮迭代中，每个节点接收到的消息之间统计独立，由于信道的输出值是一些满足一定概率分布、互相独立的随机变量，整个译码过程实际上是求解一个以多个随机变量为自变量的复杂函数，因此如果能够跟踪译码过程中消息的概率密度的变化，则可以从理论上确定一个给定的 LDPC 码在独立性假设下采用和积译码算法所能够达到的纠错性能。

设 f、g_l 和 h_l 分别为初始消息 f_l、消息 $R_{i,j}^l$ 和 $Q_{i,j}^l$ 概率密度函数，l 表示迭代次数，并设变量节点 j 的度数为 d，则由式(8.4.7)和式(8.4.8)可得传递给变量节点 j 的消息 $Q_{i,j}^l$ 的概率密度函数为

$$h_{l+1}=f\otimes g_l^{\otimes(d-1)} \tag{8.5.1}$$

通常假设 LDPC 码对应的 Tanner 图是随机构造的，图中每条边与度为 d 的变量节点相连的概率为 λ_d，与度为 d 的校验节点相连的概率为 ρ_d，则消息 $Q_{i,j}^{l+1}$ 的期望概率密度函数应为

$$h_{l+1}=f\otimes\lambda(g_l)=f\otimes\Big(\sum_d\lambda_d g_l^{\otimes(d-1)}\Big) \tag{8.5.2}$$

消息 $R_{i,j}^l$ 的期望概率密度函数为

$$g_l=\Gamma^{-1}(\rho(\Gamma(f_l)))=\Gamma^{-1}\Big(\sum_d(\Gamma(f_l))^{\otimes(d-1)}\Big) \tag{8.5.3}$$

这里的函数 Γ 表示映射函数 $\gamma(x)\equiv(\text{sgn}(x),-\ln(\tanh(|x|/2))$ 的概率密度。

综合式(8.5.2)和式(8.5.3)

$$h_{l+1}=f\otimes\lambda(\Gamma^{-1}(\rho(\Gamma(f_l)))\tag{8.5.4}$$

式(8.5.4)就是密度进化理论的递归计算式。利用密度进化理论,可以求得具有确定度序列分布函数的 LDPC 码在和积译码算法下能够实现可靠传输的渐进闭值;反过来,也可以利用密度进化理论来优化 LDPC 码的度序列设计,从而获得具有更大渐进闭值的度序列函数。

置信传播算法的收敛性反映了消息空间分布密度向正确消息集中。随着迭代次数的增加,每次迭代后因子图中传播的不正确变量节点消息的比例应该趋于 0,使译码器高概率正确译码。许多信道模型可以用一个特征参数来描述,如 BSC 信道的错误转移概率或均值 AWGN 信道的均方差等。译码算法中先验密度是信道特征参数的函数,先验密度直接影响着密度进化。

8.6 多进制 LDPC 码

在二进制 LDPC 码迈向实用阶段的同时,多进制 LDPC 码的译码算法研究和性能测试也迅速成为研究领域中的热点。

将二进制 LDPC 码在伽罗华域(Galois Field,GF)上从 GF(2)扩展到 GF(q)(一般有 $q=2^p$),得到多进制 LDPC 码。与二进制 LDPC 码一样,多进制 LDPC 码也可以用一个稀疏校验矩阵 $\boldsymbol{H}$ 来表示,只是 H 中的非零元素不再是 1,而是 GF(q)上的任意非零值。

Mackay 早在 1998 年就在论文中提出了多进制 LDPC 码的构造方法和 BP 译码算法,其每一个校验节点译码复杂度为 $O(q^2)$(译码的复杂度主要集中在校验节点上,变量节点复杂度为 $O(q)$),并且含有乘法和卷积运算。考虑到不经任何简化的 BP 译码算法运算过于复杂且运算量极大,只能用于仿真和理论验证,很难在实际应用中实现,后来的学者将研究的重点主要放到对 BP 译码算法的简化上,其目的都是在基本不降低译码性能的前提下,对 BP 算法进行各种变量代换或转化,去除译码过程中的乘法、卷积运算,以降低算法的复杂度,利于硬件实现。

比如一种运用 FFT 变换,并将变量变换至对数域的 Log - FFT - BP 译码算法,去除了 BP 算法中的卷积运算和乘法运算,其校验节点译码复杂度为 $O(2^pP)$,但是 FFT 只适合于 $q=2^p$ 的情况。另外,仿真证明了在比特码长相同的情况下,多进制 LDPC 码的误码率要低于二进制 LDPC 码。

还有一种算法是利用取对数的和积译码算法(Log - Sum - Product)去除了乘法,减低了译码复杂度,并且其序数 q 可以为任意值,并不局限于 $q=2^p$ 的情况,但是该方法校验节点译码复杂度为 $O(q^2)$(加法),大于上面所说的算法,使得这种算法只能运用于 q 值比较低的情况,而且这种算法比 BP 译码算法性能差,在 $q=8$ 时,误码率比 BP 算法高 0.5 dB。

此外，利用张量的译码算法表达方式，使得算法的表达更加精炼，其译码的核心也运用到了 FFT 和变换至对数域的思想。译码算法采用了最小和(min - sum，MS)算法，称为 Log - EMS(extend MS)算法。这一方法降低了译码复杂度，但是译码性能与采用 BP 算法相比有所降低。

多进制 LDPC 码校验矩阵的构造方法有以下几种。比如一种规则多进制 LDPC 码的准随机校验矩阵构造方法，由这种方法构造出来的校验矩阵具有以下特点：

(1) 列重是恒定值；

(2) 行重基本保持一致；

(3) 具有随机特性。

由于用随机构造的生成(校验)矩阵能获得最好的编(译)码性能，因此用这种方法得到的校验矩阵适用于性能仿真，但不适合硬件实现。另外还有一种基于代数方法的准循环多进制 LDPC 码构造方法，该方法构造的校验矩阵的零化空间就形成一类 q 元准循环校验矩阵，相对于随机构造的多进制 LDPC 码，这种代数方法构造的码编码效率高，易实现。但是，用这一方法构造的码字存在码长较短的问题，不易于体现 LPDC 码的性能优势。

可以看出，目前关于多进制 LDPC 码的研究热点最主要集中在对译码算法的研究、简化和性能仿真上，另外还有校验矩阵的构造方法和对多进制 LDPC 码的应用拓展方面的研究。尤其最近两年，越来越多的学者投入到多进制 LDPC 码的研究工作中，尽管还有不少困难有待解决，但相信不久的将来，多进制 LDPC 码必定会在通信领域中得到具体应用。仔细分析现有算法，不断关注新的研究成果对研究多进制 LDPC 码的性能、应用领域及译码的硬件实现有重要意义。

8.6.1 多进制 LDPC 码校验矩阵的构造方法

LDPC 码校验矩阵的结构，同二进制情况一样，多进制 LDPC 码的 $\boldsymbol{H}$ 矩阵也是稀疏矩阵，只是其中非零元素由 1 变为 GF(q)上任意元素。

多进制 $\boldsymbol{H}$ 矩阵可以从二进制 $\boldsymbol{H}$ 矩阵得来，原二进制非零元素在多进制 $\boldsymbol{H}$ 矩阵中由 GF(q)中的元素随机代替。首先按如下方法构造一个规则的二进制校验矩阵 $\boldsymbol{H}^b$：选取一个合理的 s 值，$s<N/W_r$，然后从第一列开始，非零元素的位置随机选取，再接下来每一列非零元素的设置中，再避免出现长度为 4 的环，并且保证 MSD 的前提下，要优先给当前行重最小的行中的元素设置为 1，这样，最后生成的校验矩阵 $\boldsymbol{H}$ 有相同的列重，行重不完全相同但差异很小。然后再由此二进制校验矩阵 $\boldsymbol{H}^b$ 构造多进制 $\boldsymbol{H}$ 矩阵。

另一种方法是用代数方法构造准循环多进制 LDPC 码校验矩阵，该校验矩阵的零化空间构成一类准循环 LDPC 码。

令 α 为 GF(q)上的本原元，则 $\alpha^{-\infty}=0, \alpha^0=1, \alpha, \cdots, \alpha^{q-2}$ 构成了 GF(q)上的所有元素。对于每一个非零元素 α^j 可以构成 $q-1$ 维向量：$z=(z_0, z_1, z_2, \cdots, z_{q-2})$。其中，第 i 个分量$z_i=$

α^j，其余 $q-2$ 个分量均为零，该向量称为域元素 α^j 的 q 元位置向量。根据以上定义，可采用基于本原元的方法，分别由以下几个步骤构造 GF(q)上的 LDPC 码。

首先构造一个 GF(q)上的 $m\times n$ 矩阵 $\boldsymbol{W}$ 为

$$\boldsymbol{W}=\begin{bmatrix} w_0 \\ w_1 \\ \vdots \\ w_{m-1} \end{bmatrix}=\begin{bmatrix} w_{0,0} & w_{0,1} & \cdots & w_{0,n-1} \\ w_{1,0} & w_{1,1} & \cdots & w_{1,n-1} \\ \vdots & \vdots & \ddots & \vdots \\ w_{m-1,0} & w_{m-1,1} & \cdots & w_{m-1,n-1} \end{bmatrix}$$

W 要具备以下两个结构特征：

(1) 对于任意 $0\leqslant i\leqslant m-1$ 和 $0\leqslant k,l\leqslant q-1,k\neq l,\alpha^k w_i$ 与 $\alpha^l w_i$ 至少在 $n-1$ 个位置上有不同值；也就是说，$\alpha^l w_i$ 与 $\alpha^l w_i$ 最多在一个位置上有相同的 GF(q)符号。

(2) 对于任意 $0\leqslant i,j\leqslant m-1,i\neq j$ 和 $0\leqslant k,l\leqslant q-1,\alpha^k w_i$ 与 $\alpha^l w_j$ 至少在 $n-1$ 个位置上有不同值。

结构特征(1)表明 W 的每一行最多只有一个 GF(q)上的零元素，结构特征(2)表明 W 的任意两行有 $n-1$ 个不同的值。

对于 W 上的每一行 w_i，$0\leqslant i\leqslant m-1$，可以按如下方法获得 GF($q$)上的$(q-1)\times n$ 矩阵 $\boldsymbol{W}_i$ 为

$$\boldsymbol{W}_i=\begin{bmatrix} w_i \\ \alpha w_i \\ \vdots \\ \alpha^{q-2} w_i \end{bmatrix}=\begin{bmatrix} w_{i,0} & w_{i,1} & \cdots & w_{i,n-1} \\ \alpha w_{i,0} & \alpha w_{i,1} & \cdots & \alpha w_{i,n-1} \\ \vdots & \vdots & \ddots & \vdots \\ \alpha^{q-2} w_{i,0} & \alpha^{q-2} w_{i,1} & \cdots & \alpha^{q-2} w_{i,n-1} \end{bmatrix}$$

W_i 具有以下两个结构特征：任意不同的两行至少在 $n-1$ 个位置上有不同的符号；对于任意 $0\leqslant j\leqslant n-1$，如果 w_{ij} 是 GF(q)上的某个非零元素，则 W_i 的第 j 列的所有 $q-1$ 个元素构成 GF(q)上的所有 $q-1$ 个非零元素；对于不同的两个矩阵 $\boldsymbol{W}_i$ 和 $\boldsymbol{W}_j$，其中的任意两行 $\alpha^k w_i$ 和 $\alpha^l w_i$ 至少在 $n-1$ 个不同位置上有不同的符号。可以看出，$\boldsymbol{W}_i$ 矩阵的获得是对 $\boldsymbol{W}$ 的第 i 行 w_i 的$q-1$倍扩展，称为 w_i 的$(q-1)$倍垂直扩展。

对于每一个 $0\leqslant i\leqslant m-1$，将 W_i 中的每一个元素用它的 q 元位置向量代替，得到 GF(q)上的$(q-1)\times n(q-1)$矩阵 $\boldsymbol{Q}_i$，$\boldsymbol{Q}_i$ 由 GF(q)上的 n 个$(q-1)\times(q-1)$子矩阵 $\boldsymbol{Q}_{i,0},\boldsymbol{Q}_{i,1},\cdots,\boldsymbol{Q}_{i,n-1}$ 组成，有 $\boldsymbol{Q}_i=[\boldsymbol{Q}_{i,0},\boldsymbol{Q}_{i,1},\cdots,\boldsymbol{Q}_{i,n-1}]$。第 j 个子矩阵 $\boldsymbol{Q}_{i,j}$ 各行由 $\boldsymbol{W}_i$ 第 j 列的 $q-1$ 个元素的 q 元位置向量构成。如果 $\boldsymbol{W}_i$ 第 j 列的第一个元素 w_{ij} 不等于零，则 $\boldsymbol{Q}_{i,j}$ 是 GF(q)上的一个 q 维以 α 为乘数的$(q-1)\times(q-1)$循环阵；否则 $\boldsymbol{Q}_{i,j}$ 是一个$(q-1)\times(q-1)$的零矩阵。这种用 q 维位置向量对 W_i 元素的置换称为 W_i 的水平扩展。然后，可以得到一个如下的 GF(q)上的$m\times n$矩阵 $\boldsymbol{H}$，每一个子矩阵 $\boldsymbol{Q}_{i,j}$ 大小为$(q-1)\times(q-1)$，即

$$\boldsymbol{H}=\begin{bmatrix} Q_0 \\ Q_1 \\ \vdots \\ Q_{m-1} \end{bmatrix}=\begin{bmatrix} Q_{0,0} & Q_{0,1} & \cdots & Q_{0,n-1} \\ Q_{1,0} & Q_{1,1} & \cdots & Q_{1,n-1} \\ \vdots & \vdots & \ddots & \vdots \\ Q_{m-1,0} & Q_{m-1,1} & \cdots & Q_{m-1,n-1} \end{bmatrix}$$

每一个子矩阵 $\boldsymbol{Q}_{i,j}$ 是 GF(q)上的一个 q 维以 α 为乘数的$(q-1)\times(q-1)$循环阵或一个$(q-1)\times(q-1)$的零矩阵。$\boldsymbol{H}$ 由 W 的$(q-1)$倍垂直扩展和 q 维水平扩展得到，W 的每一个元素被扩展为一个 q 维以 α 为乘数的$(q-1)\times(q-1)$循环阵或一个$(q-1)\times(q-1)$的零矩阵，$\boldsymbol{H}$ 被称为 W 的 q 维$(q-1)$倍扩展。

对于任意整数对(γ,ρ)，$1\leqslant\gamma\leqslant m$，$1\leqslant\rho\leqslant n$，令 $\boldsymbol{H}(\gamma,\rho)$为 $\boldsymbol{H}$ 的子阵。则 $H(\gamma,\rho)$的零化空间构成一类 q 元循环码，其长度为 $\rho\times(q-1)$，其 Tanner 图对应的最小环长为 6。

这种校验矩阵 $\boldsymbol{H}$ 的构造基于对 GF(q)上的特定矩阵 $\boldsymbol{W}$ 的扩展，$\boldsymbol{W}$ 被称为基本矩阵。一种 W 矩阵的构造方法可由下图获得

$$\boldsymbol{W}=\begin{bmatrix} w_0 \\ w_1 \\ \vdots \\ w_{q-2} \end{bmatrix}=\begin{bmatrix} 0 & \alpha-1 & \cdots & \alpha^{q-2}-1 \\ \alpha-1 & \alpha^2-1 & \cdots & 0 \\ \vdots & \vdots & \ddots & \vdots \\ \alpha^{q-2}-1 & 0 & \cdots & \alpha^{q-3}-1 \end{bmatrix}$$

向量 $\boldsymbol{w}_0=(0,\alpha-1,\alpha^2-1,\cdots,\alpha^{q-2}-1)$作为矩阵的第一行，其余 $q-2$ 行由前一行循环左移一位获得。该 $\boldsymbol{W}$ 具有以下特征：

任意两行中位置相同的项均不相同；

任意两列中位置相同的项均不相同；

每行或每列中的 $q-1$ 项均是 GF(q)上的不同元素；

每行或每列有且只有一个零元素。

经 $\boldsymbol{W}$ 扩展可得到矩阵 $\boldsymbol{H}$，即

$$\boldsymbol{H}=\begin{bmatrix} H_0 \\ H_1 \\ \vdots \\ H_{m-1} \end{bmatrix}=\begin{bmatrix} 0 & Q_{0,1} & \cdots & Q_{0,q-2} \\ Q_{0,1} & Q_{0,2} & \cdots & 0 \\ \vdots & \vdots & \ddots & \vdots \\ Q_{0,q-2} & 0 & \cdots & Q_{0,q-3} \end{bmatrix}$$

$\boldsymbol{H}$ 是一个行重、列重均为 $q-2$ 的$(q-1)^2\times(q-1)^2$ 方阵，每一个 $\boldsymbol{H}_i$ 的子矩阵中，有一个是$(q-1)\times(q-1)$的零矩阵，其余 $q-2$ 个子矩阵为单位重量的循环矩阵。通过此校验矩阵可得到循环多制进 LDPC 码。

8.6.2 多制进 LDPC 码的译码算法

目前，多制进 LDPC 码采用的最主流的译码算法是 BP 算法。同二进制 LDPC 码情况一致，译码仍然分为 3 个步骤：

(1) 初始化；

(2) 迭代；

(3) 判决。

在迭代过程中，也是类似的校验节点更新过程和变量节点更新过程。

信道环境采用的都是二进制无记忆对称加性高斯白噪声信道，调制采用 BPSK，采用的多制进 LDPC码满足 $q=2^p$。设发出的码组为 $C=[c_1,\cdots,c_N]^{\mathrm{T}}$，在二进制信道中被转换为二进制序列 $B=[b_1,\cdots,b_{qN}]^{\mathrm{T}}$，其中 $b_k\in\{-1,1\}$，$k\in[1,\cdots,qN]$。信道输出为 $y_k=b_k+n_k$，其中 n_k 是加性噪声，满足 $n_k\sim N(0,\sigma^2)$。信道输出的似然值可以由式 $g_k^1=1/(1+\exp(2s|y_k|/\sigma^2))$ 计算。由于信道是无记忆的，所以每一个接收符号 x_k 为 a 时的似然值可以这样计算：$f_k^a=\prod_{i=1}^{b} g_{n_i}^{a_i}x$，其中：$a\in\mathrm{GF}(q)$，$a_i$ 为 a 的二进制表示中的第 i 个比特。

译码的关键问题是找到序列 x，满足 $Hx^{\mathrm{T}}=0$。说明译码算法之前，首先要说明几个通用的变量 $N(m)=\{n:H_{mn}\neq 0\}$ 为参与校验节点 m 运算的变量符号集合，$M(n)=\{m:H_{mn}\neq 0\}$ 为符号 n 参与运算的校验节点集合。对应于每一个校验矩阵中的非零元素 H_{mn}，有两个信息在迭代过程中不断更新：q_{mn}^a 和 r_{mn}^a，$a\in\mathrm{GF}(q)$。q_{mn}^a 代表符号 n 为 a 的概率，其信息通过 n 参与的除 m 外的其他校验方程获得；r_{mn}^a 代表符号 n 的值在固定为 a 而其他噪声符号独立分布且具有概率 $\{q_{mn}^a:n'\in N(m)\backslash n,a\in\mathrm{GF}(q)\}$ 的情况下，校验 m 被满足的概率。

具体译码步骤如下：

(1) 初始化　给每一个 q_{mn}^a 赋初值 f_n^a，由于每个符号都有 q 个取值，因此对于每一个 q_{mn}^a，其初值有 q 个。

(2) 迭代　更新 r_{mn}^a，其值可由式 $r_{mn}^a=\sum_{x':x'_n=a}\mathrm{Prob}[z_m|x']\prod_{j\in N(m)\backslash n}q_{mj}^{x'_j}$ 算得。其中，$\mathrm{Prob}[z_m|x']\in\{0,1\}$。当向量 x' 满足校验 m 时，$\mathrm{Prob}[z_m|x']$ 为 1，反之为 0，可以看出 r_{mn}^a 的运算量十分大的。

更新 q_{mn}^a，其值可由式 $q_{mn}^a=\alpha_{mn}f_n^a\prod_{j\in M(n)\backslash m}r_{jn}^a$ 获得。其中，α_{mn} 为归一化系数，满足 $\sum_{a=1}^{q}q_{mn}^a=1$。

(3) 判决　每一次迭代后矢量 $\hat{x}$ 满足：$\hat{x}=\arg\max\limits_{a} f_n^a\prod_{j\in M(n)}r_{jn}^a$。

如果满足 $Hx=0$，表示译码成功，否则重复迭代步骤，直到译码正确或达到最大迭代次数。

该译码算法中 r_{mn}^a 一步是卷积运算，运算量很大，可以采用 FFT 变换的方法降低其运算复杂度。需要注意的是这里的 FFT 变化并不是 $\boldsymbol{Q}$ 点 FFT 变换，而是 p 个两点的 FFT 变换($q=2^p$)，GF(2)上的一组数据(f_0,f_1)的 FFT 变换(F_0,F_1)为

$$F_0=f_0+f_1,F_1=f_0-f_1$$

GF(4)上的一组数据(f_0,f_1,f_2,f_3)的 FFT 变换(F_0,F_1,F_2,F_3)为

$$F_0=[f_0+f_1]+[f_2+f_3]$$
$$F_1=[f_0-f_1]+[f_2-f_3]$$
$$F_2=[f_0+f_1]-[f_2+f_3]$$
$$F_3=[f_0-f_1]-[f_2-f_3]$$

通过分析,这种 2 点 P 维 FFT 变换可用输入矢量与变换矩阵相乘的方法完成。假设 GF(q)上的一个矢量为 $\boldsymbol{f}$,其 FFT 变换 $\boldsymbol{F}$ 为

$$\boldsymbol{F} = \mathrm{FFT\_matri\ x}_q \times \boldsymbol{f}$$

其中,$\mathrm{FFT\_matri\ x}_q$ 可由下式获得

$$\mathrm{FFT\_matri\ x}_q = \begin{bmatrix} \mathrm{FFT\_matri\ x}_{q-1}, \mathrm{FFT\_matri\ x}_{q-1} \\ \mathrm{FFT\_matri\ x}_{q-1}, -\mathrm{FFT\_matri\ x}_{q-1} \end{bmatrix}, \quad \mathrm{FFT\_matri\ x}_2 = \begin{bmatrix} 1, & 1 \\ 1, & -1 \end{bmatrix}$$

这样译码迭代过程中的更新 r_{mn}^a 过程可分为以下几步完成:

(1) 对向量$[q_{mn}^0 \cdots q_{mn}^{q-1}]$进行等价变换,使得

$$q'^{a}_{mn} = q_{mn}^{a/h_m}$$

(2) 对向量$[q'^{0}_{mn} \cdots q'^{q-1}_{mn}]$进行 FFT 变换,即$[Q'^{0}_{mn} \cdots Q'^{q-1}_{mn}] = \mathrm{FFT_matrix} \cdot [q'^{0}_{mn} \cdots q'^{q-1}_{mn}]$。

(3) 对 $\prod_{j \in N(m)/n} Q'^{a}_{mn}$ 进行 IFFT 变换,得到$[r'^{0}_{mn} \cdots r'^{q-1}_{mn}] = \mathrm{IFFT_matri\ x} \cdot \left[\left(\prod_{j \in N(m)/n} Q'^{0}_{mn}\right) \cdots \left(\prod_{j \in N(m)/n} Q'^{q-1}_{mn}\right)\right]$。

(4) 对向量$[r'^{0}_{mn} \cdots r'^{q-1}_{mn}]$进行反等价变换,即 $r_{mn}^a = r'^{a \cdot h_{mn}}_{mn}$。

对 q_{mn}^a 做等价变换的原因是在判断校验和 $\sum_j H_{ij} c_j$ 是否为零,而参与加法运算的是 $H_{ij} c_j$ 这一整体。定义 $c'_j = H_{ij} c_j$,则有 $\sum_j c'_j$,c'_j 对应的向量$[q'^{0}_{mn} \cdots q'^{q-1}_{mn}]$可以通过对原 c_j 对应的向量$[q_{mn}^0 \cdots q_{mn}^{q-1}]$进行等价变换得到。接着再对向量$[q'^{0}_{mn} \cdots q'^{q-1}_{mn}]$做 FFT 变换得到$[Q'^{0}_{mn} \cdots Q'^{q-1}_{mn}]$,其对应元素乘积做 IFFT 变换得到$[r'^{0}_{mn} \cdots r'^{q-1}_{mn}]$,最后对向量做反等价变换得到$[r_{mn}^0 \cdots r_{mn}^{q-1}]$。

另外,可以将整个译码过程变换到对数域中进行,这样可以将乘法运算变为加法运算。由于译码运算过程中的数据并不都是正数,因此并不能简单的直接取对数,令取对数前的数据为 v,取对数后的数据为 l_v,定义变换为 $l\_v = L(v)$,有

$$l\_v = (l\_v', l\_v'') = (\mathrm{sign}(v), \log |v|)$$

(1) 原数域乘法运算:

$$v_1 \times v_2 \rightarrow l\_v_1 + l\_v_2 = (l\_v'_1 \cdot l\_v'_2, l\_v''_1 + l\_v''_2)$$

(2) 原数域加法运算:

$$v_1 + v_2 \rightarrow L(v_1 + v_2) = (l\_v', l\_v'')$$

其中

$$l\_v' = \begin{cases} 1, & (l\_v'_1 = l\_v'_2 = 1) \cup \\ & [(l\_v'_1 = 1) \cap (l\_v'_2 = -1) \cap (l\_v''_1 > l\_v''_2)] \cup \\ & [(l\_v'_1 = -1) \cap (l\_v'_2 = 1) \cap (l\_v''_1 < l\_v''_2)] \\ -1 & (l\_v'_1 = l\_v'_2 = -1) \cup \\ & [(l\_v'_1 = 1) \cap (l\_v'_2 = -1) \cap (l\_v''_1 < l\_v_2'')] \cup \\ & [(l\_v'_1 = -1) \cap (l\_v'_2 = 1) \cap (l\_v''_1 > l\_v_2'')] \end{cases}$$

当 $l\_v'_1 = l\_v'_2$，有

$$l\_v'' = \log(\exp(l\_v''_1) + \exp(l\_v''_2)) = \max(l\_v''_1, l\_v''_2) + \log[1 + \exp(-|l\_v''_1 - l\_v''_2|)]$$

当 $l\_v'_1 \neq l\_v'_2$，有

$$l\_v'' = \log|\exp(l\_v''_1) - \exp(l\_v''_2)| = \max(l\_v''_1, l\_v''_2) + \log[1 - \exp(-|l\_v''_1 - l\_v''_2|)]$$

$\log[1+\exp(-|l\_v''_1 - l\_v''_2|)]$，$\log[1-\exp(-|l_v''_1 - l_v''_2|)]$可以通过查找表(look-up table, LUT)来实现。

在对数域运算中，原概率信息 f_n^a，r_{mn}^a，q_{mn}^a 分别用 $l\_f_n^a$，$l\_r_{mn}^a$，$l\_q_{mn}^a$ 代替，原数域中的加法和乘法运算分别用上述运算法则替换。需要注意的是，在每一次迭代的最后，要进行类似于原BP算法中的归一化处理，即 $l\_q_{mn}^a = l\_q_{mn}^a - l\_q_{mn}^0$，否则随着迭代次数的增加结果会迅速发散。

8.7 LDPC码编译码器结构

8.7.1 基于Log-BP算法原理的硬件结构

在8.4.3中给出的Log-BP算法的步骤中，因为有双曲正切的计算，在硬件实现上很耗费资源，所以有必要对其进行一些适当的改进。把水平过程中的有关双曲正切的计算做一些恒等变形，构造函数 $\psi(x) = \ln(\tanh(|x/2|)) = \ln((1-e^{-|x|})/(1+e^{-|x|}))$，通过两次查表运算完成整个硬件设计。

在迭代过程中，中间变量 $L(q_{mj})$ 是每个变量节点向与其相连的校验节点发送的变量消息；R_{mj} 是每个校验节点向与其相连的变量节点发送的校验消息。其中 m 表示校验节点或行号，j 表示比特(变量)节点或列号。LLR的定义为 $L(c) = \ln[p(c=0)/p(c=1)]$。令 $M(j)$ 表示与比特节点 j 相连的校验节点的集合，$N(m)$ 表示与校验节点 m 相连的比特节点的集合。具体步骤为：

1. 初始化

$L(q_{mj})$ 初始化为信道输入LLR，即 $L(q_{mj}) = L(c) = \ln(p_n^0/p_n^1) = -2r_j/\sigma^2$，$\forall m \in M(j)$，$\forall j$($-2r_j/\sigma^2$ 表示信道输入LLR)。

2. 迭代过程

(1)水平过程(CNU)：对所有 m、n，计算

$$A_{mj} = \sum_{\substack{n \in N(m) \\ n \neq j}} \psi(L(q_{mn})) \tag{8.7.1}$$

$$s_{mj} = \prod_{\substack{n \in N(m) \\ n \neq j}} \mathrm{sign}(L(q_{mn})) \tag{8.7.2}$$

$$R_{mj} = -s_{mj}\psi(A_{mj}) \tag{8.7.3}$$

其中，$\psi(x) = \ln(\tanh(|x/2|)) = \ln((1-e^{-|x|})/(1+e^{-|x|}))$。

(2)垂直过程(VNU):对所有 m、n,计算

$$L(q_j) = \sum_{m \in M(k)} R_{mj} + \frac{-2r_j}{\sigma^2}(\text{准后验 LLR}) \tag{8.7.4}$$

$$L(q_{mj}) = L(q_j) - R_{mj} \tag{8.7.5}$$

3. 判决步骤

(1) 对 $L(q_j)$判决:

$$\hat{x}_n = \begin{cases} 0 & L(q_j) \geqslant 0 \\ 1 & L(q_j) < 0 \end{cases} \qquad n = 1, \cdots, N$$

(2) 若 $H \cdot \hat{x} = 0$,则译码正确;否则继续迭代直到最大迭代次数。

函数 $\psi(x) = \ln((1-\mathrm{e}^{-|x|})/(1+\mathrm{e}^{-|x|}))$为偶函数,将在硬件查表运算应用中得以优化。

根据以上的算法,CNU(以行度数 6 为例)与 VNU(以列度数 4 为例)运算单元可以按照图 8.7.1 和图 8.7.2 中的结构实现。为了简便起见,图 8.7.1 中没有画出奇偶校验的部分。

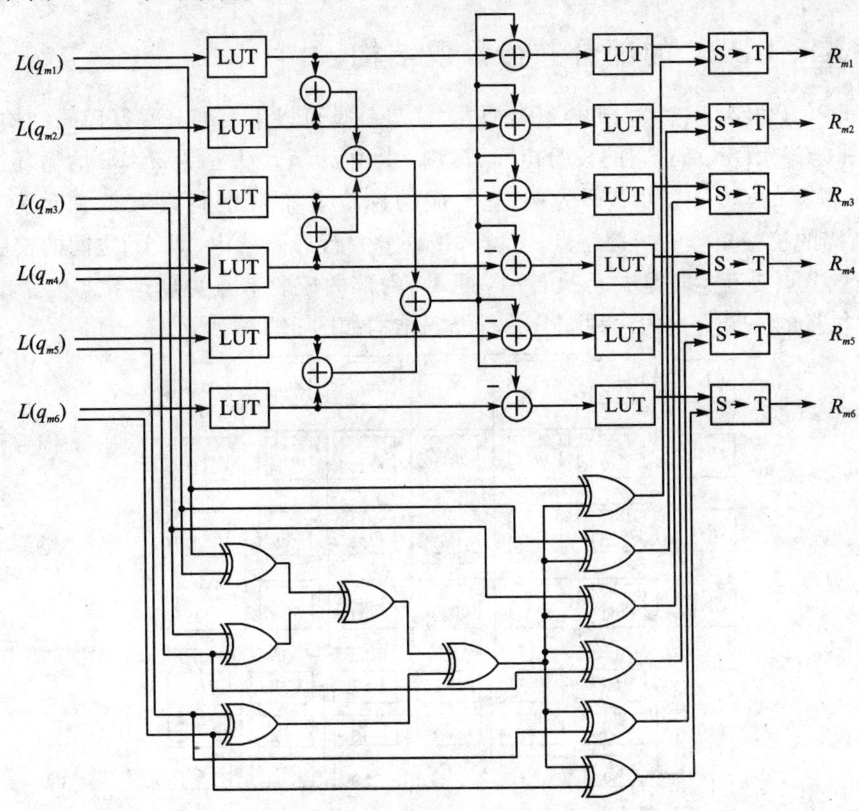

图 8.7.1 传统的 CNU 单元结构图

图 8.7.1 中,LUT 用于计算 $\psi(x)$,“S→T”将原码转换为二进制补码,以方便运算,图 8.7.2 中的“T→S”则是将二进制补码转换为原码。

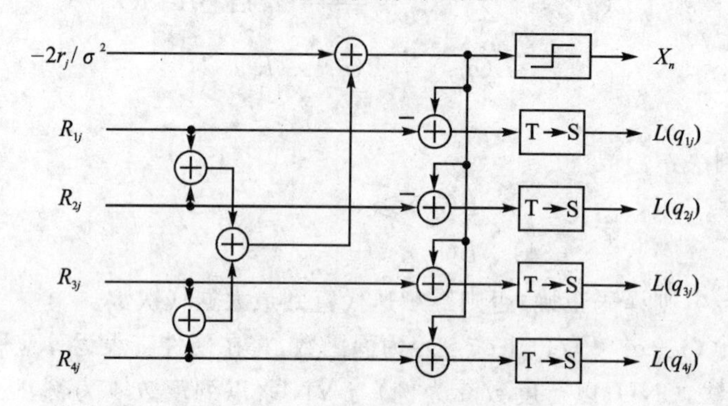

图 8.7.2 传统的 VNU 单元结构图

8.7.2 QC-LDPC 的部分并行译码结构

QC-LDPC 码相对于其他 LDPC 码的最大优势就是可以采用部分并行译码结构,对于一个(j,k)规则 QC-LDPC 码,它的校验矩阵 $\boldsymbol{H}$ 实际上由 $j\times k$ 个大小为 $m\times m$ 的循环行列式组成。以(4,6)规则的 QC-LDPC 码为例,它对应的校验矩阵 $\boldsymbol{H}$ 的行重为 6,列重为 4。根据 QC-LDPC 码的校验矩阵的结构特点,可以采用部分并行译码结构,即 $A_{i,j}$之间的校验节点更新运算与变量节点更新运算是并行执行的,而 $A_{i,j}$ 内部的校验节点更新运算与变量节点更新运算是串行执行的。最直接的一种部分并行译码结构如图 8.7.3 所示。

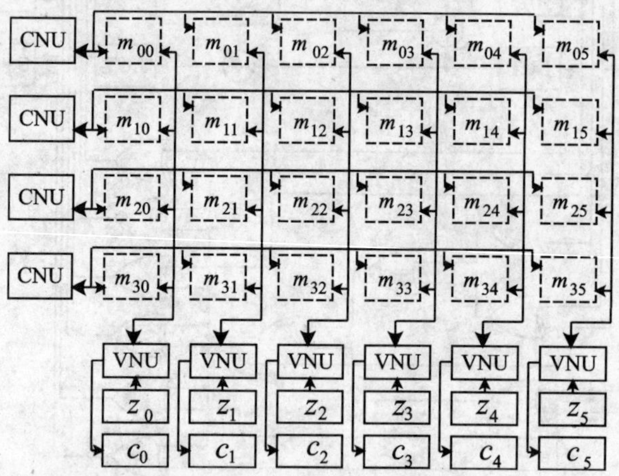

图 8.7.3 (4,6)规则 QC-LDPC 码的部分并行译码结构

图 8.7.3 中,使用了 4 个 CNU 单元,6 个 VNU 单元,分别与校验矩阵的行重和列重相对应,使用了 24 个存储迭代信息的存储器 m_{xy},与校验矩阵中的循环行列式的数目相对应。每个存储器的地址数目为 m,与校验矩阵中的循环行列式的大小相对应。译码开始接收到的初始化信息存储在 z 存储器中,而 c 存储器用于存储每次迭代对软信息进行硬判决的判决结果。整个译码过程如下:

(1) 初始化　将接收到的初始化信息同时写入 z 存储器以及对应的 24 个迭代存储器 $\boldsymbol{m}_{xy}$ 中。z 存储器的地址以列的顺序进行操作,而迭代存储器 $\boldsymbol{m}_{xy}$ 以行的顺序进行操作。

(2) 校验节点更新　每个 CNU 单元与位于同一行的所有迭代存储器相关联,每一次迭代操作中,CNU 单元将前一次迭代更新的变量节点信息从相关联的迭代存储器 $\boldsymbol{m}_{xy}$ 中连续读出。经过计算处理后,将更新后的校验信息写回到相同的位置。所以,在一次迭代过程中,要完成所有行的校验节点更新运算,需要 4 个 CNU 单元并行工作 m 个时钟周期。

(3) 变量节点更新　每个 VNU 单元与位于同一列的所有迭代存储器相关联,每一次迭代操作中,VNU 单元将前一次迭代更新的校验节点信息从相关联的迭代存储器 $\boldsymbol{m}_{xy}$ 中连续读出。经过计算处理后,将更新后的变量信息写回到相同的位置。所以,在一次迭代过程中,要完成所有列的变量节点更新运算,需要 6 个 VNU 单元并行工作 m 个时钟周期。

(4) 奇偶校验　每次迭代后,要对判决结果进行校验。如果计算得到 $Hx^{\mathrm{T}}=0$ 或者已经达到预设的最大迭代次数,则迭代停止,否则继续迭代。

从上可以看出,使用图 8.7.3 所示的部分并行译码结构,每一次迭代的时间是 2 m 个时钟周期,CNU 和 VNU 各耗费 m 个时钟周期。

为了减少实现时耗费的硬件资源,可以减少 CNU 单元的数目或者 VNU 单元的数目或者两者都减少。例如,把 CNU 单元的数目减为原来的一半,即 2 个,而 VNU 单元的数目不变,还是 6 个,即每一次迭代,需要 2 个 CNU 运算单元首先并行工作 m 个时钟周期完成校验矩阵前 2 个列块的校验节点更新运算,然后,这 2 个 CNU 运算单元继续并行工作 m 个时钟周期完成校验矩阵后 2 个行块的校验节点更新运算,所以,共需要 2 m 个时钟周期才能完成整个矩阵的校验节点更新运算。另一方面,由于列的并行度不变,所以完成变量节点更新运算的时间不变。所以,此时完成一次译码的时间需要 3 m 个时钟周期;同理,可以推导出仅减少 CNU 的数目或者同时减少 CNU 单元的数目和 VNU 单元的数目时迭代的运算步骤。但是,随着 CNU 单元数目以及 VNU 单元的数目减少,译码器的译码速率会随之降低,表 8.7.1 列举出了在不同的 CNU 单元的数目以及 VNU 单元的数目下,CNU 总规模、VNU 总规模以及译码速率的对比情况。

表 8.7.1 不同并行度下的性能对比

方法	行并行度	列并行度	CNU 总规模	VNU 总规模	译码速率
1	$q+1$	$p+1$	1	1	1
2	$(q+1)/2$	$p+1$	1/2	1	2/3
3	$q+1$	$(p+1)/2$	1	1/2	2/3
4	$(q+1)/2$	$(p+1)/2$	1/2	1/2	1/2

在表 8.7.1 中,CNU 总规模、VNU 总规模以及译码速率均以方法 1 的结果归一化。从表 8.7.1 中可以看出,如果把 CNU 数目降一半(方法 2)或者 VNU 数目降一半(方法 3),则 CNU 以及 VNU 总规模的和将减少 1/4,但是译码速率降低了 1/3;如果把 CNU 的数目和 VNU 的数目都降一半(方法 4),那么 CNU 以及 VNU 总规模的和将减少 1/2,而译码速率降低了 1/2。由此可见,对于传统的部分并行译码结构,如果需要减少硬件运算单元的规模,付出的译码速率的代价相当大。

8.7.3 基于矩阵分裂的 QC-LDPC 码的硬件结构

针对高码率、大长度 LDPC 码译码消耗资源量大、行重、列重差异大的问题,有人提出了一种基于矩阵分裂的译码思想。对 QC-LDPC 矩阵做如下处理:将其偶数列块抽出来构成 $\boldsymbol{H}_0$,剩下的奇数列块构成 $\boldsymbol{H}_1$,则原校验矩阵就分裂成两个矩阵,如图 8.7.4 所示。

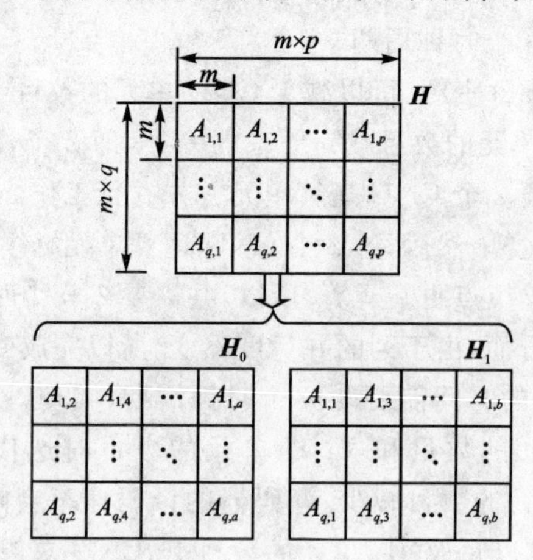

图 8.7.4 校验矩阵的分裂

其中若 p 为奇数,$a=p-1,b=p$;若 p 为偶数,$a=p,b=p-1$。

利用分裂后的校验矩阵,迭代运算过程可按图 8.7.5 所示安排:

(1) 将 $\boldsymbol{H}_0$ 的校验节点单元 CNU_0 运算一次,此时并不能算得所有偶数列的校验节点更新信息,但可以得到一个中间值,即所有偶数列变量之和。

(2) 利用此值,将 $\boldsymbol{H}_1$ 的校验节点单元 CNU_1 运算一次可以得到全部奇数列校验节点更新信息,同时获得所有奇数列变量之和。

(3) 进行 CNU_0 的第二次运算,得到全部偶数列的校验节点更新信息,同时利用第(2)步中 CNU_1 的结果并行处理 $\boldsymbol{H}_1$ 的变量节点单元 VNU_1,得到所有奇数列的变量节点更新信息。

(4) 运算 $\boldsymbol{H}_0$ 的变量节点单元 VNU_1,得到所有偶数列的变量节点更新信息。同时并行处理 CNU_1,为第二次迭代提供一步中间信息,即所有奇数列变量之和。

以上 4 步构成一次完整的迭代过程,后面的运算与其类似。

由图 8.7.5 可以看出,基于矩阵分裂的译码方法完成一次迭代需要 3 m 个时钟周期,码速率比不做处理降低了 1/3。由于 $\boldsymbol{H}_0$ 和 $\boldsymbol{H}_1$ 的 CNU 及 VNU 可以分别复用,所以,CNU 与 VNU 总规模为传统方法的 1/2;另外,通过这种方法,单个 CNU 的规模减为一半,而 VNU 保持不变,这样使两者在结构上更加平衡,更利于硬件实现。由对比可见,这种译码方法与单纯降低行(列)并行度相比,更加有效的利用了硬件资源。

图 8.7.5 迭代运算过程

具体硬件结构可按图 8.7.6 设计。

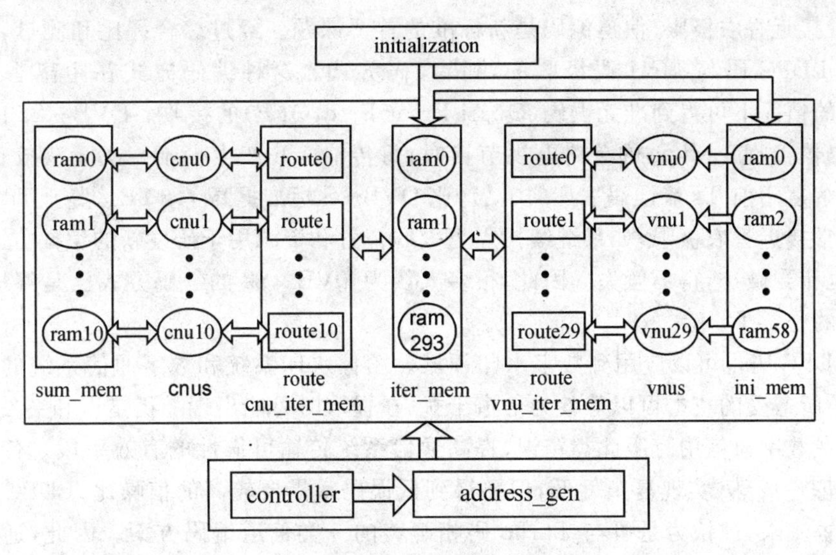

图 8.7.6 硬件结构图

其中 iter_mem 用于存储迭代信息，sum_mem 用于存储中间信息，address_gen 用于寻址运算。

8.8 LDPC 码的应用

LDPC 码凭借它良好的纠错性能在众多通信标准中占有相当重要的地位。

新一代移动通信系统 B3G(Beyond the Third Generation)可实现多业务、高数据传输。在 B3G 中，可采用单输入单输出(Single Input Single Output，SISO)链路系统和多输入多输出(Multiple Input Multiple Output，MIMO)系统设计方案；在系统信道编码中，则采用 LDPC 码，以满足其高码速率、低误码率的要求。在 SISO 系统中，LDPC 码在 COST207 信道和 M.125A信道下分别需要 7.7 dB 和 8.7 dB 达到 10^{-6}误码率性能。而在 MIMO 系统中，移动速度在5 km/h、120 km/h 和 250 km/h 的情况下，分别需要 13.2 dB、12.7 dB 和 15.2 dB 才能达到 10^{-6}误码率性能。由不同的传输速率和移动速度，可以在一定范围内随意构造所需要的 LDPC 码的码长和码率。

数字电视是通信中的一个重要方向，LDPC 码以其优异的性能在 DVB－S2(the Second Generation Digital Video Broadcasting Satellite)中占有了一席之地。DVB－S2 最引人注目的革新在于改变了信道编码方式。DVB－S2 标准中的 RS 码和卷积码级联的编码方式理论成熟，容易实现，但其编码效率并不高，距离香农信极限约有 4 dB 的差距。因此，为 DVB－S2 寻找最佳的(最接近香农极限)信道编码是新标准的首要课题。经过综合评比和测试，DVB－S2 最终选择了 LDPC 码与 BCH 码级联的纠错编码方式。这种编码方式在距离香农极限约 0.7 dB左右的情况下可得到准无误码(Quasi Error Free，QEF)的接收。DVB－S2 的 QEF 标准为：在译码器接收 5 Mbps 的单路电视节目时，每传输 1 h 产生少于一次无法校正的错误。近似相当于解复用前 Ts 流误码率($<10^{-7}$)，比 DVB－S 标准提高了 3 dB。鉴于 DVB－S2 信道编码已非常接近香农极限，如果继续投入更大的精力和资源用于研发新的编码方式，即便成功，其获利也相当微小，得不偿失。因此，很多人认为 DVB－S2 的编码方式已是终极标准，没有继续更新的必要了。

此外，LDPC 码也可以应用到数字水印领域。图像水印系统和数字通信系统的模式很相似，水印信号所遭受的攻击可以等效为信道干扰，在提取时可能出现随机错误和突发错误。而纠错技术是在数字通信中克服此类错误、提高通信系统传输可靠性的有效手段。传统的分组码和卷积码理论成熟，实现复杂度低，但要得到低误码率需要较高的信噪比；LDPC 码的纠错性能很接近香农限，被认为是可与 Turbo 码相媲美的一类信道编码方案。因此，通过水印信号嵌入前进行 LDPC 码编码、加密，然后进行迭代译码算法，使水印传输过程中的误码率可以进一步降低。

除了上面所提到的，LDPC 码还是 NASA JPL 实验室推出的深空通信 CCSDS 标准中的信道编码候选方案，也是正在拟定的 WMAN 标准 802.11e 和 WLAN 标准 802.11n 中信道编码的改进方案，而我国数字电视地面广播传输系统前向纠错编码的内码也采用了 LDPC 码。

LDPC 码在通信标准中的应用十分广泛，本节只是做一个简要的介绍，有兴趣的读者可以参阅相关文献。

习　题

8.1　设信道为二进制对称信道且交叉错误概率为 P_0，试求题图 8.1 中确定的 LDPC 码译码误码概率上界。

$$
\begin{pmatrix}
1&1&1&1&0&0&0&0&0&0&0&0&0&0&0&0&0&0&0&0\\
0&0&0&0&1&1&1&1&0&0&0&0&0&0&0&0&0&0&0&0\\
0&0&0&0&0&0&0&0&1&1&1&1&0&0&0&0&0&0&0&0\\
0&0&0&0&0&0&0&0&0&0&0&0&1&1&1&1&0&0&0&0\\
0&0&0&0&0&0&0&0&0&0&0&0&0&0&0&0&1&1&1&1\\
\hline
1&0&0&0&1&0&0&0&1&0&0&0&1&0&0&0&0&0&0&0\\
0&1&0&0&0&1&0&0&0&1&0&0&0&0&0&0&1&0&0&0\\
0&0&1&0&0&0&1&0&0&0&0&0&0&1&0&0&0&1&0&0\\
0&0&0&1&0&0&0&0&0&0&1&0&0&0&1&0&0&0&1&0\\
0&0&0&0&0&0&0&1&0&0&0&1&0&0&0&1&0&0&0&1\\
\hline
1&0&0&0&0&1&0&0&0&0&0&1&0&0&0&0&0&1&0&0\\
0&1&0&0&0&0&1&0&0&0&1&0&0&0&0&1&0&0&0&0\\
0&0&1&0&0&0&0&1&0&0&0&0&1&0&0&0&0&0&1&0\\
0&0&0&1&0&0&0&0&1&0&0&0&0&1&0&0&1&0&0&0\\
0&0&0&0&1&0&0&0&0&1&0&0&0&0&1&0&0&0&0&1
\end{pmatrix}
$$

题图 8.1

8.2　假设信道是 BEC 信道，请修正 BP 算法。

8.3　一个二进制 LDPC 码可以由题图 8.3 所示的循环矩阵构造，请回答以下问题。

$$
M=\begin{bmatrix}
1&1&0&1&0&0&0\\
0&1&1&0&1&0&0\\
0&0&1&1&0&1&0\\
0&0&0&1&1&0&1\\
1&0&0&0&1&1&0\\
0&1&0&0&0&1&1\\
1&0&1&0&0&0&1
\end{bmatrix}
$$

题图 8.3

(1) 计算题图 8.3 中矩阵的秩，然后用它求出该码的循环形式和系统码形式的校验矩阵以及生成矩阵。

(2) 在两个校验矩阵中分别计算"1"在每行和每列中的平均值，进而计算码率，证明两个矩阵码率是相等的，而且通过校验矩阵的维数计算，码率也是相等的。并求该码的汉明距离。

(3) 画出两个校验矩阵的 Tanner 图示意图，并求出围长。哪一个矩阵对于"和积"算法的译码来说最好？

(4) 用本题第一问中计算出的生成矩阵求出信息矢量 $\boldsymbol{m}=(100)$ 的码字。

(5) 本题中第(4)问所求的码字以±1双极性码通过加性高斯白噪声信道，接收矢量为 $\boldsymbol{r}=(1.0187,-0.06225,2.0720,1.6941,-1.3798,-0.7431,-0.2565)$。用"和积"算法，并对本题第(3)问中求出的三个矩阵分别译码，要求包含过程和结果。

参考文献

[1] 张鸣瑞,邹世开.编码理论[M].北京:北京航空航天大学出版社,1990.

[2] 张宗橙.纠错编码原理和应用[M].北京:电子工业出版社,2005.

[3] 王新梅,肖国镇.纠错码原理与方法[M].西安:西安电子科技大学出版社,2001.

[4] 曲炜.信息论与编码理论[M].北京:科学出版社,2005.

[5] 林舒,科斯特洛,差错控制编码——基础和应用[M].王育民,王新梅,译.北京:人民邮电出版社,1983.

[6] 陈鲁生,沈世镒.编码理论基础[M].北京:高等教育出版社,2005.

[7] 沈世镒,陈鲁生.信息论与编码理论[M].北京:科学出版社,2002.

[8] 邹世开.实现 Reed - Solomon 码译码的新电路[J].电子学报,1999.10.

[9] 王新梅.纠错码[M].西安:西北电讯学院,1981.

[10] 陈宗杰,左孝彪.纠错编码技术[M].北京:人民邮电出版社,1987.

[11] 饶世麟.编码原理[M].长沙:中国人民解放军国防科技大学,1980.

[12] 卢开澄,卢华明.编码理论与通信安全[M].北京:清华大学出版社,2006.

[13] 戴善荣.信息论与编码基础[M].北京:机械工业出版社,2005.

[14] 何杰. Turbo 码编译码方法的研究与实现[D]. 北京:北京航空航天大学硕士学位论文. 2007.

[15] David J C, MacKay. Information Theory, Inference & Learning Algorithms. Cambridge University Press. 2002.

[16] Robert H. Morelos - Zaragoza. The Art of Error Correcting Coding. John Wiley and Sons. 2002.

[17] Jorge Castiñeira Moreira, Patrick Guy Farrell. Essentials of Error Control Coding. John Wiley and Sons. 2006.

[18] 张晓林.数字电视设计原理[M].北京:高等教育出版社,2008.

[19] R G Gallager. Low - Density Parity - Check Codes. Cambridge, Massachusetts: M. I. T. Press, 1963.

[20] 卢小娜. 信源信道联合编码技术研究及其在图像通信中的应用[D].北京:北京航空航天大学硕士学位论文. 2007.

[21] 智刚. LDPC 编码解码关键技术研究[D].北京:北京航空航天大学硕士学位论文. 2008.

[22] 赵岭,张晓林. 一种多码率 QC - LDPC 码译码结构设计与实现[J]. 北京:北航学报. 2008.

[23] 赵岭,张晓林. 一种用于规则 QC - LDPC 码的高效译码方法[J]. 计算机工程. 2008.

[24] 于丽,张晓林.非规则 LDPC 码译码量化问题研究[J]. 遥测遥控. vol. 28, no. 3. 2007.

[25] 于丽. QC - LDPC 码 Log - BP 解码算法硬件实现结构研究与设计[D]. 北京:北京航空航天大学硕士学位论文. 2007.

[26] 张靖琳. 空间通信中的 LDPC 码编译码器的研究与实现[D]. 北京:北京航空航天大学硕士学位论文. 2007.

[27] 智钢,刘荣科. 基于矩阵分裂的 QC - LDPC 的译码方法的 FPGA 实现[J]. 遥测遥控. 2008.

[28] 赵岭,张晓林. 一种基于矩阵分裂的 QC - LDPC 码 Log - BP 译码方法[J]. 航空学报. 2008.

[29] 胡锦涛. LDPC - OFDM 无线高速数据传输系统研究[D].西安:西北工业大学硕士学位论文. 2007.

[30] 北京航空航天大学. 一种多码率的 LDPC 码的译码器装置及译码方法. 中华人民共和国: 200710064695.X[P]. 2007.

[31] 北京航空航天大学. 一种 LDPC 码的译码器装置及译码方法. 中华人民共和国: 200710118461.9[P]. 2007.

[32] 北京航空航天大学. 基于奇偶校验矩阵的 LDPC 码的译码方法及译码器. 中华人民共和国: 200710063390.7[P]. 2007.